中文版 Maya 2014 动画制作案例教程

附微课视频

刘宣琳 林珍香 主编 / 杨杰 张璐璐 付万云 副主编

人民邮电出版社
北京

图书在版编目（CIP）数据

中文版Maya 2014动画制作案例教程 ： 附微课视频 / 刘宣琳，林珍香主编. -- 北京 ： 人民邮电出版社，2017.7（2023.7重印）
ISBN 978-7-115-45175-0

Ⅰ. ①中… Ⅱ. ①刘… ②林… Ⅲ. ①三维动画软件—教材 Ⅳ. ①TP391.414

中国版本图书馆CIP数据核字(2017)第054710号

内 容 提 要

本书以案例教学的模式，全面、系统地介绍了 Autodesk Maya 2014 的操作方法和实际应用，书中内容难度由浅入深，非常适合初、中级读者的入门及提高。另外，本书所有内容均基于中文版 Autodesk Maya 2014 进行编写，请读者注意。

本书共 8 章，内容包括初识 Maya、多边形建模、曲面建模、灯光与摄影机、纹理与材质、渲染、动画、特效等知识，并通过 60 个案例对重要知识进行介绍，锻炼读者的实际操作能力。

本书适合作为各级院校中的影视动画、游戏设计、三维动画设计和动漫设计等专业的教材，也可供上述行业的从业人员和爱好者阅读参考。

◆ 主　　编　刘宣琳　林珍香
副 主 编　杨　杰　张璐璐　付万云
责任编辑　刘　佳
责任印制　焦志炜

◆ 人民邮电出版社出版发行　　北京市丰台区成寿寺路 11 号
邮编　100164　　电子邮件　315@ptpress.com.cn
网址　http://www.ptpress.com.cn
北京天宇星印刷厂印刷

◆ 开本：787×1092　1/16
印张：16.25　　　　2017 年 7 月第 1 版
字数：463 千字　　　2023 年 7 月北京第 10 次印刷

定价：45.00 元

读者服务热线：(010)81055256　印装质量热线：(010)81055316
反盗版热线：(010)81055315
广告经营许可证：京东市监广登字 20170147 号

前言 PREFACE

Maya 是 Autodesk 公司出品的一款三维动画软件，拥有强大的建模、动画、特效和渲染功能，因此被广泛应用于动画片制作、电影制作、电视栏目包装以及电视广告等领域。Maya 具有功能完善，操作灵活，易学易用，制作效率高，渲染真实感强的特点，支持多线程处理，是电影级别的高端制作软件。

本书主要针对零基础的三维爱好者和院校学生，以模型和动画制作中的实际操作过程为导向，采用案例的方式来介绍 Maya 中的建模、渲染、动画和特效等技术，通过练习帮助读者掌握 Maya 中的常用命令和实用技巧。

全书案例介绍分为以下 3 个环节。

案例引导：该环节是在制作案例前，先介绍相关命令和工具，以及制作案例的主要思路，使读者可以预先了解命令和工具的作用和使用方法。

制作演示：该环节详细地介绍了案例制作的过程，读者可以根据文中的步骤完成案例的制作。另外，文中还安排了“技巧与提示”部分，该部分介绍了相关命令的操作技巧或使用提示。

技术回顾：该环节总结案例中的知识点，并且介绍相关命令和工具的应用范围，以及操作时的注意事项。

本书的参考学时为 52 学时，建议采用理论与实践一体化的教学模式，各项目的参考学时见下面的学时分配表。

章	课 程 内 容	学 时 分 配
第 1 章	初识 Maya	6
第 2 章	多边形建模	8
第 3 章	曲面建模	8
第 4 章	灯光与摄影机	6
第 5 章	纹理与材质	6
第 6 章	渲　染	6
第 7 章	动　画	6
第 8 章	特　效	6
学时总计		52

本书由刘宣琳、林珍香担任主编，杨杰、张璐璐、付万云担任副主编。

本书所有的学习资源文件均可登录人邮教育免费下载（www.ryjiaoyu.com）。资源下载过程中如有疑问，可通过本书封底的教材服务热线与我们联系。

编　者

2017 年 2 月

目录 CONTENTS

CONTENTS

CONTENTS

CONTENTS

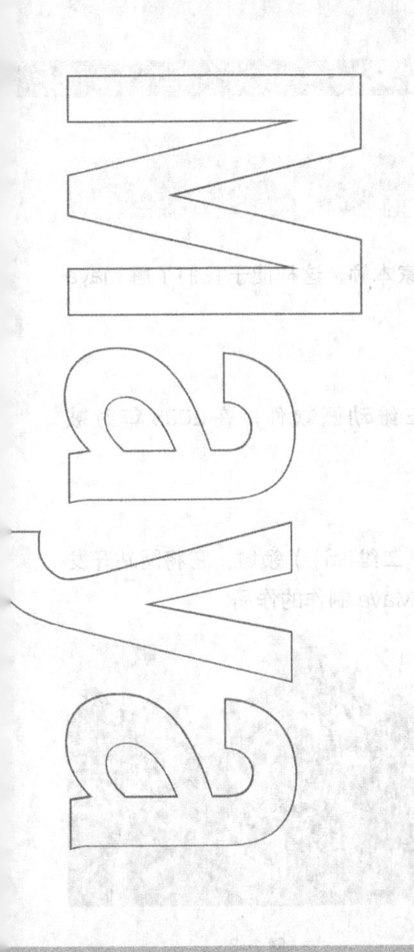

Chapter 1

第1章 初识Maya

Maya是Autodesk公司出品的一款三维动画软件，拥有强大的建模、动画、特效和渲染功能，因此被广泛地应用于动画制作、电影制作、电视栏目包装以及电视广告等领域。本章介绍了Maya 2014的界面组成、基础操作、实用技巧以及场景优化等知识。通过对本章的学习，读者可以掌握Maya的界面布局、基础操作、场景管理以及一些实用的操作技巧。

本章学习要点

- 掌握Maya界面的组成
- 掌握Maya文件的基础操作
- 掌握Maya项目的使用方法
- 掌握Maya中快捷操作的方法
- 掌握Maya捕捉的使用方法
- 掌握复制对象的使用方法
- 掌握Maya场景的优化技巧

1.1 Maya 简介

在学习 Maya 前，我们先来了解一下 Maya 的前世今生和它的看家本领，这样便于我们了解 Maya 的特点，为学习后面的内容热热身。

1.1.1 什么是 Maya

Maya 最初是由 Alias Wavefront 公司于 1998 年研发的一款三维动画软件，在 2005 年时被 Autodesk 公司收购，从此 Maya 更名为 Autodesk Maya。

1.1.2 Maya 的应用领域

Maya 虽然是一款三维软件，但是也被广泛地应用到了平面设计（二维设计）领域，它将网站开发和视觉艺术的标准提升到了更高的层次。图 1–1 ~ 图 1–3 所示为使用 Maya 制作的作品。

图 1–1

图 1–2

图 1–3

1.1.3 Maya 的特点

Maya 功能完善，工作灵活，易学易用，制作效率高，渲染真实感强，支持多线程处理，是电影级别的高端制作软件。Maya 自问世以来就受到了用户的青睐，小到个人，大到 ILM（工业光魔）和 Weta（维塔）这样的影视特效巨头。

1.2 了解 Maya

Maya 受到广大用户的喜爱，不仅仅是因为其强大的功能，而且因为其操作界面非常人性化。Maya 可以完成建模、动画、特效和渲染等工作，因此包含了种类繁多的命令和工具，但是 Maya 将命令和工具安排得井井有条，而且操作起来非常方便。

双击 Maya 的快捷图标，此时会出现 Maya 2014 启动画面，如图 1–4 所示。

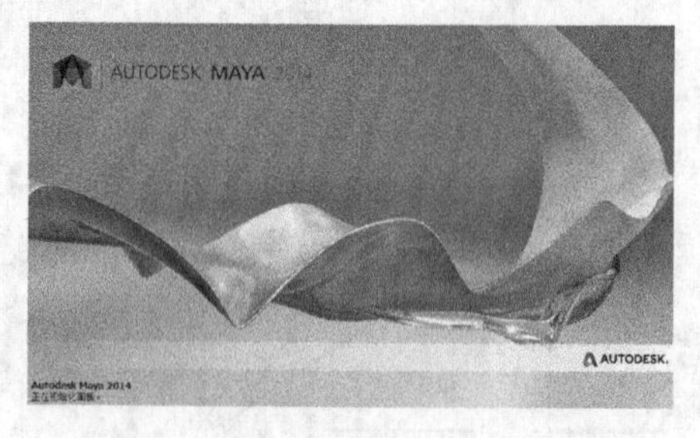

图 1–4

在启动 Maya 2014（以下简称 Maya）时，会自动打开“1 分钟启动影片”和“新特性亮显设置”对话框。在“1 分钟启动影片”对话框中，可以观看官方提供的基础教程。在“新特性亮显设置”对话框中，可以设置是否亮显 Maya 中的新增功能。如果不想在启动时弹出这两个对话框，可以在对话框左下角取消勾选“启动时显示此”选项，如图 1–5 所示。

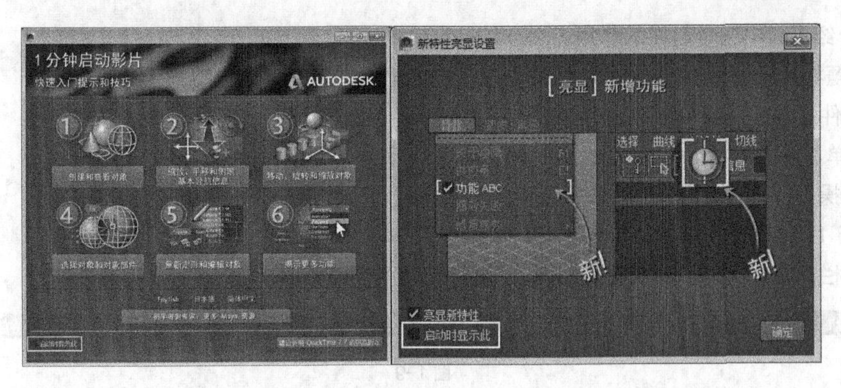

图 1–5

关闭“1 分钟启动影片”和“新特性亮显设置”对话框后，可以看到整个 Maya 的工作界面，如图 1–6 所示。

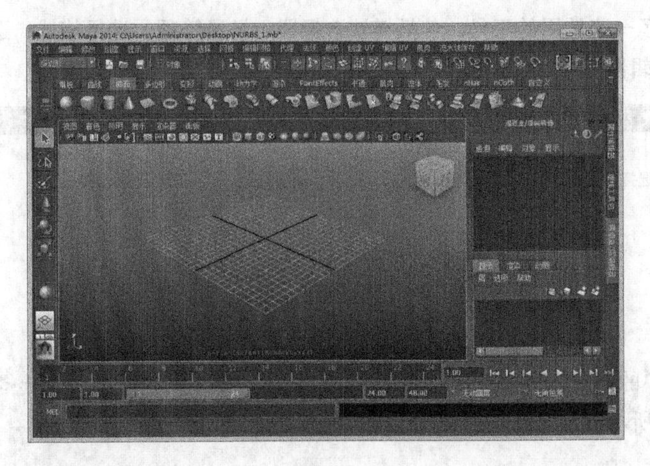

图 1–6

Maya 2014 的操作界面由 10 个部分组成，包括标题栏、菜单栏、状态栏、工具架、工具箱、工作区、通道盒 / 层编辑器、时间轴、命令栏和帮助栏，如图 1–7 所示。

图 1–7

下面介绍界面中各个区域的作用。

① 标题栏用于显示文件的一些相关信息，包括当前使用的软件版本、目录和文件等，如图 1-8 所示。

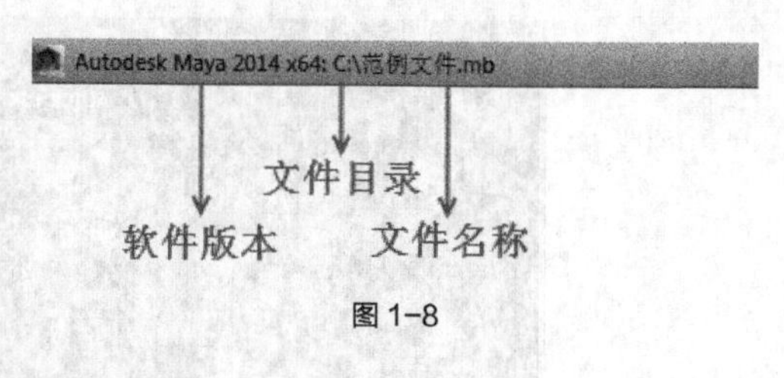

图 1-8

② 菜单栏集合了 Maya 所有的命令和工具。为了便于管理和操作，Maya 提供了模块化分类的显示方式。图 1-9 和图 1-10 所示分别为“动画”和“多边形”模块下的菜单栏，通过观察可以发现两个模块下的菜单栏中的内容不同。

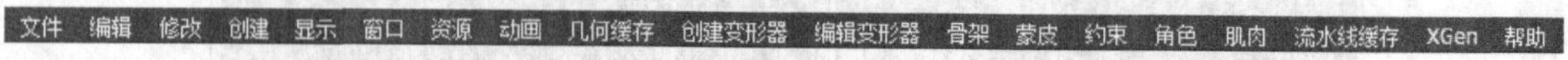

文件 编辑 修改 创建 显示 窗口 资源 动画 几何缓存 创建变形器 编辑变形器 骨架 蒙皮 约束 角色 肌肉 流水线缓存 XGen 帮助

图 1-9

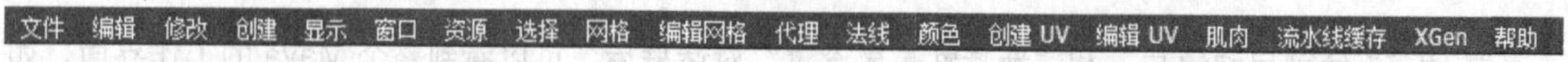

文件 编辑 修改 创建 显示 窗口 资源 选择 网格 编辑网格 代理 法线 颜色 创建 UV 编辑 UV 肌肉 流水线缓存 XGen 帮助

图 1-10

③ 状态栏集合了一些常用的工具，包括模块选择器、场景管理、选择模式、选择遮罩、捕捉开关、历史开关、渲染、编辑器开关等，如图 1-11 所示。

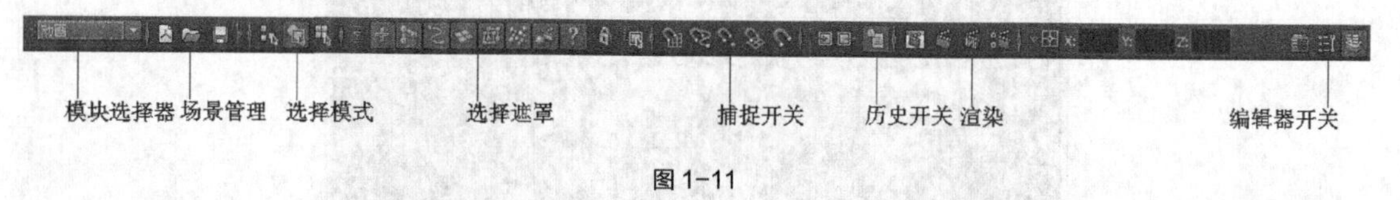

图 1-11

技巧与提示

在“文件”菜单的下方，有一个模块选择器，展开下拉菜单可以选择其他模块，如图 1-12 所示。

图 1-12

④ 工具架集合了 Maya 各个模块下常用的工具，以便用户操作，如图 1-13 所示。

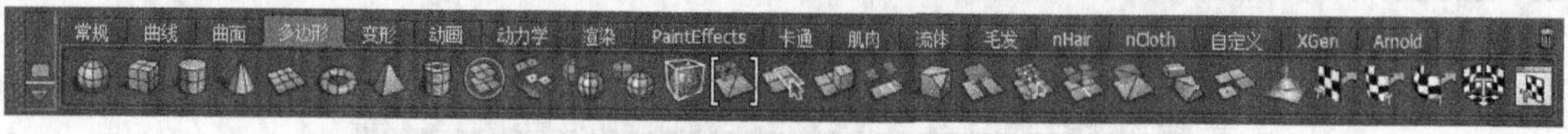

常规 曲线 曲面 多边形 变形 动画 动力学 渲染 PaintEffects 卡通 肌肉 流体 毛发 nHair nCloth 自定义 XGen Arnold

图 1-13

⑤ 工具箱集合了选择、套索、移动、旋转、缩放等常用工具，如图 1-14 所示。

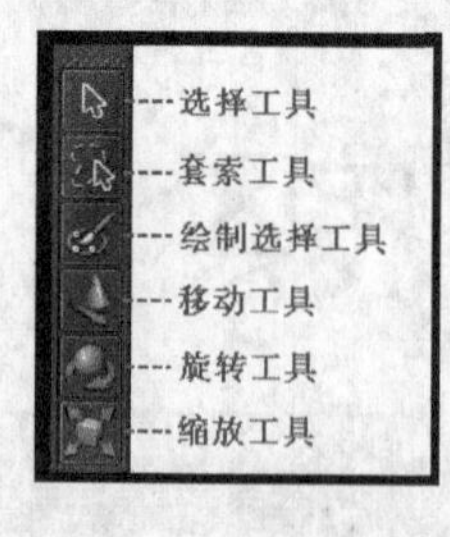

图 1-14

⑥ 工作区是作业的主要活动区域，大部分工作都在这里完成，因此占用的面积也较大，如图 1-15 所示。

⑦ 通道盒 / 层编辑器由两部分组成，上半部分是通道盒，下半部分是层编辑器，分别用于设置对象节点的参数和管理场景对象，如图 1-16 所示。

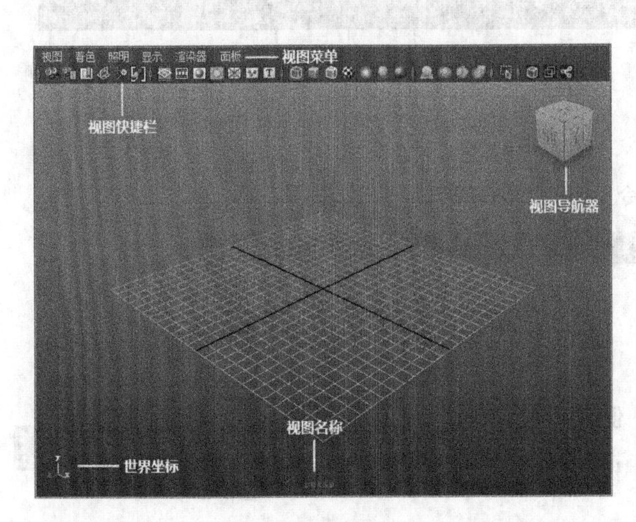

图 1-15

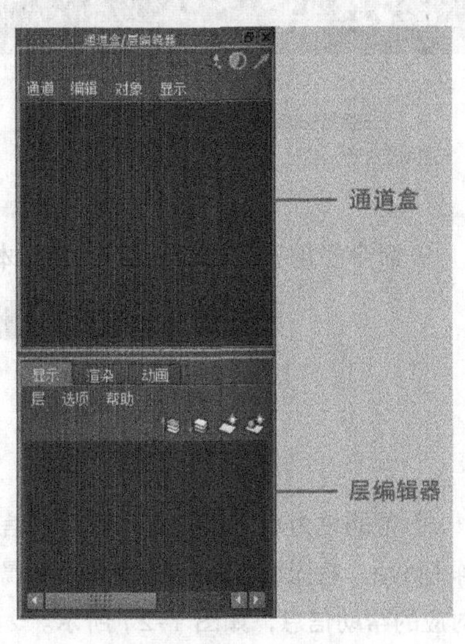

图 1-16

技巧与提示

通道盒 / 层编辑器所在的区域集成了 4 个面板，另外 3 个面板分别是“工具设置”“属性编辑器”和“建模工具包”，通过选择右侧的选项卡即可切换面板，如图 1-17 所示。如果没有显示需要的面板，可以通过单击状态行右侧的按钮，来打开对应的面板，如图 1-18 所示。

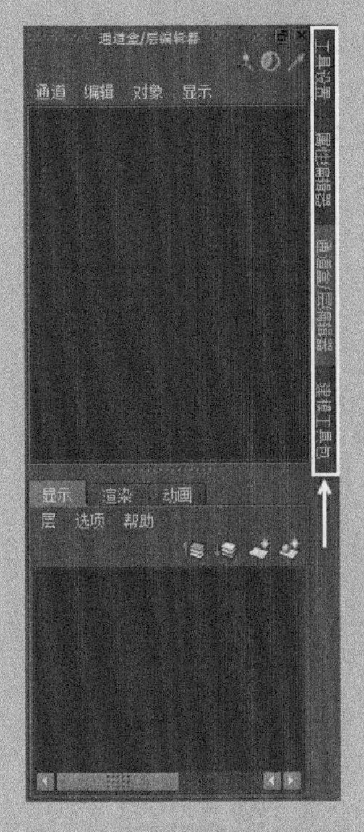

图 1-17

图 1-18

⑧ 时间轴主要用来控制播放动画和播放时间范围，如图 1-19 所示。

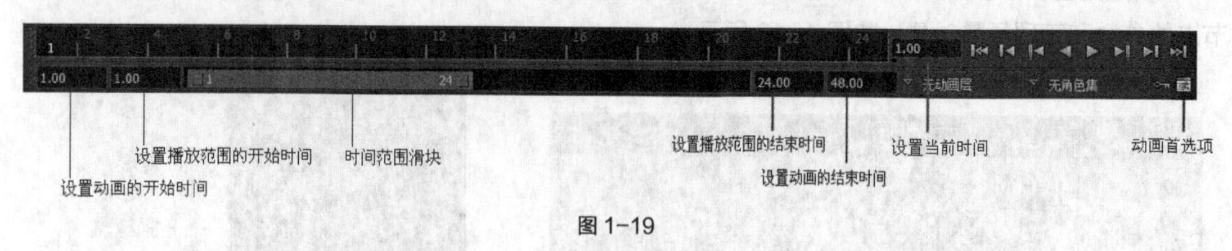

图 1-19

⑨ 命令栏用于输入 MEL 命令或脚本命令，如图 1-20 所示。

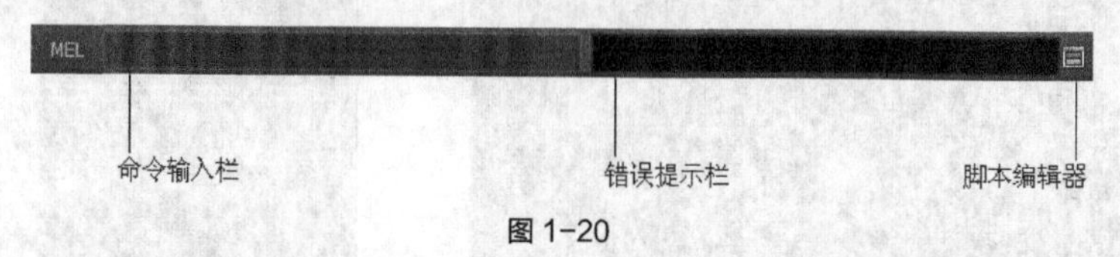

图 1-20

⑩ 帮助栏为用户提供简单的帮助信息，便于用户学习和操作 Maya。将光标停留在界面图标或属性上，帮助栏就会显示对应的帮助信息，如图 1-21 所示。

图 1-21

1.3 Maya 的基础操作

任何一款三维软件都离不开基础操作，学习 Maya 也要从最基本的操作入手。本节主要介绍了“文件”“对象”和“视图”的基本操作。

1.3.1 文件的操作

在 Maya 中的“文件”菜单下，有很多关于文件操作的命令，如图 1-22 所示。其中，很多命令的功能相似，下面介绍一些常用的命令。

启动 Maya，然后执行“文件 > 打开场景”菜单命令，如图 1-23 所示。

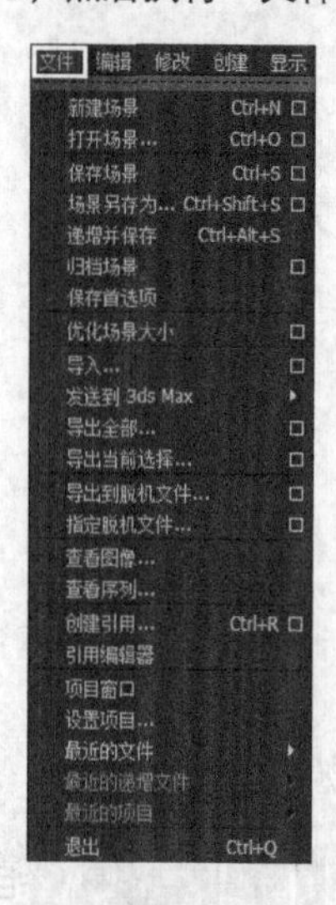

图 1-22

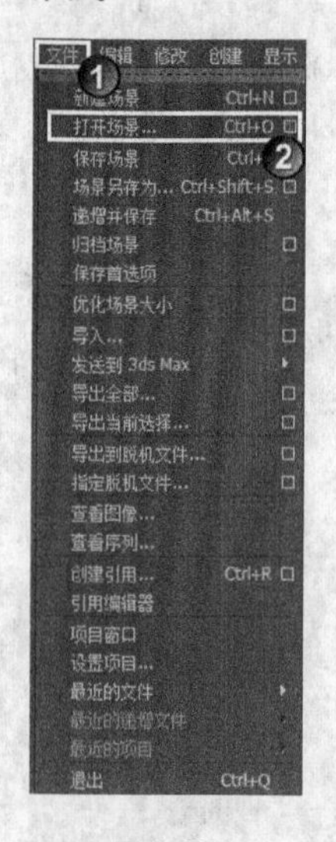

图 1-23

在弹出的“打开”对话框中，选择 Maya 文件，然后单击“打开”按钮 打开 ，如图 1-24 所示。此时视图中出现了打开的文件，效果如图 1-25 所示。

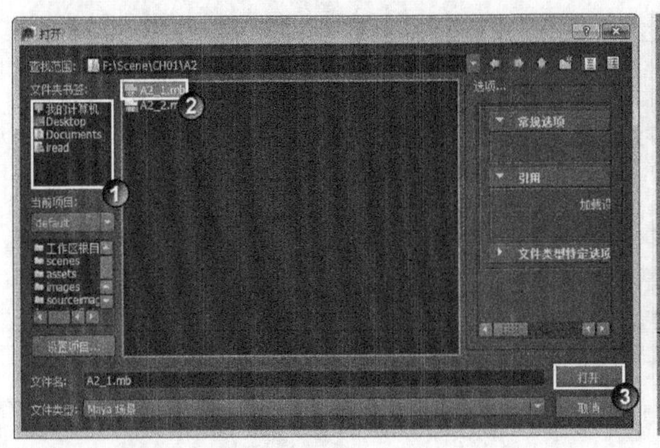

图 1-24

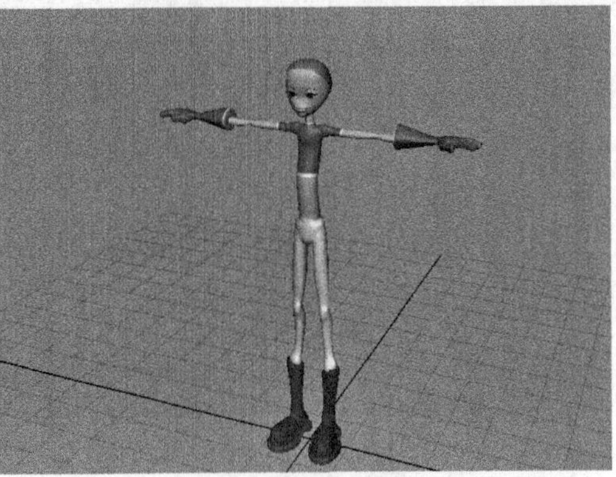

图 1-25

技巧与提示

Maya 工作区的默认颜色为渐变色，这里为了演示案例将背景色切换为浅灰色。读者可按组合键 Alt+B 来切换工作区的背景色，如图 1-26 所示。

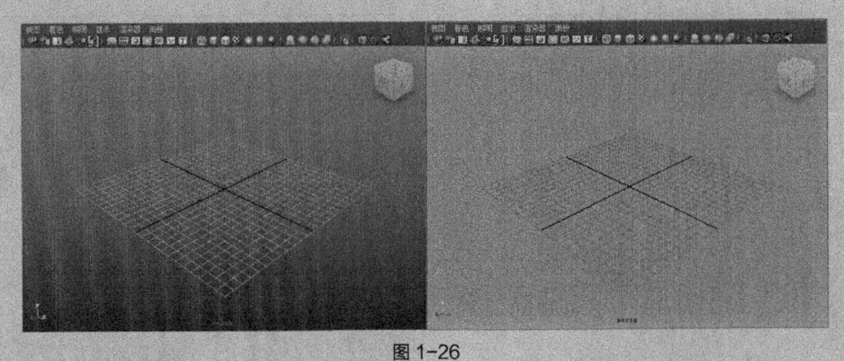

图 1-26

执行"文件 > 导入"菜单命令，在打开的"打开"对话框中选择一个 Maya 文件，接着单击"导入"按钮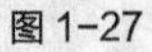，如图 1-27 所示。此时视图中就出现了导入的文件，效果如图 1-28 所示。

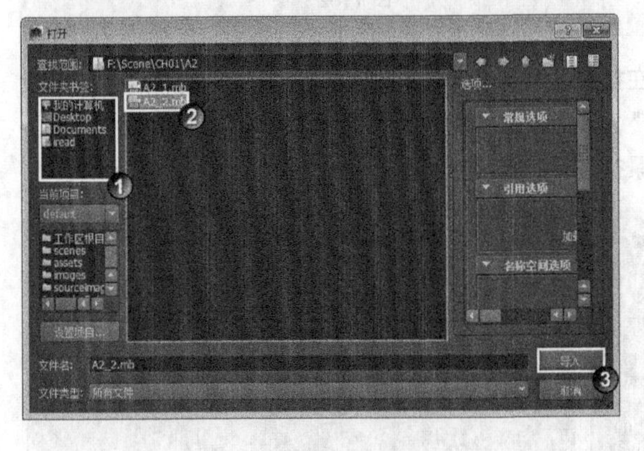

图 1-27

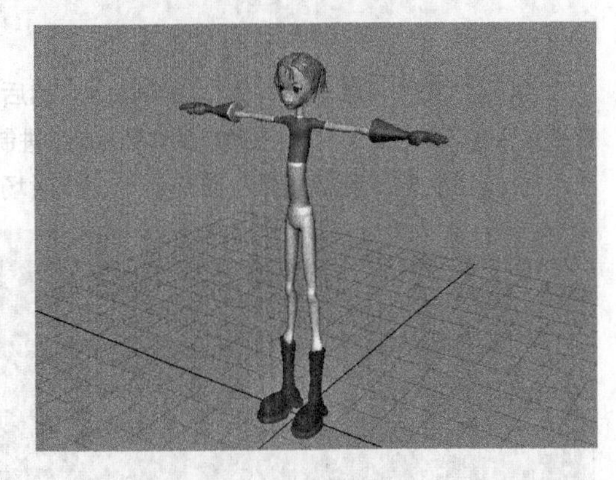

图 1-28

执行"文件 > 导出全部"菜单命令，然后在弹出的"打开"对话框中设置保存的路径，接着设置"文件名"为 First_Scene，再设置"文件类型"为 OBJexport，最后单击"导出全部"按钮，如图 1-29 所示。导出完成后可以在所在目录里找到导出的文件，如图 1-30 所示。

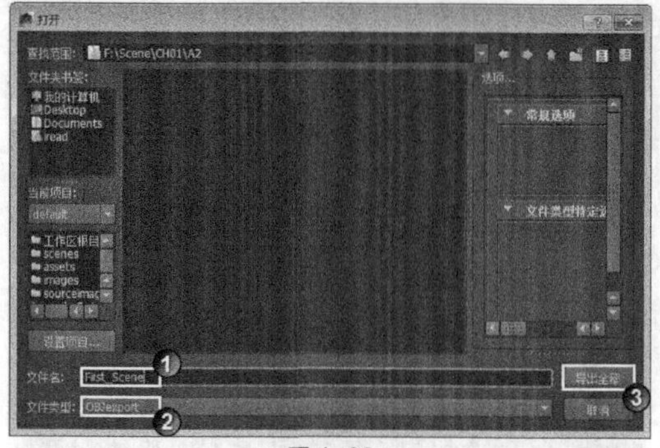

图 1-29

图 1-30

技巧与提示

如果文件类型没有 OBJexport 选项，读者可以执行“窗口 > 设置 / 首选项 > 插件管理器”菜单命令，如图 1-31 所示。然后在打开的“插件管理器”对话框中，勾选 OBJExport.mll 选项后面的“已加载”和“自动加载”复选框，如图 1-32 所示。

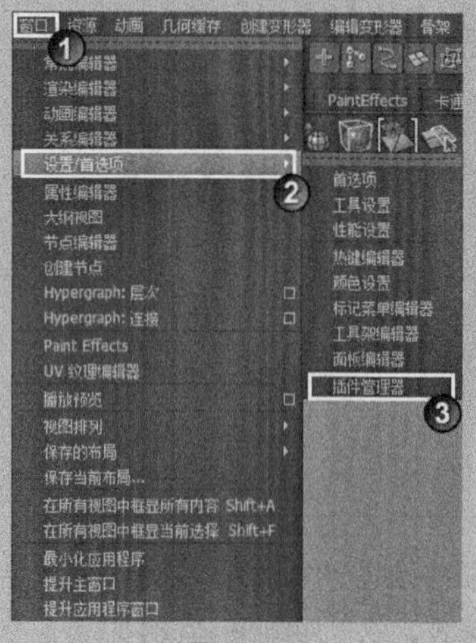

图 1-31

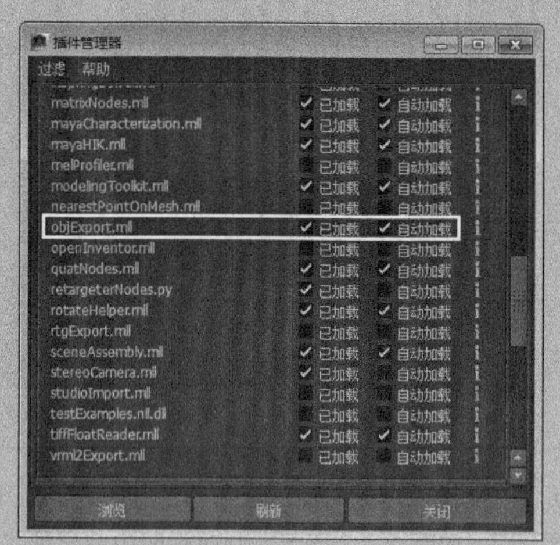

图 1-32

执行“文件 > 场景另存为”菜单命令，然后在打开的“另存为”对话框中设置保存的路径，接着设置“文件名”为 A2_3，“文件类型”为“Maya 二进制”，最后单击“另存为”按钮 另存为 ，如图 1-33 所示。

执行“文件 > 新建场景”菜单命令，此时场景被清空，如图 1-34 所示。

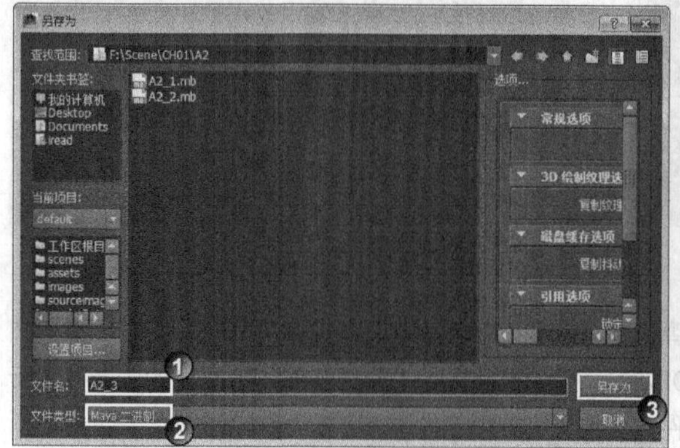

图 1-33

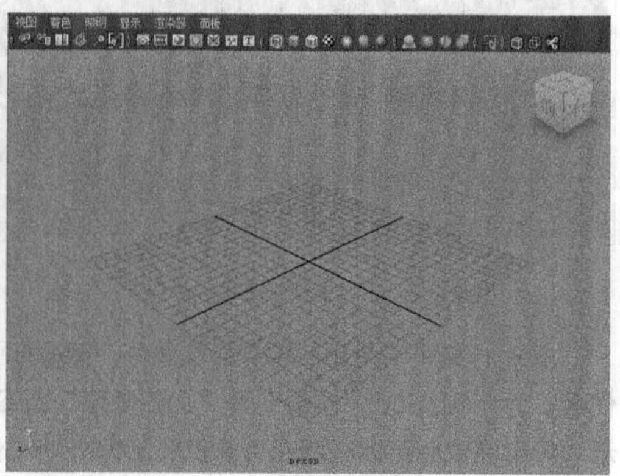

图 1-34

1.3.2 对象的操作

对象的操作主要是选择、移动、缩放和旋转对象。通过这些操作可以改变对象在视图中的方位、角度和大小。下面通过实际操作来介绍这些要点的操作技巧。

场景中有两个完全一样兔子模型，如图 1–35 所示。将光标移至右边的兔子模型上，然后单击鼠标左键，若模型呈绿色线框状即被选中，如图 1–36 所示。

图 1–35

图 1–36

技巧与提示

按住 Shift 键并单击选择模型可以加选对象，按住 Ctrl 键并单击模型可以减选对象，按住鼠标左键并拖曳则可以选择多个对象。

在左侧的工具箱中单击“移动工具”（快捷键为 W），然后将光标移至红色箭头（*x* 轴），接着按住鼠标左键并向右拖曳，模型就被移动到右侧，如图 1–37 所示。

在左侧的工具箱中单击“旋转工具”（快捷键为 E），然后将光标移至绿色箭头（*y* 轴），接着按住鼠标左键并向左拖曳，模型就转向左侧，如图 1–38 所示。

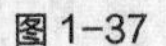

图 1–37

图 1–38

技巧与提示

在对对象进行变换操作（移动、旋转、缩放）后，从“通道盒 / 层编辑器”面板中可以看到操作后的信息，如图 1-39 所示。

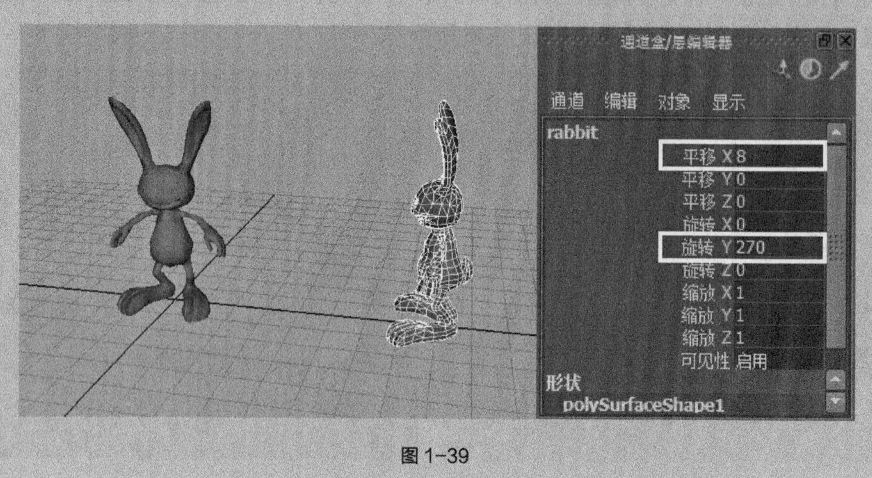

图 1-39

在左侧的工具箱中单击“缩放工具” （快捷键为 R），然后将光标移至中间的黄色方块（整体），接着按住鼠标左键并拖曳模型，模型就被整体放大或缩小，如图 1-40 所示。

图 1-40

1.3.3 视图的操作

视图的操作主要是移动、缩放和旋转视图，通过这些操作可以改变视图的角度。下面通过实际操作来介绍这些要点的操作技巧。

在视图中按住 Alt 键和鼠标左键，此时光标变为 状，然后拖曳光标使视图旋转，如图 1-41 所示。

图 1-41

技巧与提示

在旋转视图时，工作区中左下角的世界坐标和右上角的 View Cube（视图导航器），也会发生相应的变化，如图 1-42 所示。

图 1-42

世界坐标的红、绿、蓝箭头分别表示 x、y、z 轴，与“移动工具”所表示的方向一样。

按住 Alt 键和鼠标右键，此时光标变为状，然后拖曳光标，可使视图旋转，如图 1-43 所示。

按住 Alt 键和鼠标右键，此时光标变为状，然后拖曳光标，可以使视图平移，如图 1-44 所示。

图 1-43

图 1-44

按 Space 键，此时当前视图切换为四视图，如图 1-45 所示。然后将光标移至 front（前）视图的区域中，接着按 Space 键，此时当前视图切换为 front（前）视图，如图 1-46 所示。

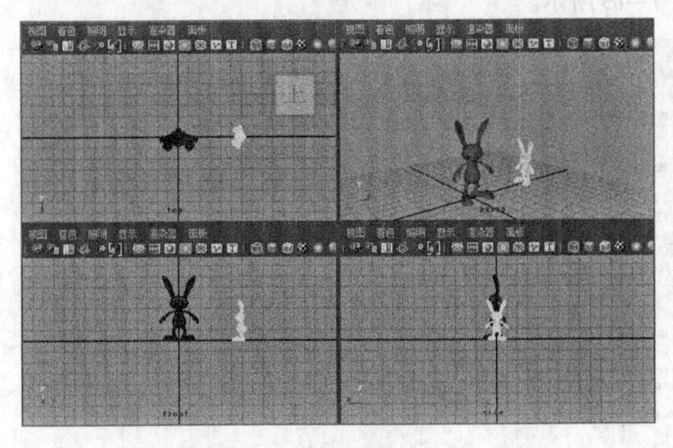

图 1-45

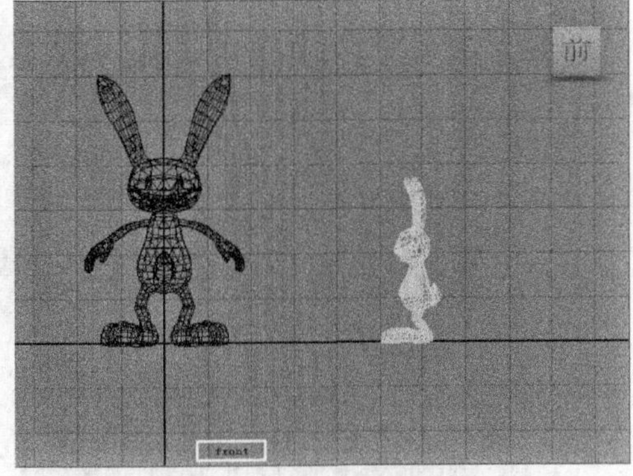

图 1-46

技巧与提示

在工作区中，可以通过下面的绿色字样和右上角的 View Cube（视图导航器），来判断当前所属的视图，如图 1–47 所示。

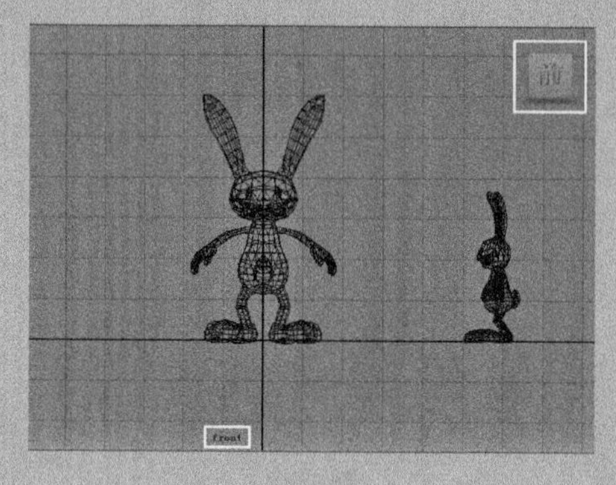

图 1–47

1.4 项目的使用

场景位置	无	扫描观看视频！
实例位置	无	
学习目标	学习项目的使用方法	

案例引导

项目的使用在实际制作过程中非常重要，Maya 在读取文件时，默认指向项目中对应的位置，因此在开始作业前，应当设置一个项目。

项目的实质是一组文件夹，这些文件夹用来保存不同类型的文件以供 Maya 使用。“项目窗口”对话框中的文件名和创建的项目文件所对应，如图 1–48 所示。

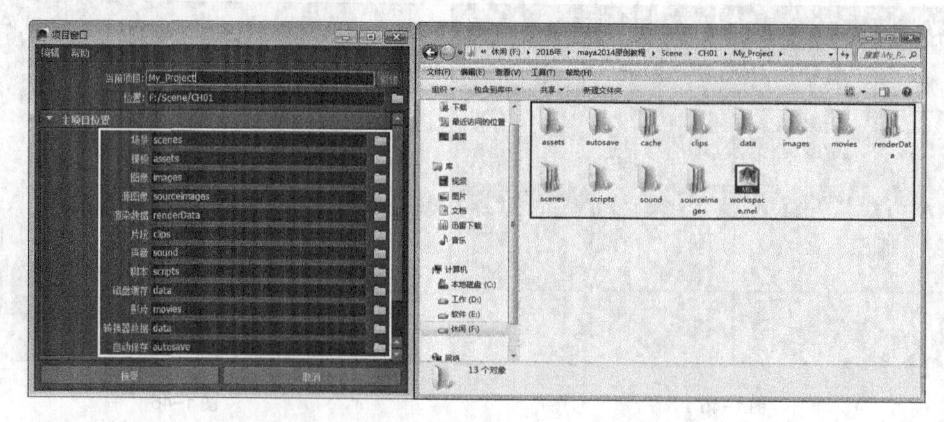

图 1–48

制作演示

（1）启动 Maya，然后执行“文件 > 项目窗口”命令，如图 1–49 所示。

（2）在打开的“项目窗口”对话框中，单击“新建”按钮，然后在“当前项目”文本框中输入项目的名字My_Project，接着单击按钮设置项目的路径，最后单击“接受”按钮，如图1–50所示。

（3）执行“文件 > 设置项目”菜单命令，然后在打开的“设置项目”对话框中，选择之前创建的 My_Project 项目，接着单击“设置”按钮，如图 1–51 所示。

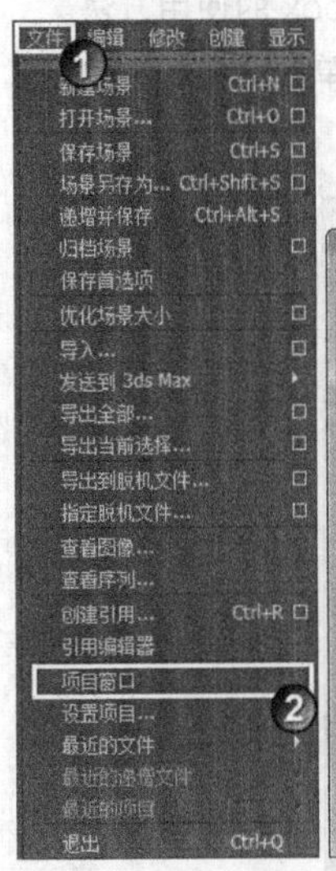

图 1–49

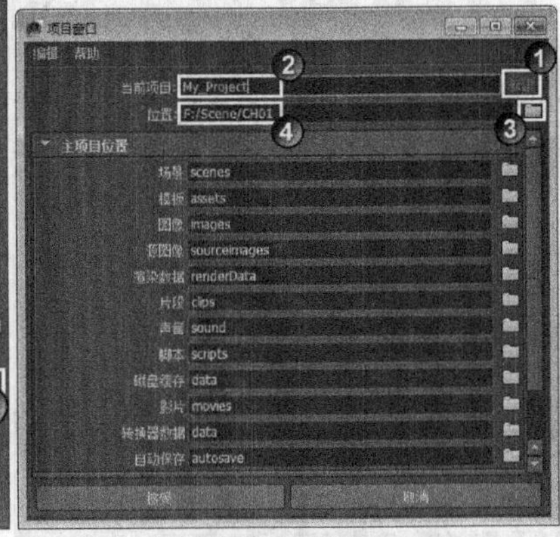

图 1–50

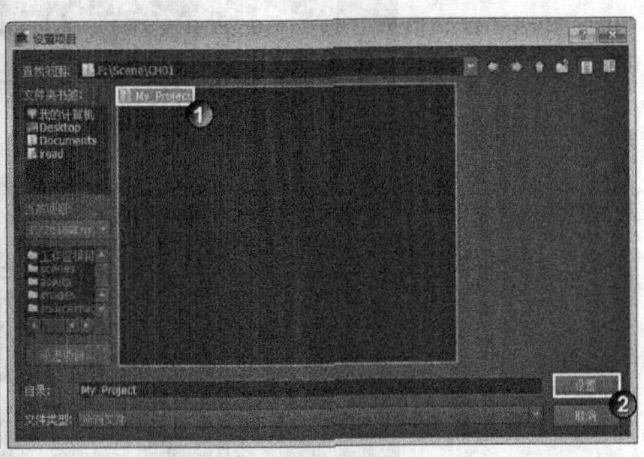

图 1–51

技术反馈

本案例通过创建并设置项目，来学习如何创建和设置项目。项目是 Maya 提供的一种管理文件的方案，初始状态下 Maya 将项目设置在 C:\，这不利于 Maya 文件的保存，因此建议用户将项目设置在其他盘符。

1.5 快捷操作

Maya 为了提高制作者的效率，提供了多种快捷操作方式，主要通过快捷键、工具架和 Hotbox 这 3 种方式快速执行命令。

1.5.1　快捷键的使用

Maya 的常用命令大部分都设置了快捷键，展开任一菜单，部分命令右侧会有相应的快捷键提示，如图 1–52 所示。

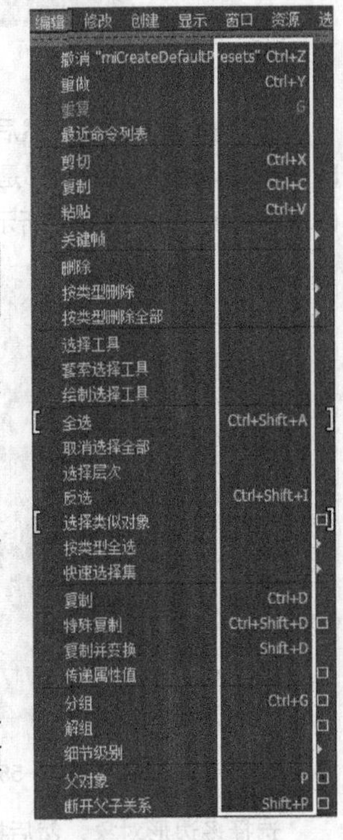

图 1–52

1.5.2　工具架的使用

工具架是一种较为常用的快捷操作方式，用户可以直接单击工具架上的按钮来激活工具或完成命令。工具架中的按钮都是分类排放，通过选项卡来管理不同类型的工具，如图 1–53 所示。

图 1-53

1.5.3 Hotbox 的使用

Hotbox 是 Maya 独有的一种快捷操作方式，在制作过程中使用会相当频繁。初学者在使用 Hotbox 时可能觉得很麻烦，一旦熟练掌握后，将大大提高制作效率。下面我们详细介绍 Hotbox 的使用方法。

按住 Space 键，将会在光标处打开 Hotbox 菜单，其中包含了 Maya 所有的菜单命令，如图 1-54 所示。

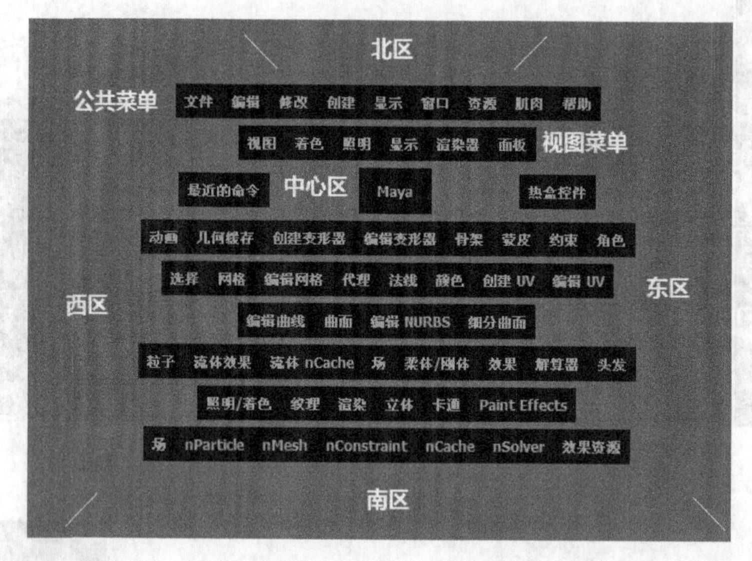

图 1-54

选择多边形对象，然后按住鼠标右键，将会在光标处打开 Hotbox 菜单，如图 1-55 所示。此时 Hotbox 菜单中提供的全部是针对选择对象的命令，若选择对象是 NURBS，则 Hotbox 菜单中的命令随即发生变化，如图 1-56 所示。

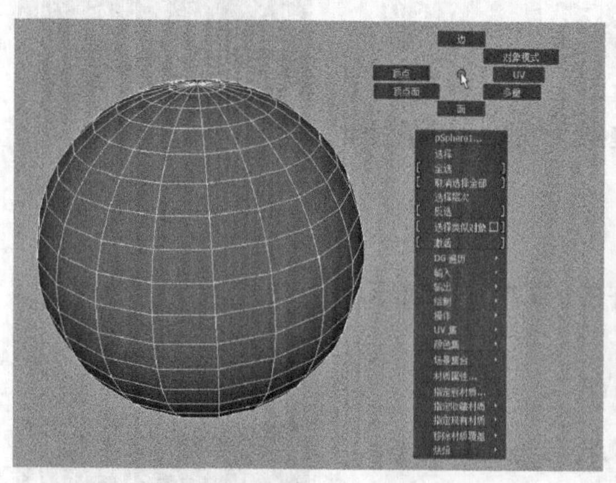

图 1-55

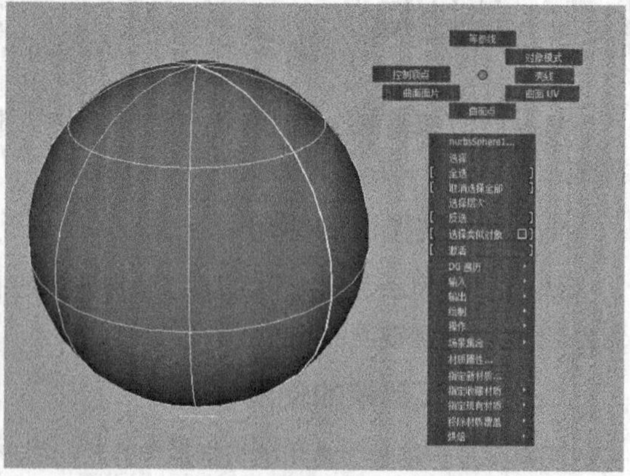

图 1-56

选择多边形对象，然后按住 Shift+ 鼠标右键，此时 Hotbox 菜单中提供的是关于编辑多边形的命令，如图 1–57 所示。

选择多边形对象，然后按住 Ctrl+ 鼠标右键，此时 Hotbox 菜单中提供的是关于选择多边形的命令，如图 1–58 所示。

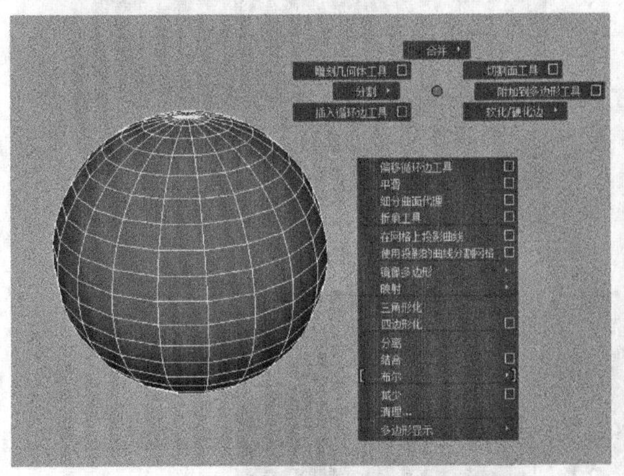

图 1–57

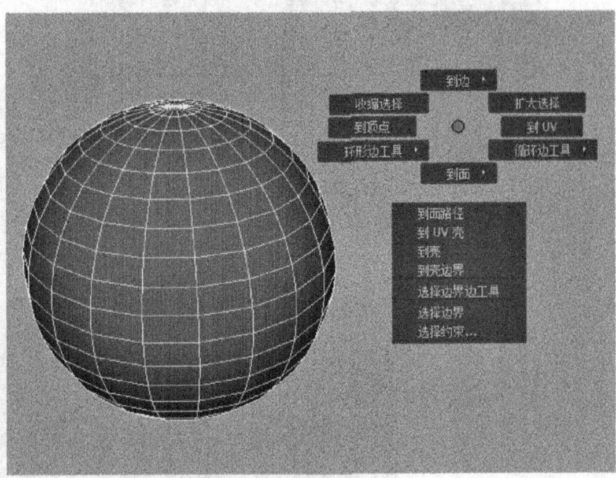

图 1–58

由上述操作可以看出，Hotbox 是一个动态的菜单，随着选择对象和使用按键的不同，菜单中的内容也会随之发生变化。

1.6 图层的使用

场景位置	Scene>CH01>A2>A2.mb	扫描观看视频！
实例位置	无	
学习目标	学习图层的使用方法	

案例引导

在制作大场景的过程中，往往场景中的内容较多，为了便于用户管理和操作，Maya 提供了“层”功能。Maya 中的层有 3 种类型，分别是显示层、渲染层和动画层。其中，显示层的使用最为频繁，因此本节主要介绍显示层。显示层又分为 3 种类型，分别是正常、模板和引用。将显示层设置为正常类型，其中的对象可以被选择和渲染；模板类型中的对象呈灰色线框，并且不能被渲染；而引用类型中的对象，可以渲染但不能选择。

制作演示

（1）打开学习资源中的 Scene> CH01>A2 >A2.mb 文件，如图 1–59 所示。场景中有一个角色模型。该角色由人物、头盔和包组成，如图 1–60 所示。

（2）选择头盔模型，然后在“通道盒 / 层编辑器”面板中单击“创建新层并指定选定对象”按钮，如图 1–61 所示。接着双击新建的层 layer1，如图 1–62 所示，再在打开的“编辑层”对话框中设置“名称”为 helmet、“显示类型”为“模板”“颜色”为白色，最后单击“保存”按钮保存，如图 1–63 所示。

图 1-59

图 1-60

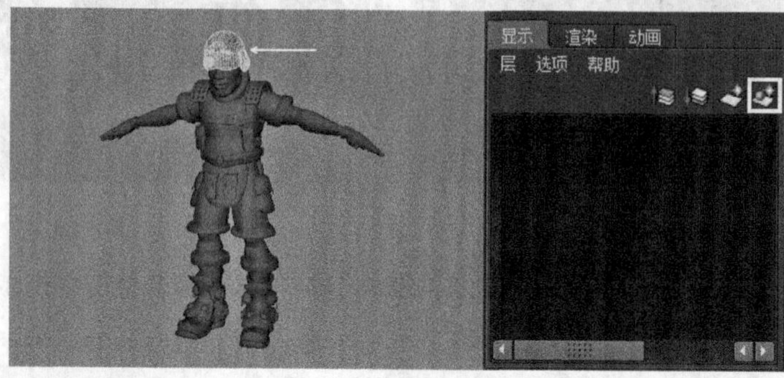

图 1-61

图 1-62

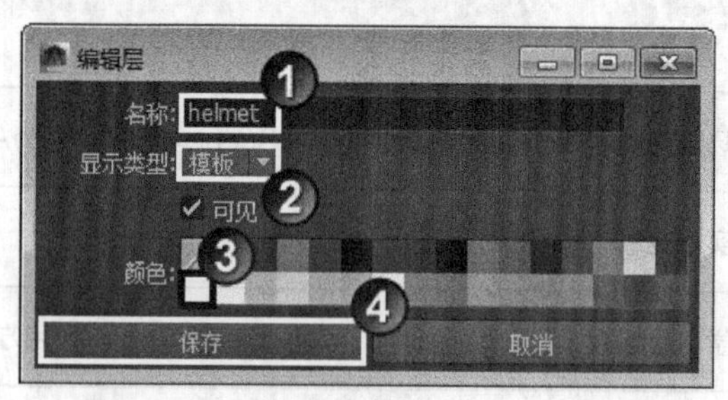

图 1-63

（3）设置完成后，可在“通道盒 / 层编辑器”面板中看到原来的图层 layer1 发生了变化，如图 1-64 所示，并且头盔模型呈线框状，如图 1-65 所示。

（4）选择包模型，然后在“通道盒 / 层编辑器”面板中单击“创建新层并指定选定对象”按钮，接着打开层 layer2 的“编辑层”对话框，再设置“名称”为 bag、“显示类型”为“引用”“颜色”为白色，最后单击“保存”按钮 保存 ，如图 1-66 所示。

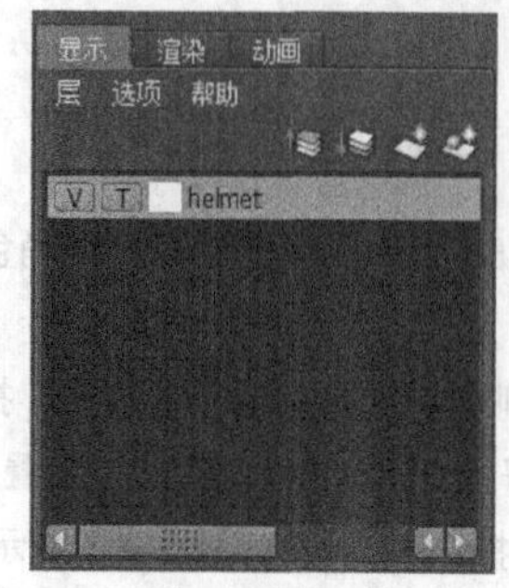

图 1-64

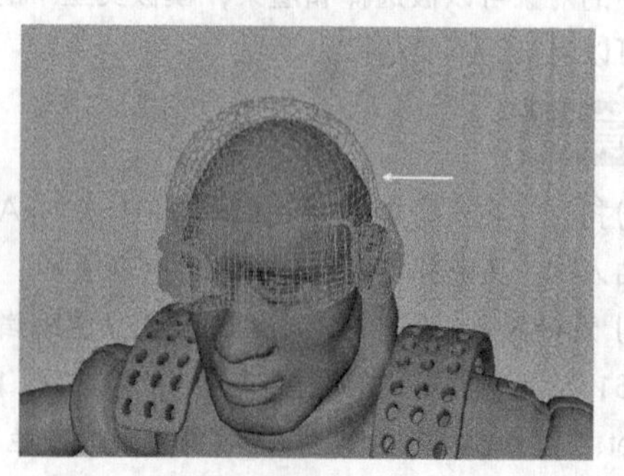

图 1-65

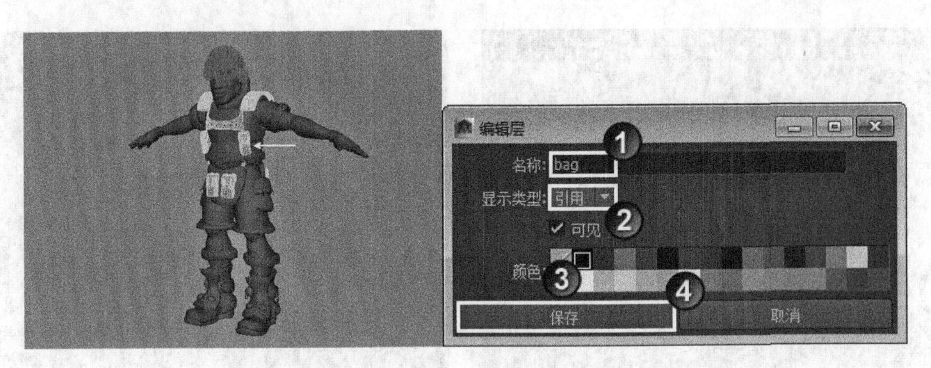

图 1-66

（5）设置完成后，按数字 4 键切换到线框显示，如图 1-67 所示。可以看到包模型的线框部分，由于层的作用变成了黑色。按数字 5 键切换到着色显示，然后在“通道盒 / 层编辑器”面板中取消 bag 层的“可见”选项，随即包模型被隐藏，如图 1-68 所示。

图 1-67

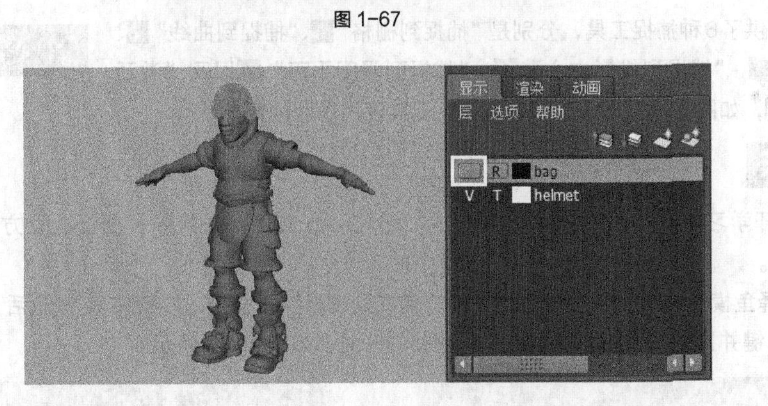

图 1-68

技术反馈

本案例通过创建和设置层来掌握 Maya 中层的作用。在制作过程中经常会用到层，尤其是在大型场景中，层不仅可以方便管理场景中的对象，还可以通过隐藏暂时不需要的对象，以节省计算机资源。

另外，还有一种只显示指定对象的技巧，下面通过实际操作来进行介绍。

选择人物模型，然后单击工作区中的“隔离选择”按钮，如图 1-69 所示。

操作完成后，场景中只显示选择的对象，并且工作区下方显示当前的显示状态为“孤立：persp”，如图 1-70 所示。

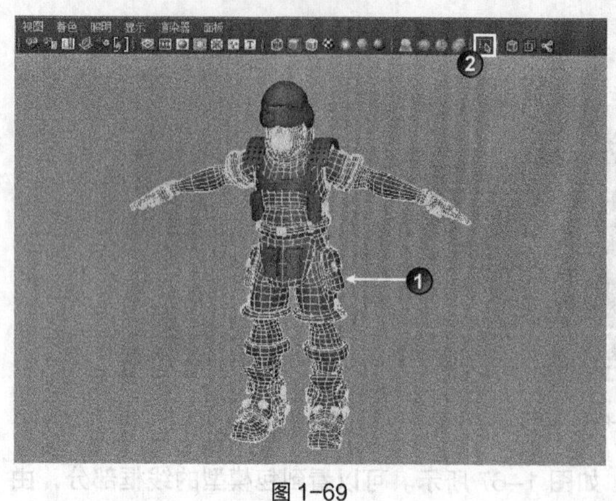

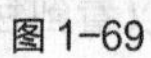

图 1-69

图 1-70

1.7 捕捉的使用

场景位置	Scene>CH01>A3>A3.mb	扫描观看视频!
实例位置	无	
学习目标	学习捕捉工具的使用方法	

案例引导

Maya提供了6种捕捉工具，分别是“捕捉到栅格”、“捕捉到曲线”、“捕捉到点”、“捕捉到投影中心”、“捕捉到视图平面”以及“激活选定对象”，如图 1-71 所示（前 3 种捕捉工具使用最为频繁）。

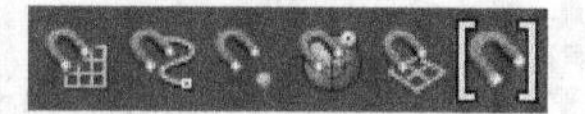

图 1-71

制作演示

（1）打开学习资源中的 Scene> CH01>A3 >A3.mb 文件，场景中有曲线、立方体和鱼模型，如图 1-72 所示。

（2）选择鱼模型，然后单击状态栏中的“捕捉到栅格”按钮，接着按 W 键激活“移动工具”，再按住鼠标中键并拖曳，最后将模型捕捉到栅格的一角，如图 1-73 所示。

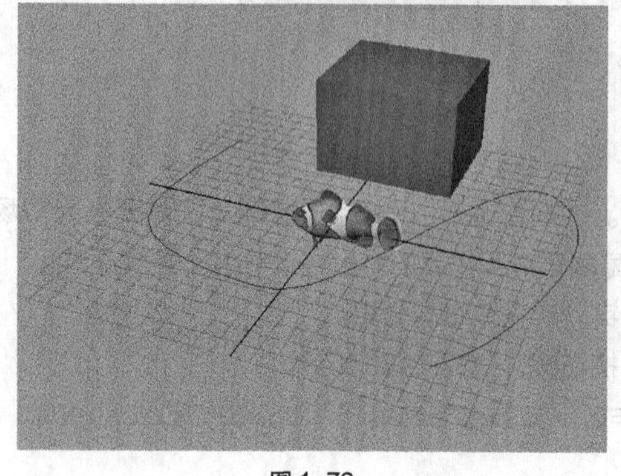

图 1-72

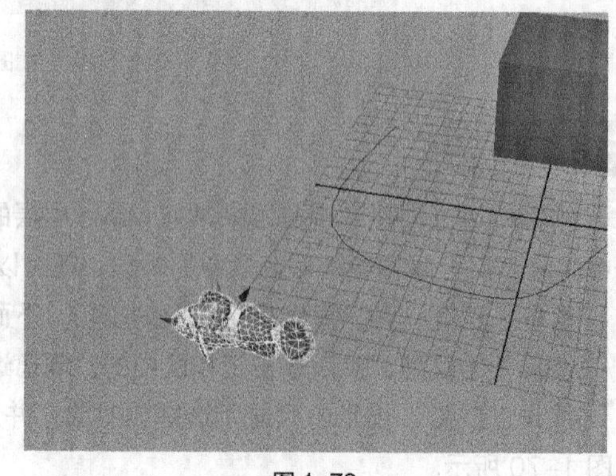

图 1-73

技巧与提示

如果场景中没有栅格，可单击工作区中的“栅格”按钮显示栅格。

（3）取消“捕捉到栅格”功能，然后单击“捕捉到曲线”按钮，接着将光标移至曲线上，最后按住鼠标中键并拖曳，鱼模型就被捕捉到曲线上了，如图 1-74 所示。

（4）取消“捕捉到曲线”功能，然后单击“捕捉到点”按钮，接着按住鼠标中键并拖曳到立方体上，鱼模型就被捕捉到立方体的顶点上了，如图 1-75 所示。

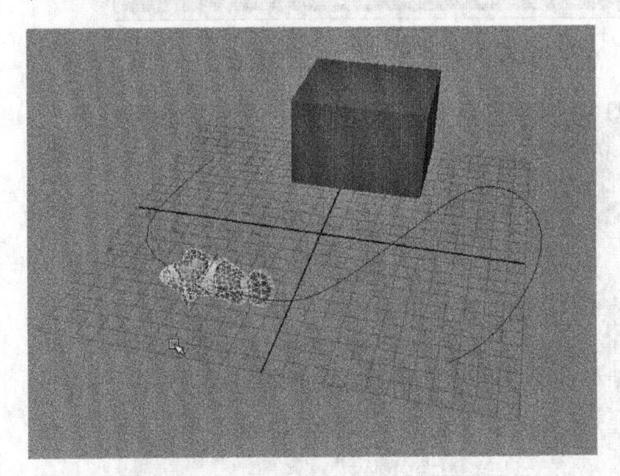

图 1-74

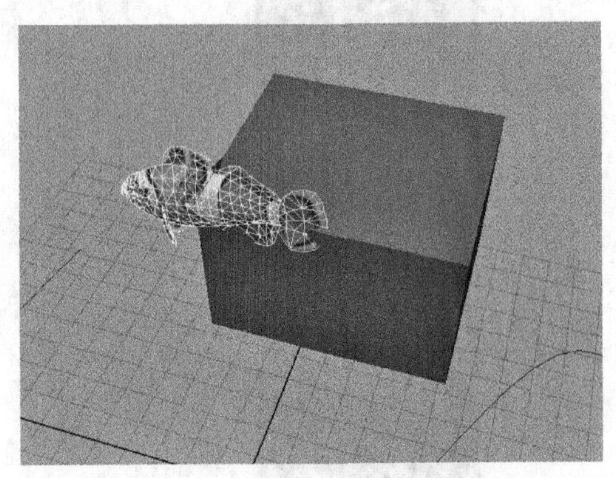

图 1-75

技术反馈

本案例通过将选择对象捕捉到其他对象上，来掌握 Maya 的捕捉工具。捕捉工具可以使选择对象精确的调整位置，根据需要将选择对象捕捉到其他类型的参照对象上。

1.8 复制的使用

场景位置	Scene>CH01>A4>A4.mb	扫描观看视频！
实例位置	无	
学习目标	学习 Maya 中的复制方法	

案例引导

Maya 提供了多种复制的方法，如图 1-76 所示。每种复制方式都有各自的特点，下面通过操作来介绍每种复制方法的特点。

打开“特殊复制选项”对话框，“平移”“旋转”和“缩放”参数各有 3 个值，如图 1-77 所示。这 3 个值从左到右分别表示 *x*、*y*、*z* 方向的值。

图 1-78 所示为“平移”参数在不同数值时的效果，通过观察可以发现，球体在 *y* 轴发生了不同程度的偏移。

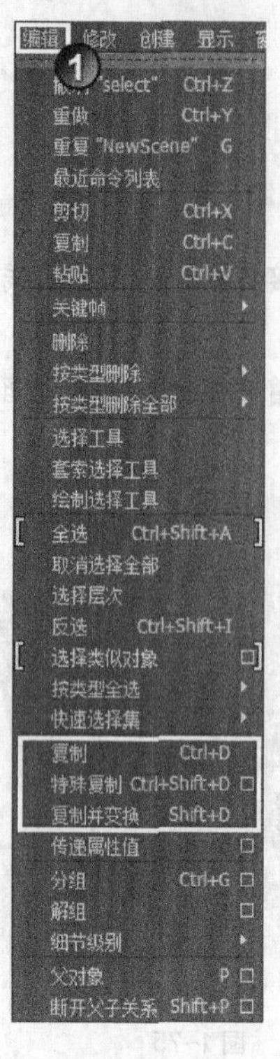

图 1-76

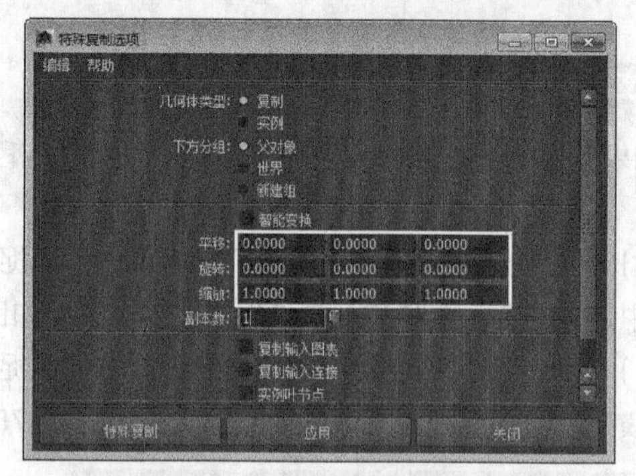

图 1-77

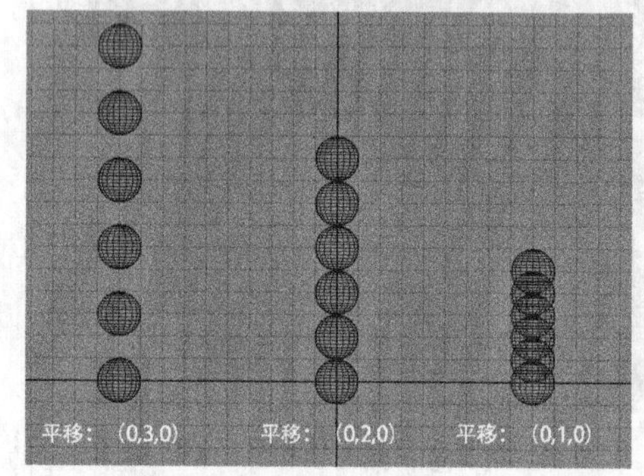

图 1-78

图 1-79 所示为“旋转”参数在不同数值时的效果，通过观察可以发现，长方体在 x 轴上发生了不同程度的旋转。

图 1-80 所示为“副本数”参数在不同数值时的效果，通过观察可以发现，复制出了不同数量的长方体。

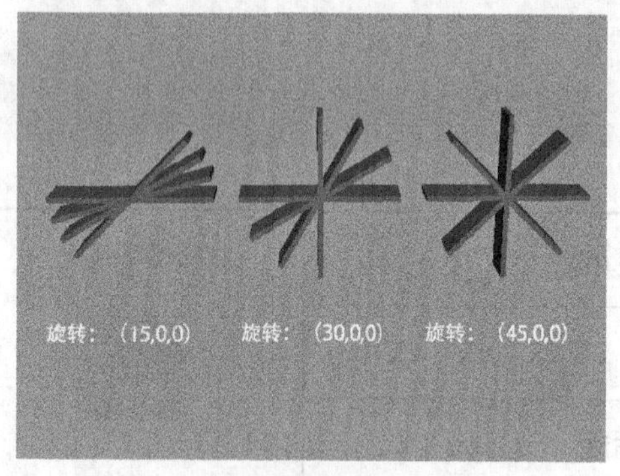

图 1-79

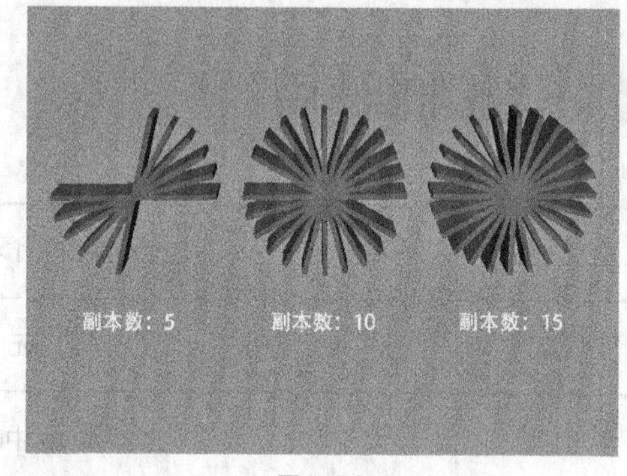

图 1-80

下面介绍“复制并变换”命令的使用方法和操作技巧。

选择底部的楼梯模型，接着执行“编辑 > 复制并变换”菜单命令，最后在“通道盒 / 层编辑器”面板中设置“平移 Y”为 0.7、“旋转 Y”为 18，如图 1-81 所示。

在使用“复制并变换”命令制作过程中不能中断复制，也就是一次性完成整个操作。如果中间有打断复制连续性的操作，那么下一次执行“复制并变换”命令时，将会不继承上一步的变换信息。

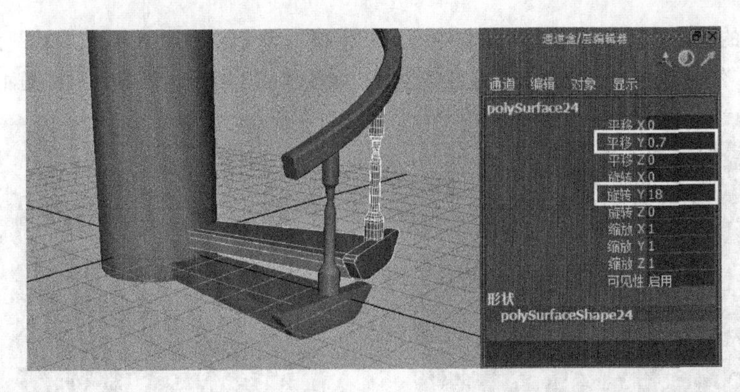

图 1-81

按 19 次组合键 Shift+D，效果如图 1-82 所示。细心的读者会发现，上一步中设置“平移 Y”“旋转 Y”以及执行 19 次组合键 Shift+D，与“特殊复制选项”对话框中设置参数有着密切联系。读者可以花一点点时间琢磨一下，这里就不再赘述了。

图 1-82

“复制”命令只是单纯的复制对象，并不会发生任何变化，因此功能上没有前两种命令强大。

制作演示

（1）打开学习资源中的 Scene> CH01>A4 >A4.mb 文件，如图 1-83 所示。

（2）选择底部的楼梯模型，如图 1-84 所示。然后单击“编辑 > 特殊复制”菜单命令后面的□按钮，如图 1-85 所示。

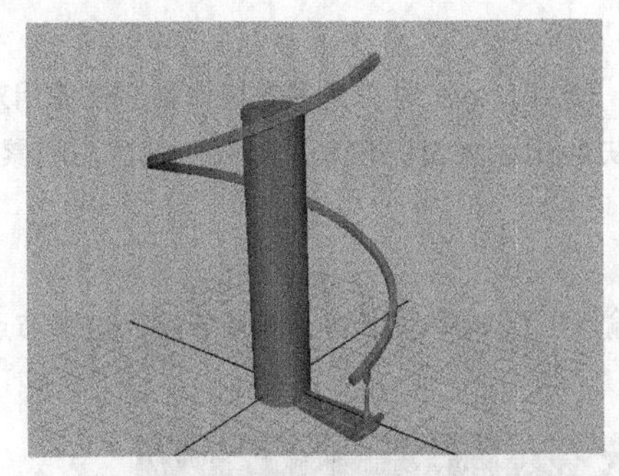

图 1-83

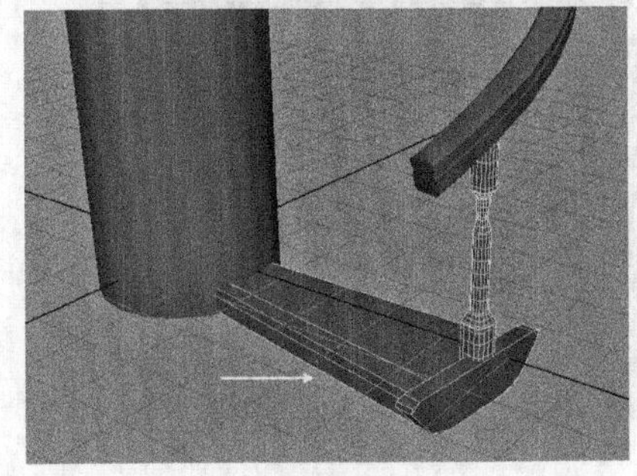

图 1-84

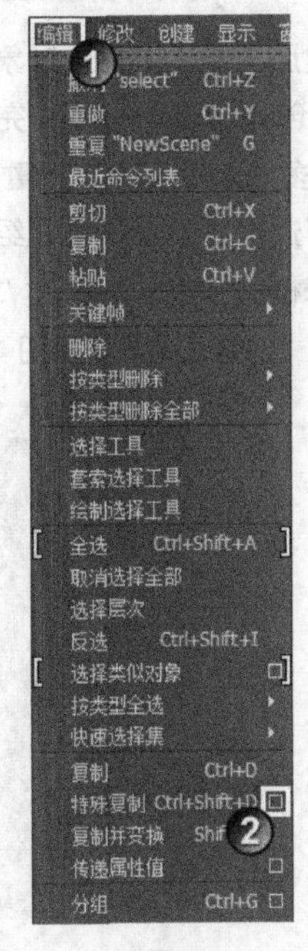

图 1-85

（3）在打开的“特殊复制选项”对话框中设置“平移”为（0，0.7，0）、“旋转”为（0，18，0）、“副本数”为 20，然后单击“特殊复制”按钮 特殊复制，如图 1-86 所示。最终效果如图 1-87 所示。

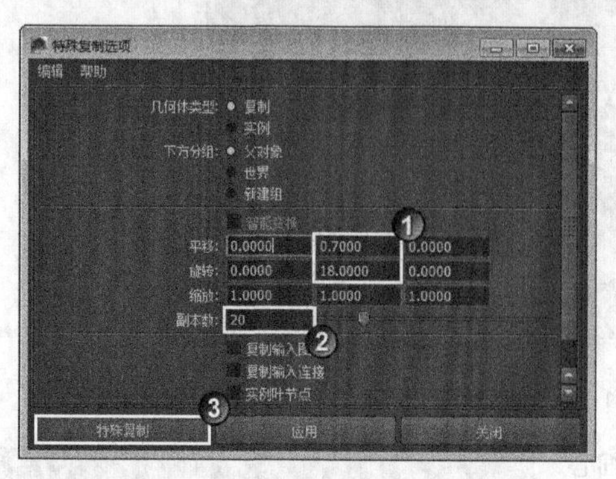

图 1-86

图 1-87

技术反馈

本案例通过制作旋转楼梯来掌握“特殊复制”命令的使用方法。“特殊复制”命令常常用于制作阵列效果和规律性的重复效果，例如花瓣和栏杆等。

1.9 场景的优化

在制作过程，经过一番操作后，场景中会积累大量的冗余信息和无用节点，这将大大增加计算机负荷，而且容易造成文件出错。因此，保持良好的优化习惯，不仅可以避免一些不必要的问题，而且可以使 Maya 场景更加干净，以节省计算机资源。

1.9.1 清除构建历史

构建历史是用来记录对象上使用过的命令的信息。使用 Maya 时，大多数操作都会在作用对象的构建历史中创建节点，因此在完成一个作品后，构建历史会记录大量的信息。如果构建历史积累得太多，会占用过多的系统资源，严重时会造成 Maya 崩溃。

下面通过实际操作来介绍如何清除构建历史。

选择模型，在“通道盒 / 层编辑器”面板里的“输入”区域中，排列了很多节点，这些节点名称构成节点的“构建历史”，如图 1-88 所示。

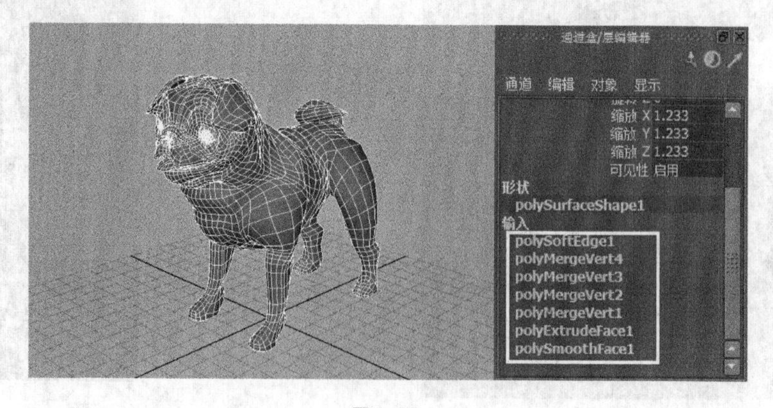

图 1-88

技巧与提示

“输入”区域中的节点是对对象执行命令后，所保留下来的构建历史，这些构建历史也被称为“历史记录”。修改历史记录中的信息，会影响对应节点所产生的效果。

选择模型，然后执行“编辑 > 按类型删除 > 历史”菜单命令，如图 1–89 所示。这时，可以看到“通道盒 / 层编辑器”面板中的构建历史被清空了，如图 1–90 所示。

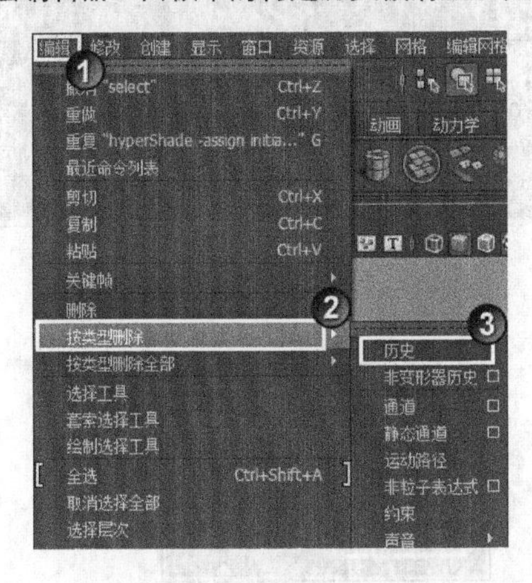

图 1–89

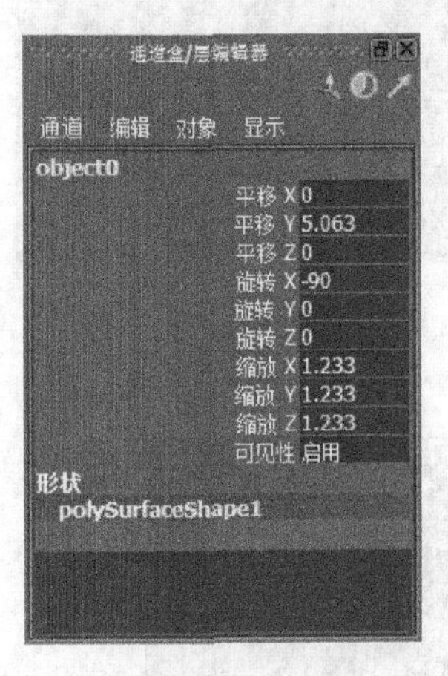

图 1–90

技巧与提示

执行“编辑 > 按类型删除全部 > 历史”菜单命令，可以删除场景中所有对象的构建历史。

构建历史并不是一个记录使用过的命令的角色，在制作过程中，往往会反复地修改效果。这时，通过构建历史可以多次修改效果，不需要撤回到以前的操作步骤。因此，不要随随便便地去删除构建历史，通常是在达到理想效果后再删除。

1.9.2 优化场景

Maya 是一个节点式的三维动画软件，节点是最小的单位，每个节点都是一个属性组，通过节点的组合形成一个完整的对象。如果场景中无用的节点过多，那么会增加文件的大小，并且在打开场景时会占用过多计算机资源。

下面通过实际操作来介绍如何清除无用的节点。

执行“窗口 > 渲染编辑器 >Hypershade”菜单命令，如图 1–91 所示。在打开的 Hypershade 对话框中可以看到有很多节点，其中大部分节点是无用的，如图 1–92 所示。

技巧与提示

Hypershade 对话框中的内容将在后面的章节详细介绍。

执行“文件 > 优化场景大小”菜单命令，如图 1–93 所示。在打开的“正在验证操作”对话框中，单击“确定”按钮，如图 1–94 所示。这时，Hypershade 对话框中的无用节点就被清空了，如图 1–95 所示。

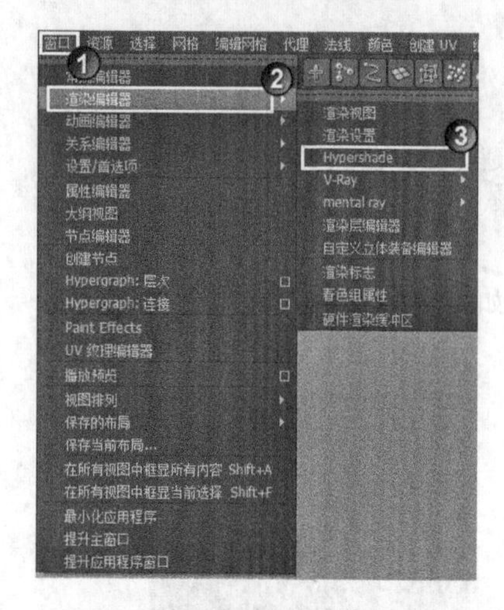

图 1-91

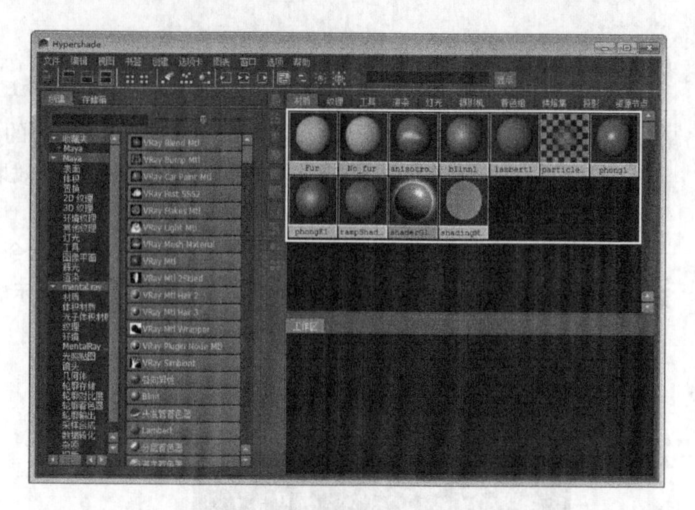

图 1-92

文件 编辑 修改 创建 显示
新建场景 Ctrl+N
打开场景... Ctrl+O
保存场景 Ctrl+S
场景另存为... Ctrl+Shift+S
递增并保存 Ctrl+Alt+S
归档场景
保存首选项
优化场景大小
导入...
发送到 3ds Max
导出全部...
导出当前选择...
导出到脱机文件...
指定脱机文件...
查看图像...
查看序列...
创建引用... Ctrl+R
引用编辑器
项目窗口
设置项目...
最近的文件
最近的递增文件
最近的项目
退出 Ctrl+Q

图 1-93

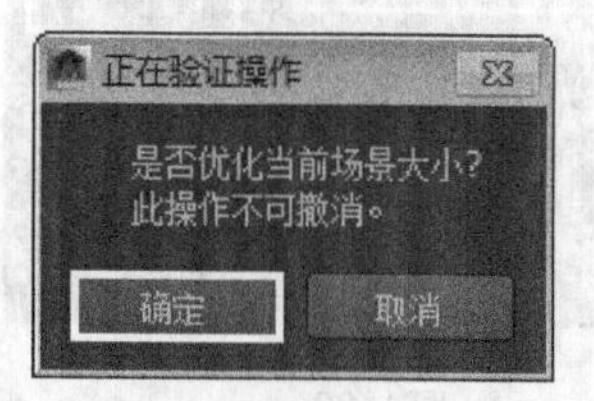

图 1-94

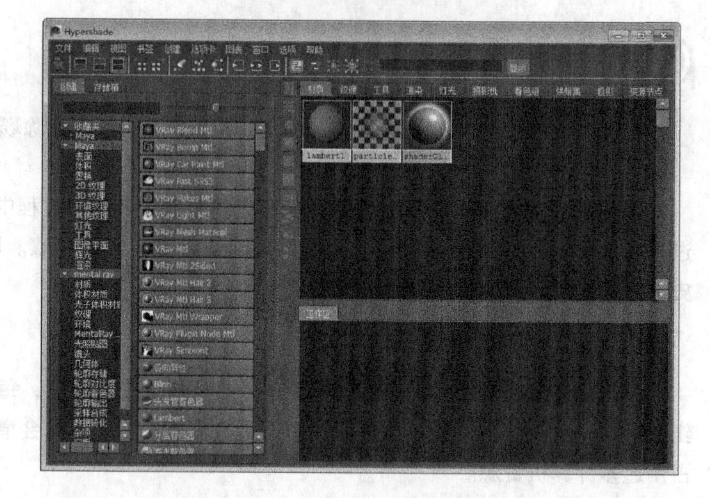

图 1-95

技巧与提示

lambert、particleCloud 和 shaderGlow 节点是 Maya 初始场景中自带的节点，因此使用“优化场景大小”命令不能清除这 3 个节点。

Chapter 2

第2章 多边形建模

多边形由点、边、面构成，特别适合用来制作棱角分明的模型，如果要制作较为光滑的模型，需要增加分段数来提高模型的精度。多边形建模操作相对简单，初学者很容易掌握，并且Maya提供了大量的多边形建模工具，使用户能够轻松地完成模型效果。本章介绍了建模概要、多边形的创建方法、多边形的编辑方法以及多边形的建模流程等内容。通过本章的学习，读者可以掌握多边形建模的方法和操作技巧。

本章学习要点

- 了解建模的相关知识
- 掌握多边形的创建方法
- 掌握多边形的编辑方法
- 掌握多边形的建模流程

2.1 关于建模

在三维世界中，模型是最基础的效果呈现，如果没有模型作为基石，就不会有动画这座城堡，因此很多三维软件都提供了强大的建模功能。

2.1.1 什么是建模

建模就是建立模型，在三维软件中，通过各种技术手段，模拟出逼真的、令人信服的实体，这个物体可以是环境，也可以是角色，如图 2–1 和图 2–2 所示。

图 2–1

图 2–2

2.1.2 为什么建模

模型是三维世界中最基本的元素，通过模型可以构建逼真的三维世界。三维作品都是从模型开始的，后期的大部分工作都建立在模型的基础上。毫不夸张地说，没有模型的三维作品，不是一个完整的三维作品。在影视和动画中，模型展现出了独有的魅力，如图 2–3 和图 2–4 所示。

图 2–3

图 2–4

2.1.3 主流的建模技术

在三维领域中，主要使用的建模技术有多边形建模和曲面建模，这两种建模技术各有优劣。总结归纳如下，曲面建模适合应用于工业建模，而多边形建模适合应用于影视建模。图 2–5 所示为曲面模型和多边形模型的效果，在后面的内容中会详细介绍两种建模方式的特点。

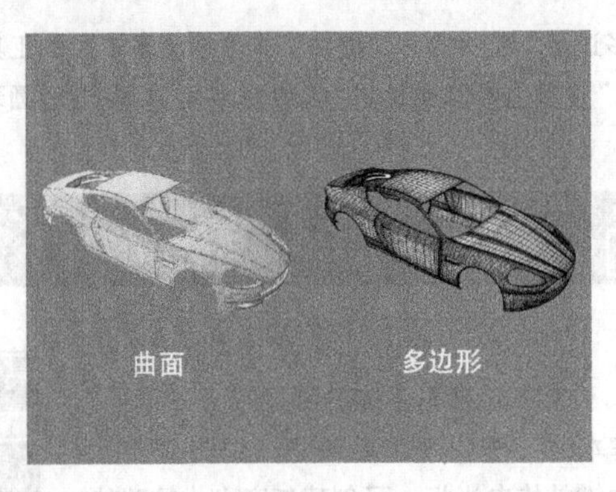

图 2-5

2.2 多边形建模简介

多边形建模是一种应用最为广泛的建模方式，无论是室内表现、建筑漫游，还是游戏制作、影视动画，多边形模型都起到了重要作用。

Maya 为多边形建模提供了一个独立的模块，以便用户使用。设置模块选择器为“多边形”，如图 2-6 所示。菜单栏中出现关于多边形的菜单，如图 2-7 所示。

图 2-6

网格　编辑网格　代理　法线　颜色　创建 UV　编辑 UV

图 2-7

2.2.1 创建多边形

Maya 提供了很多种多边形基本体，在“创建 > 多边形基本体”菜单下提供了 12 种多边形基本体，分别是“球体”“立方体”“圆柱体”“圆锥体”“平面”“圆环”“棱柱”“棱锥”“管道”“螺旋线”“足球”和“柏拉图多面体”，如图 2-8 所示。多边形基本体效果如图 2-9 所示。

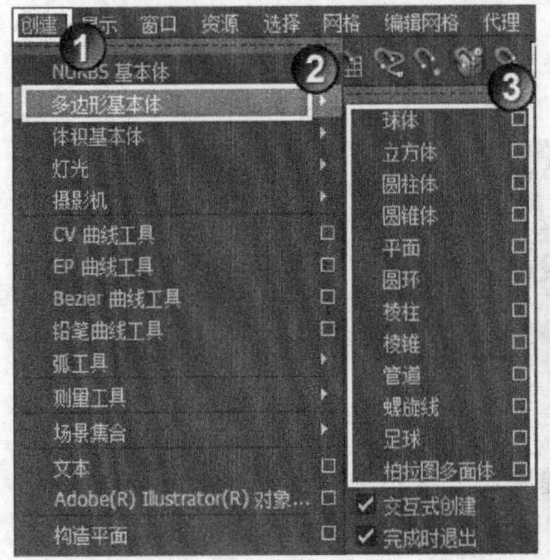

图 2-8

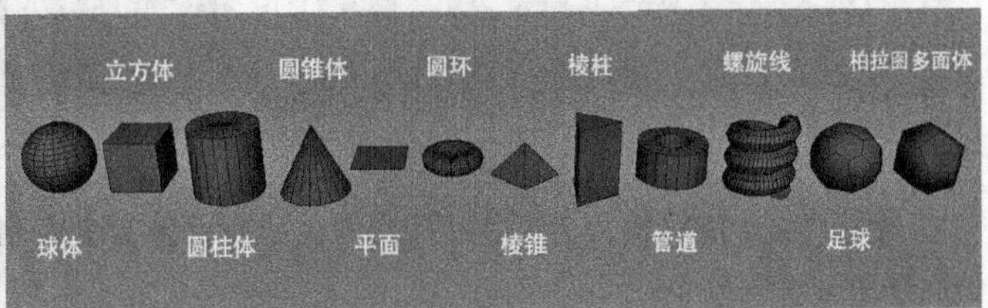

图 2-9

另外，在工具架中的“多边形”选项卡下，提供了8个创建多边形的工具，分别是“多边形球体”“多边形立方体”“多边形圆柱体”“多边形圆锥体”“多边形平面”“多边形圆环”“多边形棱锥”和“多边形管道”，如图 2-10 所示。

图 2-10

下面以多边形球体为例，介绍多边形基本体的创建方法。

执行“创建 > 多边形基本体 > 球体”菜单命令，如图 2-11 所示。然后在视图中按住鼠标左键并拖曳光标，可创建任意大小的球体，如图 2-12 所示。也可以在视图中单击创建一个半径为 1 的球体，如图 2-13 所示。

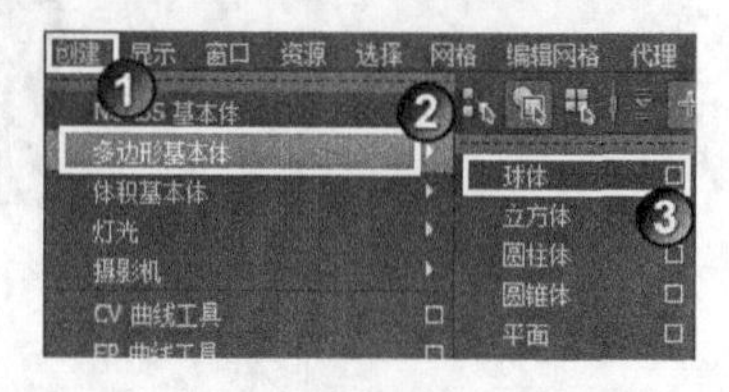

图 2-11

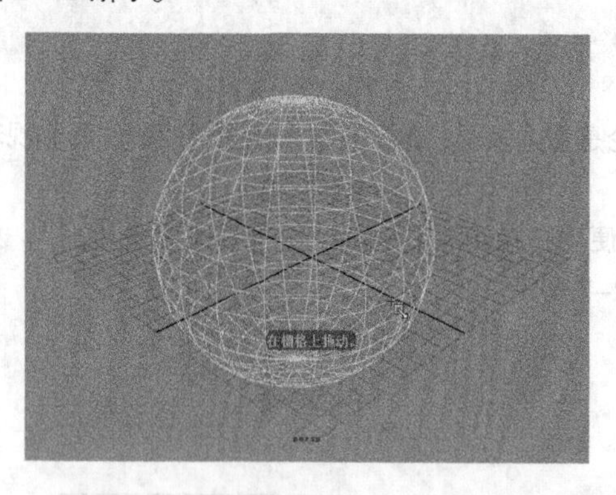

图 2-12

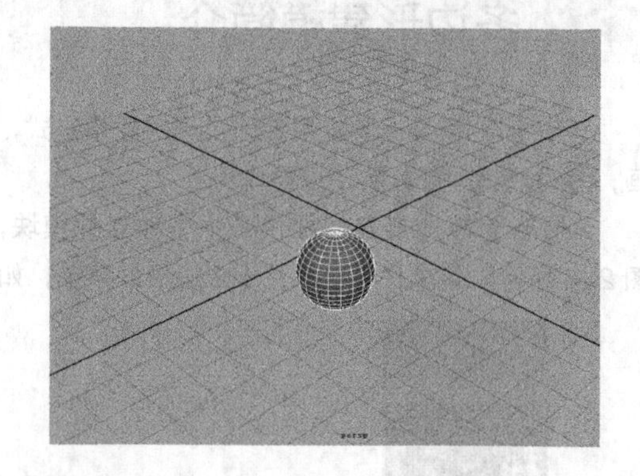

图 2-13

2.2.2 编辑多边形

在创建完多边形后，如果要对其进行调整可以按住鼠标右键，在打开的 Hotbox 菜单中，可以选择多边形的编辑模式，如图 2-14 所示。不同的编辑模式，可以选择对象的不同组件，图 2-15 所示为多边形中常用的 5 种编辑模式。

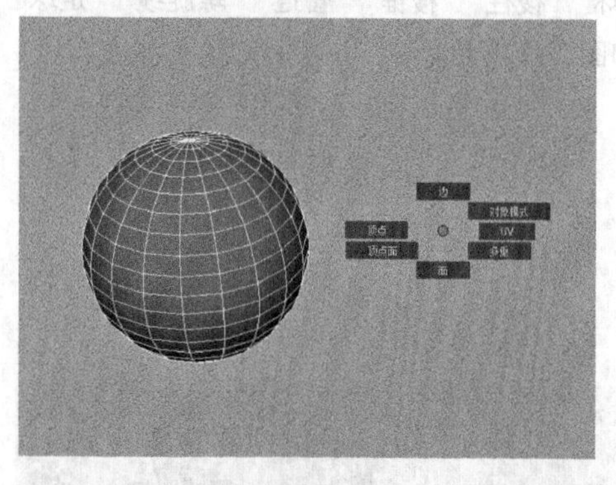

图 2-14

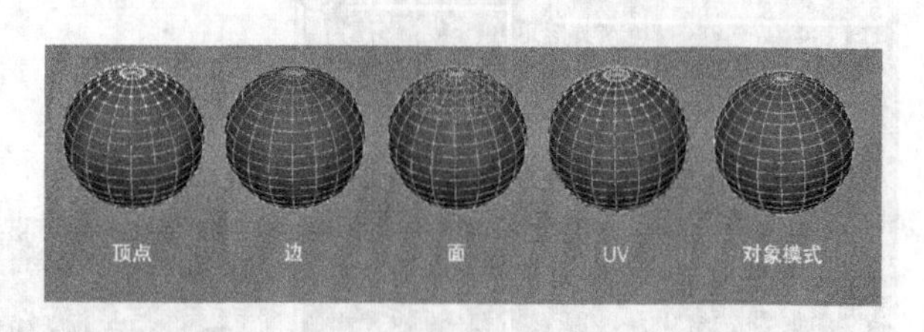

图 2-15

选择“面”编辑模式，然后选择球体上的面，接着按 W 键激活“移动工具”并拖曳操作手柄，使面移动，如图 2-16 所示。

另外，在“通道盒 / 层编辑器”面板中，可以修改多边形基本体的相关属性。

选择球体，然后在“通道盒/层编辑器”面板里的“输入”区域中，单击polySphere1节点展开其属性，如图2-17所示。

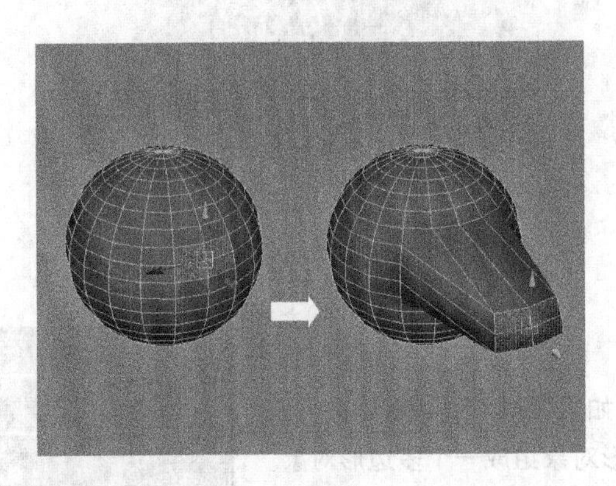

图2-16

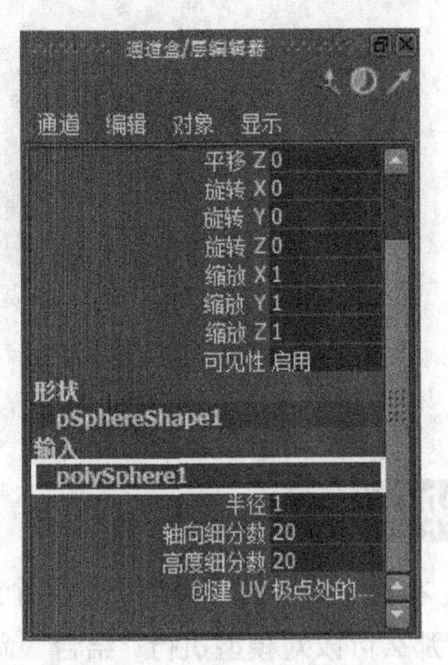

图2-17

创建3个球体，分别设置“半径”为1、2、3，可得到图2-18所示的结果。设置球体的“轴向细分数”和“高度细分数”分别为5、10、20，可得到图2-19所示的结果。可见细分数越多，多边形的精度越高，过渡越光滑。但分段数不是越高越好，分段数过高会增加计算机内存和显卡的负荷，因此根据要求将分段数控制在合理的范围内即可。

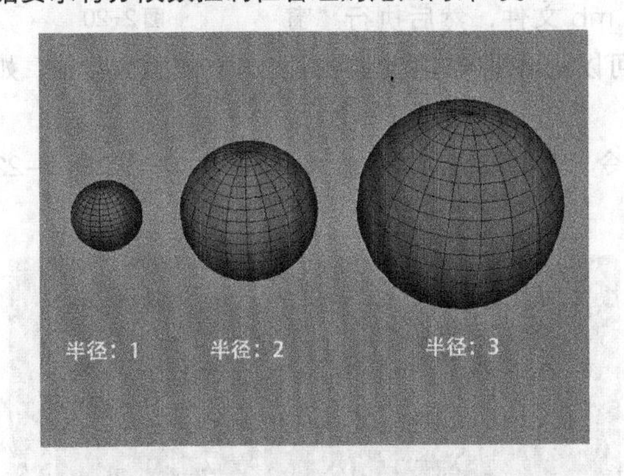

图2-18

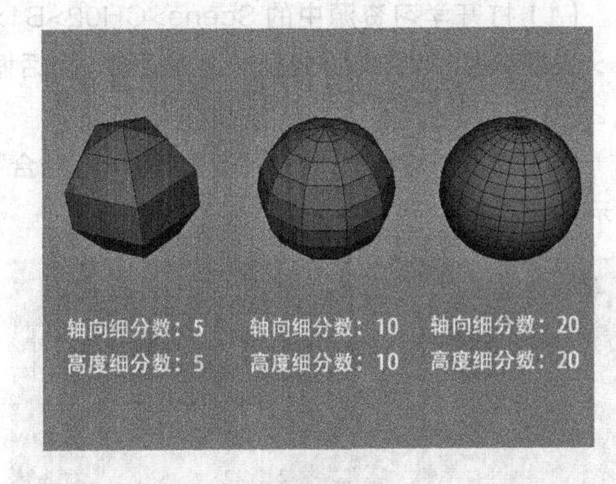

图2-19

其他多边形基本体的初始属性与球体类似，这里由于篇幅的原因不再赘述，读者可以自行测试观察效果。

2.3 用结合/分离命令调整卡通笔

场景位置	Scene>CH02>B1>B1.mb	扫描观看视频！
实例位置	Example>CH02>B1>B1.mb	
学习目标	学习“结合”和“分离”命令的使用方法	

案例引导

本例中的卡通笔模型是由多个多边形对象组成，如果要对卡通笔整体进行调整，那么可以对模型执行“结合”命令将选择的多边形对象组成一个多边形对象。如果要对卡通笔上的某一个部件进行调整，那么可以对模型执行“分离”命令将对象拆分。打开“网格”菜单，可以找到“结合”和“分离”命令，如图 2-20 所示。

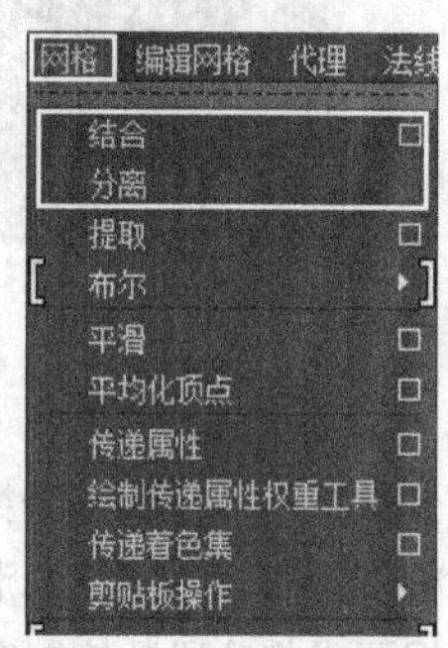

图 2-20

制作演示

（1）打开学习资源中的 Scene>CH02>B1>B1.mb 文件，然后执行“窗口 > 大纲视图”菜单命令打开“大纲视图”对话框。可以发现圆珠笔模型是由多个多边形对象组成，如图 2-21 所示。

（2）选择所有模型，然后执行“网格 > 结合”命令，此时所有对象被合并为一个对象，如图 2-22 所示。

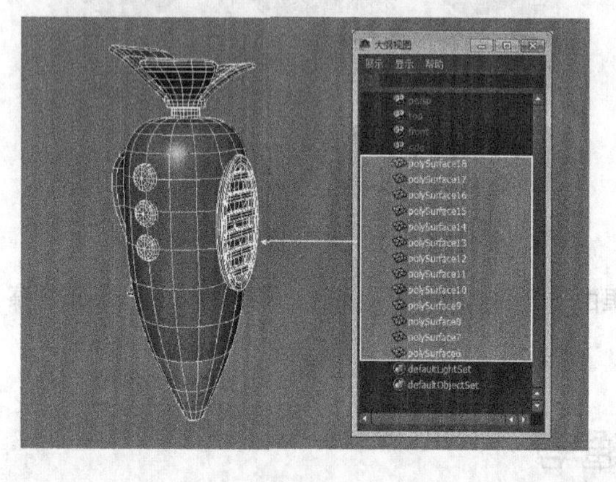

图 2-21

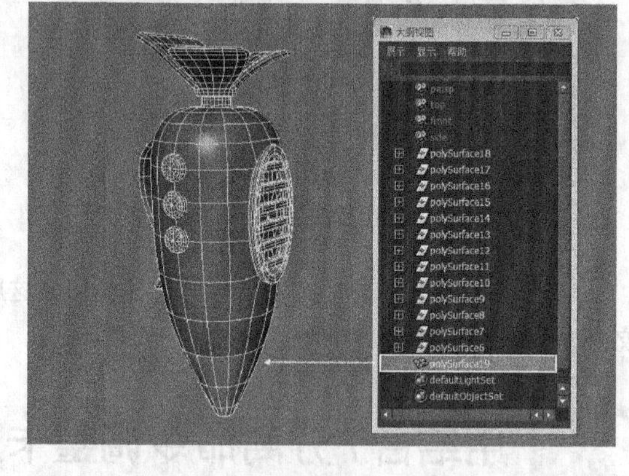

图 2-22

（3）选择圆珠笔模型，然后执行“网格 > 分离”命令，此时该对象被拆分为多个对象，如图 2-23 所示。

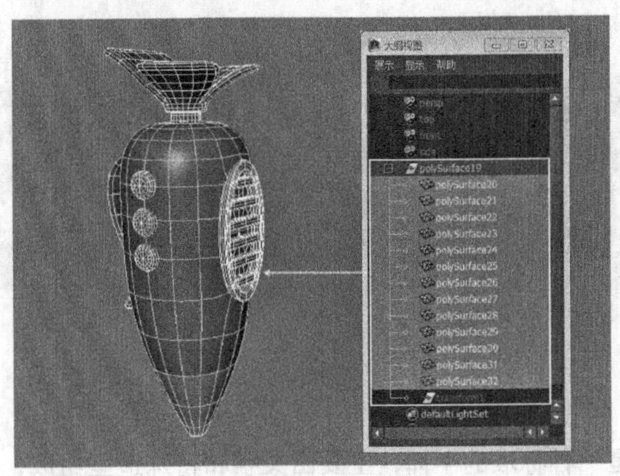

图2-23

技巧与提示

在对对象执行“结合”或“分离”命令后会自动生成组，如图2-24所示。在完成“结合”或“分离”的操作后，可通过删除历史记录来清除无用的节点。

图2-24

技术反馈

本例通过调整卡通笔模型，来掌握“结合”和“分离”命令。在多边形的操作过程中，经常会对模型进行整体或局部的调整，使用“结合”和“分离”命令可以大大增加模型的可控性，提高建模的效率。

2.4 用布尔工具制作三维文字

场景位置	Scene>CH02>B2>B2.mb	扫描观看视频!
实例位置	Example>CH02>B2>B2.mb	
学习目标	学习“布尔工具”的使用方法	

案例引导

本例中的三维文字不是一种标准的字体，主要由文字和特殊造型组成，使用布尔工具中的“差集”命令可以制作该效果。

“布尔”工具包含了 3 个命令，分别是“并集”“差集”和“交集”，图 2-25 所示的是 3 个命令所产生的效果。

其中“差集”命令，在使用时需要注意选择对象的先后顺序，图 2-26 所示的是不同的选择顺序所产生的效果。

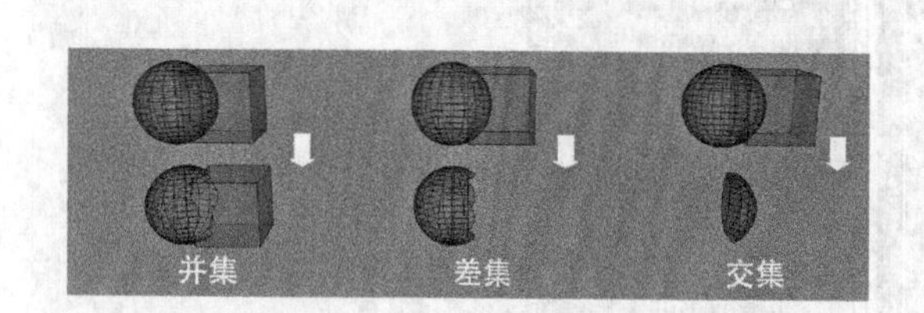

图 2-25

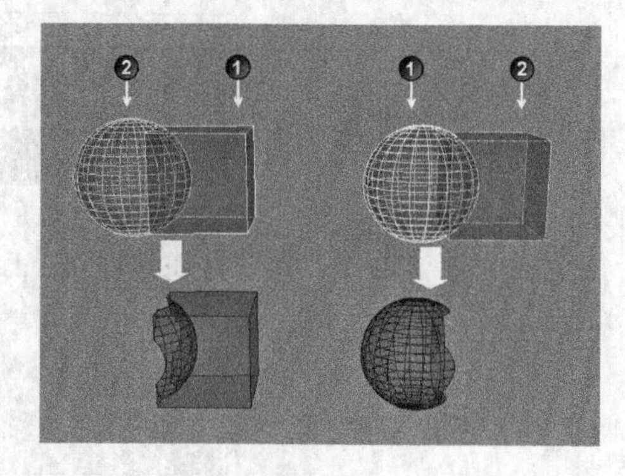

图 2-26

这里必须要介绍一下模型方向的知识。在 Maya 中曲面和多边形的面都有正、反之分，一定要注意模型的方向，也就是法线的方向。在工作区中，取消选择“照明 > 双面照明”选项，如图 2-27 所示，场景中的模型如果呈无光泽的黑色，则说明该模型的法线朝内，如图 2-28 所示。

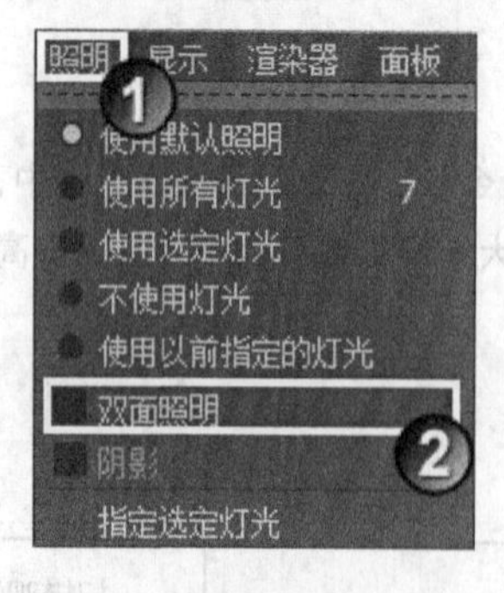

图 2-27

图 2-28

在制作模型时，一定要确保法线的方向朝外，如果场景中有错误方向的模型，可先选择模型，然后执行“法线 > 反向”命令，如图 2-29 所示。

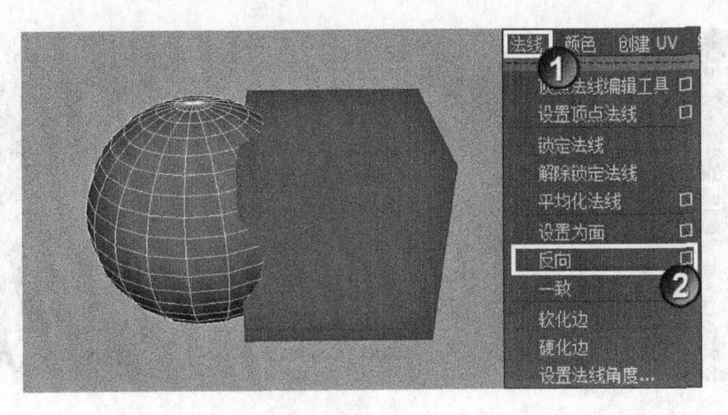

图2-29

如果多边形的法线方向有误，会对很多操作造成致命的影响，图 2-30 所示的是在各种法线方向有误的对象上使用“并集”命令的效果，因此在建模过程中取消选择“双面照明”选项，这样便于观察模型的法线方向是否正确。

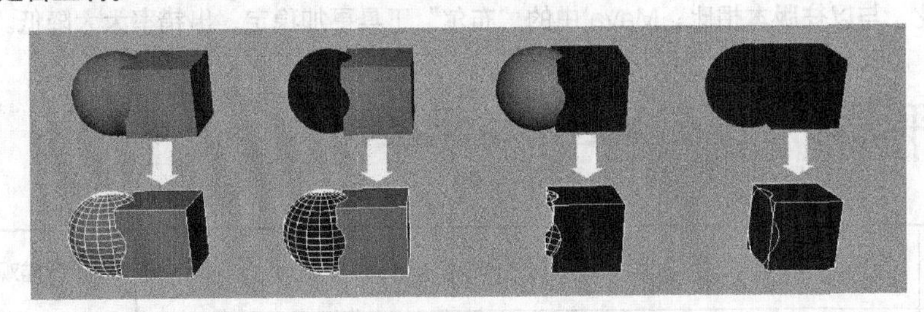

图2-30

制作演示

（1）打开学习资源中的Scene>CH02>B2>B2.mb 文件，场景中有若干个三维文字模型，如图2-31所示。

（2）选择 ME 字样的多边形，然后选择人形多边形，如图 2-32 所示。接着执行“网格 > 布尔 > 差集”命令，如图 2-33 所示。效果如图 2-34 所示。

（3）使用同样的方法制作模型的其他部分，效果如图 2-35 所示。

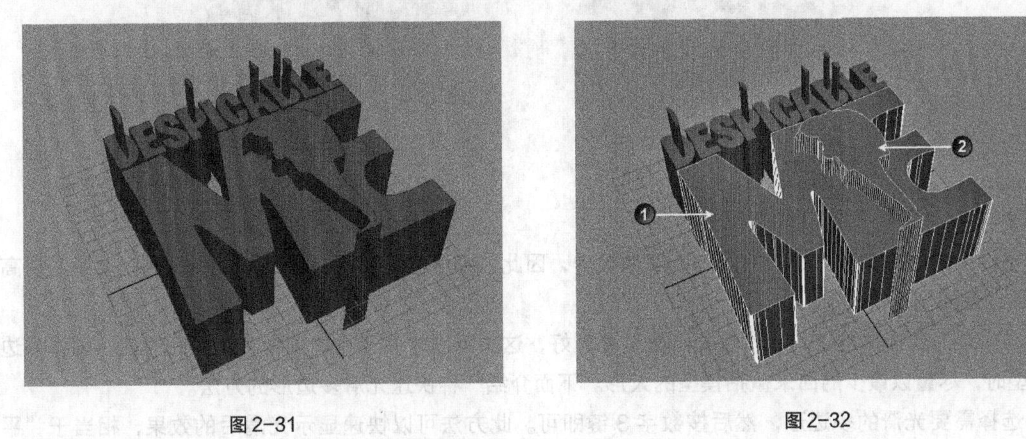

图2-31

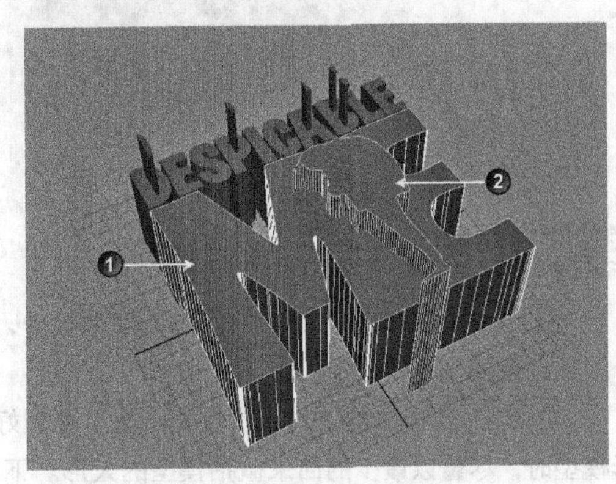

图2-32

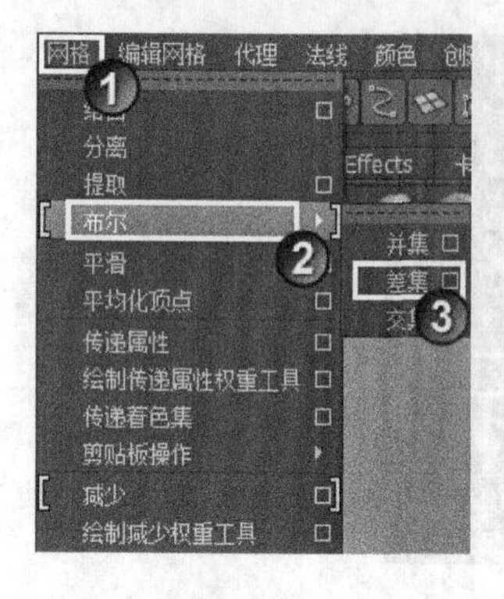

图 2-33

图 2-34

图 2-35

技术反馈

本例通过制作三维文字，来掌握“差集”命令的使用方法。Autodesk 公司对 Maya 中的“布尔”工具进行了优化，与以往版本相比，Maya 中的“布尔”工具更加稳定，出错率大大降低。

2.5 用平滑命令提高多边形的精度

场景位置	Scene>CH02>B3>B3.mb	扫描观看视频！
实例位置	Example>CH02>B3>B3.mb	
学习目标	学习“平滑”命令的使用方法	

案例引导

本例中的蘑菇模型，在初始状态下面数极少，因此效果不佳。使用“平滑”命令，可以为模型提高分段数，使模型变得光滑。

在多边形建模过程中，分段数并不是越高越好，这关系到软件运行的流畅度。因此读者在制作多边形模型时，尽量以最少的面来概括模型的大形。下面介绍一种快速光滑多边形的方法。

选择需要光滑的多边形，然后按数字 3 键即可。此方法可以快速显示光滑后的效果，相当于“平滑”命令两次的效果（即“分段”为 2 的效果），如图 2-36 所示。若想要恢复默认效果，可按数字 1 键。另外按数字 2 键，可得到线框 + 光滑的显示效果，如图 2-37 所示。

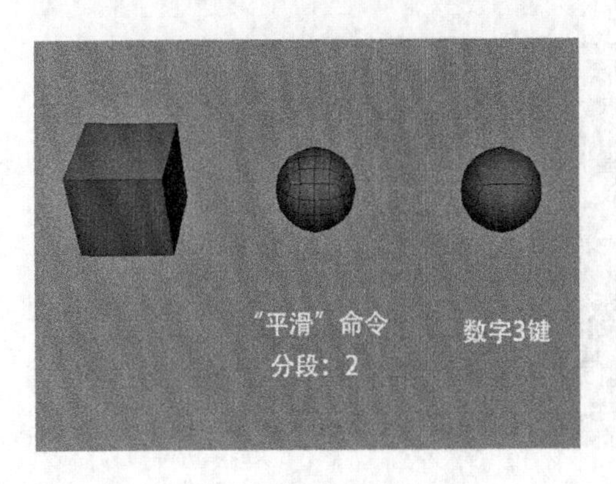

图 2-36

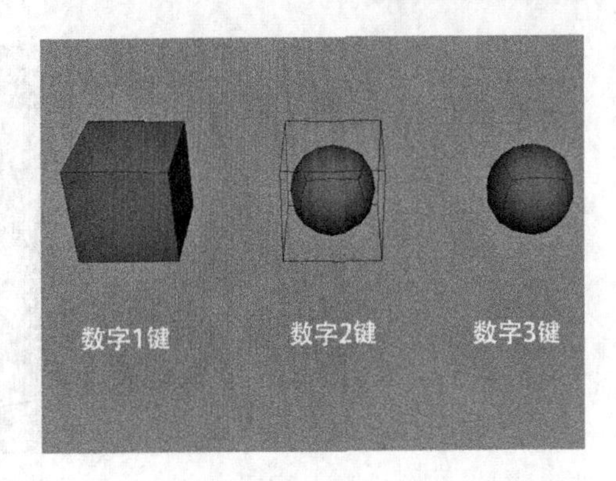

图 2-37

此方法产生的光滑效果，不能被 Maya 软件渲染器支持，但是可以使用 Mental Ray 以及其他第三方渲染器渲染输出。

制作演示

（1）打开学习资源中的 Scene>CH02>B3>B3.mb 文件，如图 2-38 所示。场景中有一个蘑菇模型，由于分段数较少，所以模型显得粗糙。

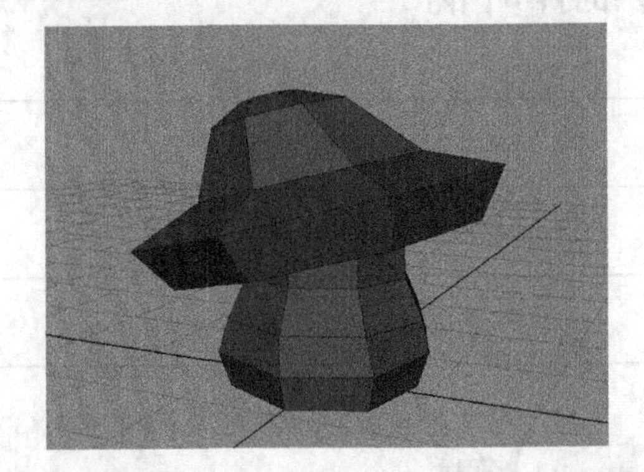

图 2-38

（2）选择模型，然后执行"网格 > 平滑"菜单命令，如图 2-39 所示。效果如图 2-40 所示。

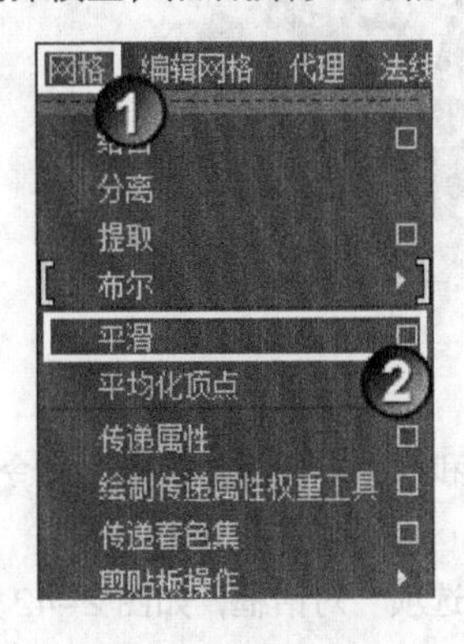

图 2-39

图 2-40

（3）操作完成后，可以发现模型比之前光滑了，但是还不够精细。选择模型，然后在"通道盒 / 层编辑器"面板中，单击 polySmoothface1 节点，在展开的属性中设置"分段"为 2，如图 2-41 所示。

图 2-41

技术反馈

本例通过提升蘑菇模型的分段数的学习，使读者掌握“平滑”命令的使用方法。在多边形建模中，需要提升多边形的分段数来光滑多边形，“平滑”命令可以自由地控制光滑的程度，以达到用户需求。

2.6 用挤出命令制作叶柄

场景位置	Scene>CH02>B4>B4.mb	扫描观看视频！
实例位置	Example>CH02>B4>B4.mb	
学习目标	学习“挤出”命令的使用方法	

案例引导

本例中有一个“三重射手”的模型，但是没有叶柄连接花盆和射手。使用“挤出”命令可以根据曲线路径生成多边形，从而完成叶柄模型的制作。

单击“编辑网格 > 挤出”后面的□按钮，可以打开“挤出面选项”对话框，如图 2-42 所示。

下面演示一下该命令的属性效果。

设置“挤出”命令的“锥化”属性，可以使多边形的末端产生锥化效果，如图 2-43 所示。

设置“挤出”命令的“扭曲”属性，可以使多边形产生扭曲效果，如图 2-44 所示。

下面通过实际操作来演示该命令的使用方法。

在执行“挤出”命令后，会在选择对象上出现操作手柄，选择并拖曳移动操作手柄可使挤出的面移动，如图 2-45 所示。

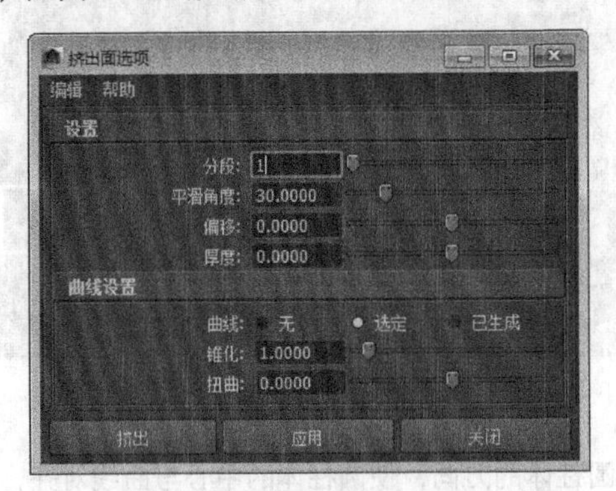

图 2-42

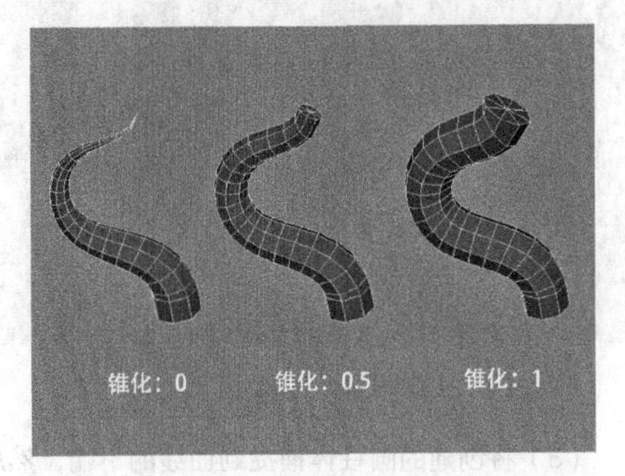

图 2-43

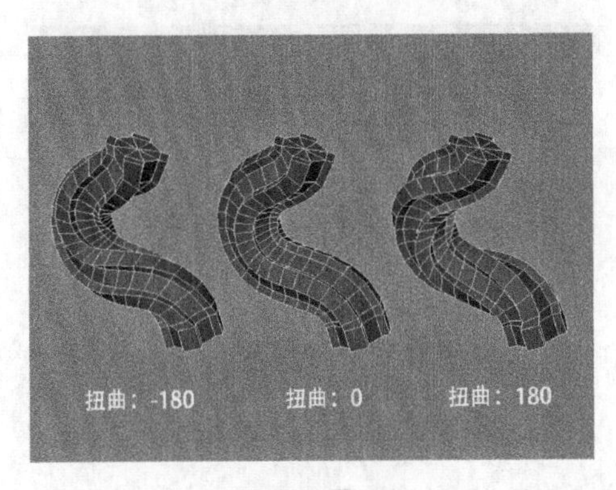

图 2-44

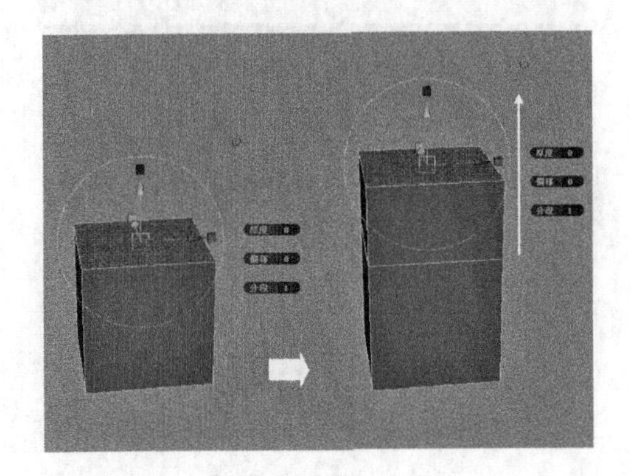

图 2-45

选择并拖曳缩放操作手柄可使挤出的面产生缩放效果，如图 2-46 所示。

选择并拖曳旋转操作手柄可使挤出的面产生旋转效果，如图 2-47 所示。

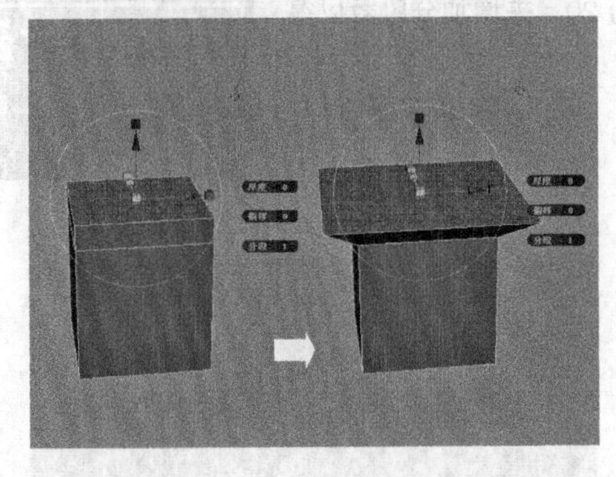

图 2-46

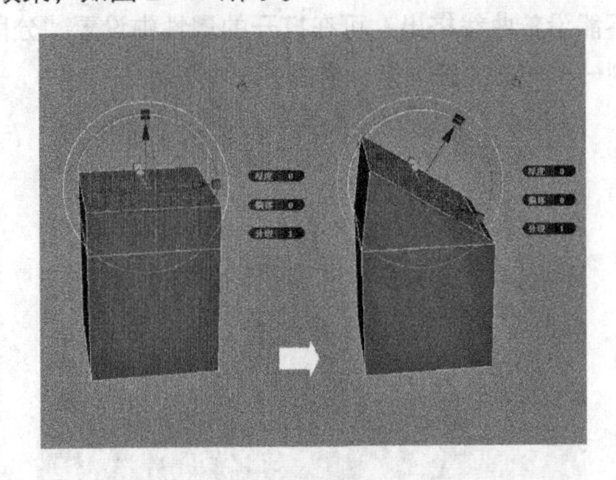

图 2-47

制作演示

（1）打开学习资源中的 Scene>CH02>B4>B4.mb 文件，场景中有一个“三重射手”模型，如图 2-48 所示。

（2）创建一个圆柱体，然后设置“半径”为 0.1、“高度”为 0.1、“轴向细分数”为 12，如图 2-49 所示。

图 2-48

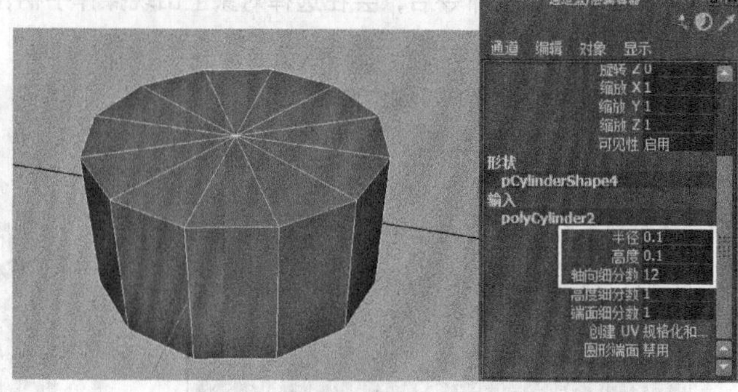

图 2-49

（3）将创建的圆柱体捕捉到曲线的下端，然后调整圆柱体的方向，使圆柱体的中心与曲线对齐，如图 2-50 所示。接着选择圆柱体顶部的面并加选曲线，如图 2-51 所示。

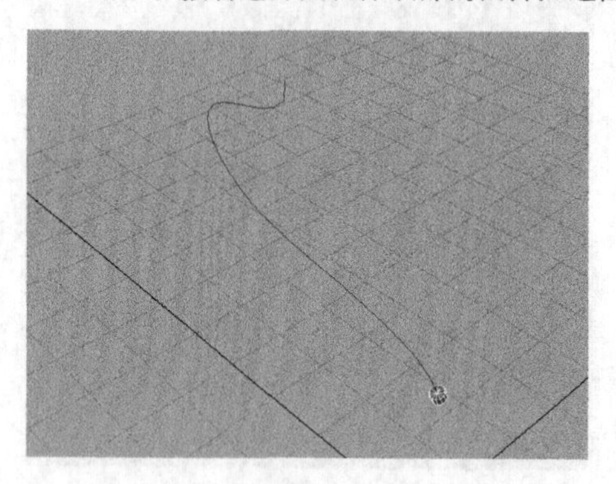

图 2-50

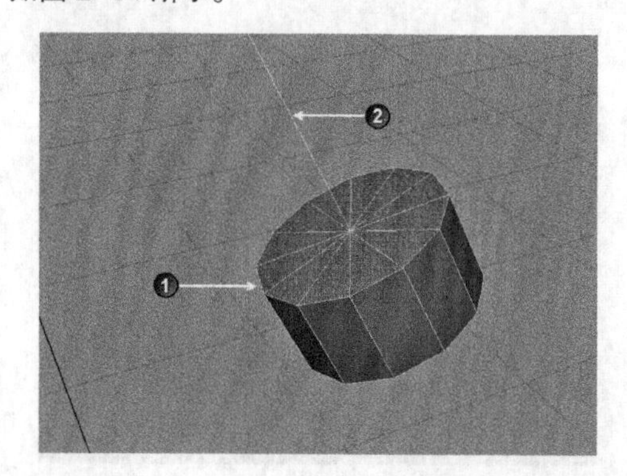

图 2-51

（4）执行“编辑网格 > 挤出”命令，如图 2-52 所示。此时生成一个连接曲线两端的笔直的圆柱体，如图 2-53 所示。这是因为分段数较少生成的多边形不能沿着曲线挤出，可在打开的属性中设置“分段”为 20，来增加分段数以得到一个弯曲的圆柱体，如图 2-54 所示。

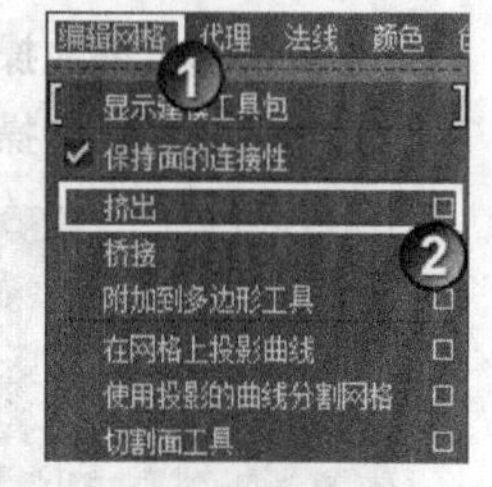

图 2-52

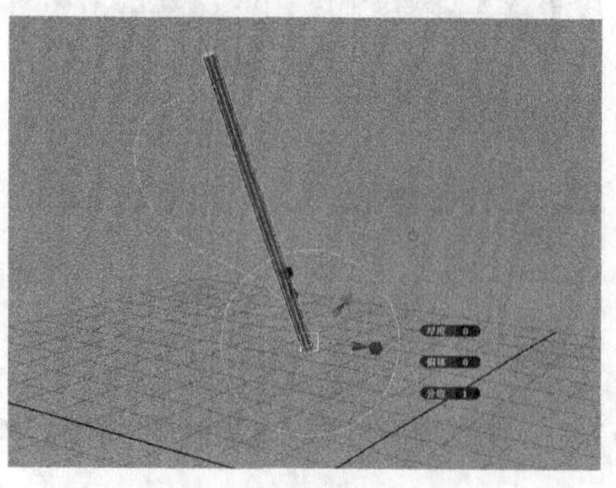

图 2-53

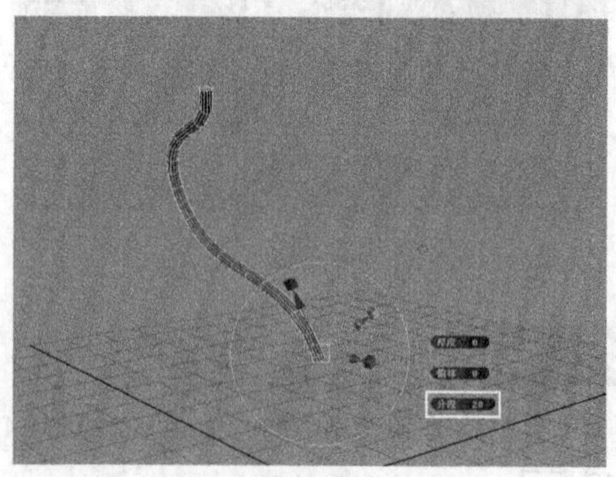

图 2-54

技巧与提示

在执行完“挤出”命令后，也可以在“通道盒/层编辑器”面板中展开 polyExtrudeFace1 节点，可以设置“分段”属性，如图 2-55 所示。

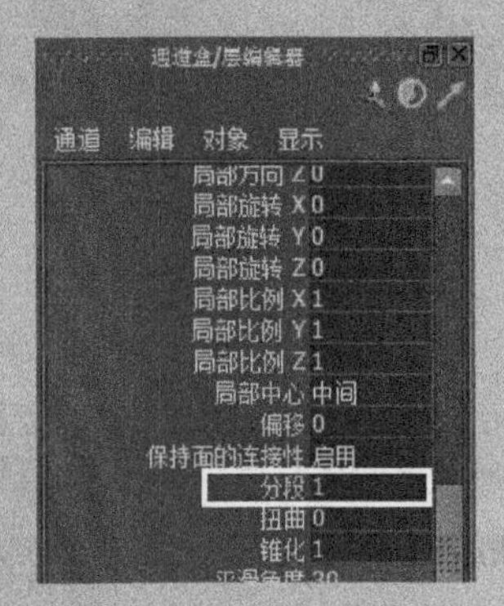

图 2-55

（5）使用同样的方法制作出其他叶柄，效果如图 2-56 所示。

图 2-56

技术反馈

本例通过制作植物的叶柄，来掌握“挤出”命令的使用方法。“挤出”命令是一个非常实用的命令，不仅可以在模型表面生成新的面，而且可以沿曲线生成需要的造型。

2.7 用桥接命令制作门拱

场景位置	Scene>CH02>B5>B5.mb	扫描观看视频！
实例位置	Example>CH02>B5>B5.mb	
学习目标	学习“桥接”命令的使用方法	

案例引导

本例中的城墙模型没有门拱，使用“桥接”命令可以在选择的面之间生成多边形，从而完成门拱模型的制作。

单击“编辑网格 > 桥接”后面的□按钮，可以打开“桥接选项”对话框，如图 2-57 所示。

下面演示一下该命令的属性效果。

“桥接类型”属性有 3 个选项，分别是“线性路径”“平滑路径”和“平滑路径 + 曲线”，该属性用来控制连接的方式，如图 2-58 所示。其中“平滑路径 + 曲线”选项的效果是“平滑路径”选项的基础上，在多边形内部多了一条曲线。

“分段”属性控制连接间的分段数，效果如图 2-59 所示。

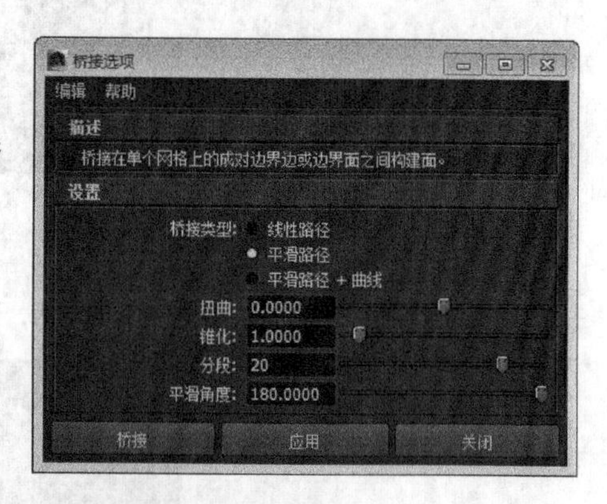

图 2-57

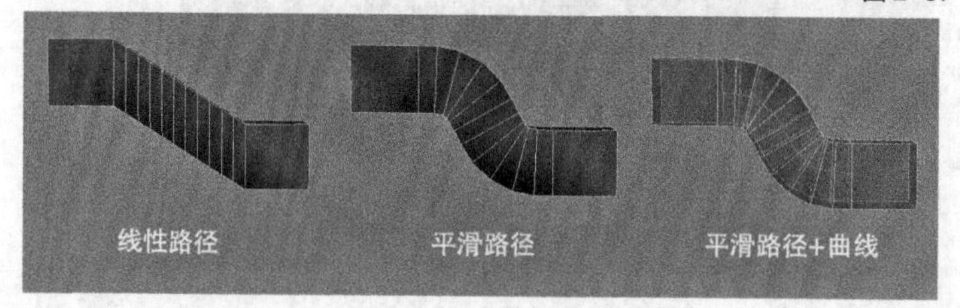

图 2-58

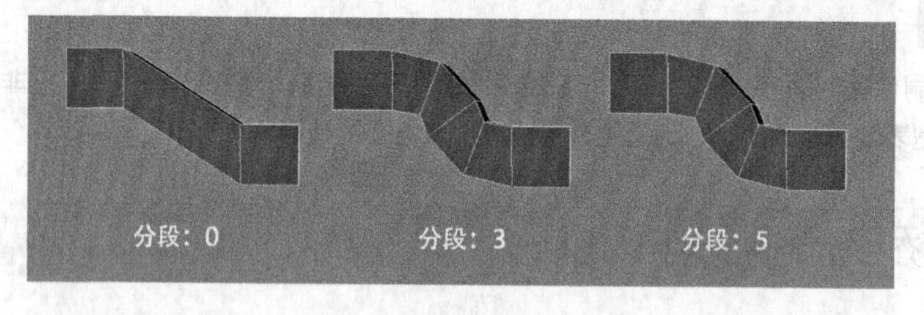

图 2-59

制作演示

（1）打开学习资源中的 Scene>CH02>B5>B5.mb 文件，场景中有一个城墙模型，如图 2-60 所示。

（2）选择两个门柱模型，然后执行“网格 > 结合”菜单命令，使用其合并为一个对象，如图 2-61 所示。

图 2-60

图 2-61

（3）选择门柱顶部的面，如图 2-62 所示。然后单击“编辑网格 > 桥接”菜单命令后面的□按钮，如图 2-63 所示。

图 2-62

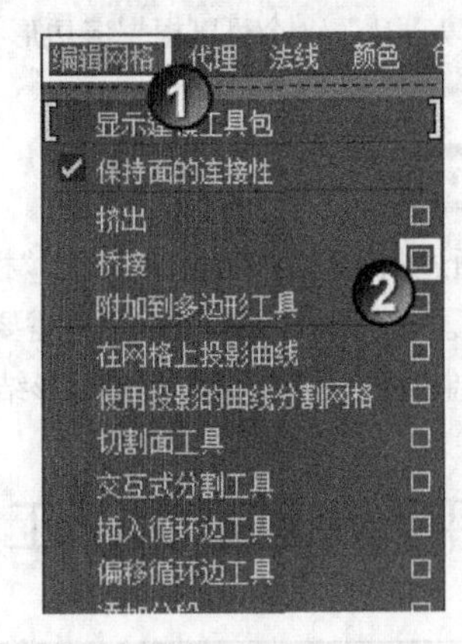

图 2-63

（4）在打开的“桥接选项”对话框中，设置“桥接类型”为“平滑路径”、“分段”为 20，然后单击“桥接”按钮，如图 2-64 所示。效果如图 2-65 所示。

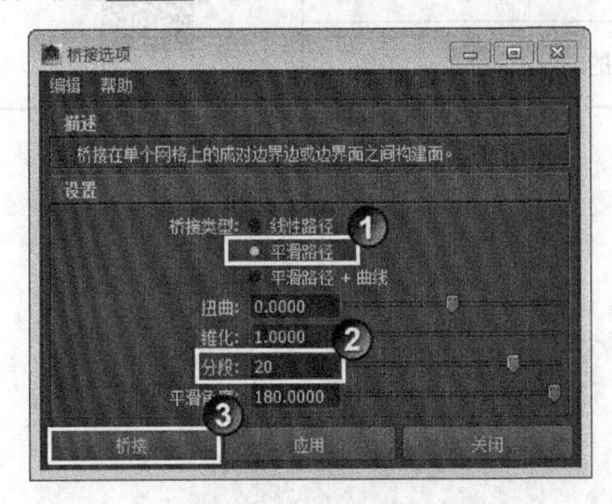

图 2-64

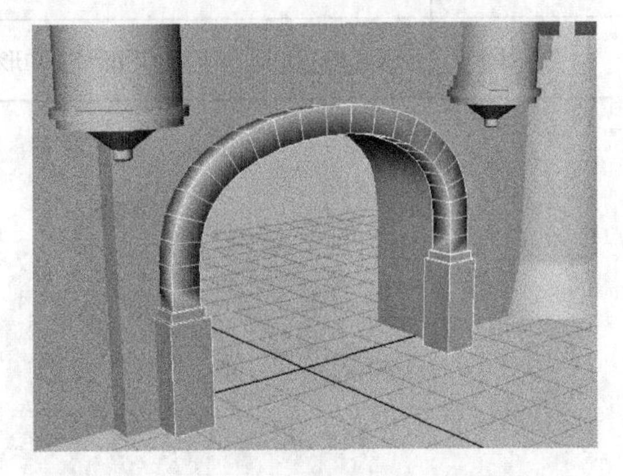

图 2-65

（5）选择门拱模型，然后按住 Shift+ 鼠标右键，接着在打开的 Hotbox 菜单中选择“软化 / 硬化边”命令，最后在打开的子菜单中选择“软化 / 硬化”命令，如图 2-66 所示。效果如图 2-67 所示。

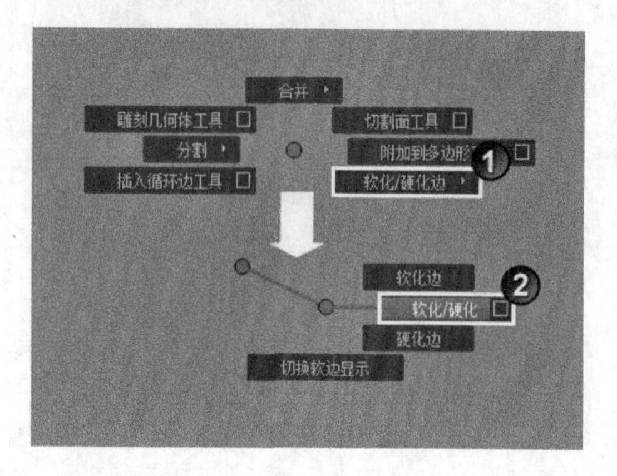

图 2-66

图 2-67

技巧与提示

“软化 / 硬化”命令可以根据多边形特点自动调整面之间的过渡方式，使整个面连接得更加自然。

技术反馈

本例通过制作门拱模型，来掌握“桥接”命令的使用方法。使用“桥接”命令可生成多边形，以连接选择的面。在使用“桥接”命令时需要注意的是，作用对象必须是一个对象，也就是一个多边形，因此在上述的制作过程中我们先将多边形结合，然后才执行“桥接”命令。

2.8 用附加到多边形工具补洞

场景位置	Scene>CH02>B6>B6.mb	扫描观看视频！
实例位置	Example>CH02>B6>B6.mb	
学习目标	学习如何修补多边形上的缺口	

案例引导

本例中的犀牛模型上，有若干个缺口，使用“附加到多边形工具”可以在选择的边之间生成面，以此来修补缺口。展开“编辑网格”菜单可以找到“附加到多边形工具”命令，如图2-68所示。

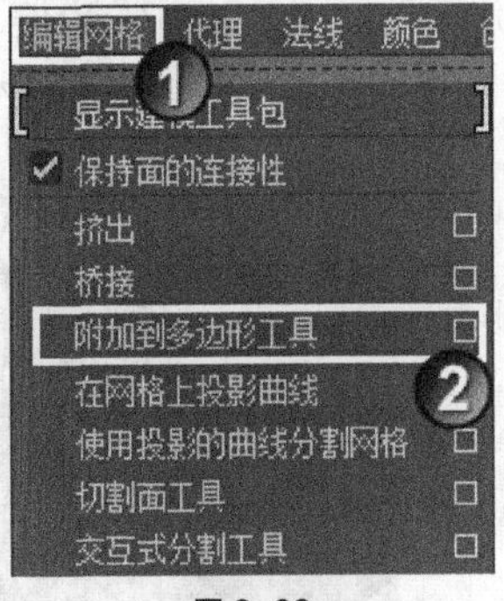

图2-68

制作演示

（1）打开学习资源中的Scene>CH02>B6>B6.mb文件，模型上有若干个缺口，如图2-69所示。

（2）执行“编辑网格>附加到多边形工具”菜单命令，然后选择缺口的边缘，接着选择其他边缘，如图2-70所示。选择完成后缺口处会出现红色预览效果，如图2-71所示。最后按Enter键完成操作，效果如图2-72所示。

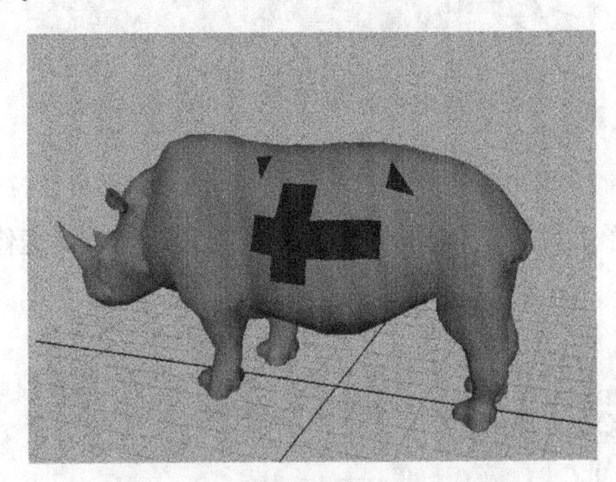

图2-69

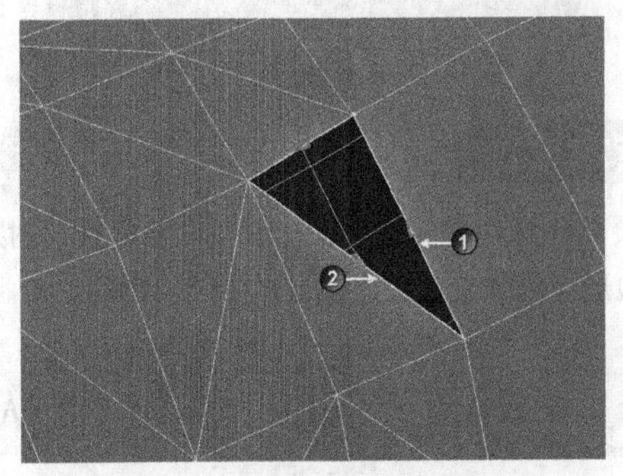

图2-70

图2-71

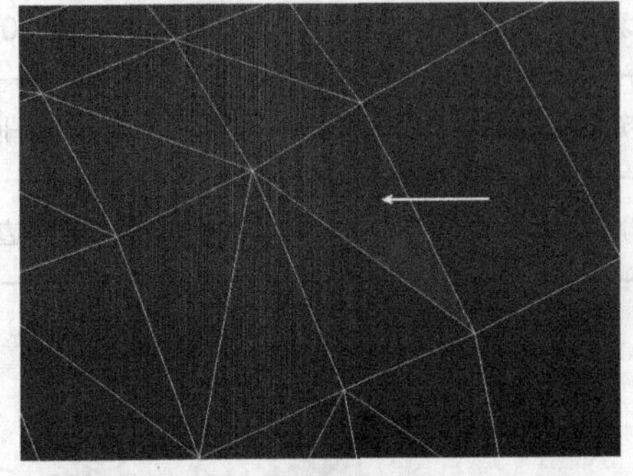

图2-72

（3）图2-73所示的缺口由于中间没有可以附加的边，因此需要先修补四周的缺口，然后修补中间的缺口，如图2-74所示。

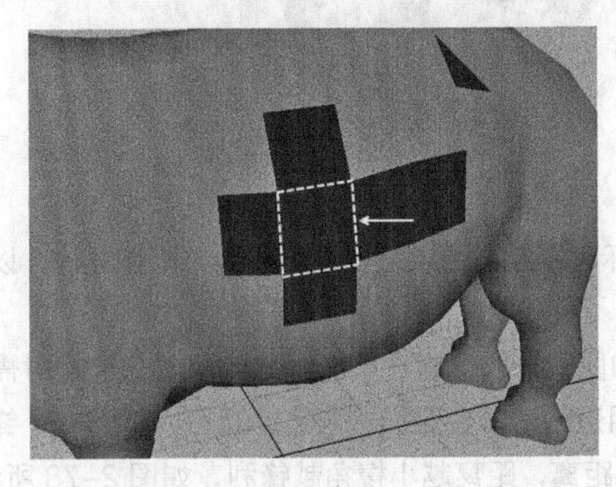

图2-73

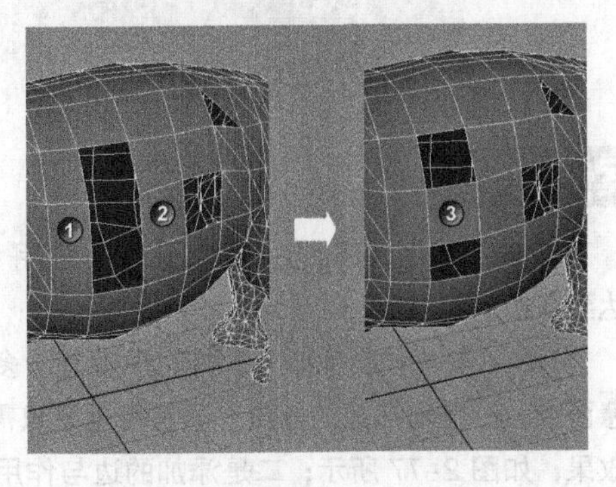

图2-74

（4）使用相同的方法，对剩余的缺口进行修补，效果如图 2-75 所示。然后选择模型，执行“软化 / 硬化”命令，效果如图 2-76 所示。

图 2-75

图 2-76

技术反馈

本例通过修补模型上的缺口，来掌握“附加到多边形工具”的使用方法。使用该工具可以快速修补多边形上的缺口，在建模过程中较为常用。

2.9 用插入循环边工具为人偶卡线

场景位置	Scene>CH02>B7>B7.mb	扫描观看视频！
实例位置	Example>CH02>B7>B7.mb	
学习目标	学习“插入循环边工具”的使用方法	

案例引导

本例中的积木人偶的头部过于光滑，使用“插入循环边工具”可以为多边形添加一段循环边，以此来达到卡线的效果。

“卡线”是一种行业叫法，其实质就是为多边形增加段数，以得到一个锋利的效果。在卡线时需要注意两点，一是增加边的数量，通常情况下只需要在作用边的两侧各添加一条边，就可以得到一个锋利的效果，如图 2-77 所示；二是添加的边与作用边之间的距离，距离越小棱角越锋利，如图 2-78 所示。只要把握好这两个特性，读者在制作“硬边”效果时就得心应手了。

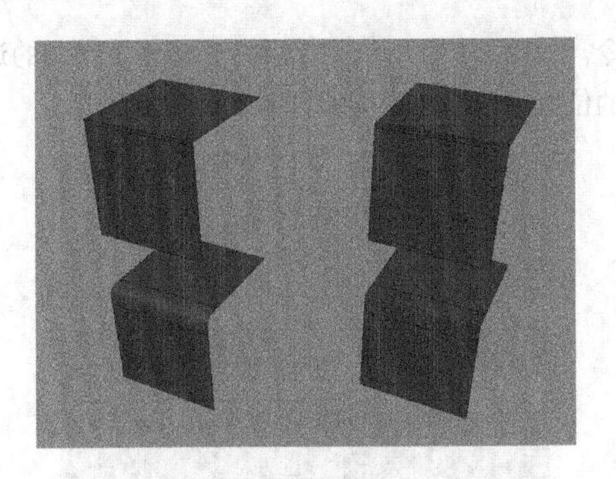

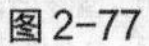
图2-77

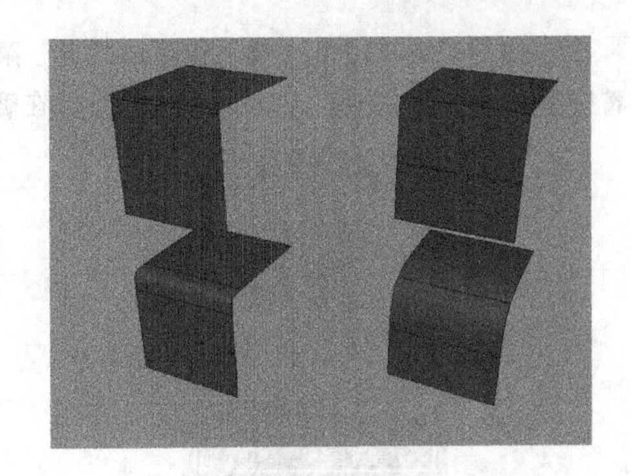

图2-78

单击“编辑网格 > 插入循环边”命令后面的□按钮，打开“工具设置”面板，如图2-79所示。“保持位置”属性包含3个选项，分别是“与边的相对距离”“与边的相等距离”和“多个循环边”，默认情况下Maya选择“与边的相对距离”选项。

下面演示一下该命令的属性效果。

设置“保持位置”为“多个循环边”，然后设置“循环边数”属性，不同的循环边数的效果如图2-80所示。“多个循环边”选项可插入若干条等距的边，因此不能随意地控制循环边的位置。

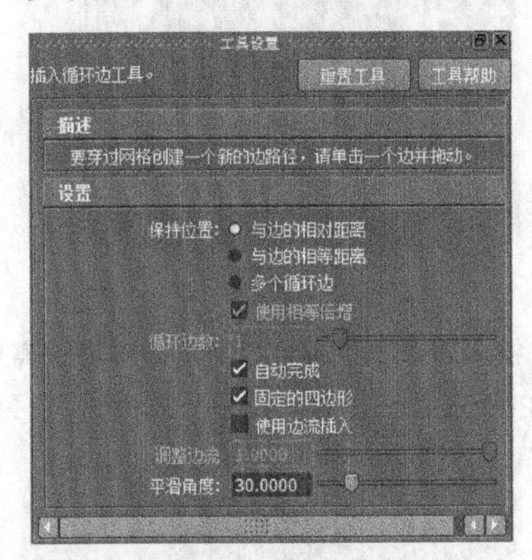

图2-79

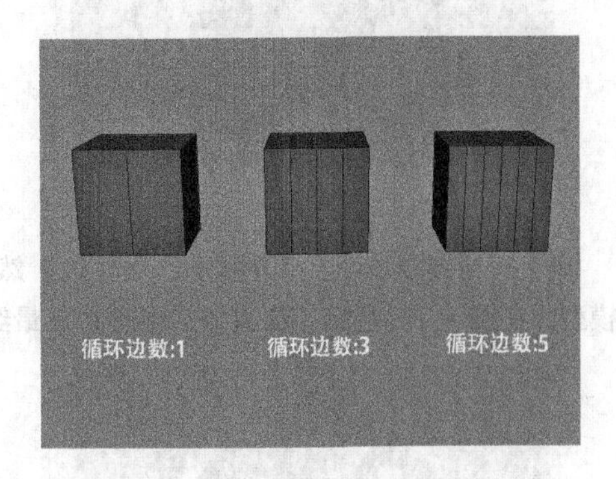

图2-80

制作演示

（1）打开学习资源中的Scene>CH02>B7>B7.mb文件，场景中的人偶头部过于光滑，如图2-81所示。选择头部模型，然后按数字1键显示，如图2-82所示。

图2-81

图2-82

（2）执行“编辑网格 > 插入循环边工具”菜单命令，如图 2-83 所示。然后将光标移至纵向的边，接着按住鼠标左键并拖曳，如图 2-84 所示。在确定边的位置后，松开鼠标即可插入一条循环边。

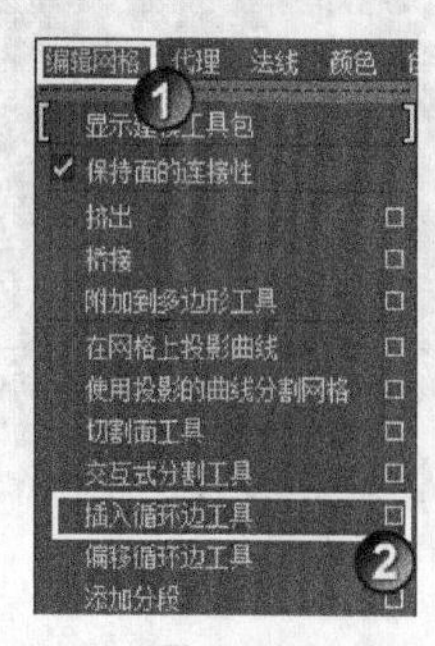

图 2-83

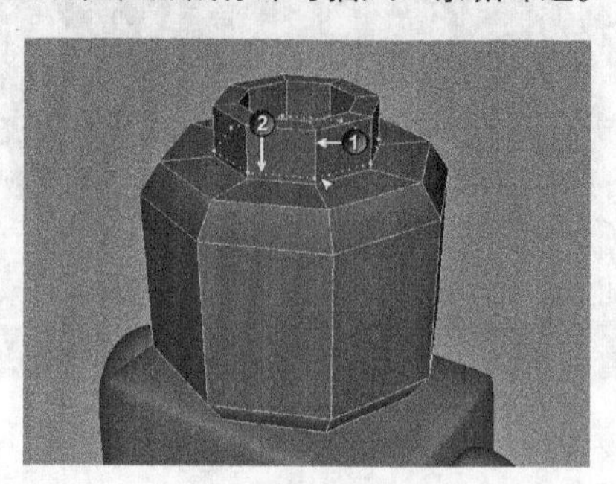
图 2-84

（3）在图 2-85 所示的位置插入一条循环边，如图 2-86 所示。然后按数字 3 键光滑显示，效果如图 2-85 所示。可见在插入循环边的位置，过渡显得锋利许多。

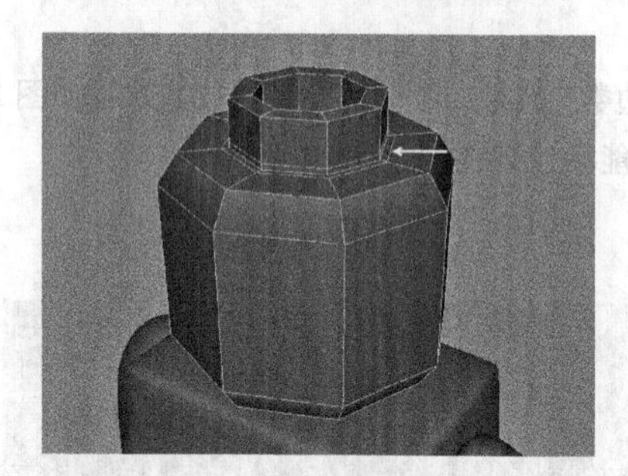
图 2-85

图 2-86

（4）在顶部添加图 2-87 所示的循环边，然后按数字 3 键，效果如图 2-88 所示。接着隔离显示头部模型，在图 2-89 所示的位置添加循环边，最终效果如图 2-90 所示。

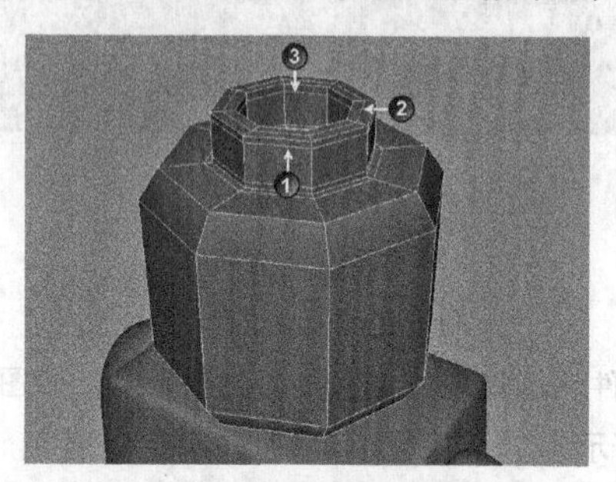
图 2-87

图 2-88

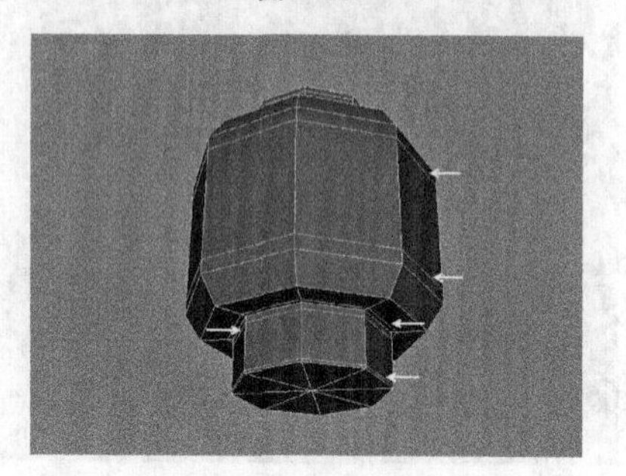
图 2-89

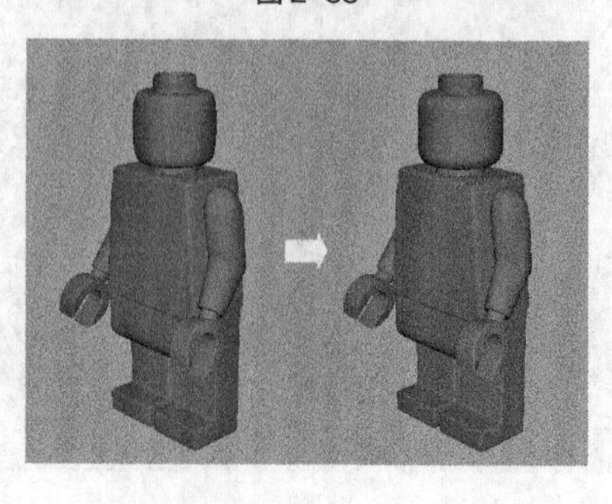
图 2-90

技术反馈

本例通过为模型卡线，来掌握“插入循环边工具”的使用方法。该命令可以快速在多边形上插入一条或若干条循环边。

2.10 用复制面命令制作裤子

场景位置	Scene>CH02>B8>B8.mb	扫描观看视频！
实例位置	Example>CH02>B8>B8.mb	
学习目标	学习如何复制多边形上的面	

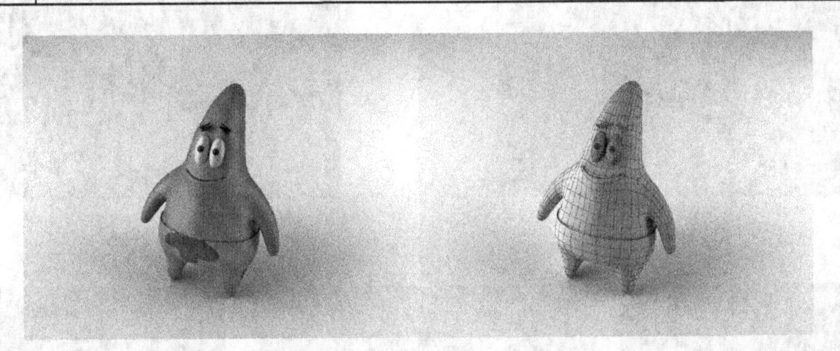

案例引导

本例中的派大星模型，在初始状态下没有裤子。由于裤子是紧贴在身体表面，因此具有身体的外形特征。选择派大星下半身的面，然后使用“复制面”命令可以复制出选择的面，再调整面的外形达到裤子的效果。展开“编辑网格”菜单可以找到“复制面”命令，如图2-91所示。

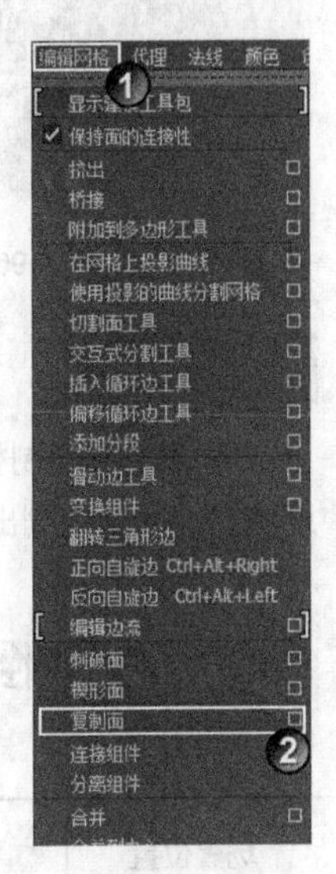

图2-91

制作演示

（1）打开学习资源中的Scene>CH02>B8>B8.mb文件，场景中有一个派大星模型，如图2-92所示。

（2）选择模型按住右键进入“面”编辑模式，然后选择图2-93所示的面，用于制作裤子。

（3）执行“编辑网格>复制面”命令，然后拖曳蓝色箭头（z轴），使复制出来的模型包裹住“派大星”的下半身，如图2-94所示。

（4）选择图2-95所示的边，然后将其删除，接着选择图2-96所示的顶点，并调整顶点，使裤子模型与身体吻合，效果如图2-97所示。

（5）整体调整裤子模型，使细节部分（腰部和裤脚）更协调，最终效果如图2-98所示。

图 2-92

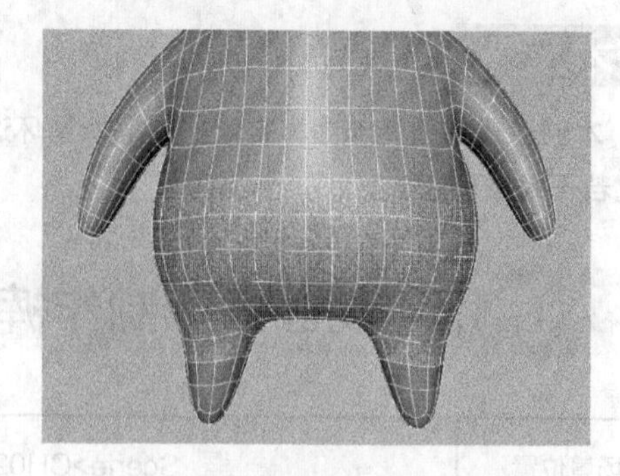

图 2-93

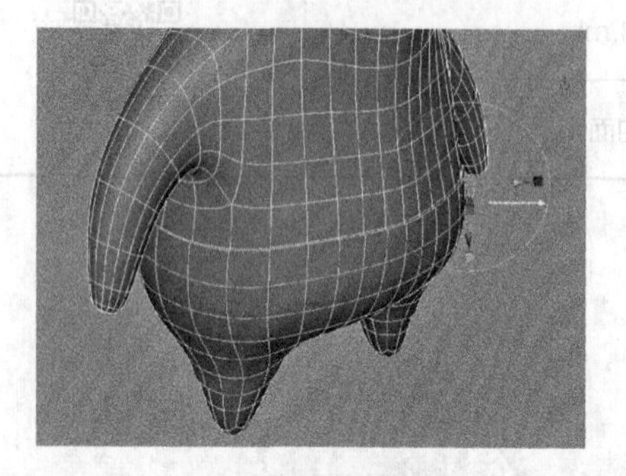

图 2-94

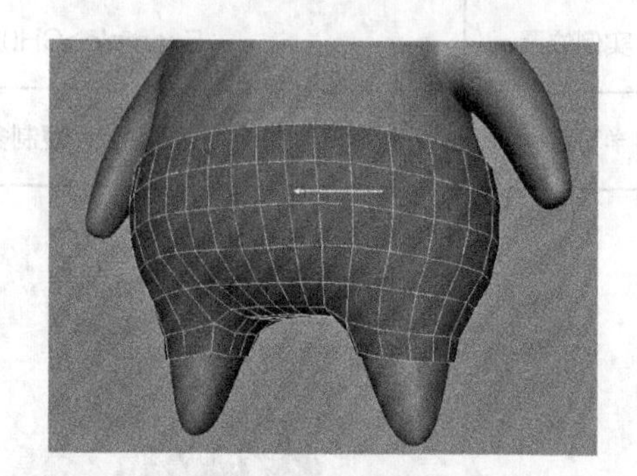

图 2-95

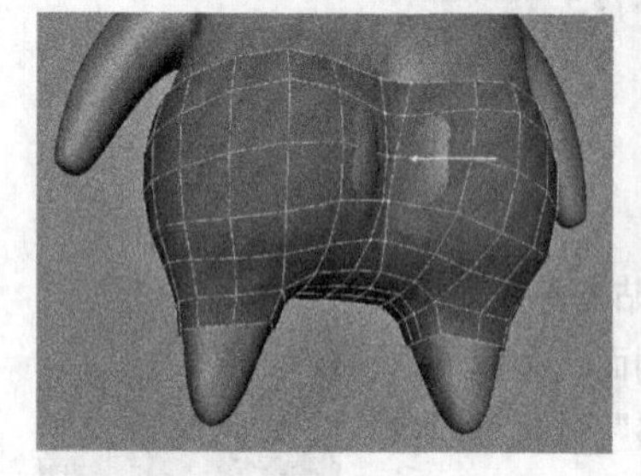

图 2-96

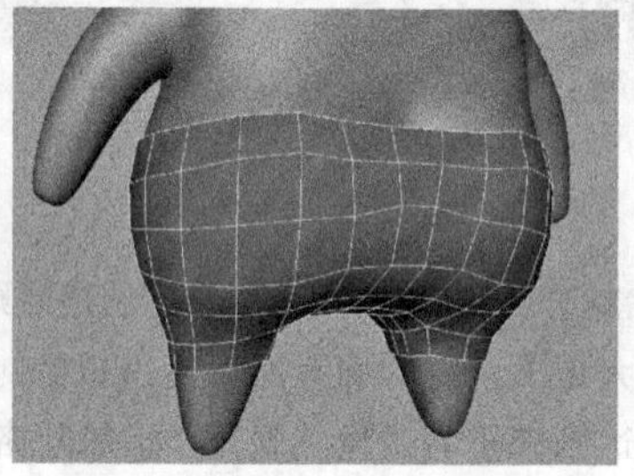

图 2-97

图 2-98

技术反馈

本例通过复制模型身体部分的面，制作出角色的裤子模型，来掌握“复制面”命令。该命令可以将原模型上的面复制出来，以便进行二次操作，增加整体模型的元素。

2.11 用倒角命令光滑松果

场景位置	Scene>CH02>B9>B9.mb	扫描观看视频！
实例位置	Example>CH02>B9>B9.mb	
学习目标	学习“倒角”命令的使用方法	

案例引导

本例中的松果模型，在初始状态下其顶部的边缘较为锐利。选择锐利的边，然后执行“倒角”命令，可在将选择的边分裂为若干条边。展开“编辑网格”菜单可以找到“倒角”命令，如图 2-99 所示。

下面演示一下该命令的属性效果。

创建 3 个多边形立方体，然后选择立方体所有的边，接着单击“编辑网格 > 倒角”命令后面的■按钮，打开“倒角选项”对话框，如图 2-100 所示。

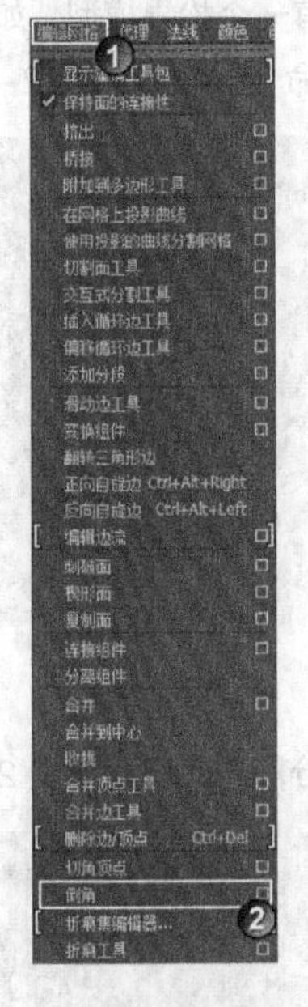

图 2-99

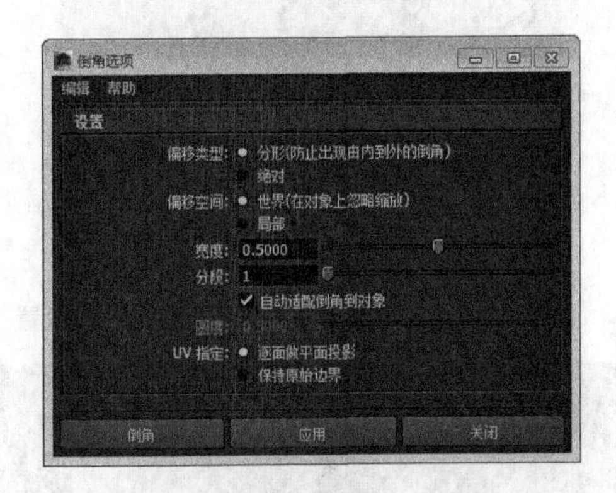

图 2-100

在“倒角选项”对话框中设置“宽度”参数，对 3 个立方体分别执行“宽度”为 0.1、0.3 和 0.5 的操作，效果如图 2-101 所示。

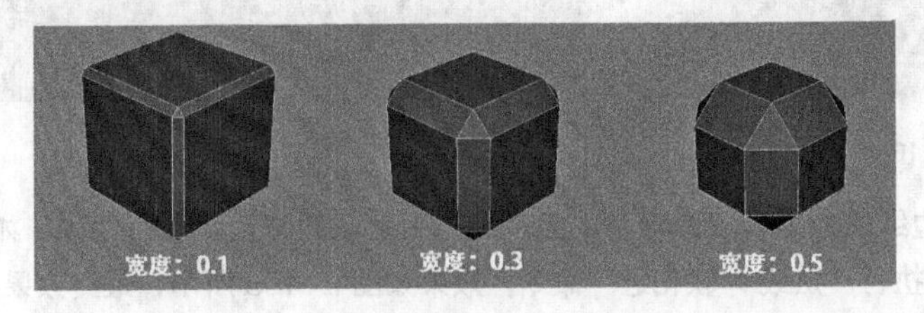

图 2-101

技巧与提示

“倒角选项”对话框中的“宽度”参数与“通道盒 / 层编辑器”面板中的“偏移”参数的作用完全一样。

在“倒角选项”对话框中设置“分段”参数，对 3 个立方体分别执行“分段”为 1、3 和 5 的操作，效果如图 2-102 所示。

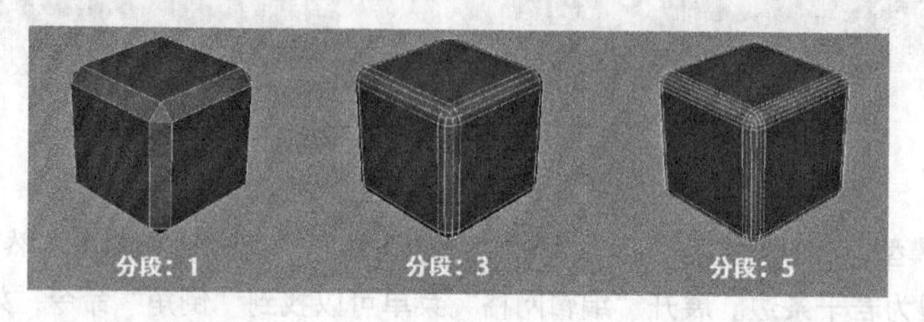

图 2-102

制作演示

（1）打开学习资源中的 Scene>CH02>B9>B9.mb 文件，场景中有一个松果模型，如图 2-103 所示。

（2）选择如图 2-104 所示的边，然后执行“编辑网格 > 倒角”命令，效果如图 2-105 所示。

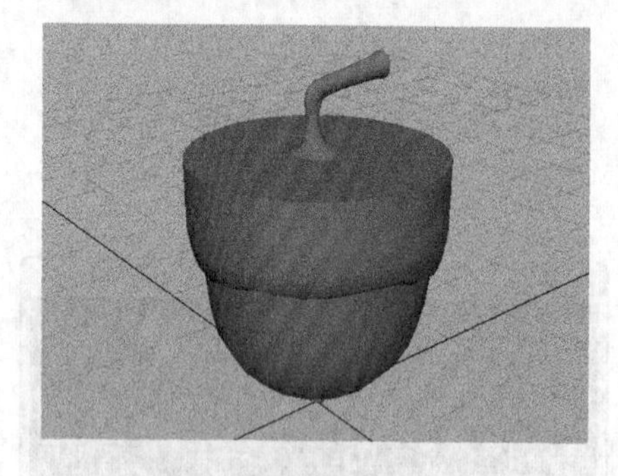

图 2-103

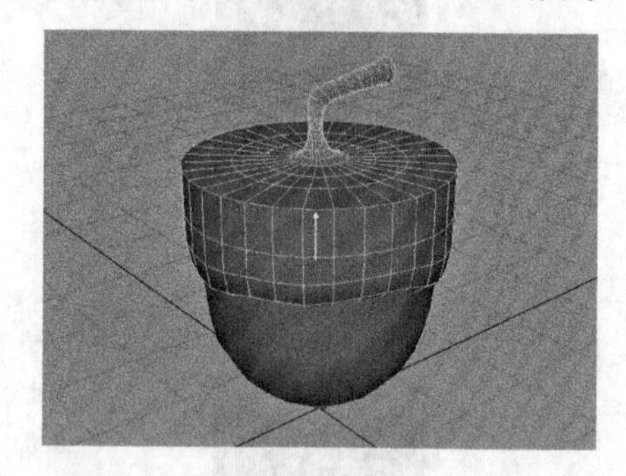

图 2-104

（3）在“通道盒 / 层编辑器”面板中，设置“偏移”为 0.74、“分段”为 3，如图 2-106 所示。

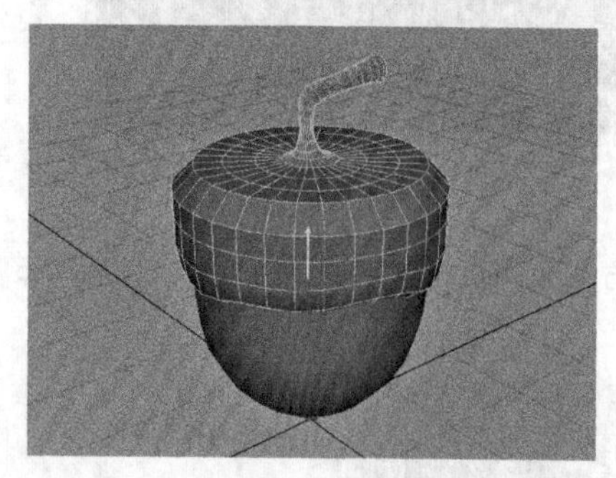

图 2-105

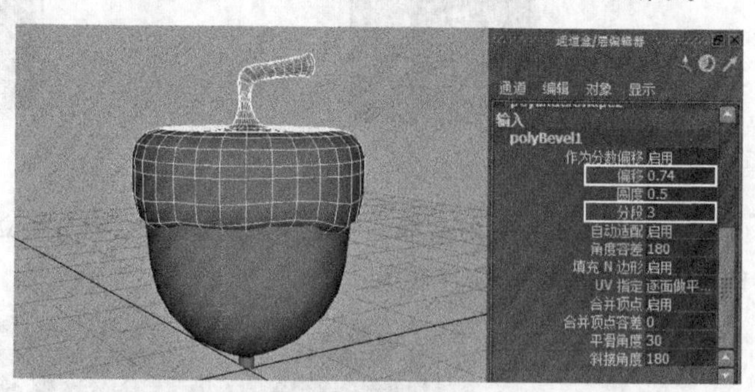

图 2-106

（4）此时模型边缘的棱角变得圆滑了，但是面与面之间的过渡显示很生硬，如图 2-107 所示。选择上端的模型，然后执行“法线 > 软化边”命令，效果如图 2-108 所示，最终效果如图 2-109 所示。

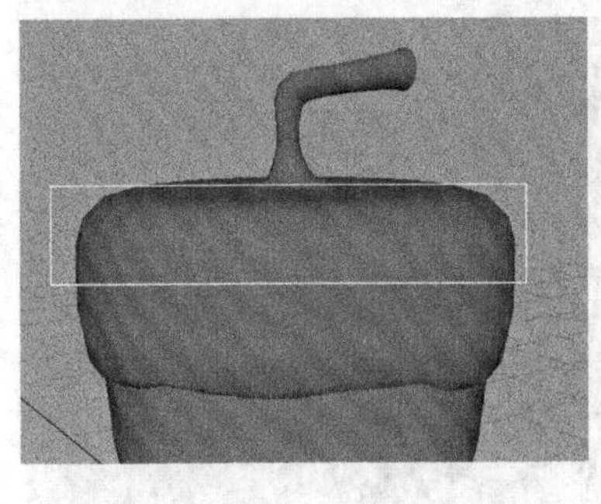

图 2-107

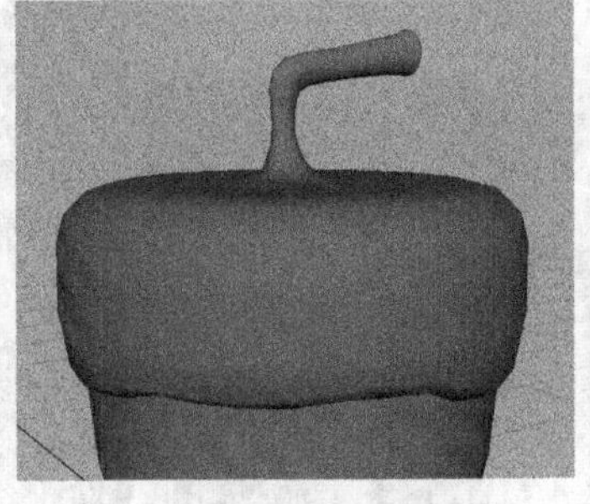

图 2-108

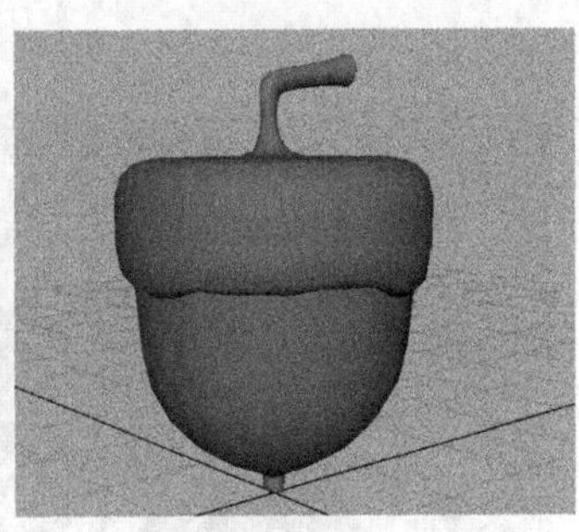

图 2-109

技术反馈

本例通过圆滑松果边缘的棱角，来掌握“倒角”命令。在制作模型时，经常会处理一些较为生硬的角，使用“倒角”命令，可以在需要的地方生成若干条边，使其过渡光滑。

2.12 综合练习：制作磁力神

场景位置	无	扫描观看视频！
实例位置	Example>CH02>B10>B10.mb	
学习目标	学习多边形几何体的综合应用	

案例引导

本例中的磁力神模型造型简单，主要由多边形球体和多边形圆柱体构成，并且很多部件造型完全一样，因此只需制作出部分模型，然后复制出需要的部分，最后组装在一起达到最终效果。

制作演示

（1）新建场景，然后创建一个多边形圆柱体，接着在“通道盒 / 层编辑器”面板中，设置圆柱的“半径”为 0.8、“高度”为 2.5、“轴向细分数”为 6，如图 2-110 所示。

（2）选择模型进入“顶点”编辑模式，然后选择顶部的顶点，接着缩小整个顶部的面积，如图 2-111 所示。

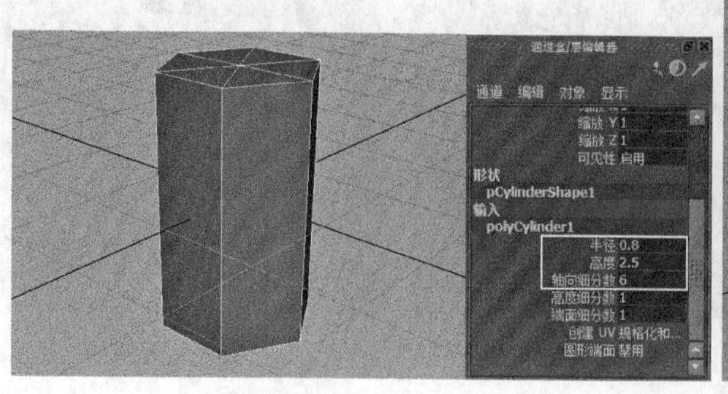

图 2-110

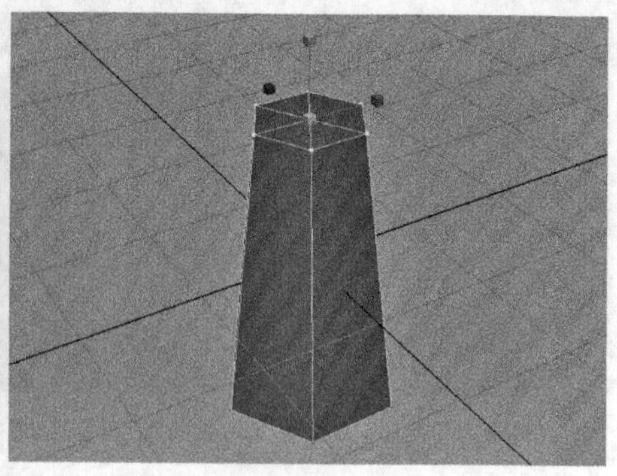

图 2-111

（3）创建一个多边形球体，然后在“通道盒 / 层编辑器”面板中，设置“平移 Y”为 -1.135、“缩放 X/Y/Z”为 0.68，如图 2-112 所示。

图 2-112

（4）创建一个多边形球体，然后在“通道盒 / 层编辑器”面板中，设置“平移 Y”为 1.1、“缩放 X/Y/Z”为 0.43，如图 2-113 所示。

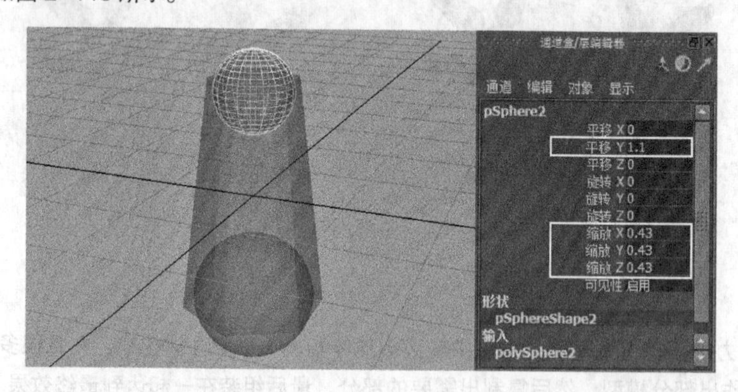

图 2-113

（5）分别选择多边形球体上的面，如图 2-114 所示，然后按 Delete 键将其删除，接着执行“网格 > 结合”命令，将 3 个对象合并，如图 2-115 所示。

（6）创建一个多边形球体，然后在“通道盒 / 层编辑器”面板中，设置“旋转 Z”为 90、“缩放 X/Y/Z”为 0.65，如图 2-116 所示。

（7）选择图 2-117 所示的面，然后拖曳红色箭头（*x* 轴），使选择的面球体内部移动。

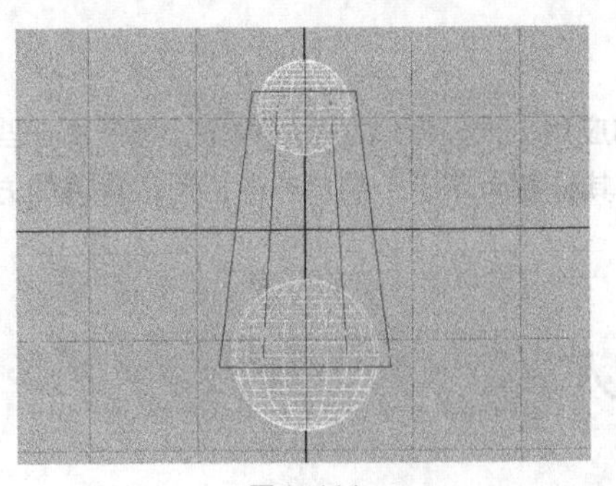

图2-114

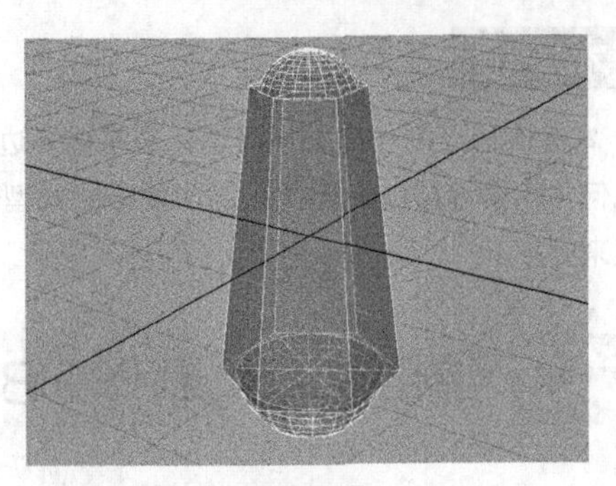

图2-115

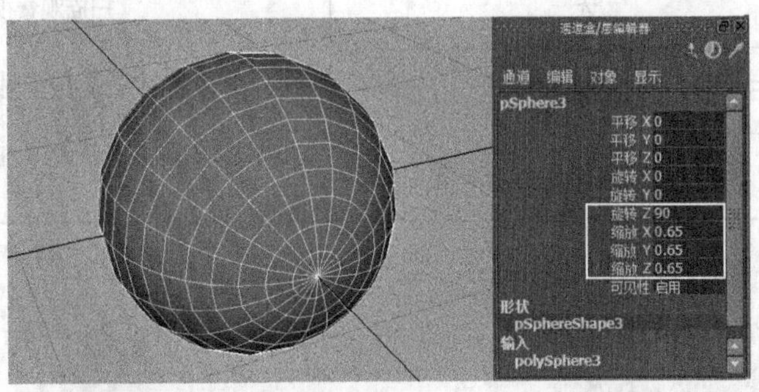

图2-116

（8）创建一个多边形球体，然后在“通道盒/层编辑器”面板中，设置“缩放X/Y/Z”为0.65，接着复制出一个球体，最后将模型摆放成图2-118所示的形状。

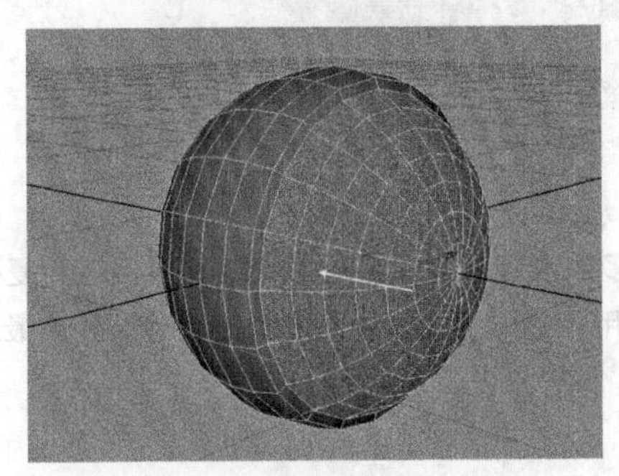

图2-117

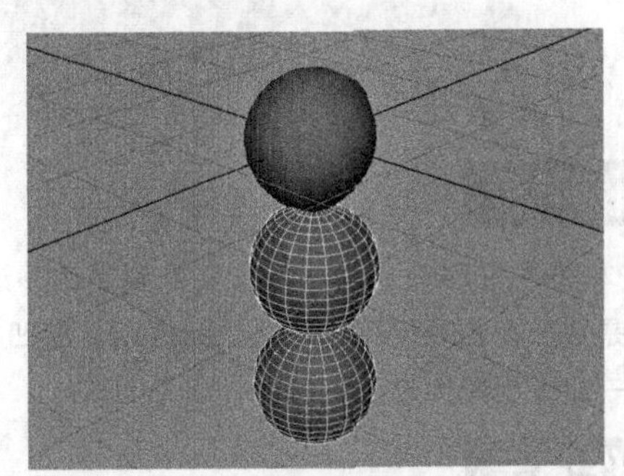

图2-118

（9）将之前完成的模型复制出两个，然后调整模型的位置和角度，如图2-119所示，接着复制出一组模型，摆放到另外一侧，使整个模型完整，如图2-120所示。

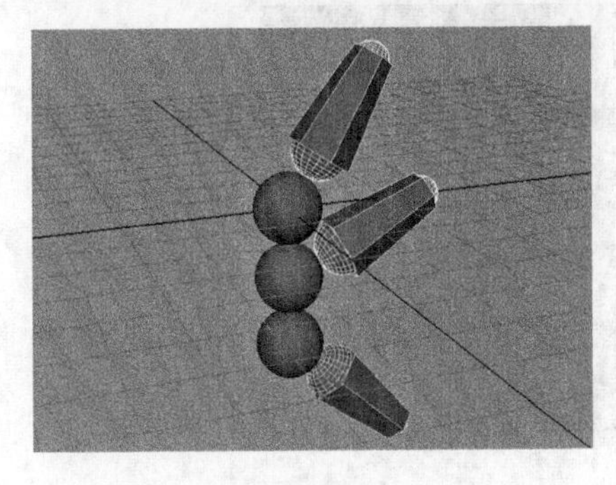

图2-119

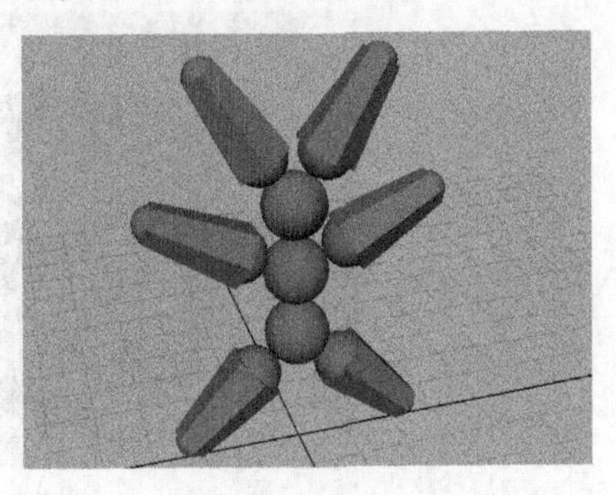

图2-120

技术反馈

本案例通过制作磁力神模型，来掌握多边形几何体的应用。很多看似复杂的模型，都是由一些简单的几何体组合而成的。因此在制作复杂的模型时，可以将其分解为若干个简单部件，通过拼凑的方式组合起来。

2.13 综合练习：制作 BB8 机器人

场景位置	无	扫描观看视频！
实例位置	Example>CH02>B11>B11.mb	
学习目标	学习多边形命令的综合应用	

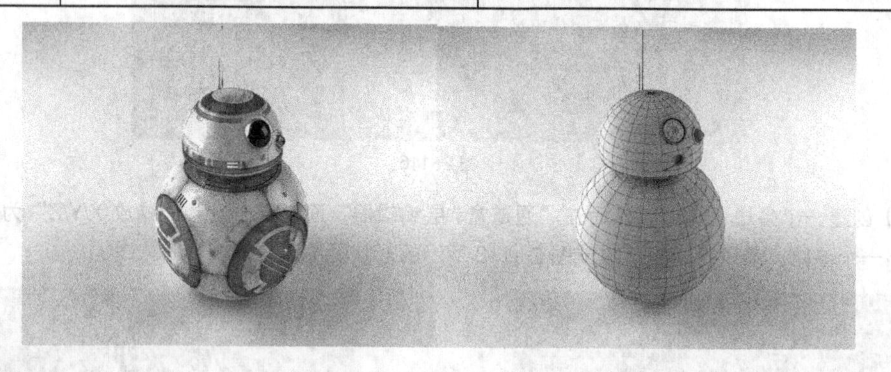

案例引导

本例中的 BB8 机器人模型，主要是由多边形球体、多边形圆柱体和多边形管道构成，较为复杂的部分是头部，需要使用“挤出”命令制作出凹槽，然后使用多边形基本体制作出其他细节部分，最后组装到一起达到最终效果。

制作演示

（1）新建场景，然后创建一个多边形球体，接着在“通道盒 / 层编辑器”面板中，设置“平移”为 4、“缩放 X/Y/Z”为 4，如图 2-121 所示。

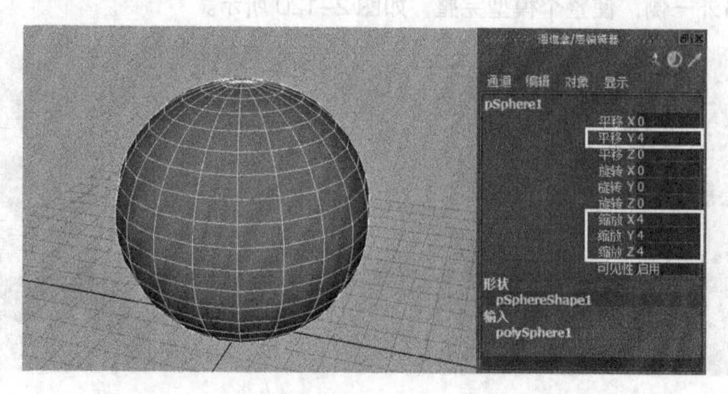

图 2-121

（2）创建一个多边形球体，接着在“通道盒 / 层编辑器”面板中，设置“平移”为 8.5、“缩放 X/Y/Z”为 2.5，如图 2-122 所示。

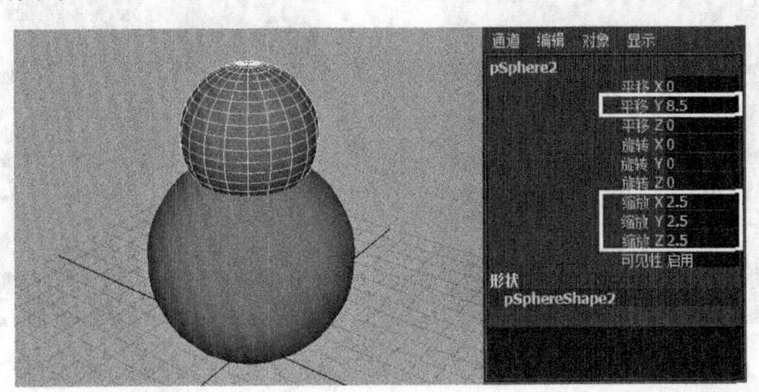

图 2-122

（3）选择图 2-123 所示的面，然后按 Delete 键将其删除。接着双击选择底部的循环边，然后使用“缩放工具”调整大小，如图 2-124 所示。

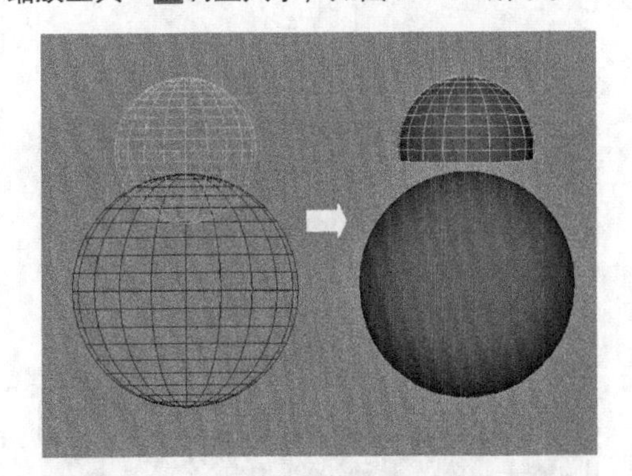

图 2-123

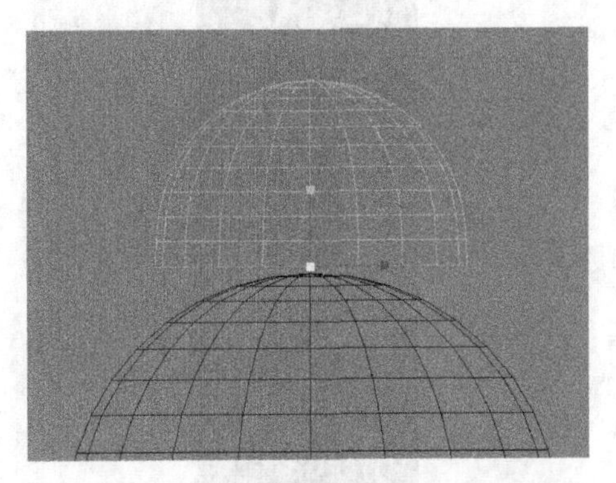

图 2-124

双击多边形的边可以选择循环边。

选择一个面，然后按住 Shift 键并双击相邻的面，可以选择循环面，如图 2-125 所示

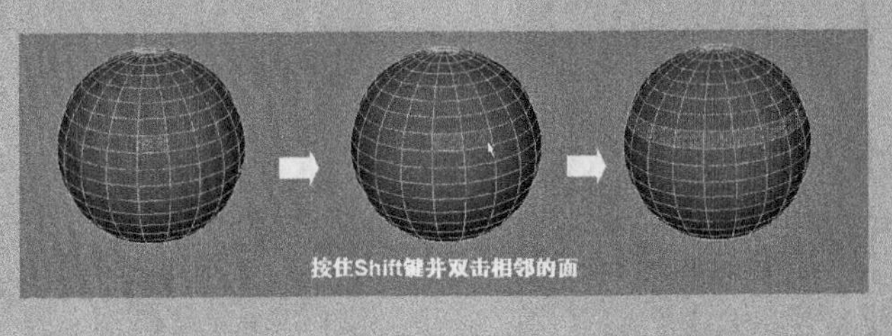

图 2-125

（4）选择底部的循环边，然后使用“挤出”命令挤出边，如图 2-126 所示。接着使用“缩放工具”将挤出的边缩小，如图 2-127 所示。

（5）选择底部的循环边，然后使用“挤出”命令挤出边，接着执行“编辑网格 > 合并到中心”菜单命令，如图 2-128 所示。效果如图 2-129 所示。

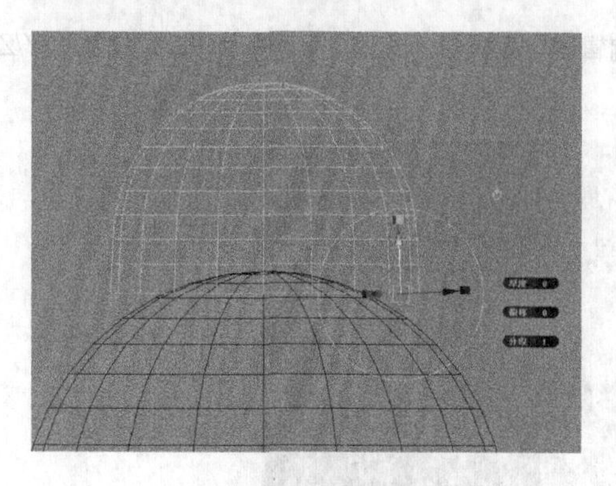

图 2-126

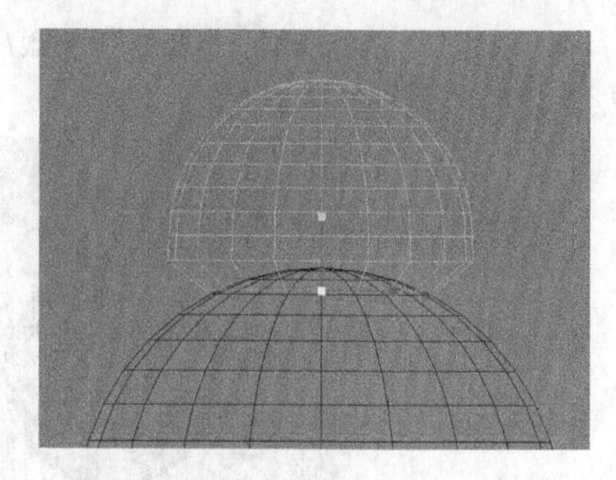

图 2-127

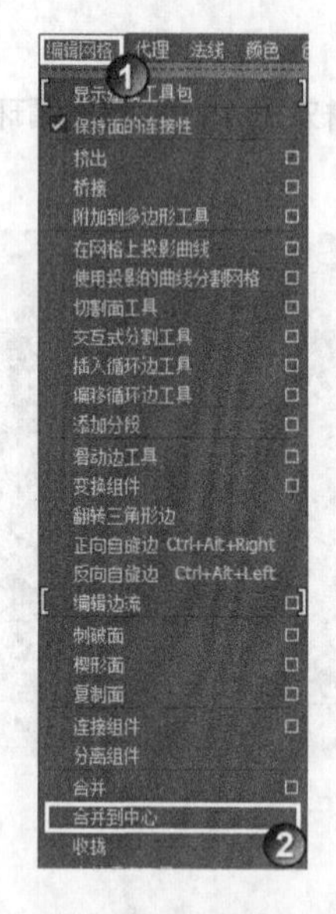

图 2-128

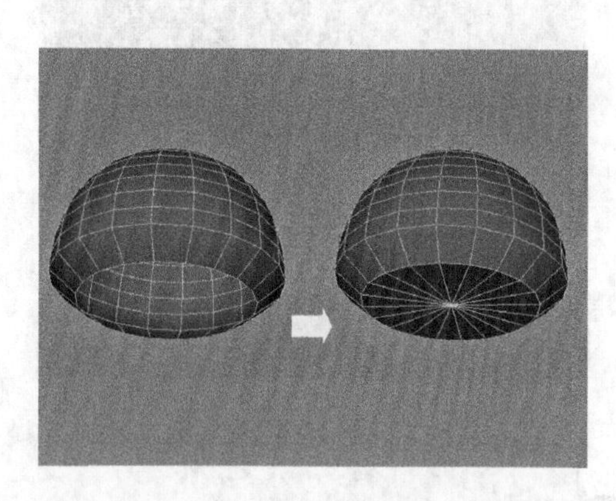

图 2-129

（6）使用“插入循环边工具”为机器人头部模型卡线，如图 2-130 所示。接着选择底部的面，使用“挤出”命令并缩小面，如图 2-131 所示。最后按数字 3 键对模型光滑显示，效果如图 2-132 所示。

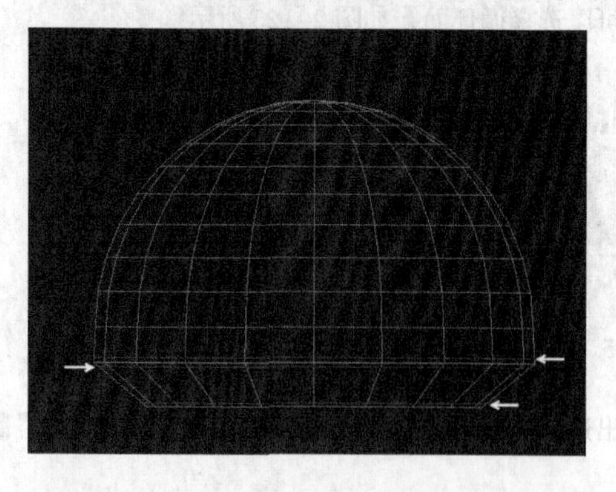

图 2-130

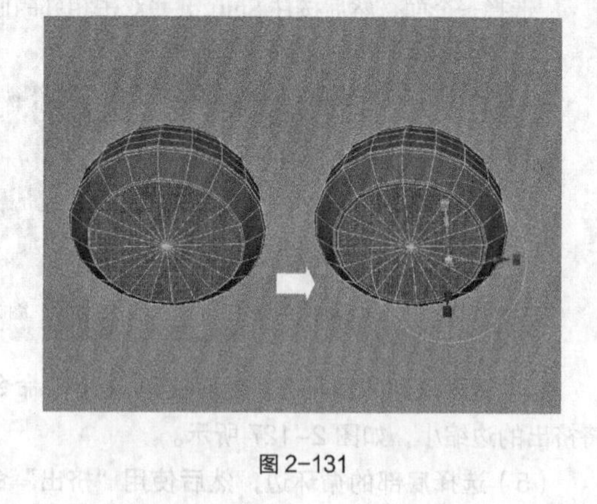

图 2-131

（7）选择头部正中上的点，如图 2-133 所示。然后执行“编辑网格 > 切角顶点”，如图 2-134 所示。效果如图 2-135 所示。

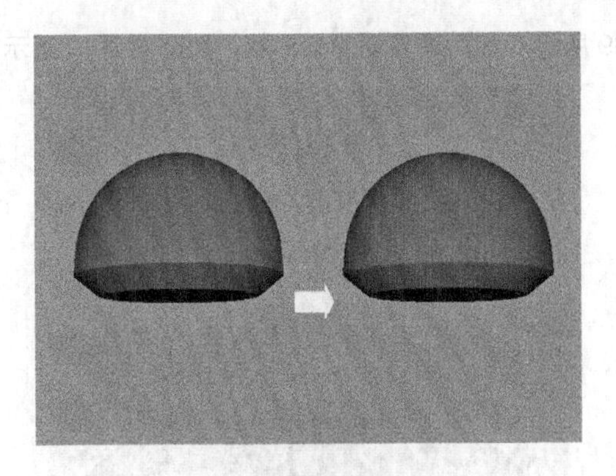
图 2-132

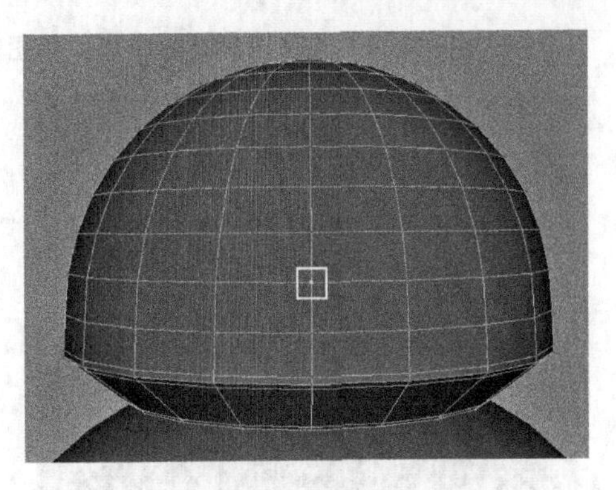
图 2-133

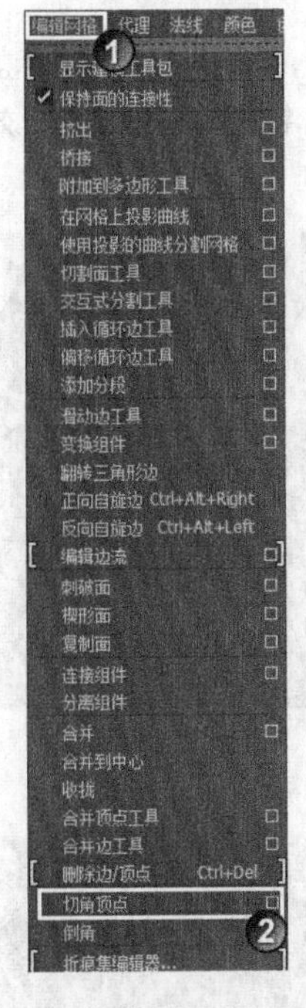

图 2-134

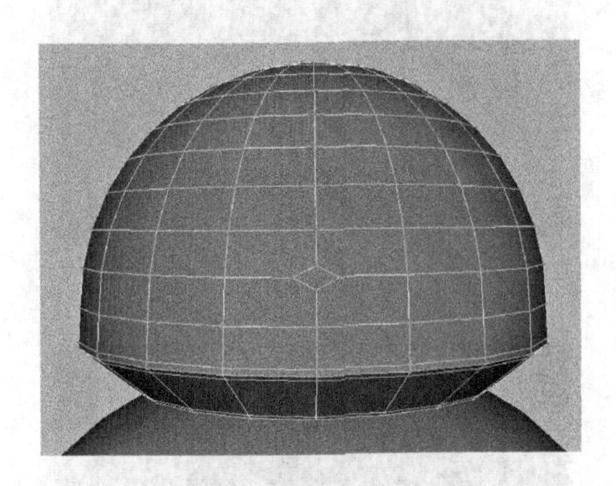
图 2-135

（8）调整切角处的顶点，如图 2-136 所示。然后执行“编辑网格 > 交互式分割工具”菜单命令，如图 2-137 所示。接着在图 2-138 所示的位置单击生成边，并按 Enter 完成操作。

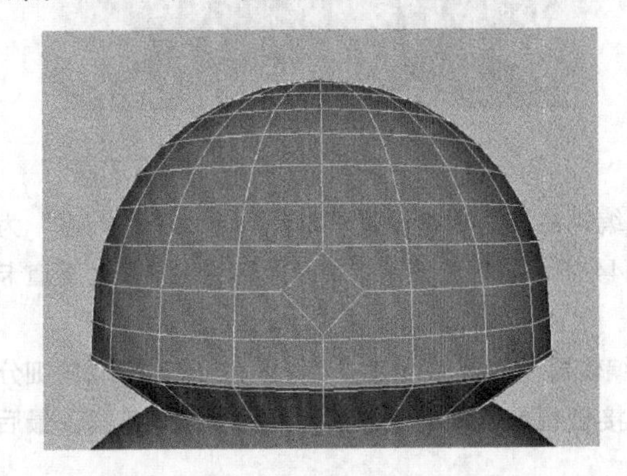
图 2-136

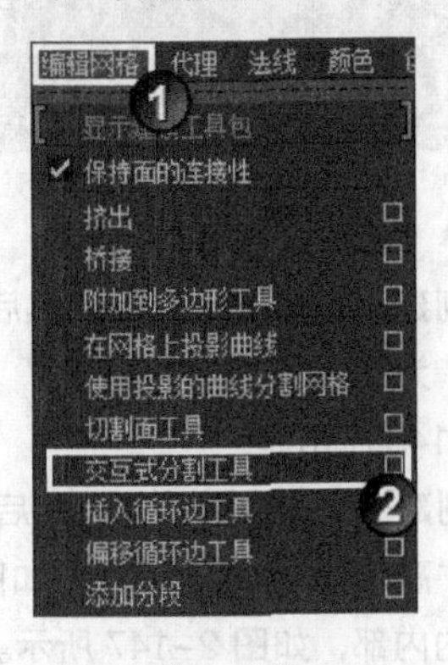

图 2-137

（9）使用同样的方法在切角处生成边，如图 2-139 所示。然后调整切角的形状，如图 2-140 所示。

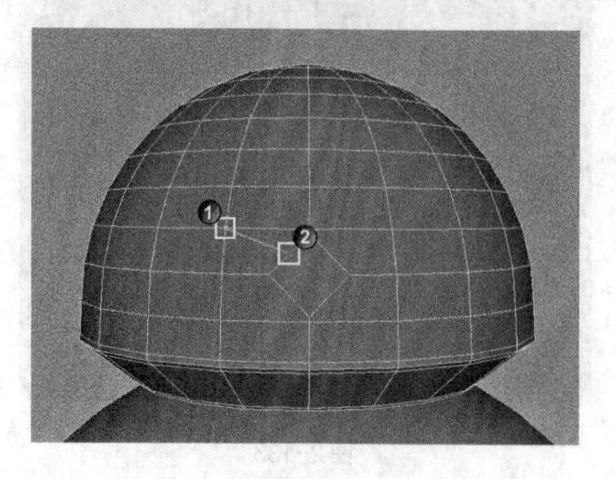

图 2-138

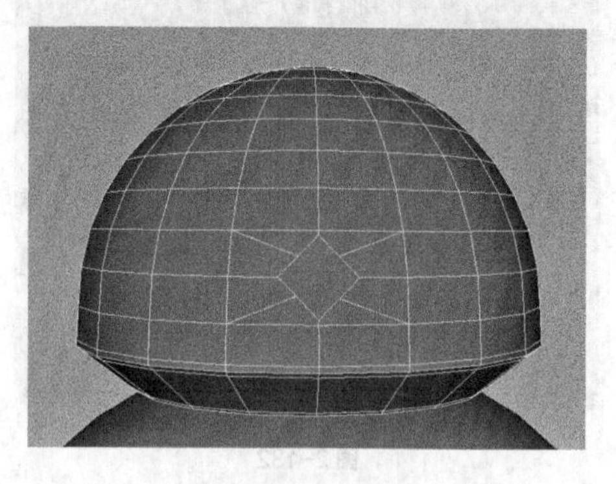

图 2-139

（10）选择切角处的面，然后执行“挤出”命令，将面向内挤出，如图 2-141 所示。接着使用“插入循环边工具”为挤出的凹槽卡线，如图 2-142 所示。最后按数字 3 键光滑显示模型，效果如图 2-143 所示。

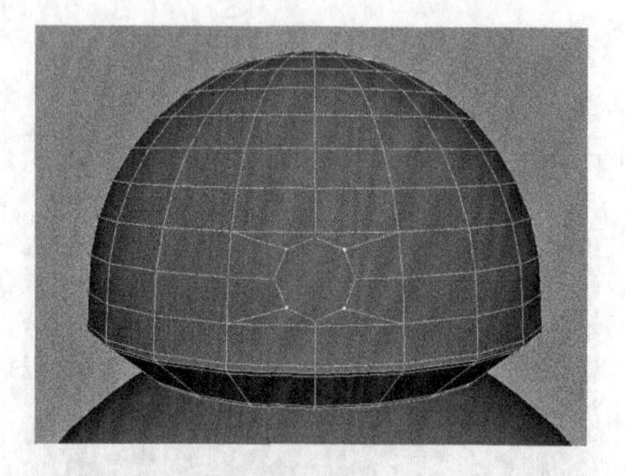

图 2-140

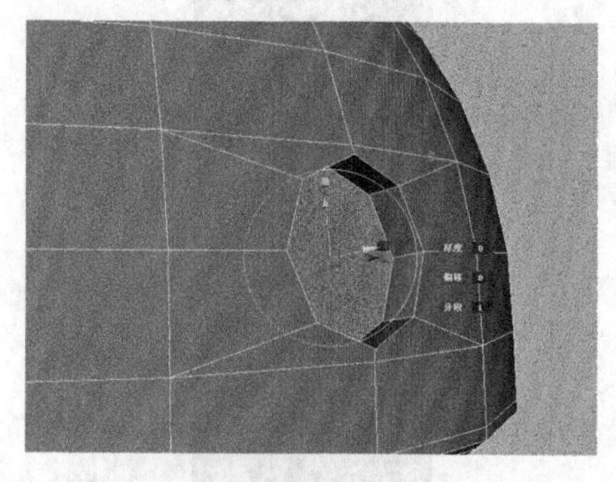

图 2-141

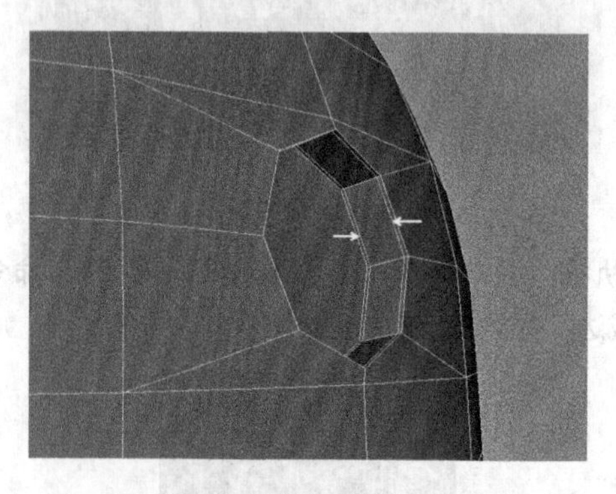

图 2-142

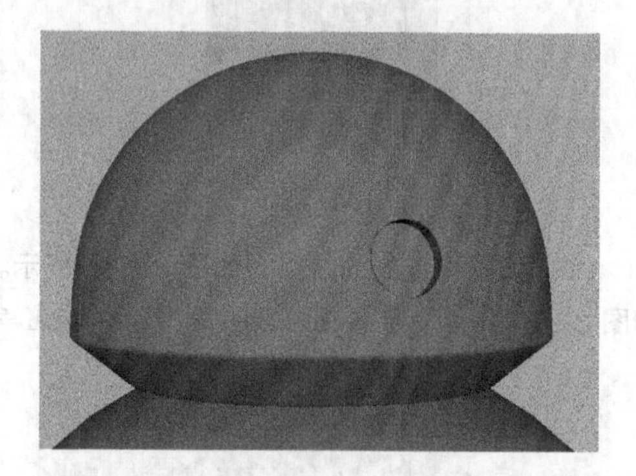

图 2-143

（11）创建一个多边形管道，然后在“通道盒 / 层编辑器”面板中设置“半径”为 0.5、“高度”为 0.5、“厚度”为 0.08、“轴向细分数”为 12，如图 2-144 所示。接着使用“插入循环边工具”为管道卡线，如图 2-145 所示。

（12）创建一个多边形球体，然后在“通道盒 / 层编辑器”面板中设置“半径”为 0.45、“轴向细分数”为 12、“高度细分数”为 12，如图 2-146 所示。接着删除球体一半的面，再将半球体压扁，最后移动到管道的内部，如图 2-147 所示。

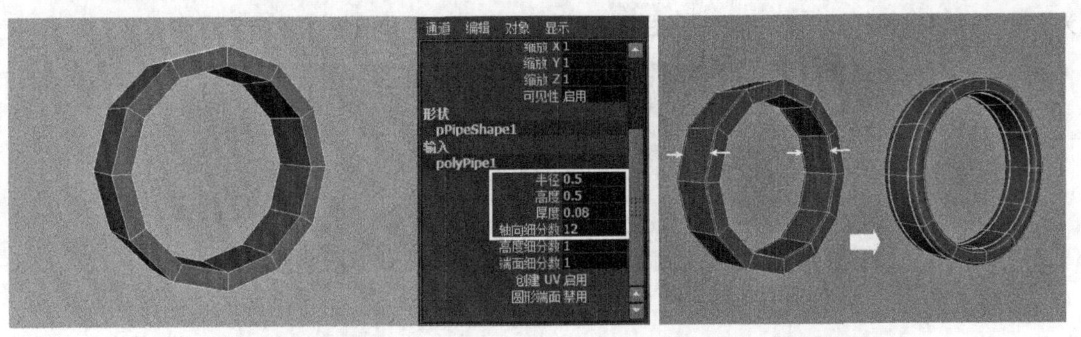

图 2-144

图 2-145

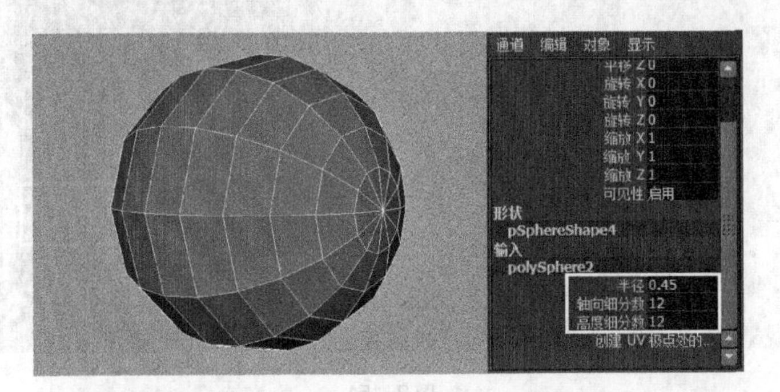

图 2-146

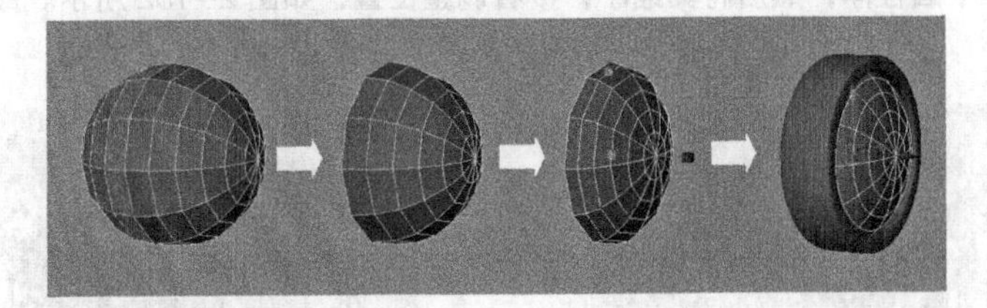

图 2-147

（13）使用“结合”命令将管道和半球体合并成机器的眼睛，然后调整眼睛的位置，如图 2-148 所示。接着复制出一个眼睛模型，再将其缩小，最后调整位置，如图 2-149 所示。

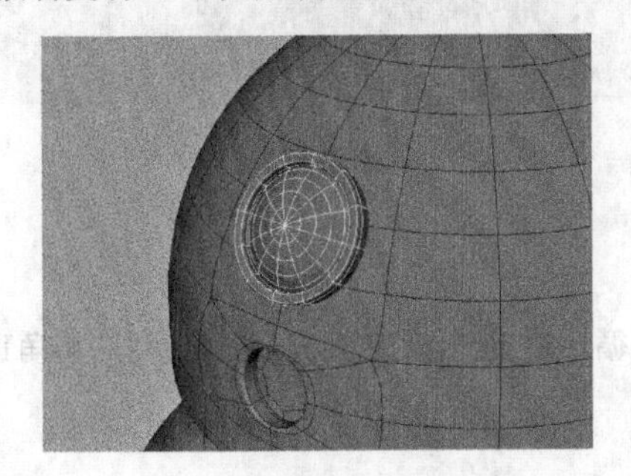

图 2-148

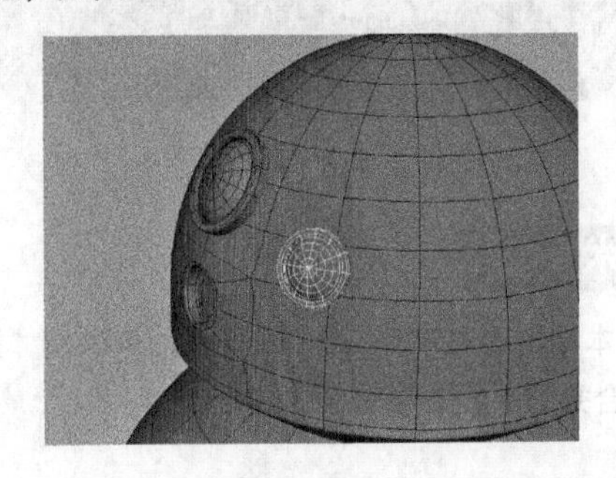

图 2-149

（14）选择半球体上的面，然后按住 R+ 鼠标左键，接着在打开的 Hotbox 菜单中选择“对象”模式，最后将半球体拉长，如图 2-150 所示。

（15）创建一个多边形圆柱体，然后在“通道盒 / 层编辑器”面板中设置“半径”为 0.02、“高度”

为 1.8、“轴向细分数”为 12，接着将圆柱体移至机器人的顶部，如图 2-151 所示。

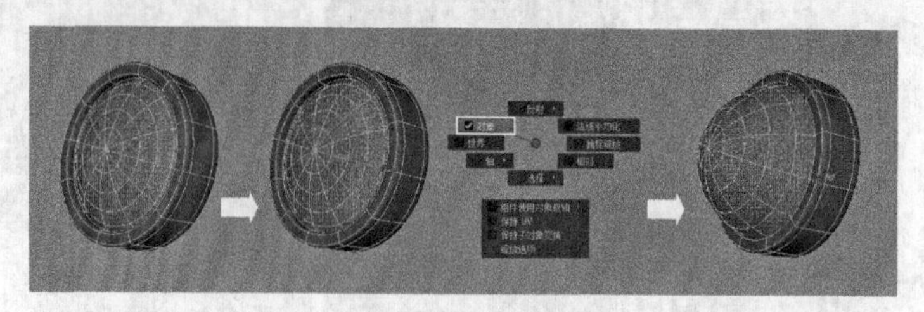

图 2-150

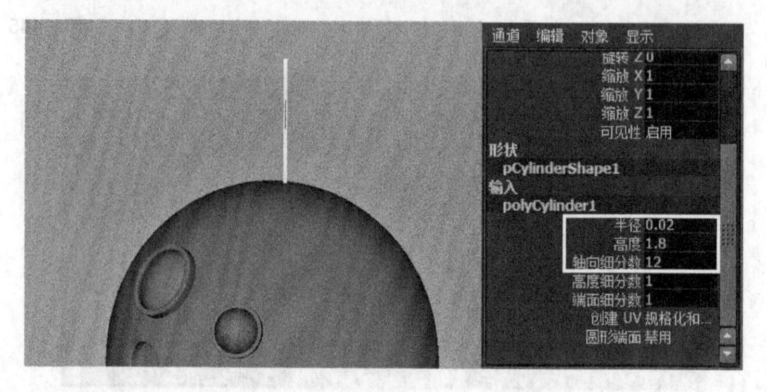

图 2-151

（16）复制出一个圆柱体，然后将其缩小，接着调整位置，如图 2-152 所示。最终效果如图 2-153 所示。

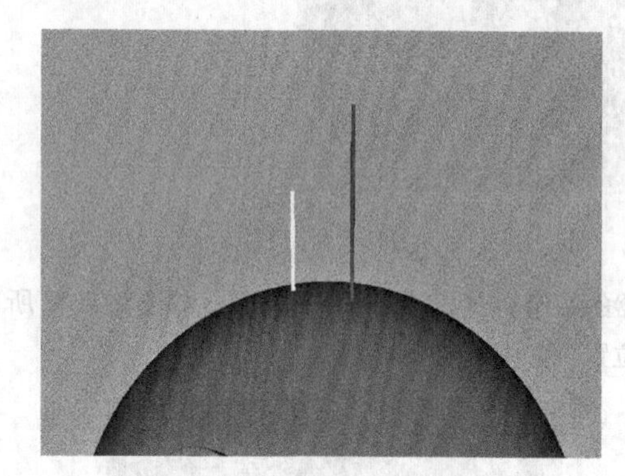

图 2-152

图 2-153

技术反馈

本案例通过制作 BB8 机器人，来掌握“挤出”“插入循环边工具”“交互式分割工具”“切角顶点”和“合并到中心”等命令的综合使用。

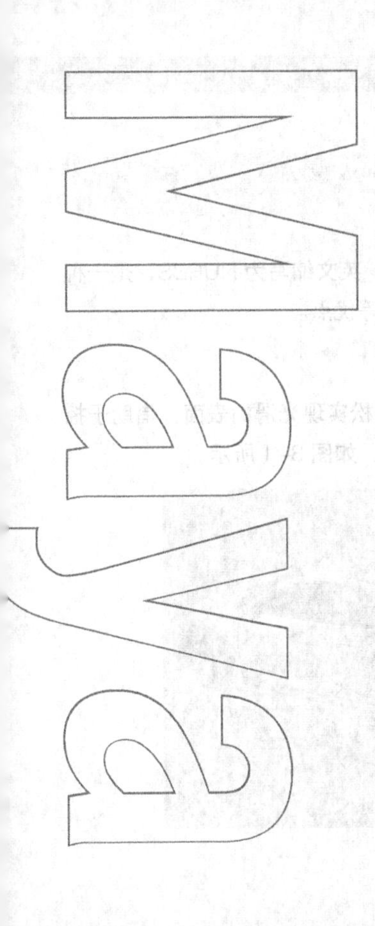

Chapter

3

第3章 曲面建模

曲面的英文简称为NURBS，是一种通过数学表达式构建的三维图形方式，具有数据量小、精度高、无线细分等优点。曲面建模是一种优秀的建模方式，很多三维软件都支持该建模方法。Maya中提供了强大的曲面建模功能，用户可以使用这些功能制作出逼真、生动的造型。本章介绍了创建曲线、编辑曲线、创建曲面、编辑曲面以及生成曲面等内容。通过本章的学习，读者可以使用曲线和曲面完成各种类型的模型。

本章学习要点

- 掌握Maya曲线的创建方法
- 掌握Maya曲线的编辑方法
- 掌握Maya曲面的创建方法
- 掌握Maya曲面的编辑方法
- 掌握曲面的生成方法

3.1 曲面建模简介

曲面是非均匀有理 B 样条曲线（Non-Uniform Rational B-Splines），英文缩写为 NURBS，是一种通过数学表达式构建的三维图形方式，具有数据量小、精度高、无线细分等优点。

3.1.1 什么是曲面建模

曲面建模即 NURBS 建模，通过曲线和曲面来定义造型。曲面可以轻松实现光滑的表面，借助于控制点调整曲线或曲面的曲率、方向和长短，以制作出各种复杂的曲面造型，如图 3-1 所示。

图 3-1

3.1.2 曲面建模与多边形建模的区别

曲面建模由于是通过数学表达式来定义的，因此在制作曲面造型时有很大优势。如果要使用多边形来制作曲面造型，需要使用大量的面来表现，而使用曲面来制作造型则简单许多，如图 3-2 所示。

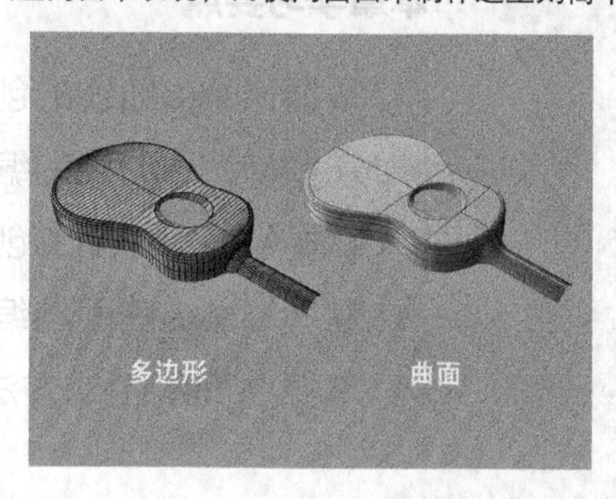

图 3-2

3.2 曲面建模技术

在 Maya 中可以通过曲线和曲面两种方式，来完成曲面造型。在曲面建模过程中，往往需要两种方式配合完成，以应对复杂效果的模型。

关于曲面的功能，Maya 以单独的模块进行归类，设置模块选择器为“曲面”，如图 3-3 所示。菜单栏中会提供“编辑曲线”“曲面”和“编辑 NURBS”3 个菜单，如图 3-4 所示。

图 3-3

编辑曲线 曲面 编辑 NURBS

图 3-4

3.2.1 创建曲线

Maya 提供了很多种创建曲线的方法，在“创建”菜单下提供了“CV 曲线工具”“EP 曲线工具”“Bezier 曲线工具”“铅笔曲线工具”和“弧工具”5 种创建曲线的命令，如图 3-5 所示。

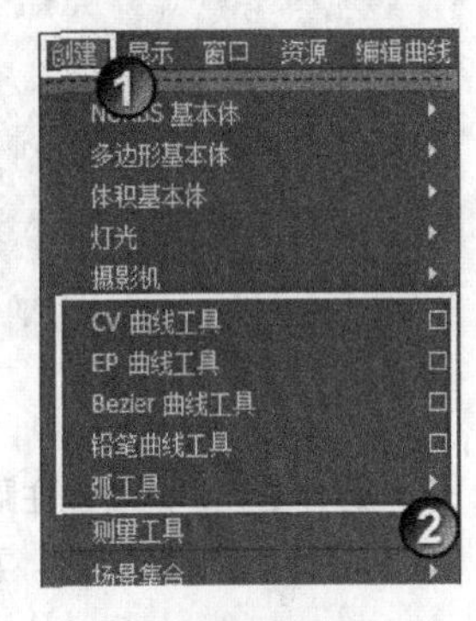

图 3-5

另外，在工具架中的“曲线”选项卡下，提供了 5 个曲线工具，分别是“NURBS 圆形”“NURBS 方形”“EP 曲线工具”“铅笔曲线工具”和“三点圆弧”，如图 3-6 所示。

图 3-6

在以上 5 种曲线工具中，“EP 曲线工具”经常用到，因此本书重点介绍“EP 曲线工具”。其他工具，读者可以自行尝试。

执行“创建 >EP 曲线工具”菜单命令，如图 3-7 所示。然后在视图中连续单击绘制曲线，接着按 Enter 键完成操作，如图 3-8 所示。

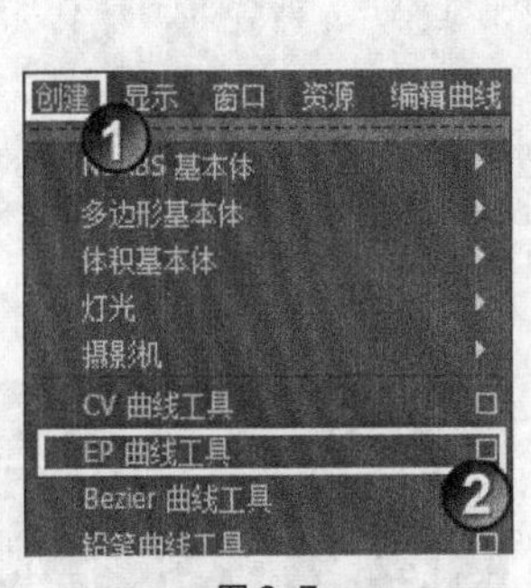

图 3-7

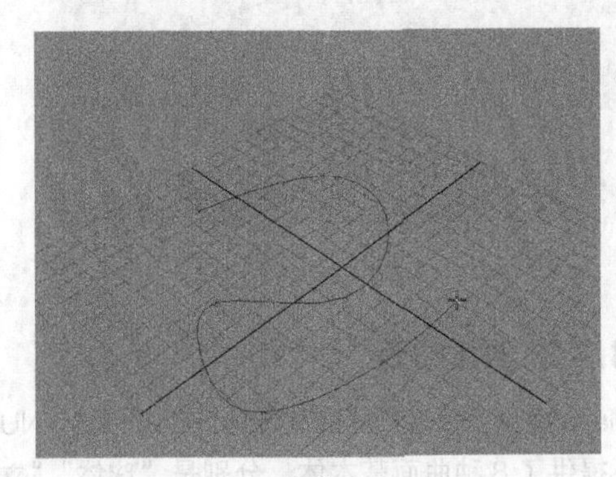

图 3-8

单击“创建 >EP 曲线工具”菜单命令后面的□按钮，在打开的“工具设置”面板中可以设置 EP 曲线的属性，如图 3-9 所示。不同类型的“曲线次数”的效果如图 3-10 所示。

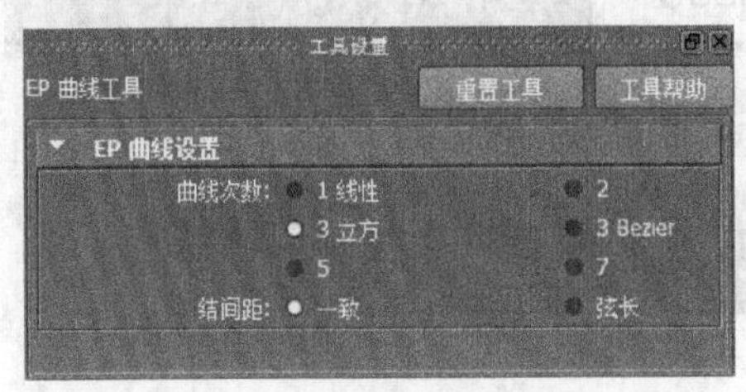

图 3-9

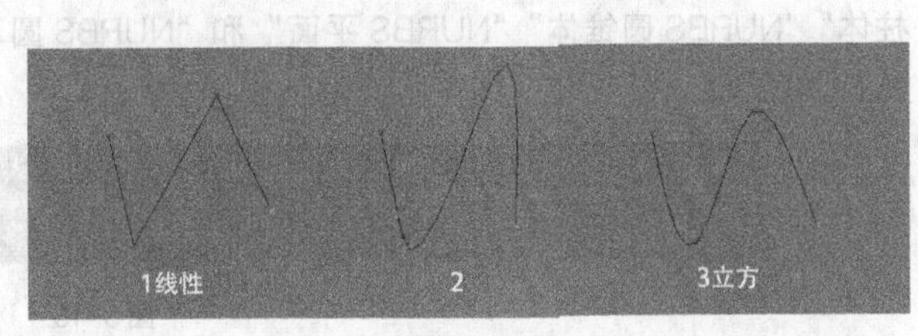

图 3-10

3.2.2 编辑曲线

在创建完曲线后，如果要对其进行调整可以按住鼠标右键，在打开的 Hotbox 菜单中，选择曲线的编辑模式，如图 3-11 所示。Maya 为曲线提供了 5 种不同的编辑模式，可以选择对象的不同组件，如图 3-12 所示。

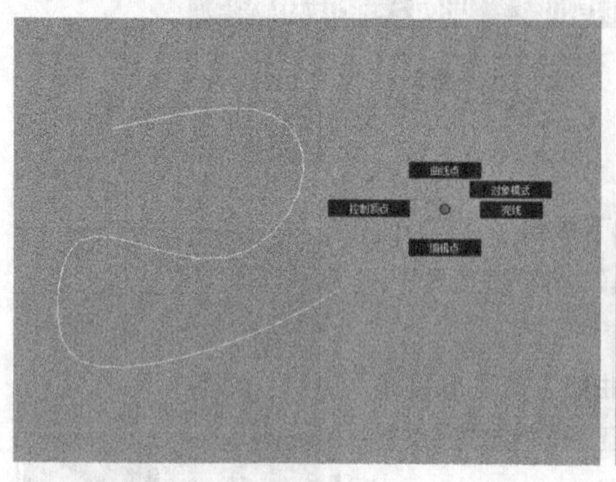

图 3-11

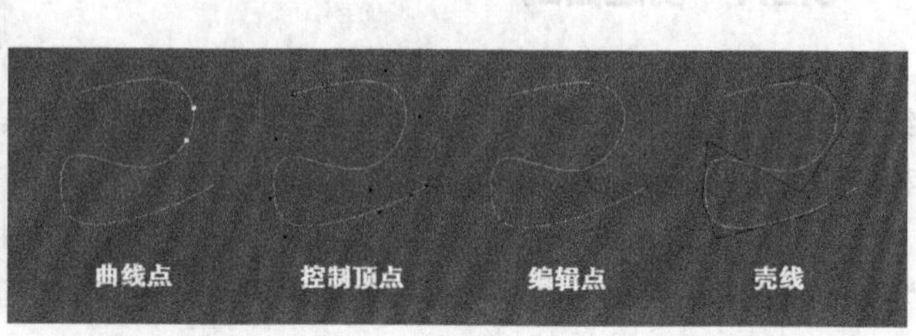

图 3-12

选择曲线，然后按住鼠标右键，在打开的 Hotbox 菜单中选择“控制顶点”选项，接着选择曲线上的控制顶点，如图 3-13 所示。再使用“移动工具”移动控制顶点，曲线就会随即产生变化，如图 3-14 所示。

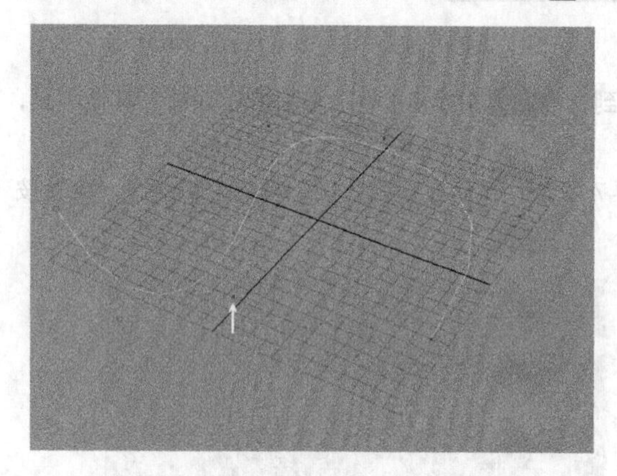

图 3-13

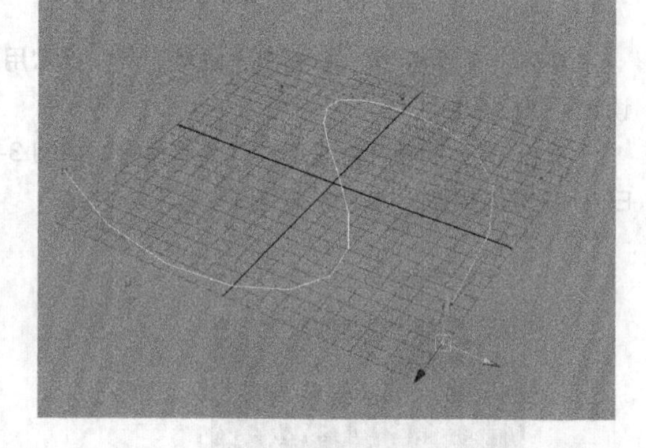

图 3-14

3.2.3 创建曲面

Maya 提供了很多种曲面基本体，在“创建 >NURBS 基本体”菜单下提供了 8 种曲面基本体，分别是“球体”“立方体”“圆柱体”“圆锥体”“平面”“圆环”“圆形”和“方形”，如图 3-15 所示。

另外，在工具架中的“曲面”选项卡下，提供了 6 个创建曲面的工具，分别是“NURBS 球体”“NURBS 立方体”“NURBS 圆柱体”“NURBS 圆锥体”“NURBS 平面”和“NURBS 圆环”，如图 3-16 所示。

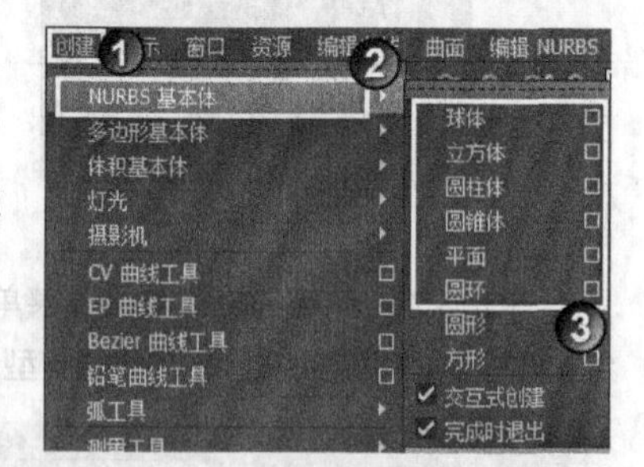

图 3-15

图 3-16

曲面的基本体和多边形的基本体类似，都是一些简单的几何体，如图 3–17 所示。

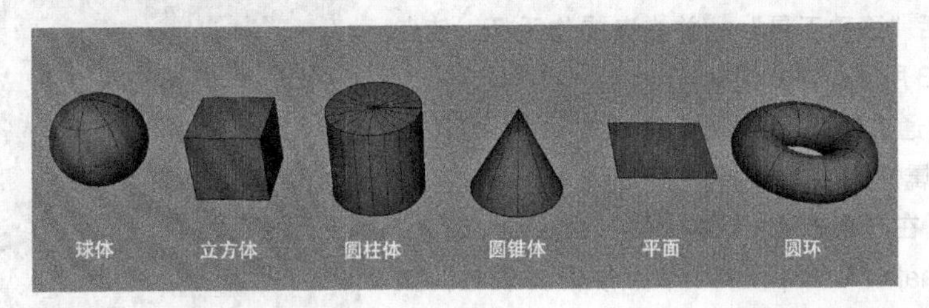

图 3–17

下面以曲面球体为例，介绍曲面基本体的创建方法。

执行“创建 >NURBS 基本体 > 球体”菜单命令，如图 3–18 所示。然后在视图中按住鼠标左键并拖曳，可创建任意大小的球体，如图 3–19 所示。也可以在视图中单击创建一个半径为 1 的球体，如图 3–20 所示。

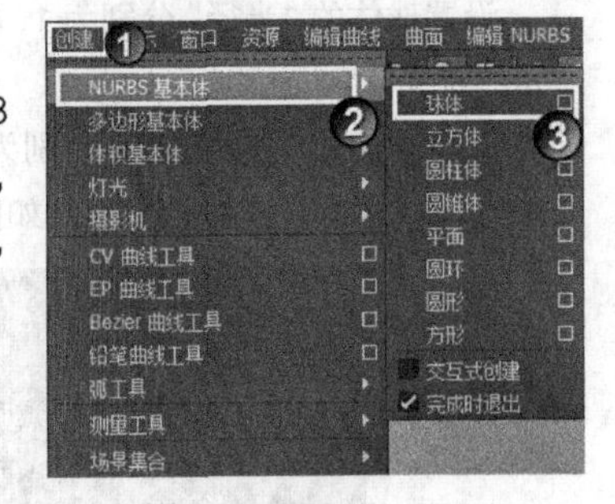

图 3–18

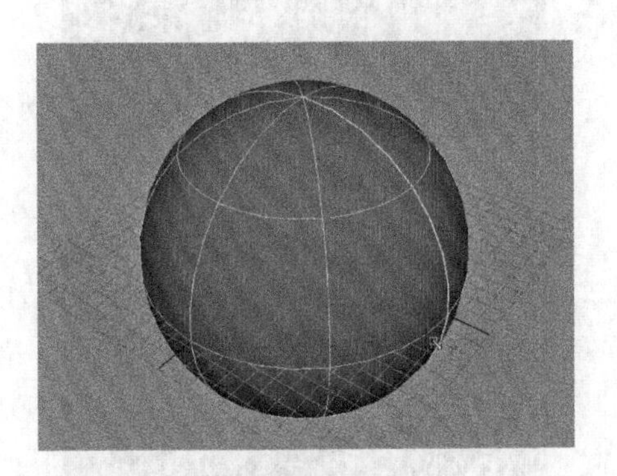

图 3–19

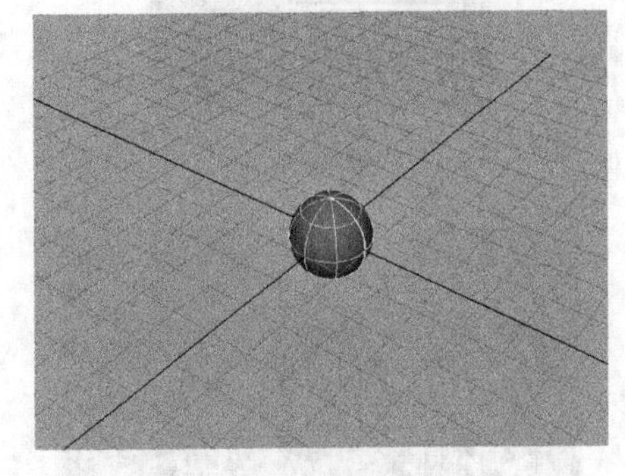

图 3–20

3.2.4　编辑曲面

在创建完曲面后，如果要对其进行调整可以按住鼠标右键，在打开的 Hotbox 菜单中，可以选择曲面的编辑模式，如图 3–21 所示。不同的编辑模式，可以选择对象的不同组件，图 3–22 所示为曲面常用的 5 种编辑模式。

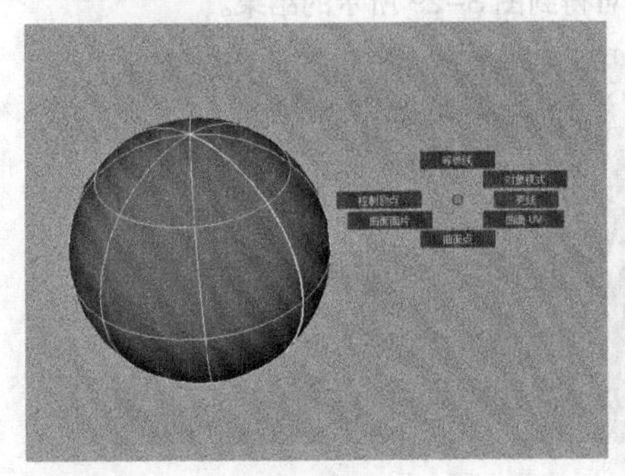

图 3–21

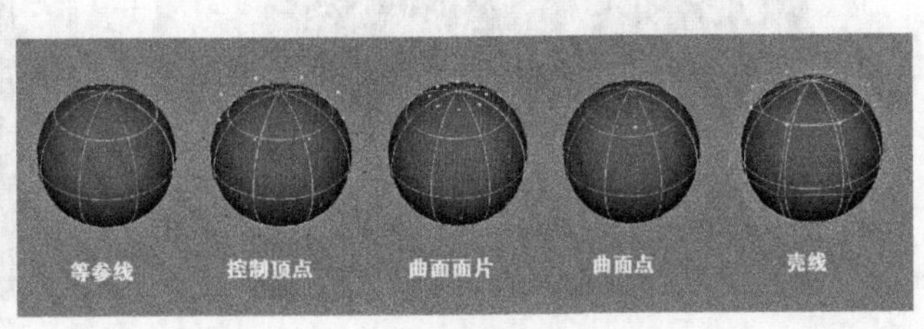

图 3–22

选择“控制顶点”编辑模式，然后选择球体上的点，接着按 W 键激活“移动工具”并拖曳操作手柄，使点移动，如图 3-23 所示。

另外，在“通道盒 / 层编辑器”面板中，可以修改曲面基本体的相关属性。

选择球体，在“通道盒 / 层编辑器”面板的“输入”区域中，单击 makeNurbSphere1 节点展开其属性，如图 3-24 所示。

设置球体的“半径”分别为 1、2、3，可得到图 3-25 所示的结果。

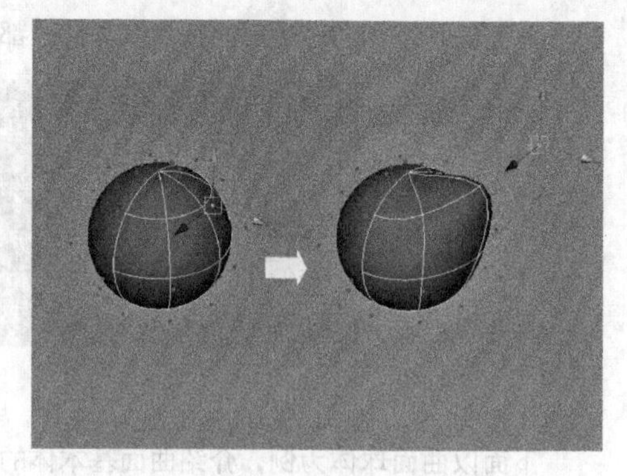

图 3-23

设置球体的“开始扫描”分别为 0、60、120，可得到图 3-26 所示的结果。设置球体的“结束扫描”分别为 360、300、240，可得到如图 3-27 所示的结果。

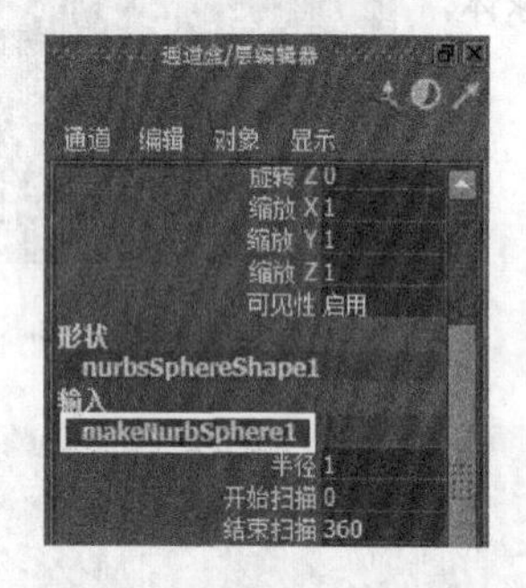

图 3-24

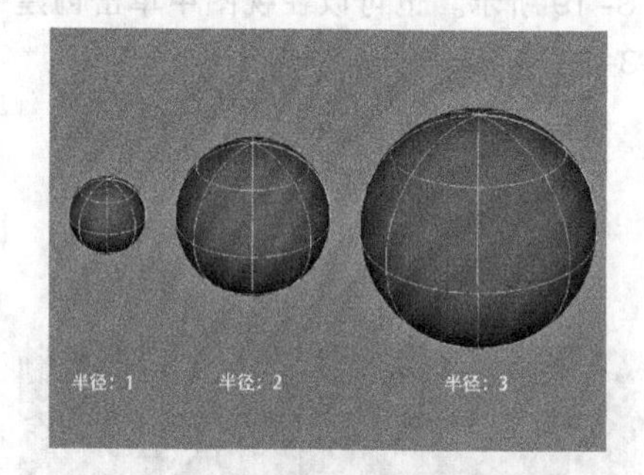

图 3-25

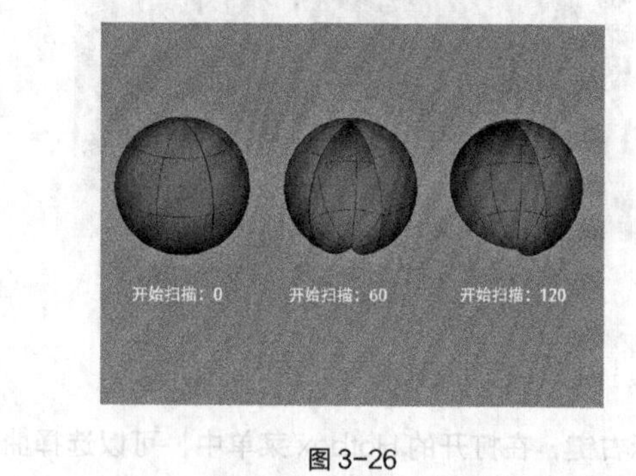

图 3-26

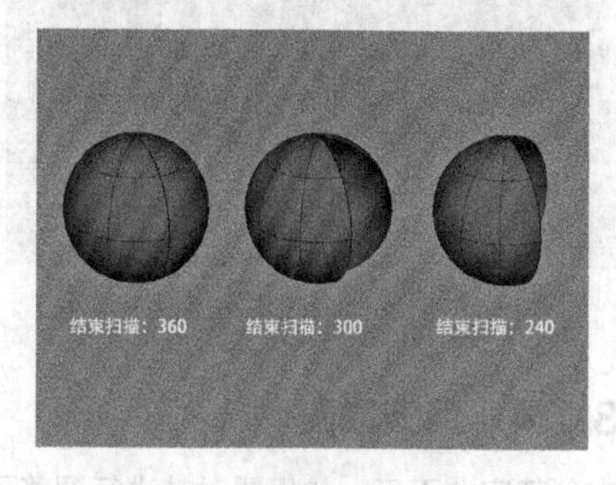

图 3-27

设置“次数”属性的分别为“线性”和“立方”，可得到图 3-28 所示的结果。

设置球体的“分段数”和“跨度数”分别为 1、5、10，可得到图 3-29 所示的结果。

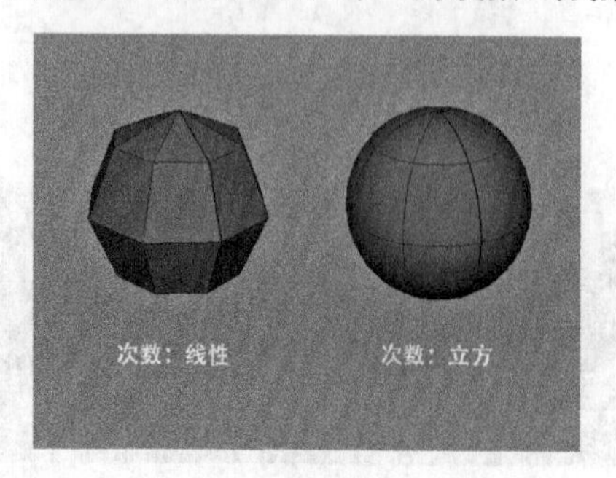

图 3-28

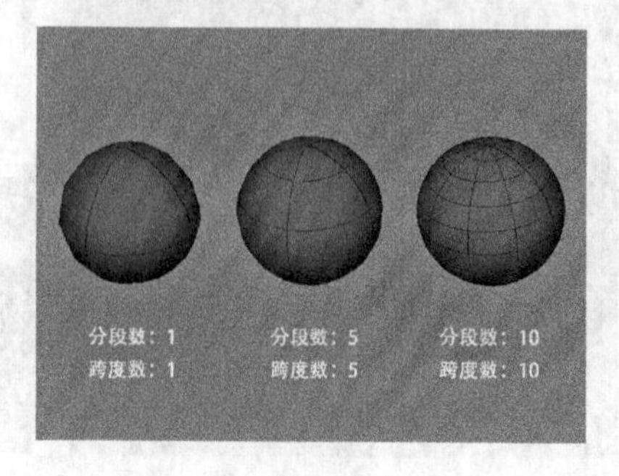

图 3-29

其他曲面基本体的初始属性与球体类似，这里由于篇幅的原因不再赘述，读者可以自行测试观察效果。

3.3 用插入结命令丰富曲线细节

场景位置	Scene>CH03>C1>C1.mb	扫描观看视频！
实例位置	Example>CH03>C1>C1.mb	
学习目标	学习“插入结”命令的使用方法	

案例引导

本例中的曲线是一个天鹅图案，如图 3-30 所示。由图可见，天鹅的翅膀处显得过于单调，因此可以使用“插入结”命令增加控制顶点，然后通过调整控制顶点来增加翅膀处的细节。

图 3-30

制作演示

（1）打开学习资源中的 Scene>CH03>C1>C1.mb 文件，然后切换到 top（顶）视图。场景中有一个由曲线构成的天鹅图案，如图 3-31 所示。

（2）选择曲线，然后按住鼠标右键，在打开的 Hotbox 菜单中选择“控制顶点”编辑模式，如图 3-32 所示。由此可以看出天鹅翅膀由于控制顶点过少没有太多细节。

（3）选择曲线，然后按住鼠标右键，接着在打开的 Hotbox 菜单中选择“曲线点”编辑模式，再在翅膀处按住 Shift 键多次单击添加图 3-33 所示的曲线点，最后执行“编辑曲线 > 插入结”菜单命令，如图 3-34 所示。

图 3-31

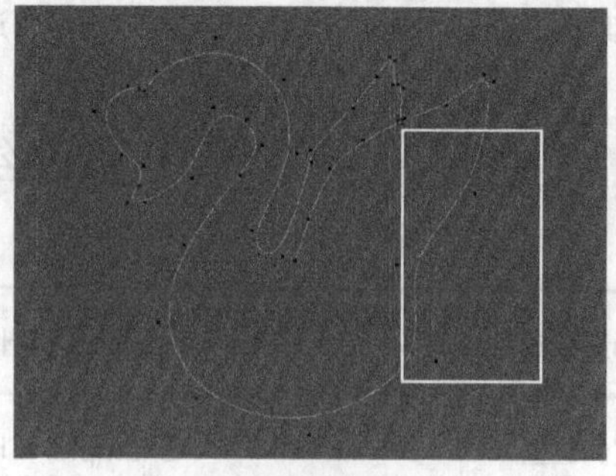
图 3-32

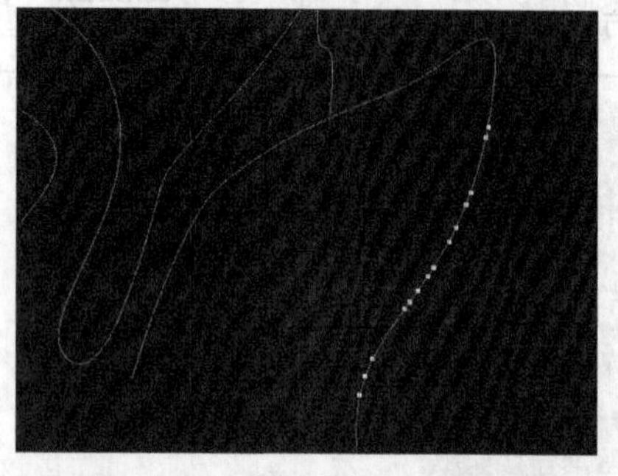
图 3-33

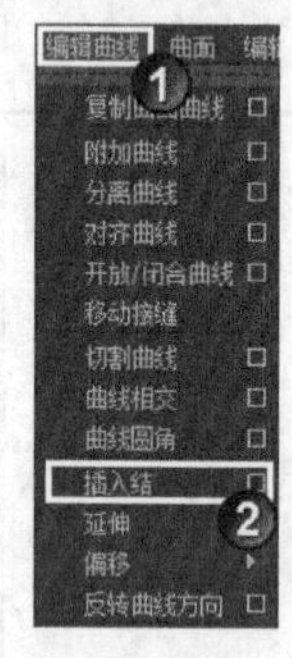

图 3-34

（4）选择曲线，然后切换到“控制顶点”编辑模式，如图 3-35 所示。由此可以看出翅膀处多了很多控制顶点。

（5）调整翅膀处的形状，使细节更加丰富，效果如图 3-36 所示。

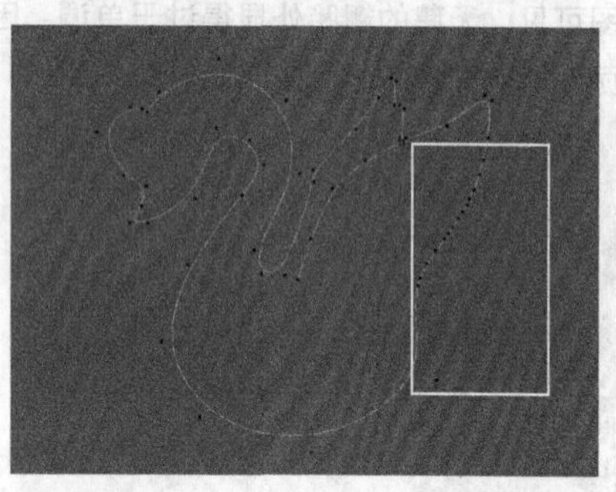
图 3-35

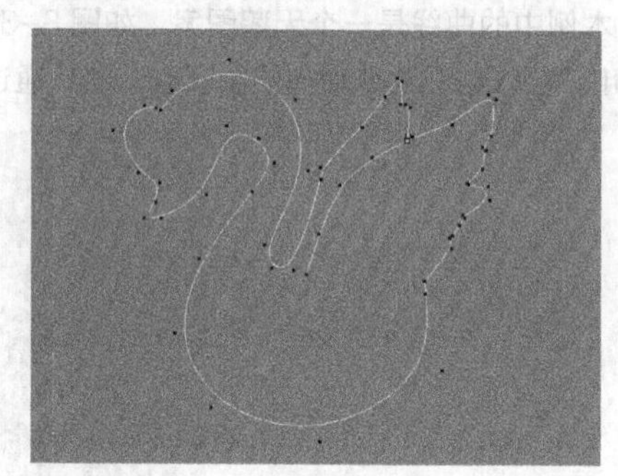
图 3-36

技术反馈

本例通过为天鹅图案增加细节，来掌握“插入结”命令的使用方法。该命令可以在用户指定的位置，为曲线增加若干个控制顶点。

3.4 用重建曲线命令制作齿轮图案

场景位置	无	扫描观看视频！
实例位置	Example>CH03>C2>C2.mb	
学习目标	学习“重建曲线”命令的使用方法	

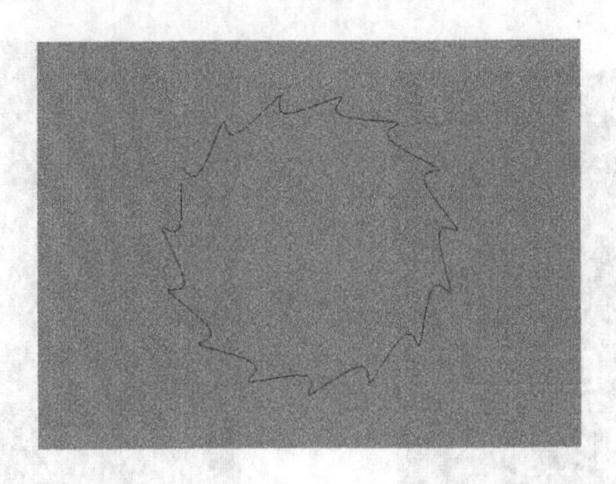

案例引导

本例是通过圆形曲线来制作齿轮图案，在默认情况下，圆形曲线只有8个控制顶点，如图3–37所示。因为8个控制顶点远远达不到制作齿轮造型的数量，所以可以使用“重建曲线”命令为曲线增加控制顶点。

单击“编辑曲线 > 重建曲线”菜单命令后面的□按钮，打开“重建曲线选项”对话框，如图3–38所示。

图3–37

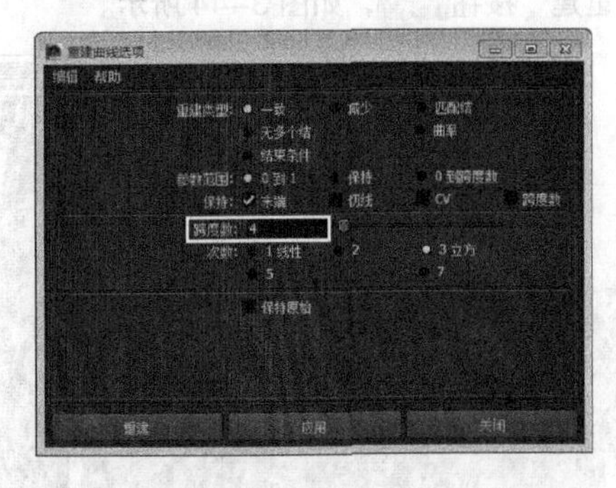

图3–38

在该对话框中，设置“跨度数”属性可以控制重建后的控制顶点数量，如图3–39所示。

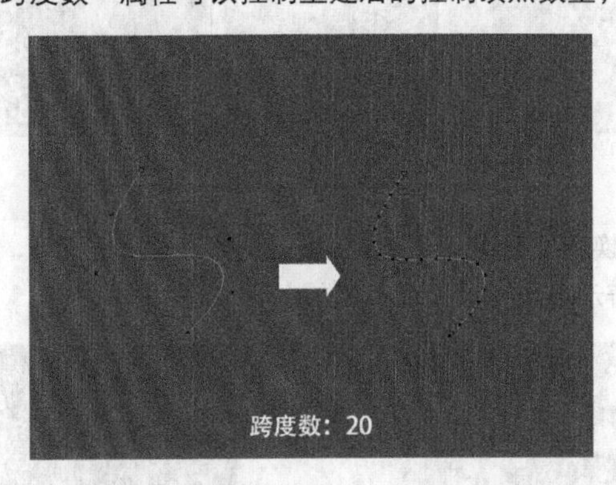

图3–39

制作演示

（1）新建场景，然后执行“创建 >NURBS基本体 > 圆形”菜单命令，如图3–40所示。接着在视图中单击创建圆形曲线，如图3–41所示。

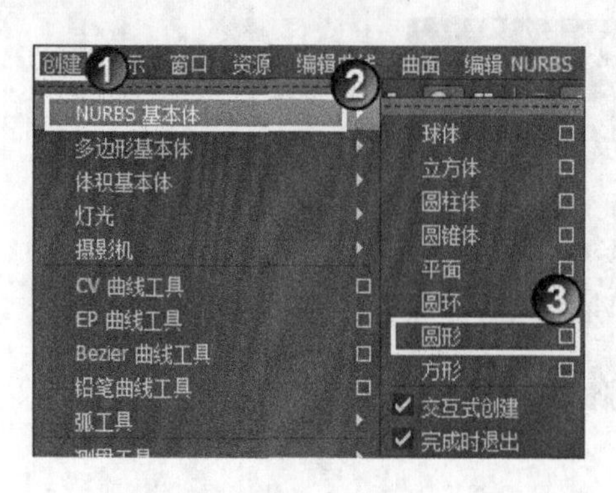

图 3-40

图 3-41

（2）选择圆形，然后切换到“控制顶点”编辑模式，如图 3-42 所示。由此可见，默认情况下圆形的控制顶点较少。

（3）选择圆形，然后切换到“对象模式”编辑模式，接着单击“编辑曲线 > 重建曲线”菜单命令后面的□按钮，如图 3-43 所示。再在打开的“重建曲线选项”对话框中设置“跨度数”为 30，最后单击“重建”按钮，如图 3-44 所示。

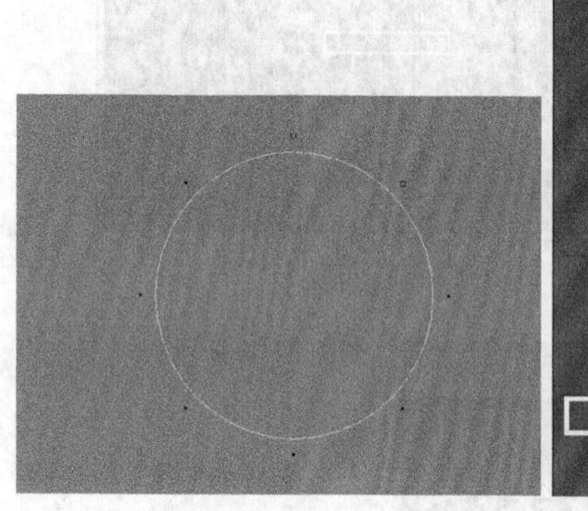

图 3-42

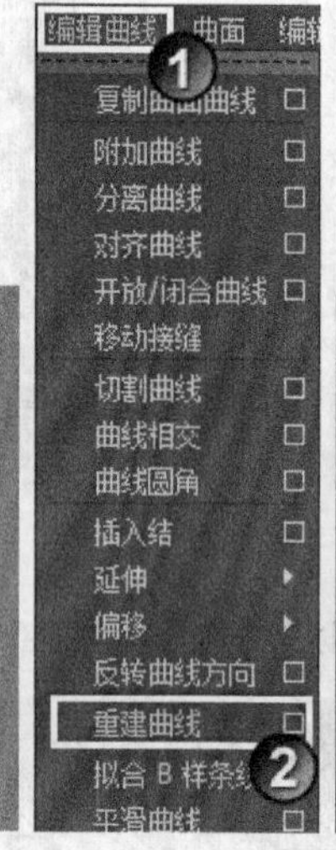

图 3-43

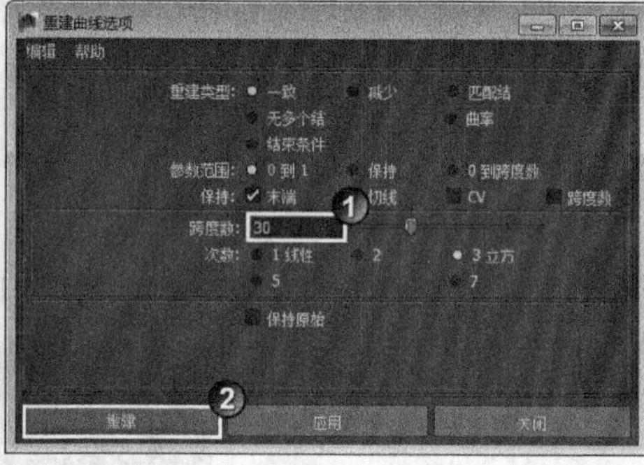

图 3-44

（4）选择圆形，然后切换到“控制顶点”编辑模式，如图 3-45 所示。接着选择图 3-46 所示的点，最后将其缩小，如图 3-47 所示。

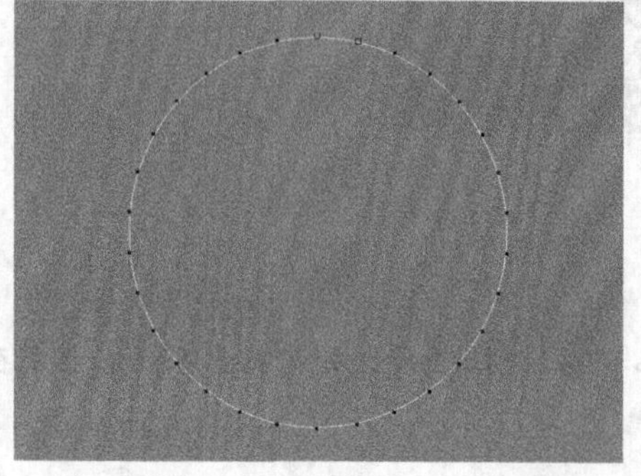

图 3-45

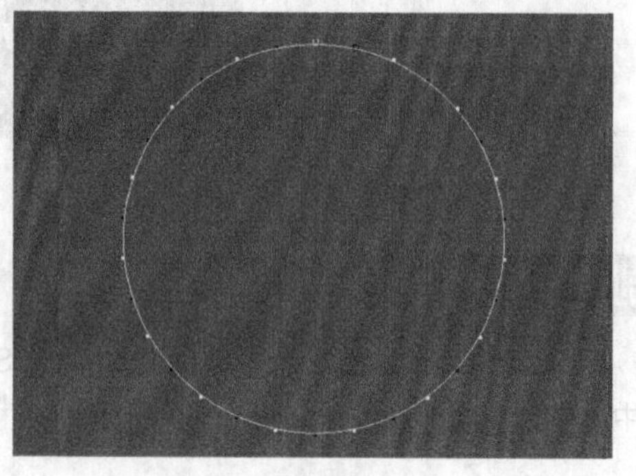

图 3-46

（5）选择圆形外侧的控制顶点，然后将其旋转，如图 3-48 所示。

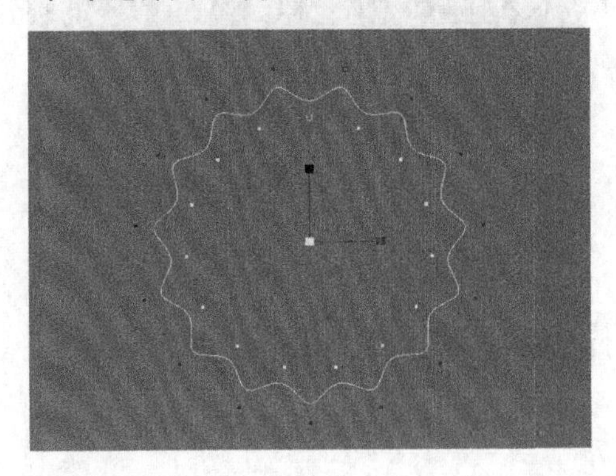

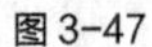

图 3-47

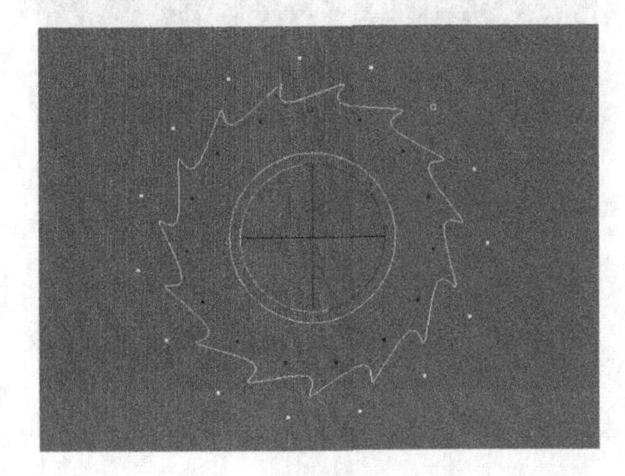

图 3-48

技术反馈

本例通过学习制作齿轮图案，使读者掌握“重建曲线”命令的使用方法。该命令可以为曲线增加若干个控制顶点，并且重建后的曲线控制顶点呈均匀分布。

3.5 用旋转命令制作高脚杯

场景位置	无	扫描观看视频！
实例位置	Example>CH03>C3>C3.mb	
学习目标	学习“旋转”命令的使用方法	

案例引导

本例中的高脚杯模型是一个轴对称物体，可以使用“旋转”命令将曲线生成高脚杯模型，曲线的形状会直接影响最终的曲面效果，因此在绘制曲线时需要耐心处理。

“旋转”命令是以枢轴为中心，根据曲线形状生成曲面。相同的曲线，如果枢轴不同会产生不同的曲面效果，如图 3-49 和图 3-50 所示。

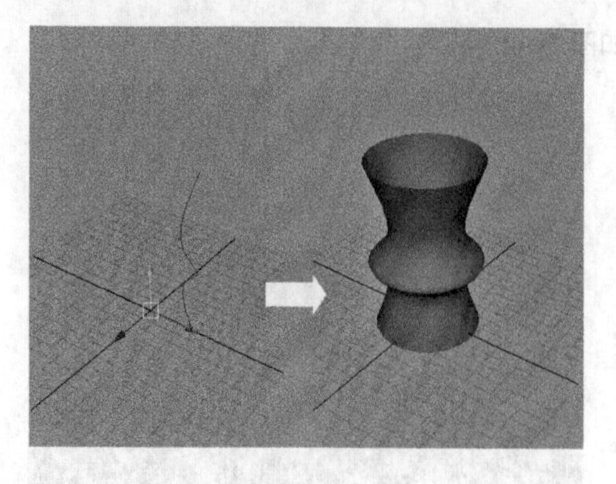

图 3-49

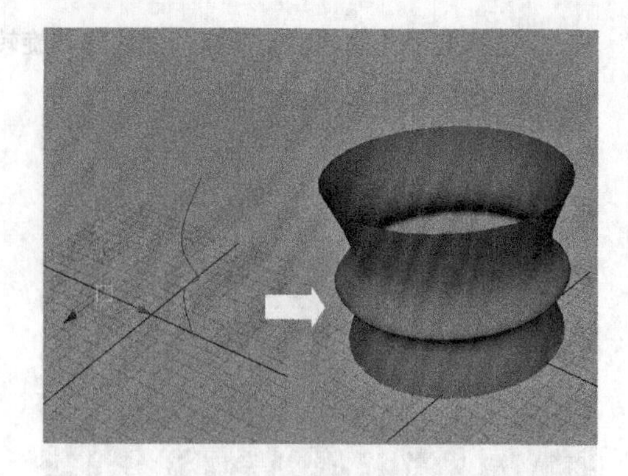

图 3-50

制作演示

（1）新建场景，然后切换到 front（前）视图，接着执行“创建 >EP 曲线工具”菜单命令，最后绘制图 3-51 所示的曲线。

（2）选择曲线，然后按住 D 和 X 键，接着将枢轴步骤移到坐标中心，如图 3-52 所示。

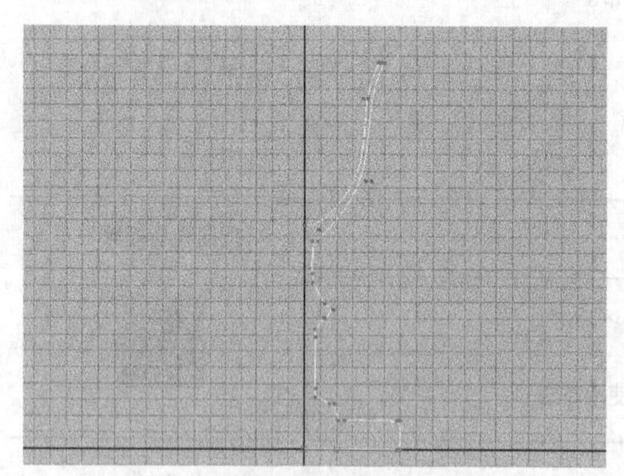

图 3-51

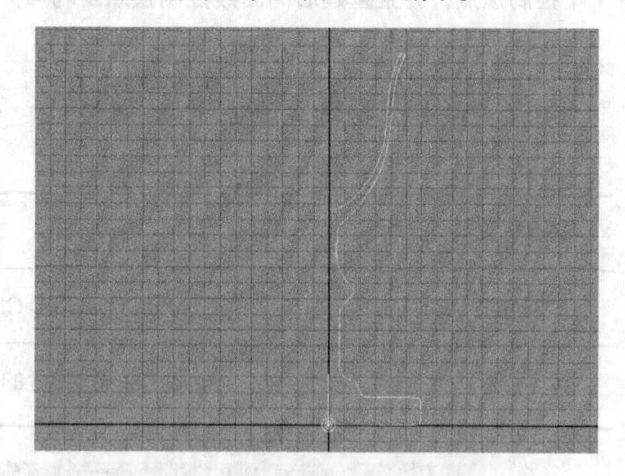

图 3-52

（3）选择曲线，然后执行“曲面 > 旋转”菜单命令，如图 3-53 所示。效果如图 3-54 所示。

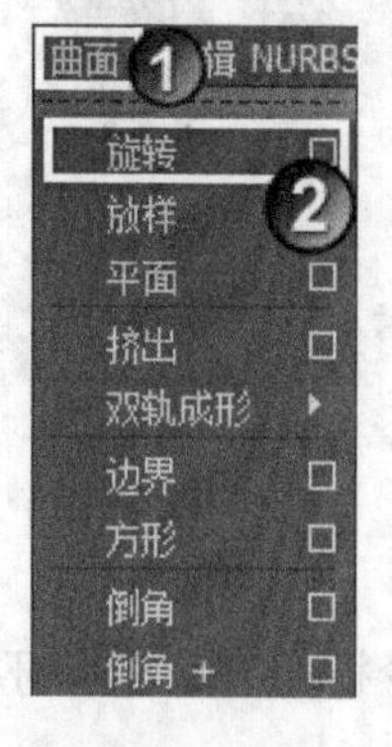

图 3-53

图 3-54

（4）由图 3-54 可见，杯子的造型不太优美，需要稍作调整。选择曲线，然后切换到“控制顶点”编辑模式，接着调整曲线，如图 3-55 所示。效果如图 3-56 所示。

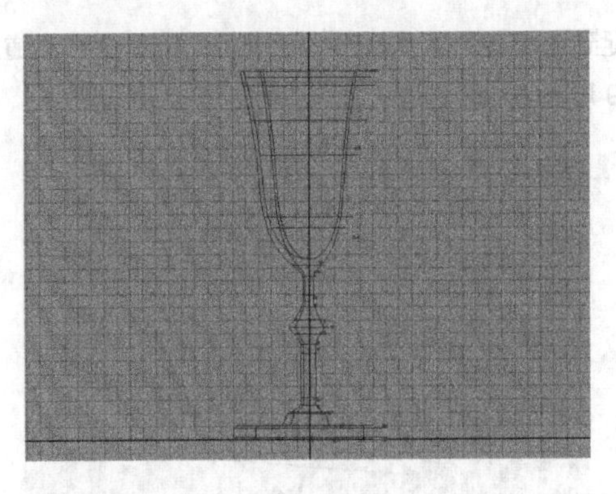

图3-55

图3-56

技术反馈

本例通过制作高脚杯模型，来掌握“旋转”命令的使用方法。在使用该命令制作曲面模型时，由于构建历史的作用，修改曲线将会影响模型的效果，因此建议读者在满意模型效果后清除构建历史。

3.6 用挤出命令制作号角

场景位置	无	扫描观看视频!
实例位置	Example>CH03>C4>C4.mb	
学习目标	学习“挤出”命令的使用方法	

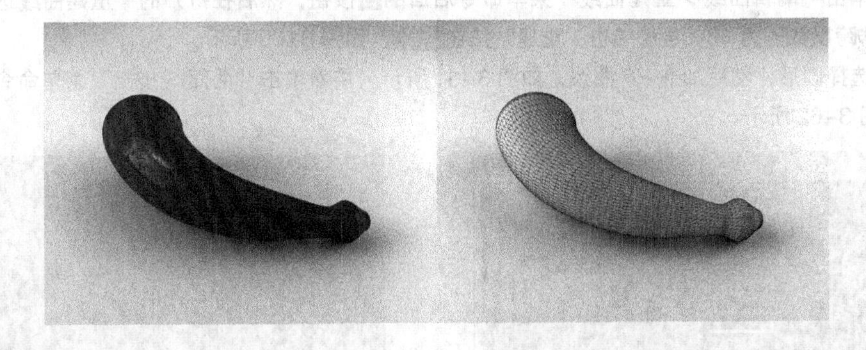

案例引导

本例中的号角模型是一个弯曲的造型，如果直接用圆柱体制作，会增加制作难度。使用“挤出”命令可以沿路径曲线生成弯曲的造型，并且可以自由地控制曲面两端的大小。

曲面的“挤出”命令和多边形的“挤出”命令有相似的效果，都可以沿路径曲线生成模型，但是曲面的“挤出”命令不能直接作用于曲面，需要通过曲线生成模型。

制作演示

（1）新建场景，然后切换到 front（前）视图，接着使用“EP 曲线工具”绘制如图 3-57 所示的曲线。

（2）创建一个“半径”为 1 的圆形，然后将其捕捉到坐标中心，如图 3-58 所示。接着在“通道盒/层编辑器”面板中，设置“旋转 Z”为 90，如图 3-59 所示。

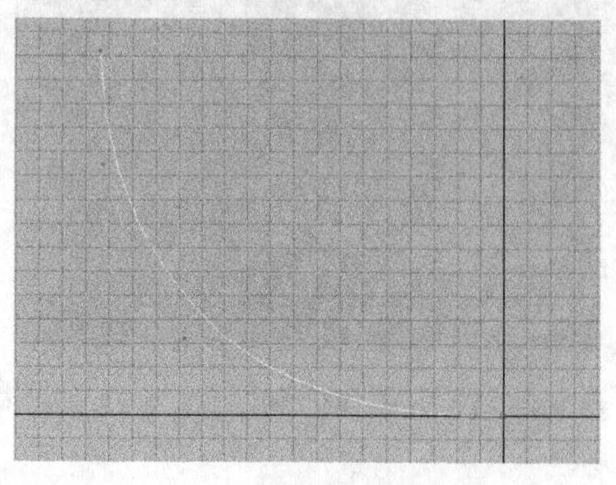

图 3-57

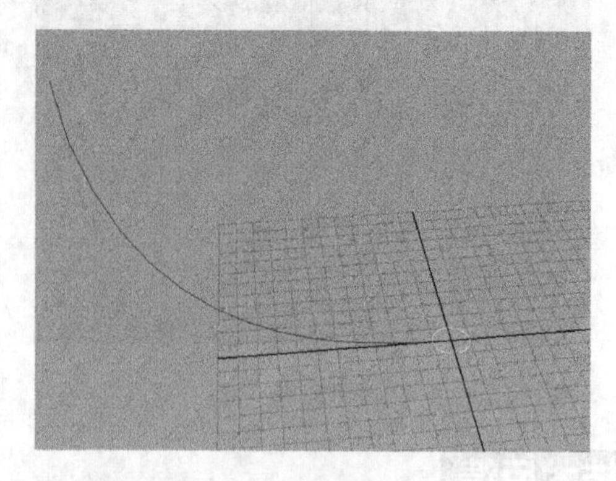

图 3-58

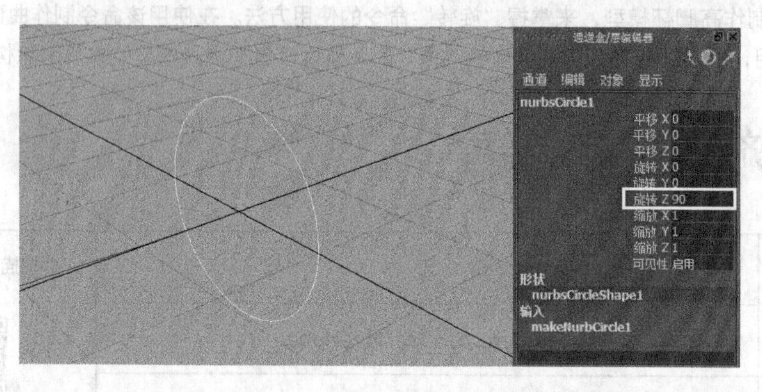

图 3-59

（3）单击“编辑曲线 > 重建曲线”菜单命令后面的□按钮，然后在打开的“重建曲线选项”对话框中设置“跨度数”为 16，接着单击“重建”按钮，如图 3-60 所示。

（4）选择圆形，然后加选 EP 曲线，如图 3-61 所示。接着单击“曲面 > 挤出”菜单命令后面的□按钮，如图 3-62 所示。

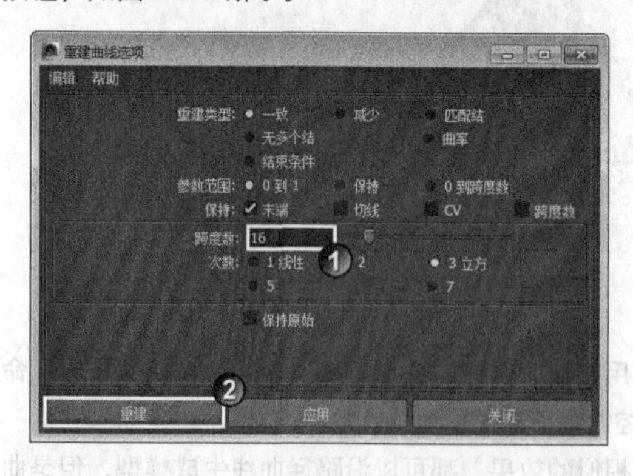

图 3-60

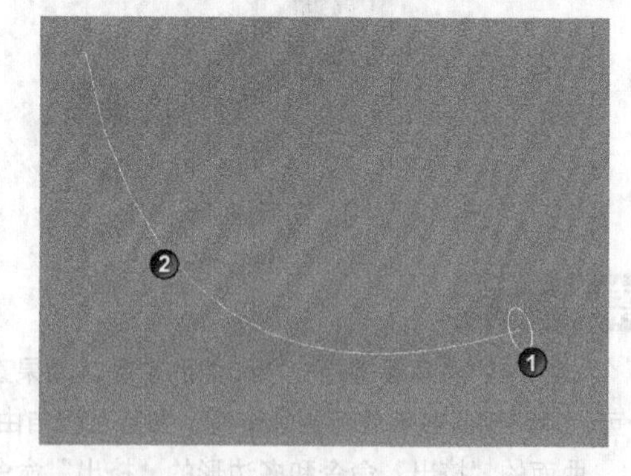

图 3-61

（5）在打开的“挤出”选项对话框中设置“缩放”为 4，然后单击“挤出”按钮，如图 3-63 所示。效果如图 3-64 所示。

图 3-62

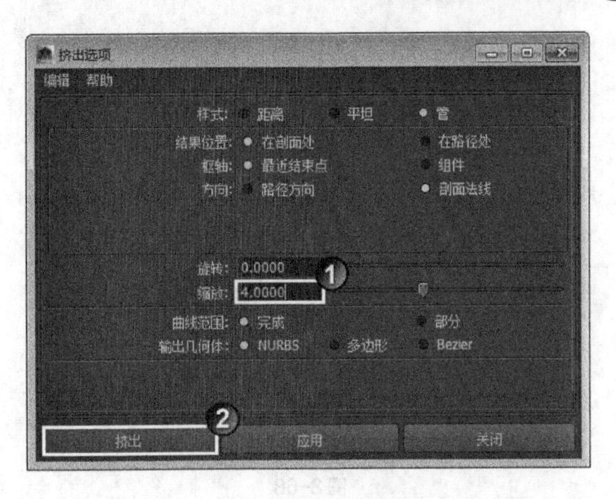

图 3-63

（6）选择挤出的曲面，然后切换到“壳线”编辑模式，接着选择图 3-65 所示的壳线，最后调整嘴部的形状，如图 3-66 所示。

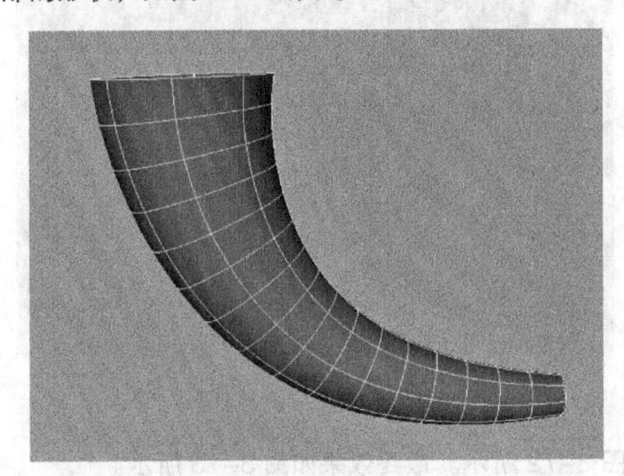

图 3-64

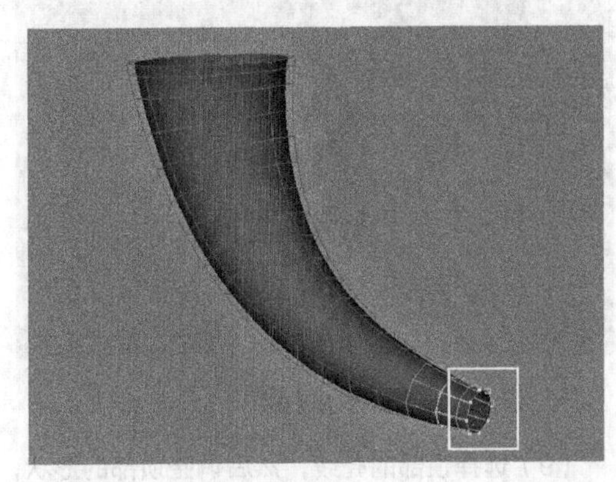

图 3-65

（7）选择图 3-67 所示的壳线，然后使用调整壳线的大小，如图 3-68 所示。

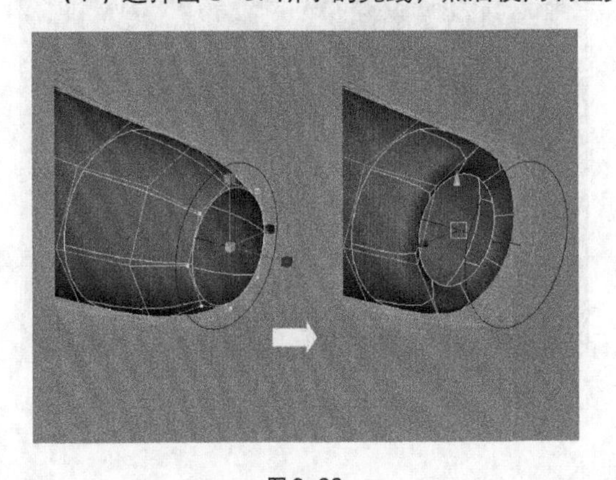

图 3-66

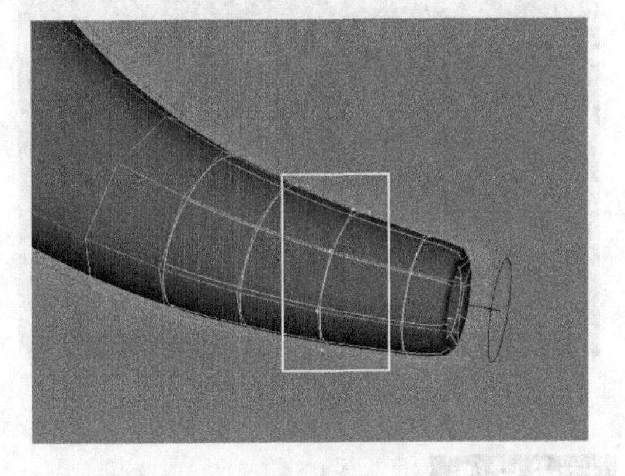

图 3-67

（8）选择图 3-69 所示的壳线，然后调整其大小，如图 3-70 所示。接着调整嘴部的位置，使模型整体线条顺畅，如图 3-71 所示。

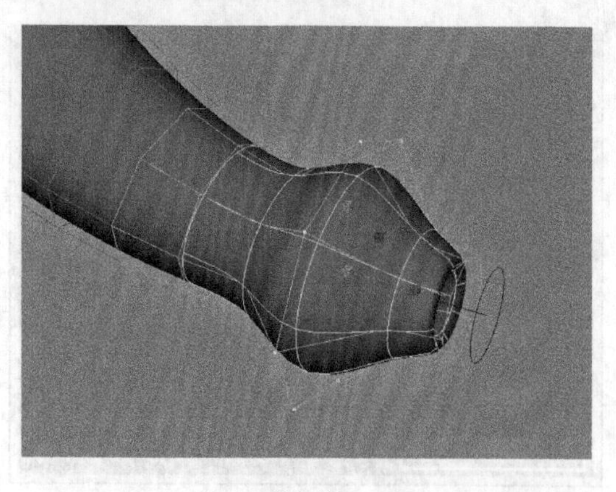
图 3-68

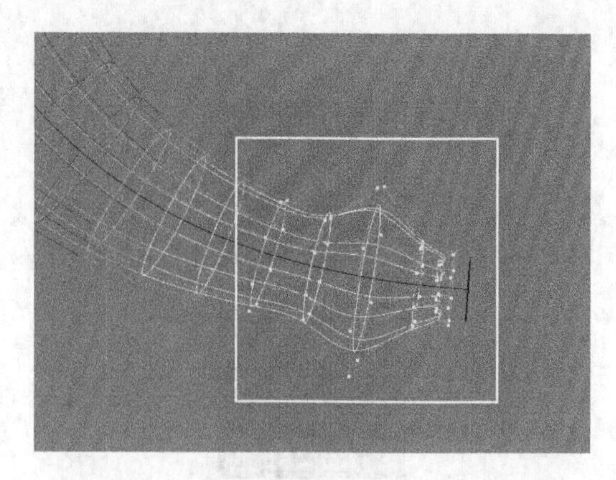
图 3-69

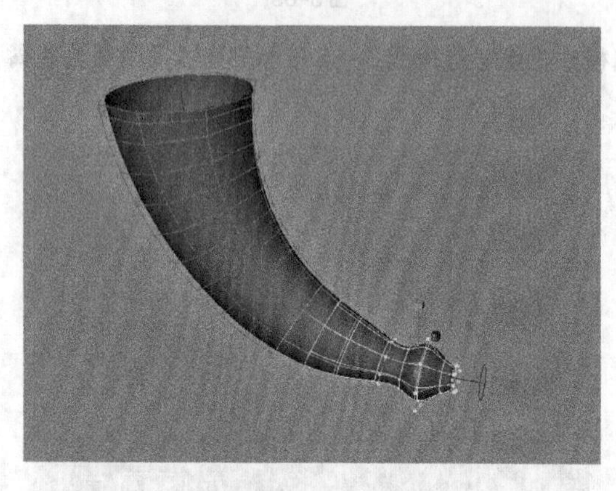
图 3-70

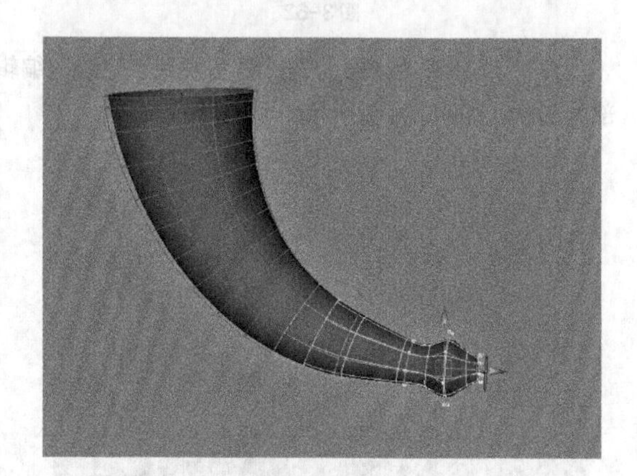
图 3-71

（9）选择顶部的壳线，然后调整顶部的形状，如图 3-72 所示。最终效果如图 3-73 所示。

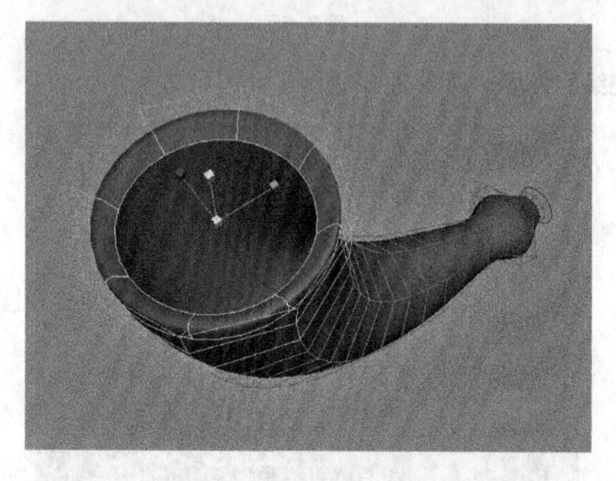
图 3-72

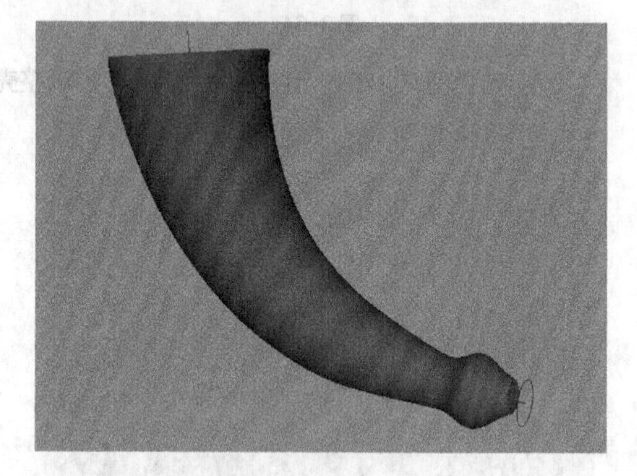
图 3-73

技术反馈

本例通过制作号角模型，来掌握“挤出”命令的使用方法。使用该命令时需要调整好形状曲线的方向，不同的方向会造成不同的结果，如图 3-74 和图 3-75 所示。

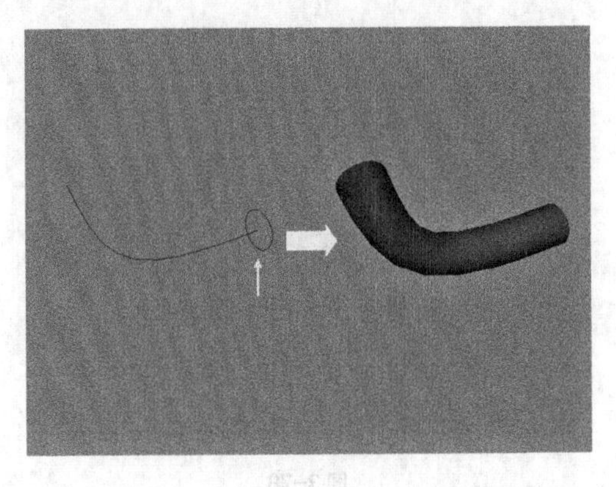

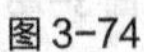

图 3-74

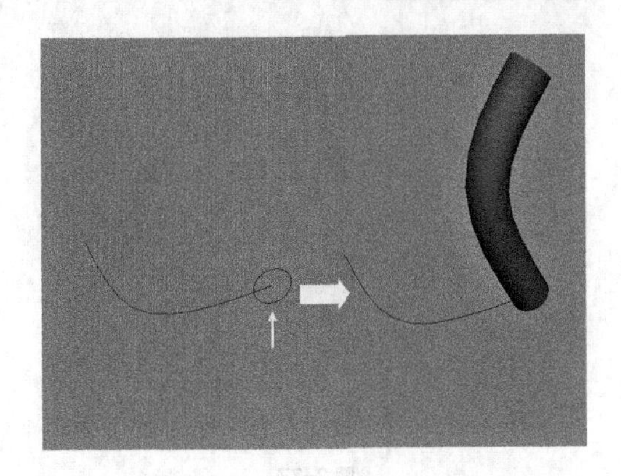

图 3-75

3.7 用放样命令制作漂流瓶

场景位置	Scene>CH03>C5>C5.mb	扫描观看视频!
实例位置	Example>CH03>C5>C5.mb	
学习目标	学习“放样”命令的使用方法	

案例引导

本例中的漂流瓶表面光滑、造型简单。在初始场景中有若干条曲线，可以“放样”命令沿曲线生成曲面。

“放样”命令可以在选择的曲线间生成曲面，如图 3-76 所示。如果想沿较多的曲线生成曲面，一定要按顺序选择曲线，否则会生成错误的曲面，如图 3-77 和图 3-78 所示。

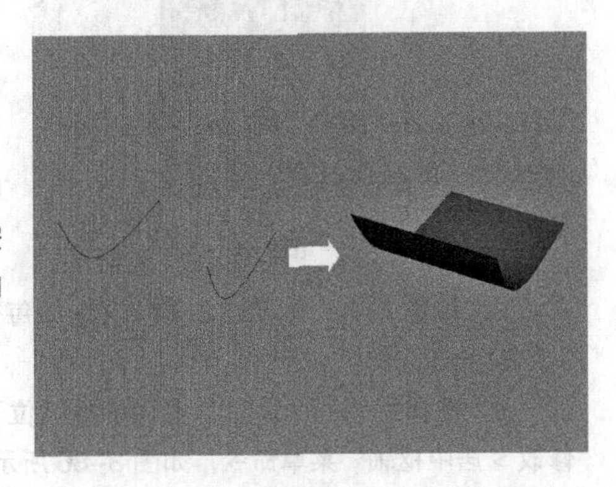

图 3-76

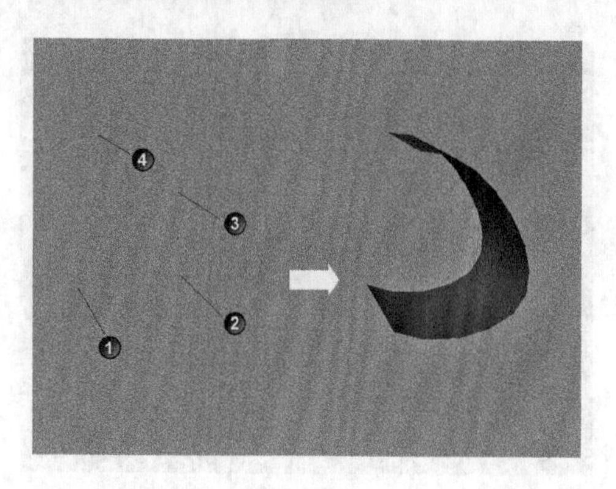

图 3-77

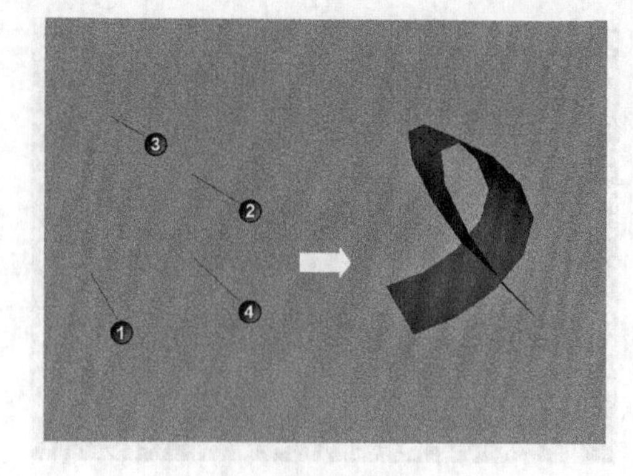

图 3-78

制作演示

（1）打开学习资源中的 Scene>CH03>B5>B5.mb 文件，场景中有若干曲线，如图 3-79 所示。

（2）按图 3-80 所示的方向依次选择每一条曲线，然后执行“曲面 > 放样”菜单命令，如图 3-81 所示。效果如图 3-82 所示。

图 3-79

图 3-80

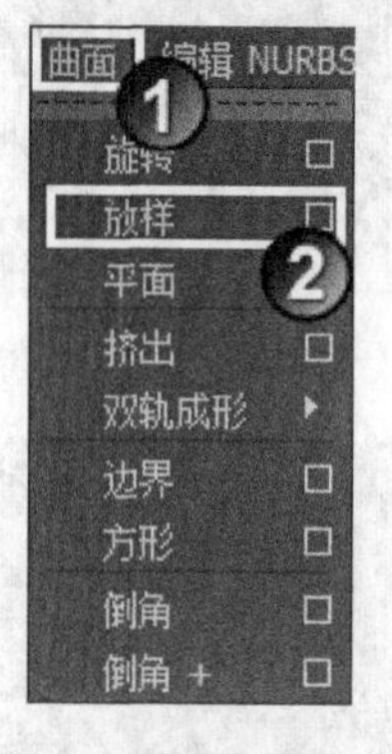

图 3-81

图 3-82

（3）按图 3-83 所示的方向依次选择每一条曲线，然后执行“曲面 > 放样”菜单命令，效果如图 3-84 所示。

（4）选择左侧的曲面，该曲面的枢轴位于坐标的中心而不是曲面的中心，如图 3-85 所示。执行“修改 > 居中枢轴”菜单命令，如图 3-86 所示。效果如图 3-87 所示。

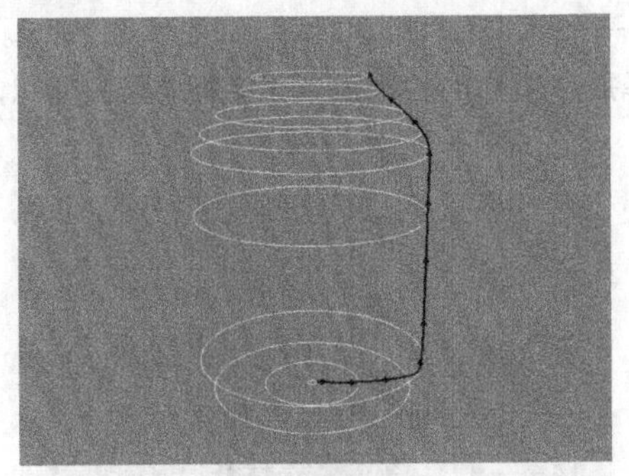

图 3-83

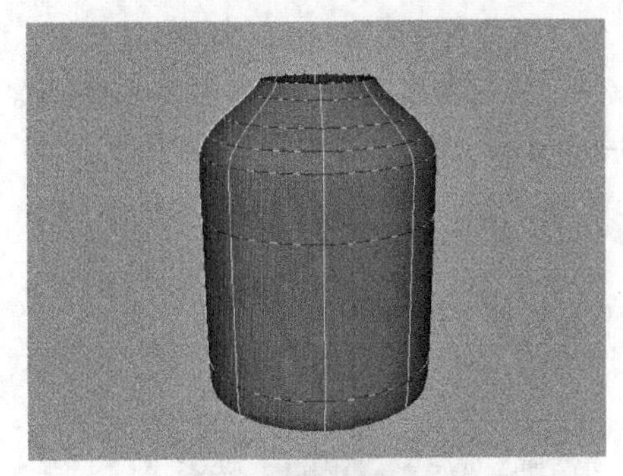

图 3-84

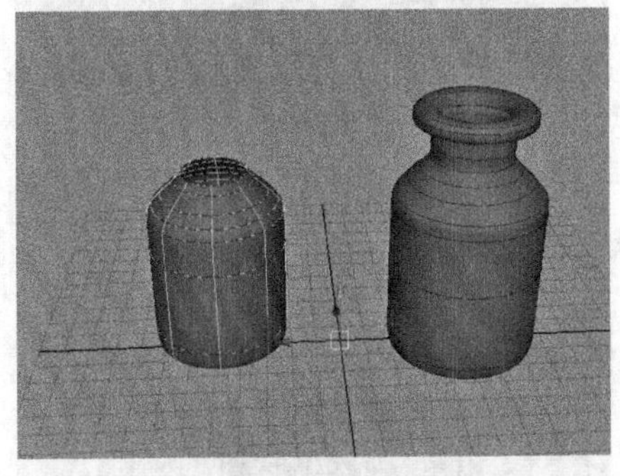

图 3-85

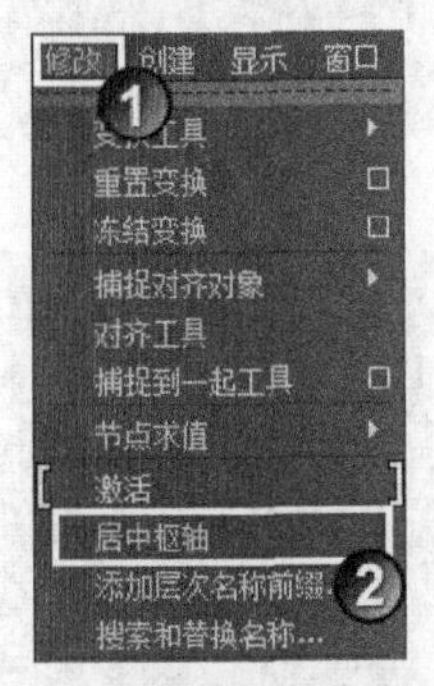

图 3-86

（5）选择生成的曲面，然后删除构建历史，接着将曲面移至坐标中心，如图 3-88 所示。

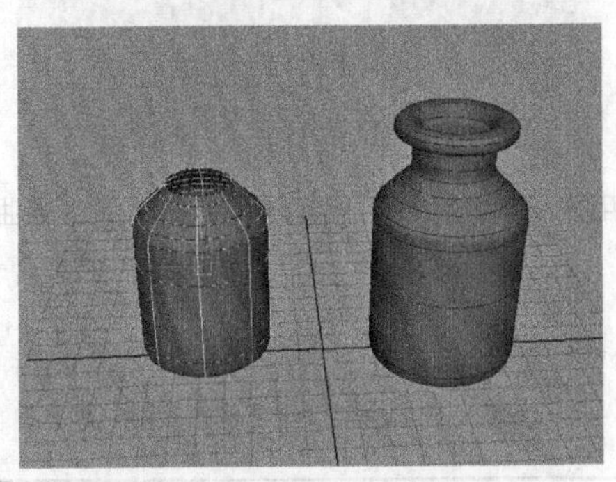

图 3-87

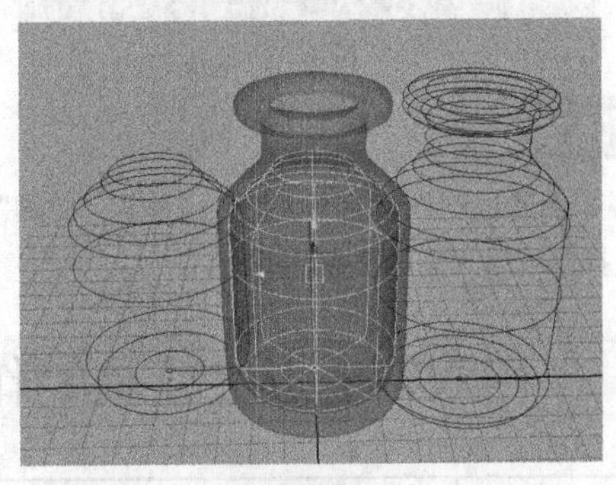

图 3-88

（6）选择内部曲面的等参线，然后加选外部曲面的等参线，如图 3-89 所示。然后执行“曲面 > 放样”菜单命令生成曲面，如图 3-90 所示。

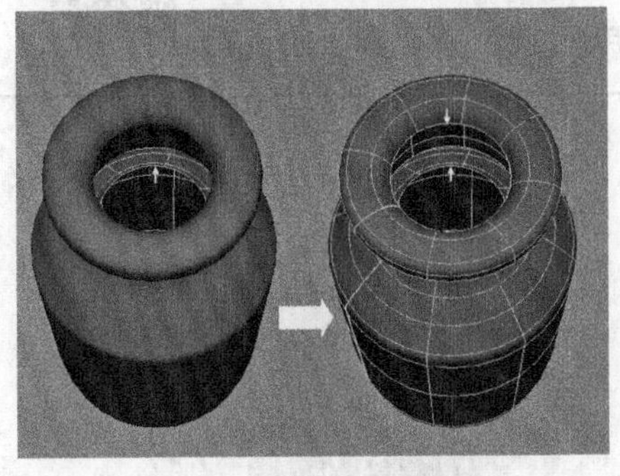

图 3-89

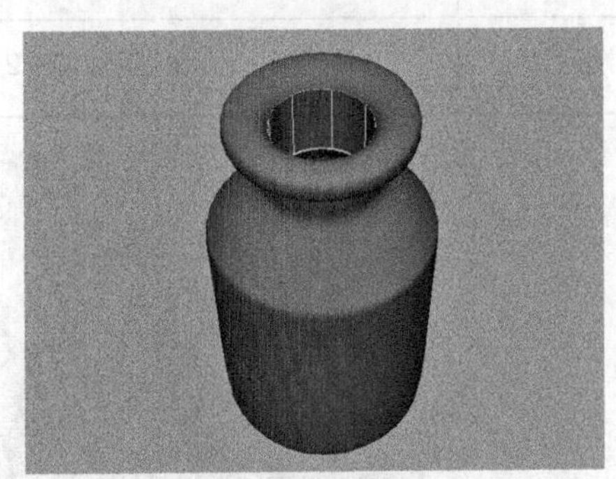

图 3-90

（7）选择所有曲面，然后删除构建历史，接着创建一个曲面圆柱体作为瓶塞，如图 3-91 所示。

（8）将瓶塞移至瓶口，如图 3-92 所示。然后选择瓶塞顶部的控制顶点，接着调整其形状，如图 3-93 所示。最终效果如图 3-94 所示。

图 3-91

图 3-92

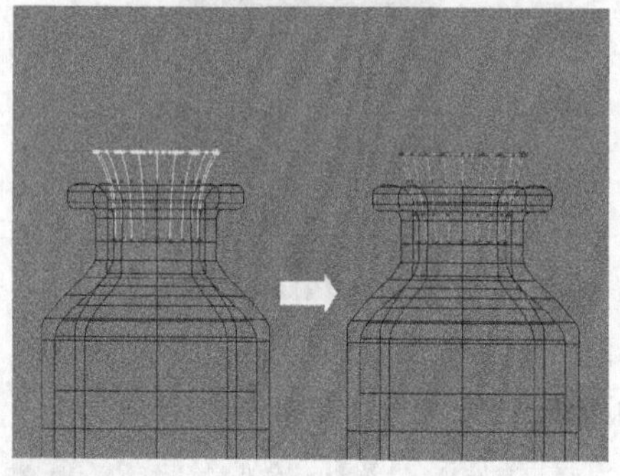
图 3-93

图 3-94

技术反馈

本例通过制作漂流瓶模型，来掌握“放样”命令的使用方法。该命令可以在选择的曲线间生成曲面，在选择曲线时一定要注意先后顺序。

3.8 用双轨成形 2 工具制作盖子

场景位置	Scene>CH03>C6>C6.mb	扫描观看视频！
实例位置	Example>CH03>C6>C6.mb	
学习目标	学习“双轨成形 2 工具”的使用方法	

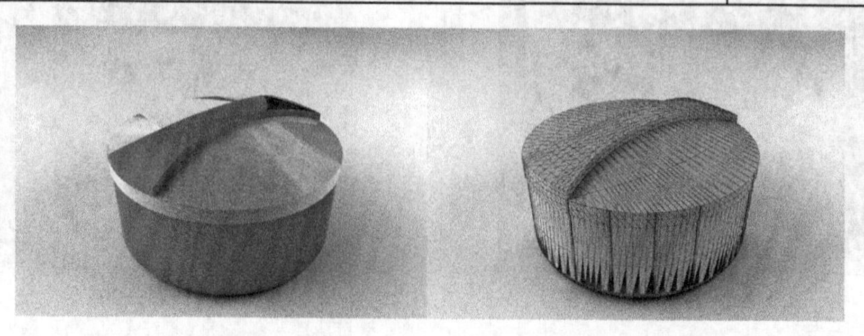

案例引导

本例中的盒子模型没有盖子，可以通过引导曲线制作盖子。执行“双轨成形 2 工具”命令然后成对选择曲线，即可沿引导曲线生成曲面。

展开“曲面 > 双轨成形”菜单，该菜单下提供了 3 种工具，分别是“双轨成形 1 工具”“双轨成形 2 工具”和“双轨成形 3+ 工具”，如图 3-95 所示。

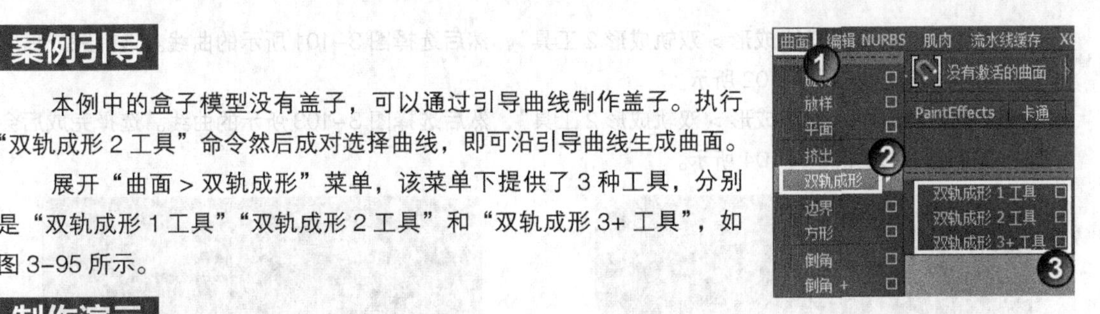

图 3-95

制作演示

（1）打开学习资源中的 Scene>CH03>C6>C6.mb 文件，场景中有若干曲面和曲线，如图 3-96 所示。然后选择图 3-97 所示的曲面，接着按组合键 Ctrl+H 将其隐藏。

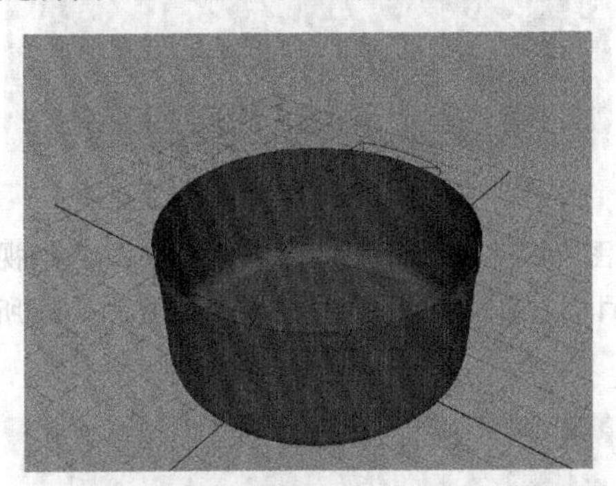

图 3-96

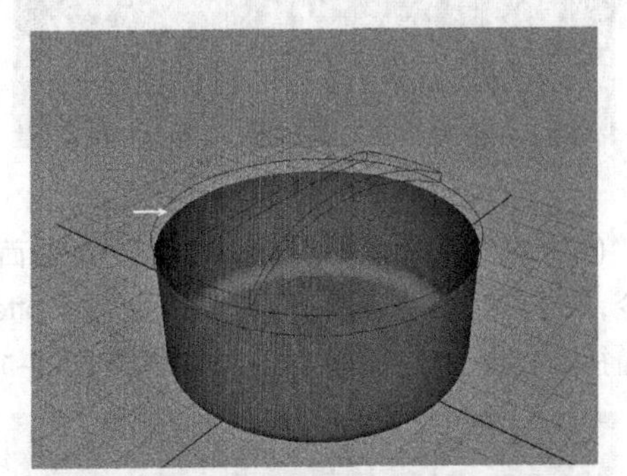

图 3-97

（2）选择图 3-98 所示的曲线，然后执行“曲面 > 放样”命令生成曲面，效果如图 3-99 所示。

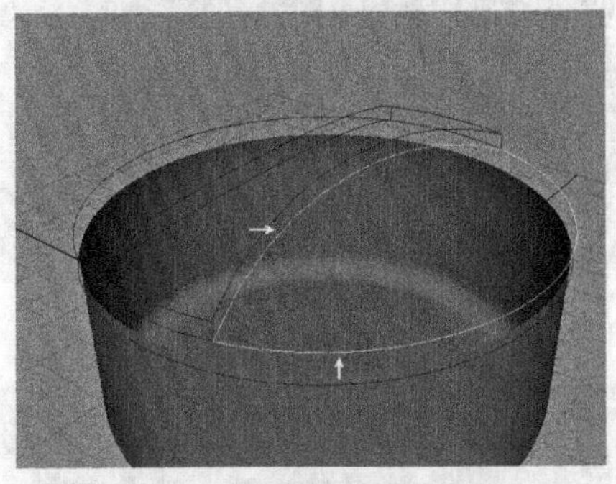

图 3-98

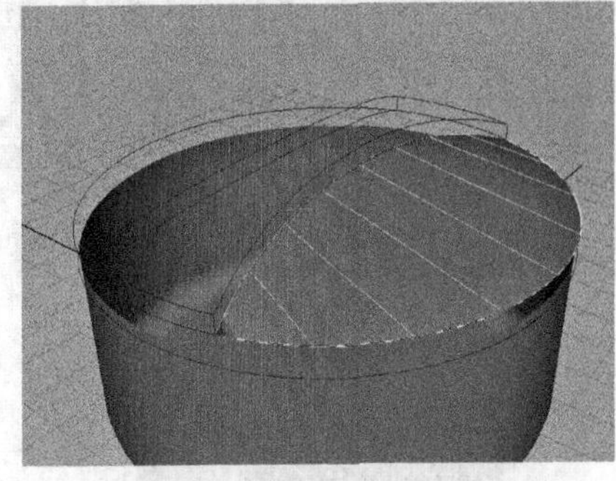

图 3-99

（3）选择图 3-100 所示的曲线，然后执行“曲面 > 放样”命令生成曲面，效果如图 3-101 所示。

图 3-100

图 3-101

（4）执行“曲面 > 双轨成形 > 双轨成形 2 工具”，然后选择图 3-101 所示的曲线。选择完成后会自动生成曲面，效果如图 3-102 所示。

（5）执行“曲面 > 双轨成形 > 双轨成形 2 工具”，然后选择图 3-103 所示的曲线。选择完成后会自动生成曲面，效果如图 3-104 所示。

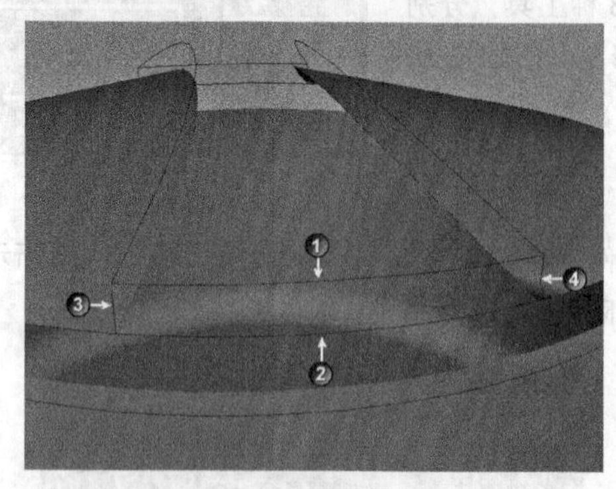

图 3-102

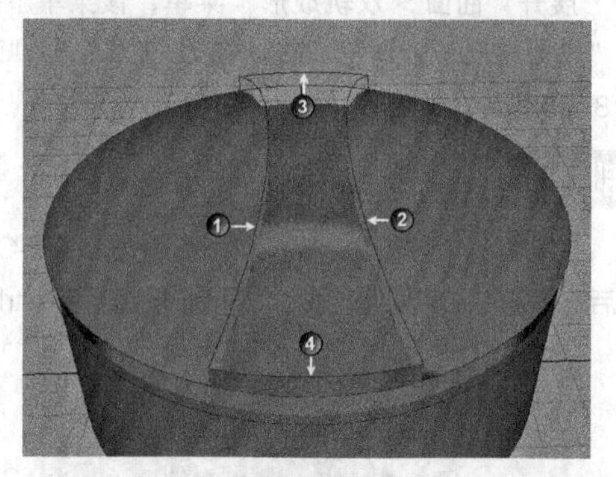

图 3-103

（6）使用同样的方法制作其余部分的曲面，效果如图 3-105 所示。然后执行“窗口 > 大纲视图”命令，在打开的“大纲视图”对话框中选择 loftedSurface1（之前隐藏的曲面）节点，如图 3-106 所示。接着按组合键 Shfit+H 将其显示，效果如图 3-107 所示。

图 3-104

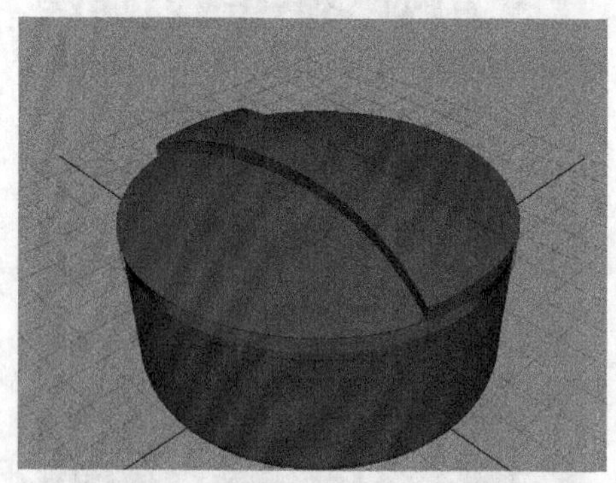

图 3-105

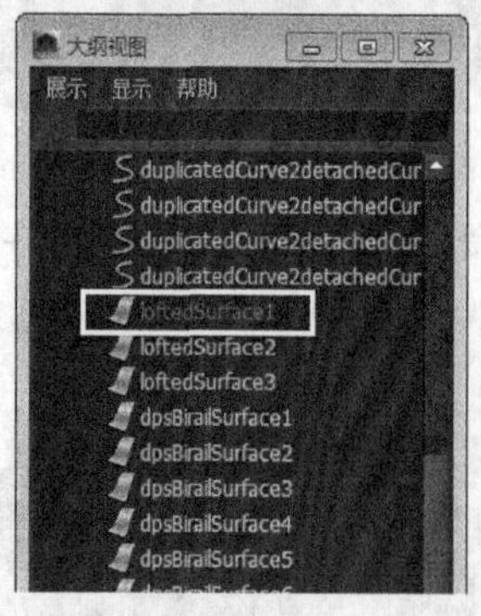

图 3-106

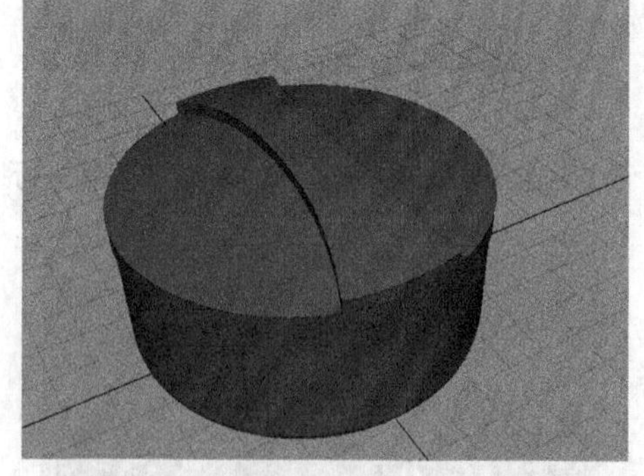

图 3-107

技术反馈

本例通过制作盖子模型，来掌握“双轨成形 2 工具”的使用方法。在使用该工具时，一定要成对选择曲线，否则不能正常生成曲面。其余两种双轨成形工具的使用方法大致相同，读者可以自行尝试。

3.9 用重建曲面命令增加曲面细节

场景位置	Scene>CH03>C7>C7.mb	扫描观看视频！
实例位置	Example>CH03>C7>C7.mb	
学习目标	学习“重建曲面”命令的使用方法	

案例引导

本例是将曲面制作成一个仙人球模型。在初始状态，曲面的下跨度数较低，不能制作仙人球表面的凸起。使用“重建曲面”命令，可以为曲面增加跨度数。

单击“编辑 NURBS> 重建曲面”菜单命令后面的□按钮，打开“重建曲面选项”对话框，如图3-108 所示。

在该对话框中，设置“U 向跨度数”和“V 向跨度数”属性可以控制曲面的段数，如图 3-109 所示。

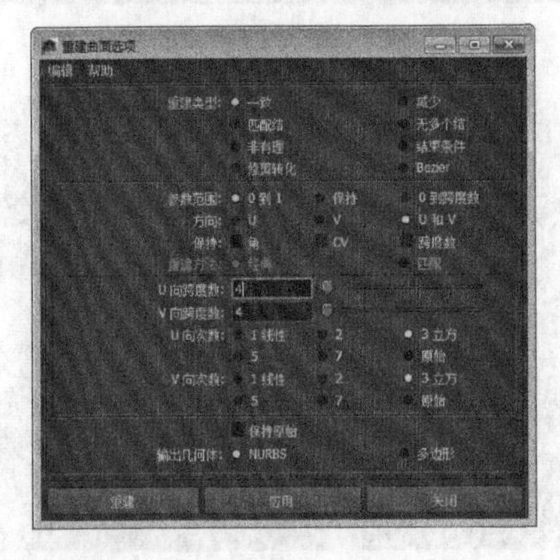

图 3-108

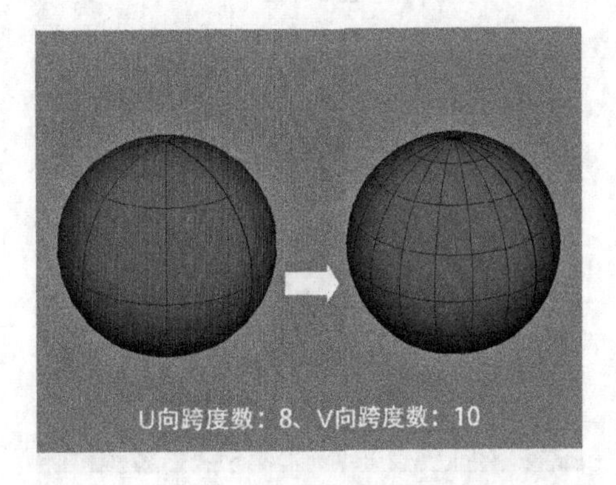

图 3-109

制作演示

（1）打开学习资源中的 Scene>CH03>C7>C7.mb 文件，场景中有一个曲面，如图 3-110 所示。

（2）单击“编辑 NURBS> 重建曲面”菜单命令后面的▣按钮，打开“重建曲面选项”对话框，然后设置“U 向跨度数”为 12、“V 向跨度数”为 40，接着单击“应用”按钮，如图 3-111 所示。效果如图 3-112 所示。

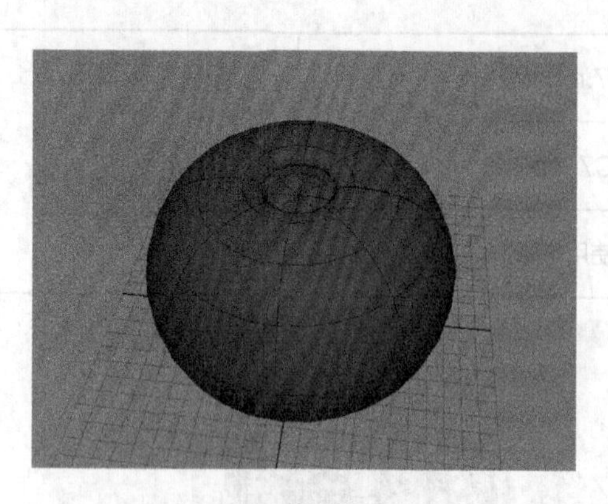

图 3-110

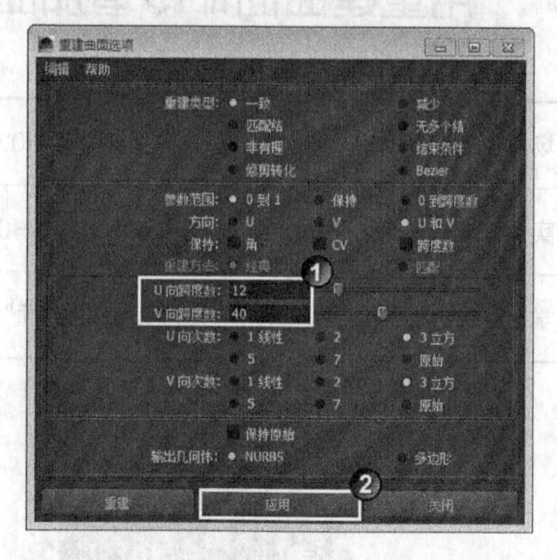

图 3-111

（3）进入曲面的“壳线”编辑模式，然后间隔选择壳线，如图 3-113 所示。接着将使用“缩放工具”▣缩小壳线，如图 3-114 所示，最终效果如图 3-115 所示。

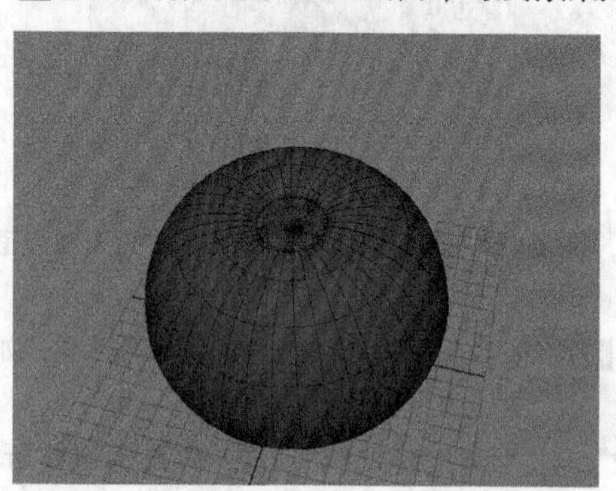

图 3-112

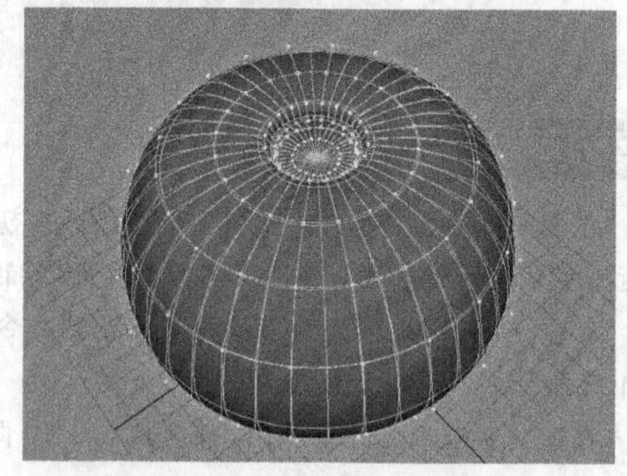

图 3-113

图 3-114

图 3-115

技术反馈

本例通过制作仙人球模型，来掌握“重建曲面”命令的使用方法。该命令可以为曲面增加若干分段数，提高曲面的精度，以便为其添加其他效果。

3.10 用圆化工具制作光滑模型

场景位置	Scene>CH03>C8>C8.mb	扫描观看视频！
实例位置	Example>CH03>C8>C8.mb	
学习目标	学习“圆化工具”的使用方法	

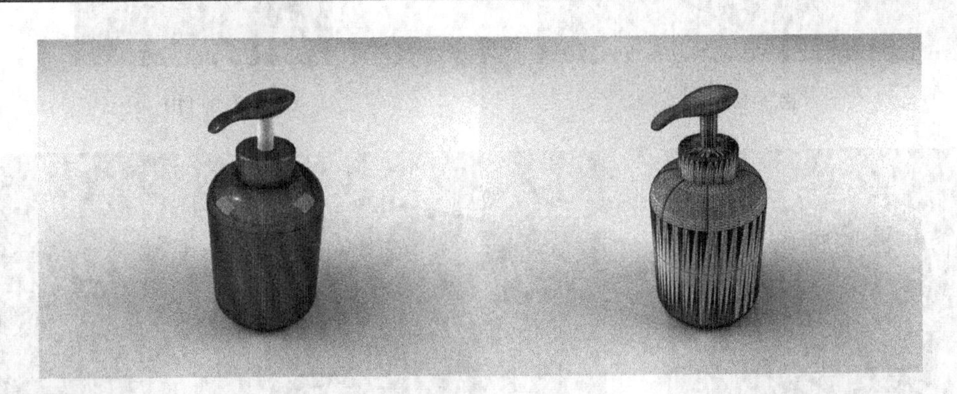

案例引导

本例中的瓶子模型在初始状态下边缘锐利，使用“圆化工具”可以对边缘进行光滑。执行“编辑 NURBS> 圆化工具”菜单命令可以激活“圆化工具”，如图 3-116 所示。

下面通过实际操作来介绍“圆化工具”的使用方法。

框选要光滑的棱边，成功选中棱边后会出现一个操作手柄，如图 3-117 所示。拖曳操作手柄可以改变圆化的弧度，如图 3-118 所示。

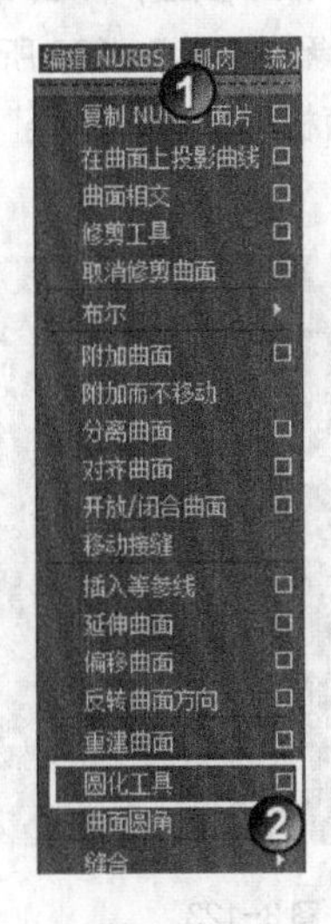

图 3-116

图 3-117

也可以在“通道盒/层编辑器”面板中精确设置圆化的弧度，如图 3-119 所示。设置完成后按 Enter 键结束操作，效果如图 3-120 所示。操作结束后仍可以在“通道盒/层编辑器”面板中进行修改，如图 3-121 所示。

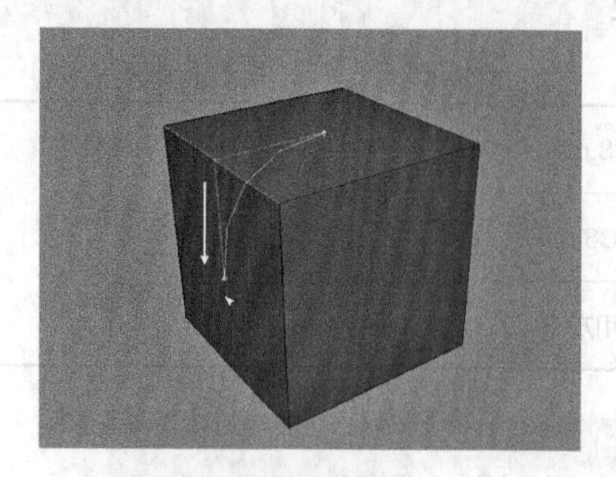

图 3-118

图 3-119

图 3-120

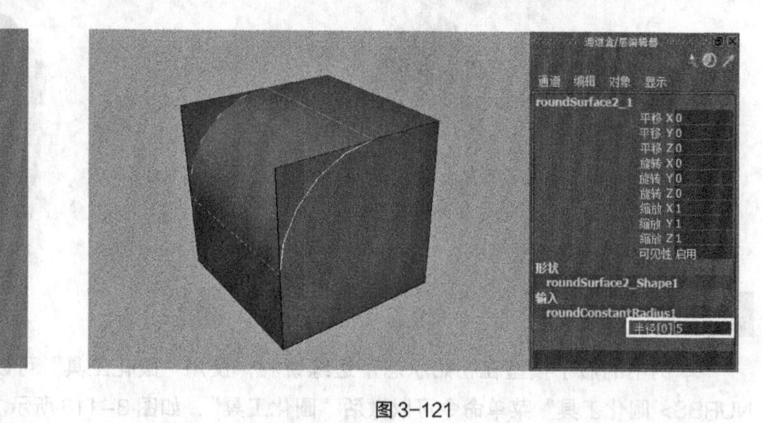

图 3-121

制作演示

（1）打开学习资源中的 Scene>CH03>C8>C8.mb 文件，场景中有一个瓶子模型，如图 3-122 所示。

（2）执行“编辑 NURBS> 圆化工具”菜单命令，然后选择瓶身的边缘，如图 3-123 所示。选择成功后会出现操作手柄，如图 3-124 所示。接着在“通道盒/层编辑器”面板中设置“半径”为 0.5，最后按 Enter 结束操作，如图 3-125 所示。

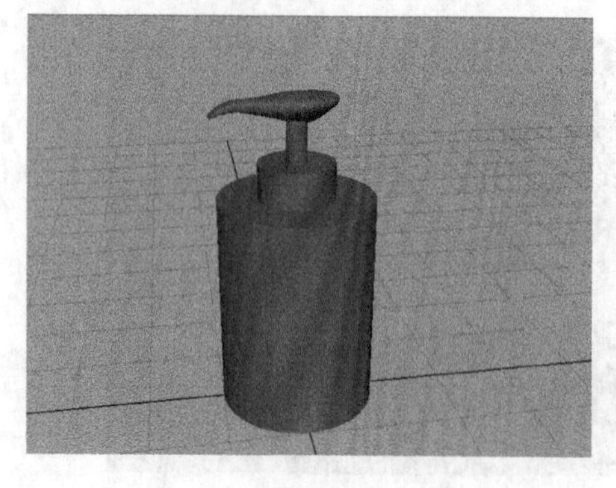

图 3-122

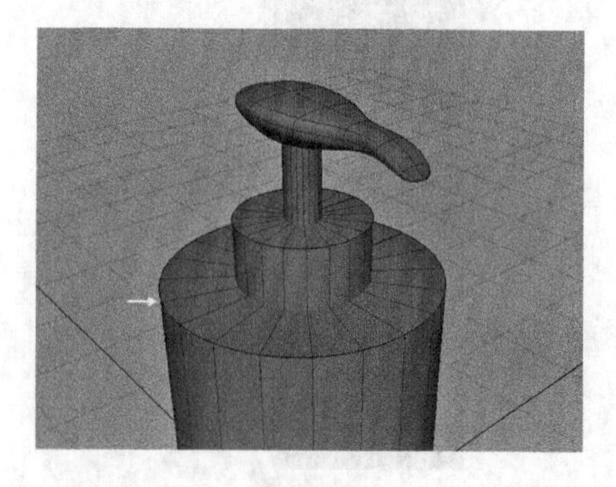

图 3-123

图3-124

图3-125

（3）使用“圆化工具”，然后选择瓶底的边缘，接着在“通道盒/层编辑器”面板中设置“半径”为0.2，最后按Enter结束操作，如图3-126所示。

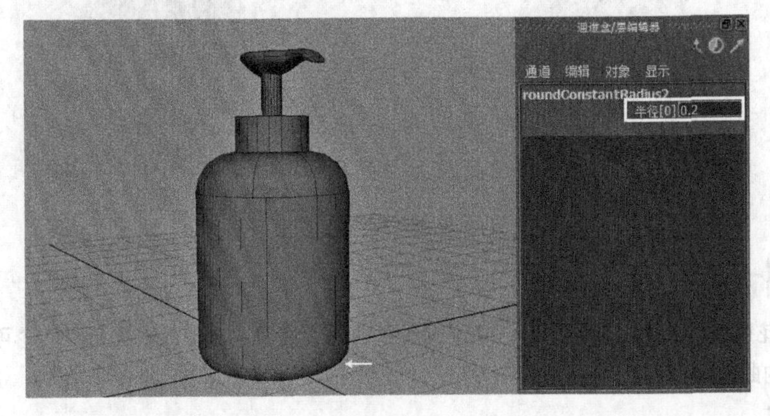

图3-126

（4）使用“圆化工具”，然后选择瓶颈的边缘，接着在“通道盒/层编辑器”面板中设置“半径”为0.05，最后按Enter键结束操作，如图3-127所示。

图3-127

技术反馈

本例通过光滑瓶子边缘，来掌握“圆化工具”的使用方法。该命令可以快速光滑曲面边缘，在使用该命令时可以选择要光滑的边，按数字4键进入线框显示，然后切换到一个合适的角度进行选择。

3.11 用曲面圆角命令连接曲面

场景位置	Scene>CH03>C9>C9.mb	扫描观看视频！
实例位置	Example>CH03>C9>C9.mb	
学习目标	学习“自由形式圆角”命令的使用方法	

案例引导

本例中的花瓶模型分为上下两部分，中间缺少了曲面，使用“自由形式圆角”命令可以在两个曲面间生成一个新的曲面。

制作演示

（1）打开学习资源中的 Scene>CH03>C9>C9.mb 文件，场景中有两个曲面，如图 3-128 所示。

（2）分别选择曲面上靠中间的等参线，如图 3-129 所示。然后执行“编辑 NURBS> 曲面圆角 > 自由形式圆角”菜单命令，如图 3-130 所示。

图 3-128

图 3-129

（3）曲面间将生成一个新的曲面连接上下两部分，如图 3-131 所示。然后选择模型，删除模型的构建历史。

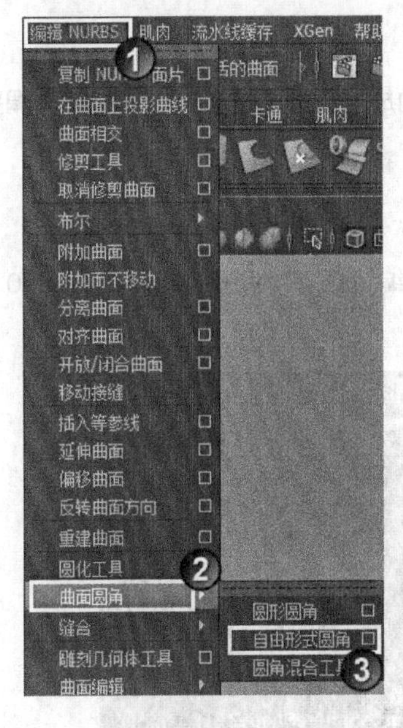

图 3-130

图 3-131

技术反馈

本例通过连接曲面，来掌握“自由形式圆角”命令的使用方法。该命令常用于接口处的连接，并且生成的曲面具有一定的弧度，使连接处过渡平滑自然。

3.12 综合练习：制作飞艇

场景位置	无	扫描观看视频！
实例位置	Example>CH03>C10>C10.mb	
学习目标	学习曲面基本体的综合应用	

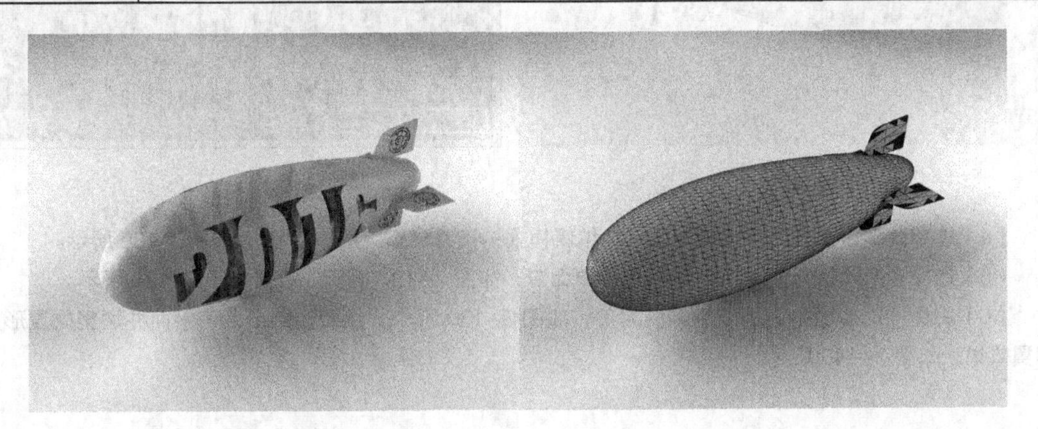

案例引导

本例中的飞艇模型造型简单，主要由曲面球体、曲面圆柱体构成。尾翼是通过 NURBS 圆形调整形状，然后再生成曲面得到的。

制作演示

（1）新建场景，然后创建一个曲面球体，接着在“通道盒 / 层编辑器”中设置“旋转 Z”为 90、“缩放 X/Y/Z”为 3.5，如图 3-132 所示。

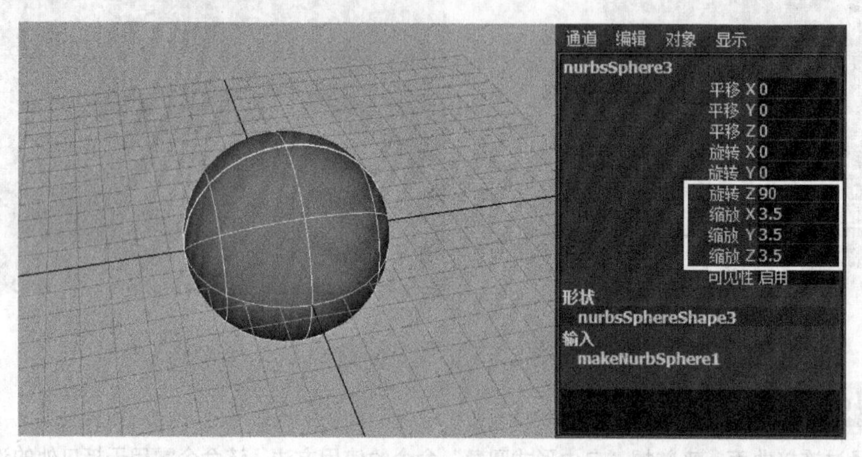

图 3-132

（2）选择球体，然后进入“控制顶点”编辑模式，接着调整球体的形状，如图 3-133 所示。

（3）创建一个 NURBS 圆形，然后选择该圆形，接着打开“重建曲线选项”对话框，再设置“跨度数”为 12，最后单击“重建”按钮，如图 3-134 所示。效果如图 3-135 所示。

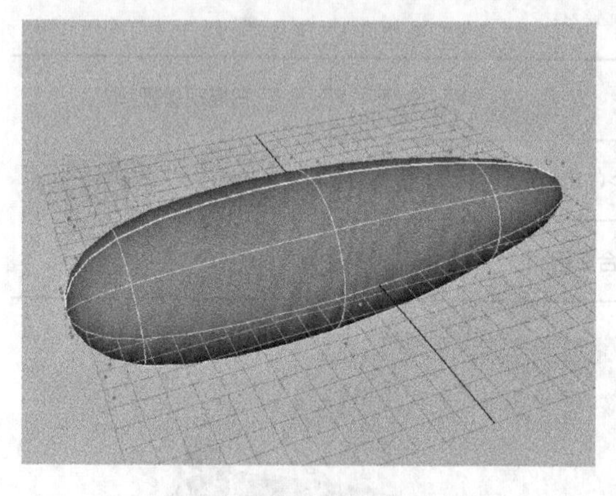

图 3-133

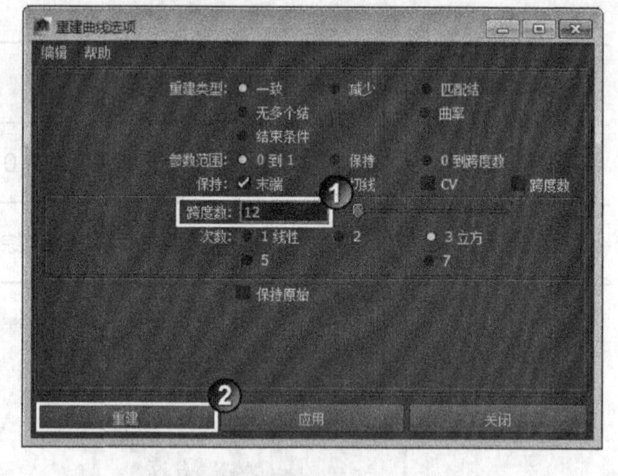

图 3-134

（4）选择圆形，然后进入“控制顶点”编辑模式，接着调整圆形的形状，如图 3-136 所示。

（5）选择圆形，执行“曲面 > 平面”菜单命令，如图 3-137 所示。效果如图 3-138 所示。

（6）将生成的曲面平面移至椭圆的尾部，如图 3-139 所示。然后复制出 3 个平面并调整位置形成尾翼效果，如图 3-140 所示。

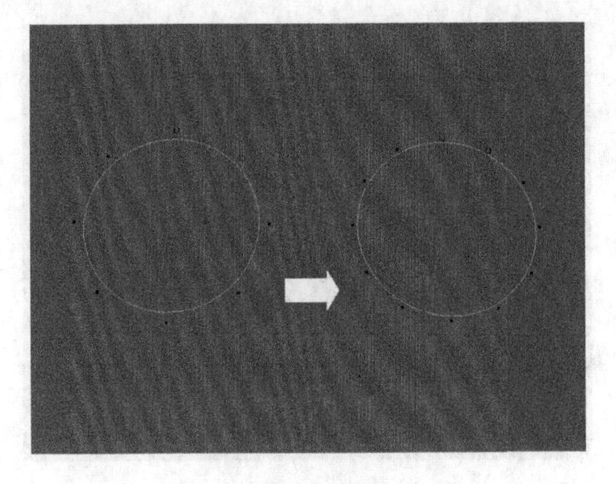

图3-135

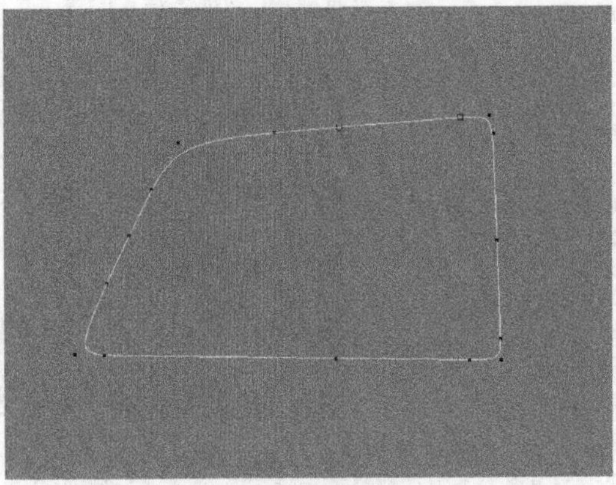

图3-136

图3-137

图3-138

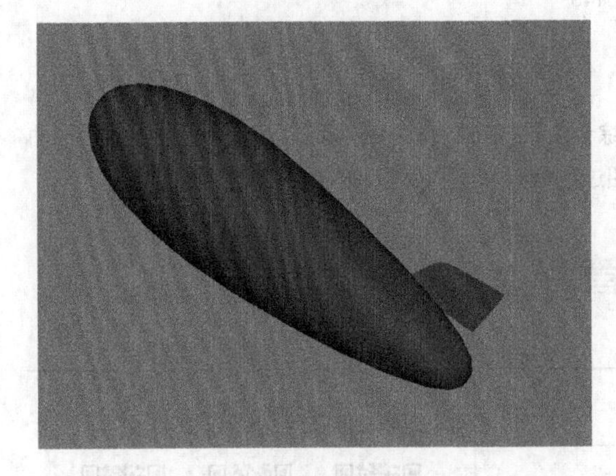

图3-139

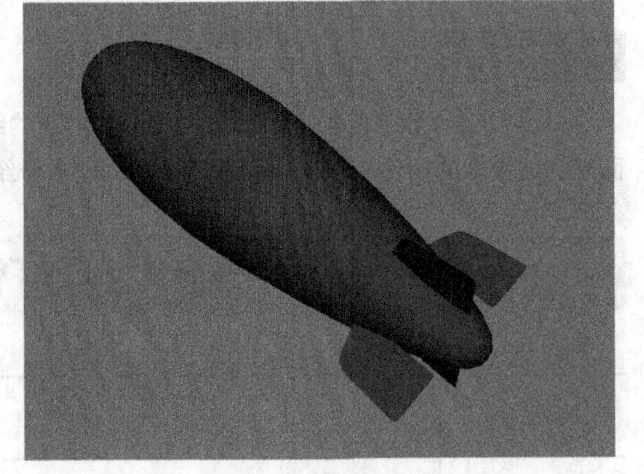

图3-140

（7）创建一个曲面球体，然后调整球体的形状，如图3-141所示。接着将球体移至飞艇的底部，如图3-142所示。最终效果如图3-143所示。

图 3-141

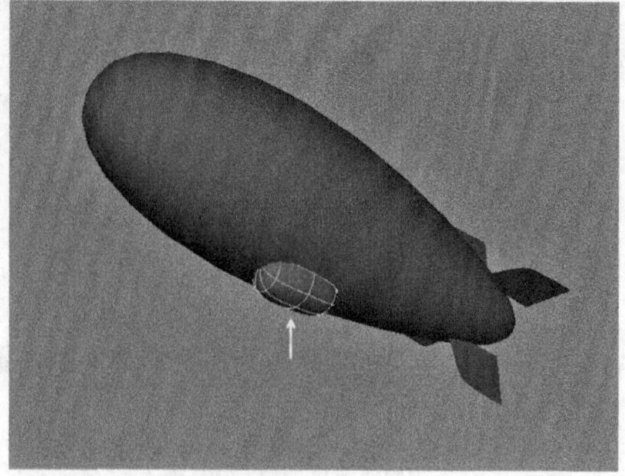

图 3-142

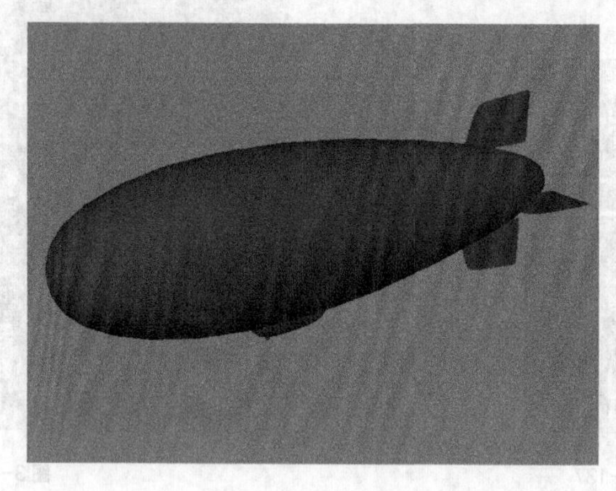

图 3-143

技术反馈

本案通过制作飞艇模型，来掌握曲面和曲线的综合应用。在制作曲面模型时，通常会结合曲线和曲面来完成模型的制作，建议读者课后了解其他未介绍过的命令和工具，以便拓展制作思路。

3.13 综合练习：制作 2D 灯管

场景位置	无	扫描观看视频！
实例位置	Example>CH03>C11>C11.mb	
学习目标	学习曲面基本体的综合应用	

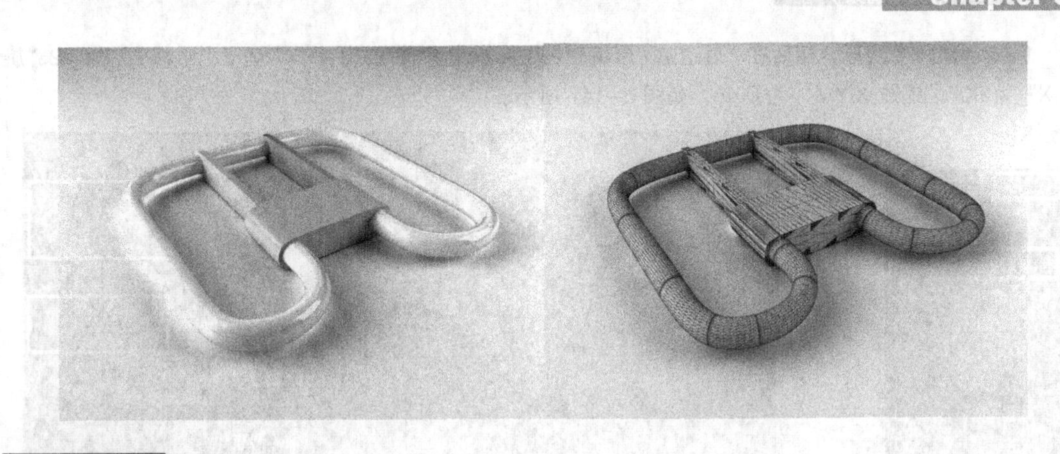

案例引导

本例中的2D灯管模型主要是由曲线生成的，在操作过程中使用“附加到曲线”“重建曲线”“放样”“挤出”和“平面”等命令。

制作演示

（1）新建场景，然后在top（顶）视图中创建一个图3-144所示的曲线。然后复制曲线，并在“通道盒/层编辑器”面板中设置“缩放X”为-1，如图3-145所示。接着选择曲线执行“编辑曲线>附加曲线”命令，使两条曲线合并为一条，如图3-146所示。

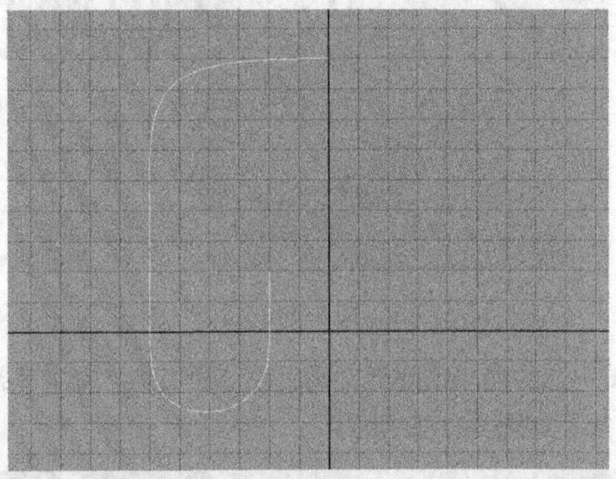

图3-144

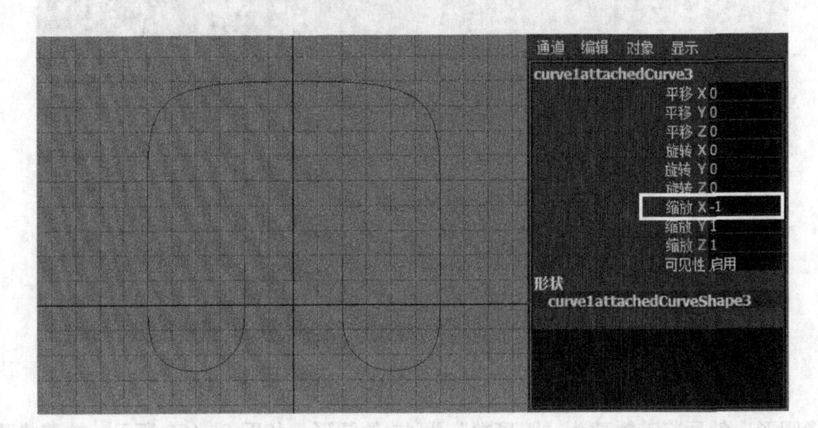

图3-145

（2）创建一个圆形，然后在“通道盒 / 层编辑器”面板中，设置“平移 X”为 2、“平移 Z”为 -2、“旋转 X”为 90、“缩放 X/Y/Z”为 0.48，如图 3-147 所示。

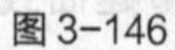

图 3-146

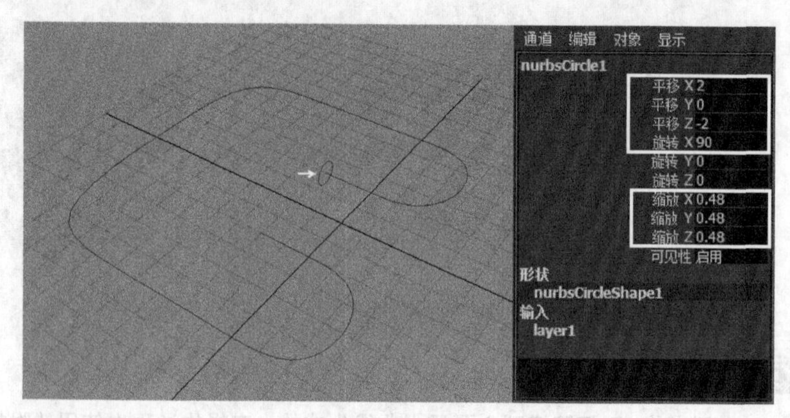

图 3-147

（3）选择圆形和曲线，然后执行“曲面 > 挤出”命令，制作出灯管模型，如图 3-148 所示。

图 3-148

（4）在 front（前）视图中，创建一个圆形，然后在“通道盒 / 层编辑器”面板中，设置“旋转 X”为 90、“缩放 X/Y/Z”为 0.716，如图 3-149 所示。

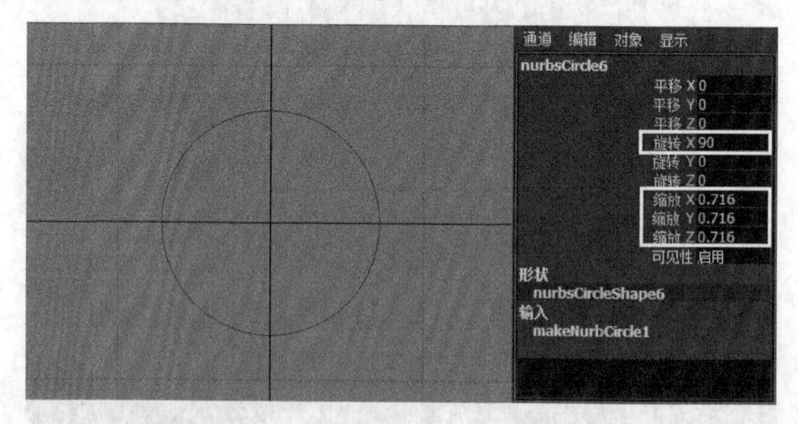

图 3-149

（5）选择圆形，然后将其重建为“跨度数”为 14 的圆形，如图 3-150 所示。接着将圆形调整成如

图 3-151 所示的形状。

图 3-150

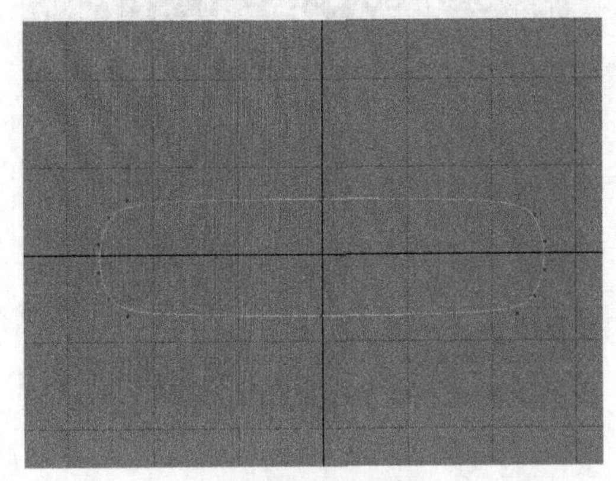

图 3-151

（6）然后复制出一个圆形，调整圆形的位置，如图 3-152 所示。接着选择两个圆形，最后执行“曲面 > 放样”命令生成曲面，如图 3-153 所示。

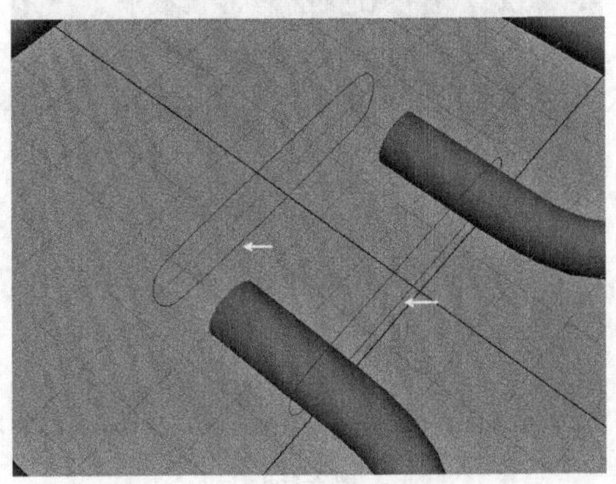

图 3-152

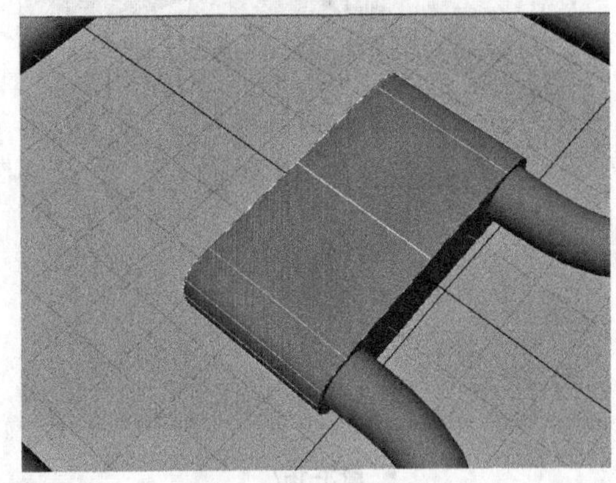

图 3-153

（7）选择一个圆形，然后执行“曲面 > 平面”命令生成曲面，接着对另一个圆形执行相同的操作，效果如图 3-154 所示。

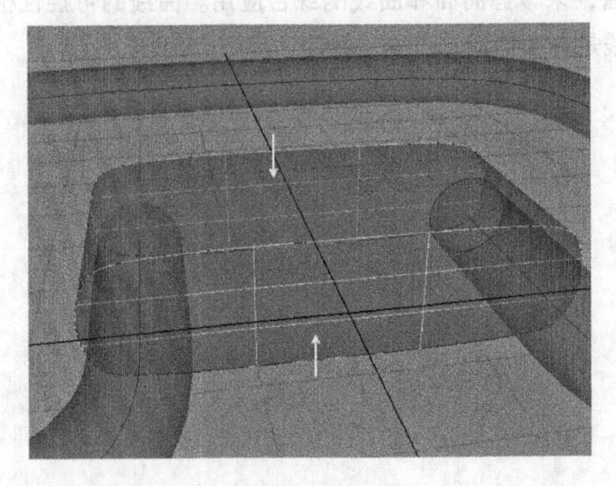

图 3-154

（8）复制出一个圆形，然后调整其形状和位置，如图 3-155 所示。接着复制曲线并调整位置，如图 3-156 所示。

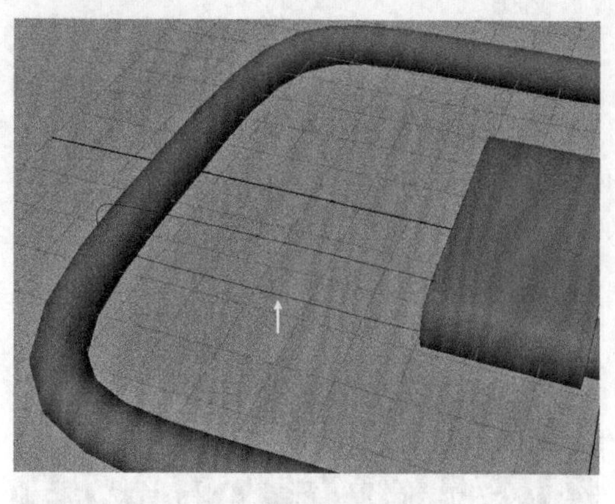

图 3-155

图 3-156

（9）使用前面的方法在曲线处生成曲面，如图 3-157 所示。然后复制到另一边，效果如图 3-158 所示。

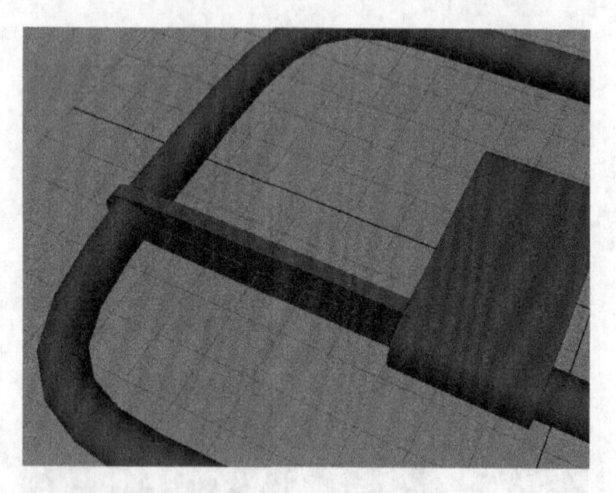

图 3-157

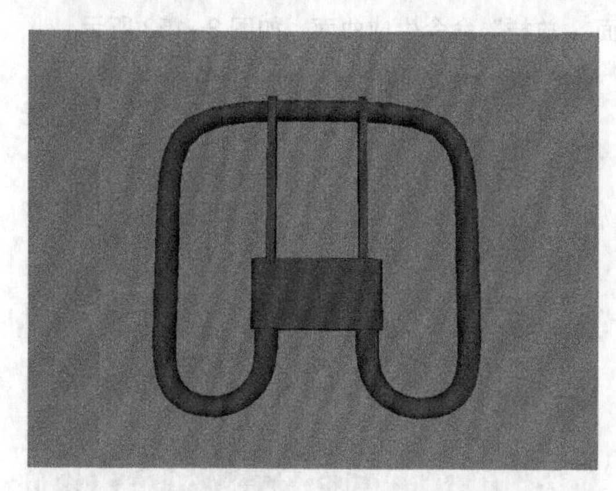

图 3-158

技术反馈

本案通过制作 2D 灯管，来掌握曲面和曲线的综合应用。曲线的可控性极强，通过曲线可以生成一些特殊造型，但是绘制曲线是一个枯燥的过程，希望读者耐心操作。

Chapter

4

第4章 灯光与摄影机

在Maya中，灯光是看见三维世界的前提，没有灯光的场景将会是一片昏暗没有任何意义。为场景提供优质的照明，不仅能照亮场景中的内容，还可以提升作品的艺术价值。在布置完灯光后，还需要合理地架设摄影机，以捕捉一个协调、完整的画面。本章介绍了创建灯光、调整灯光、制作灯光特效果、创建摄影机、调整摄影机和景深特效等内容。通过对本章的学习，读者可以完成场景的照明和摄影机的架设，并且还能通过灯光和摄影机完成一些特殊效果的制作。

本章学习要点

- 掌握灯光的创建方法
- 掌握灯光的操作方法
- 掌握摄影机的创建方法
- 掌握摄影机的操作方法
- 掌握景深的制作方法

4.1 关于灯光

在自然界中，由于光的作用才能让我们的眼睛接受到影像信息，因此光是看见世界的必要条件。光可以分为自然光和人造光，在三维世界里可以轻松地模拟出这两种光。

4.1.1 Maya 中的灯光

Maya 中提供了 6 种灯光，分别是“环境光”“平行光”“点光源”“聚光灯”“区域光”和“体积光”，如图 4-1 所示。

环境光用于模拟真实世界的照明，不受光线衰减的影响，均匀地照亮整个场景，效果如图 4-2 所示。

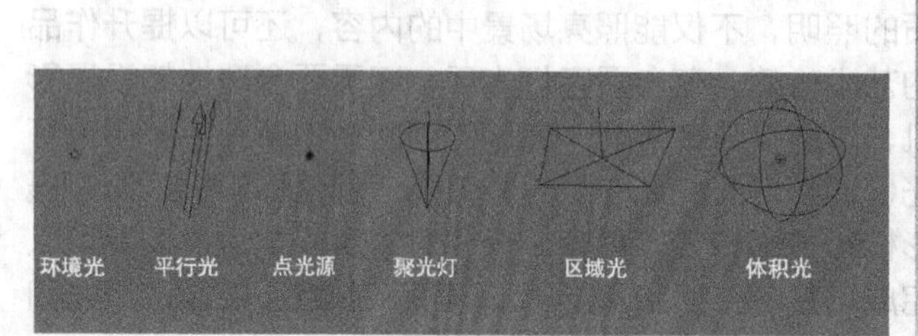

图 4-1

图 4-2

平行光类似于自然界的阳光，发射的光线均匀地由一处到另一处，并且灯光的位置不会影响照射效果，如图 4-3 所示。

点光源是由一个点放射式地发射光线，类似于灯泡的照明效果，光线衰减较为明显，效果如图 4-4 所示。

图 4-3

图 4-4

聚光灯发射的光线具有一定的范围限制，类似于电筒的照明效果，通常用于模拟舞台灯光和汽车灯光等人造光，效果如图 4-5 所示。

区域光的光源是一个矩形的平面，其亮度和光源的大小相关，也就是面积越大，亮度也就越强，效果如图 4-6 所示。

图 4-5

图 4-6

4.1.2 灯光的作用

光不仅仅只是用来照亮环境，而且可以烘托气氛，达到艺术性的画面效果。这里不得不提到“色温”，简单地讲，把一个纯黑物体加热到一定温度时，该物体就会发射出特定的颜色，这一加热的温度称之为色温。不同的色温，使环境产生不同的气氛，从而影响人的感受。如图 4-7 至图 4-9 所示的效果中，可以明显地感受到不同的氛围。

图 4-7

图 4-8

图 4-9

4.2 设置 Maya 的灯光

在一个场景中通常会使用多种类型的灯光，配合照射场景以达到理想效果。Maya 为用户提供了多种类型的灯光，以满足照明需求。

4.2.1 创建灯光

在“创建 > 灯光”菜单下，可以创建不同类型的灯光，如图 4-10 所示。在工具架中选择“渲染”选项卡，可以创建灯光，如图 4-11 所示。

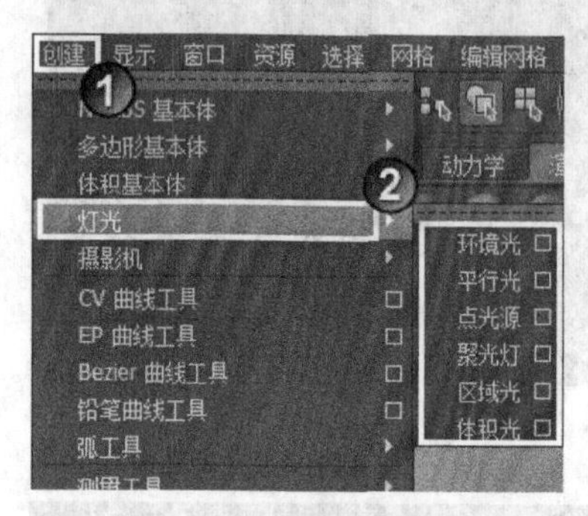

图 4-10

图 4-11

4.2.2 调整灯光

调整灯光的方向有以下 3 种方法。

第 1 种：选择灯光，然后使用“旋转工具”（快捷键为 E）可以调整灯光的方向，效果如图 4-12 和图 4-13 所示。

图 4-12

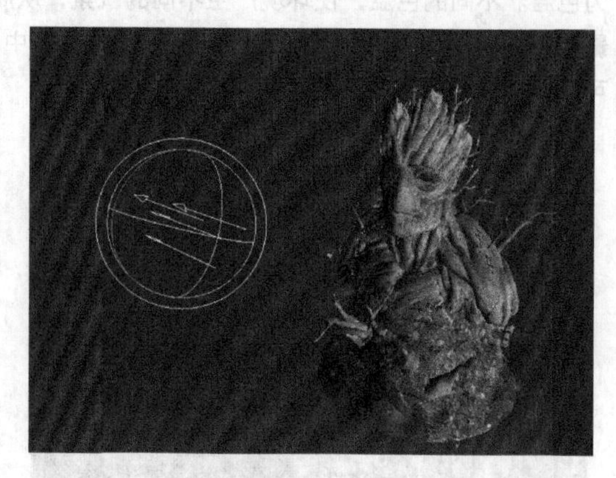

图 4-13

技巧与提示

在工作区中单击“使用所有灯光”按钮激活阴影显示，可直观地观察到灯光的效果。

第 2 种：选择灯光，然后按 T 键，灯光上会出现两个控制手柄，一个是灯光的位置，另一个是目标位置，可通过移动操作手柄的位置，来调整灯光的位置和方向，效果如图 4-14 和图 4-15 所示。

第 3 种：选择灯光，然后在工作区中执行“面板 > 沿选定对象观看”命令，如图 4-16 所示。此时会切换到灯光方向的视角，以第一人称的方式观察灯光的照射方向，并且在工作区的下方会显示 directionalLight1 的字样，说明当前视图是灯光的视角，因此使用操作视图的方式，可以调整灯光的位置和方向，如图 4-17 所示。

图 4-14

图 4-15

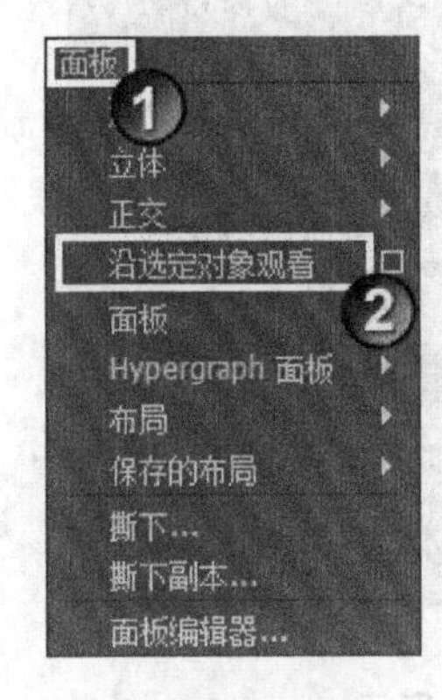

图 4-16

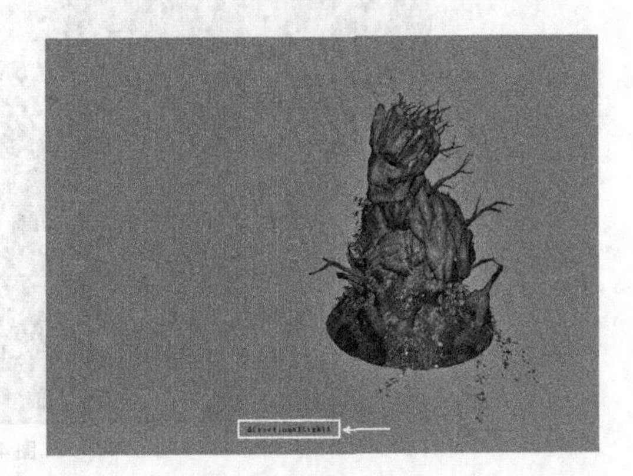

图 4-17

4.2.3 设置灯光的属性

选择灯光，然后按组合键 Ctrl+A 打开灯光“属性编辑器”面板，如图 4-18 所示。不同类型的灯光，其属性略有差别，但主要属性都大相径庭。

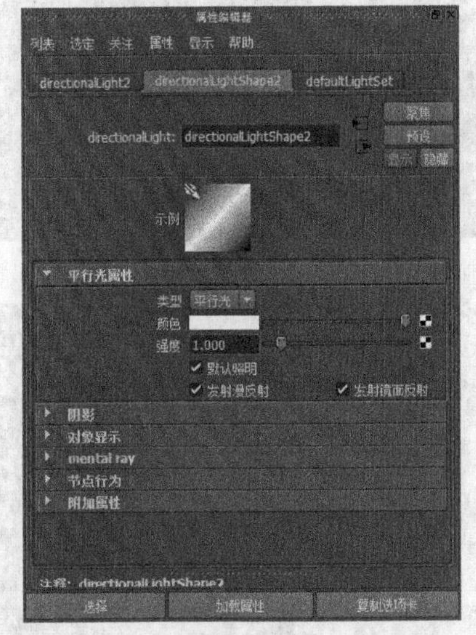

图 4-18

“颜色”属性可控制灯光的颜色，效果如图 4-19 和图 4-20 所示。

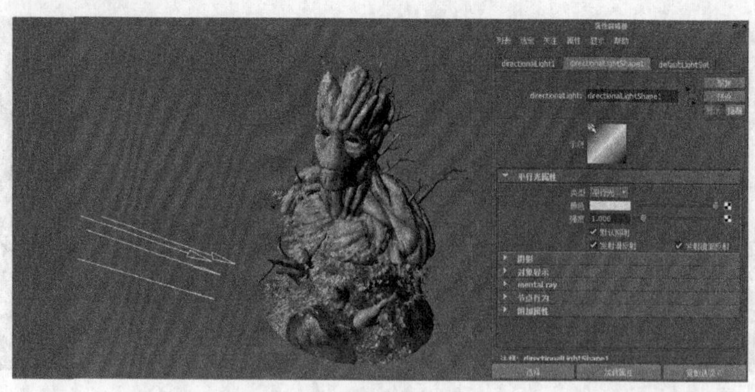

图 4-19

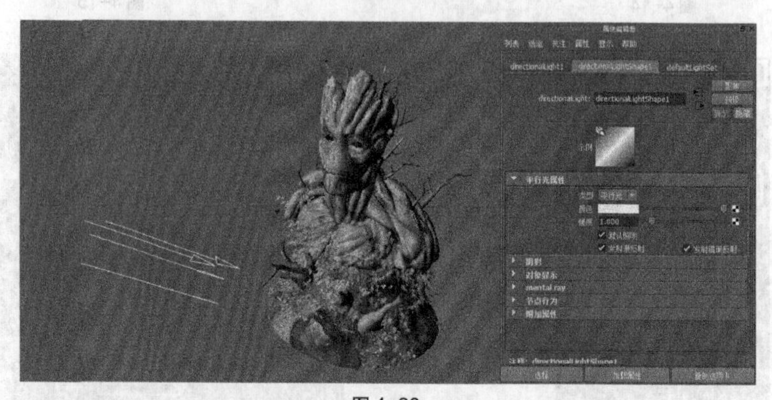

图 4-20

“强度”属性可以控制灯光的强弱，效果如图 4-21 和图 4-22 所示。

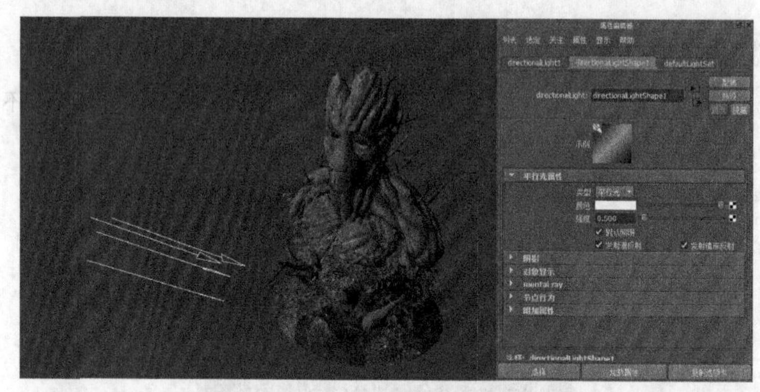

图 4-21

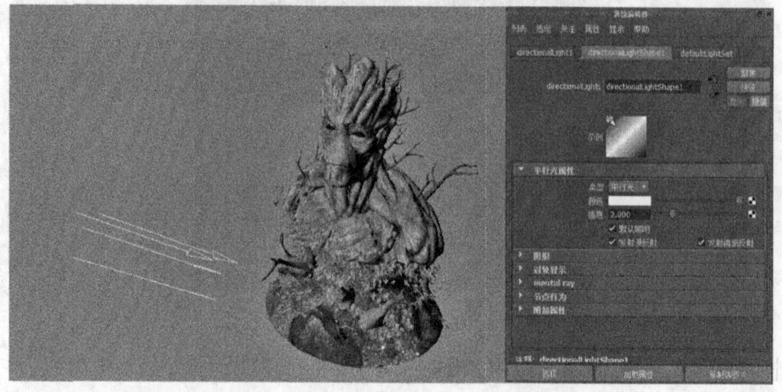

图 4-22

展开“阴影”卷展栏，其中又包含“深度贴图阴影属性”和“光线追踪阴影属性”两个子卷展栏，光线追踪阴影的质量效果远远好于深度贴图阴影，因此建议读者使用光线追踪阴影。展开“光线追踪阴影属性”卷展栏，选择“使用光线跟踪阴影”选项，即可激活光线追踪阴影功能，如图 4-23 所示。

“灯光角度”属性可以控制阴影边缘的柔和度，该值越高灯光越柔和，效果如图 4-24 和图 4-25 所示。

“阴影光线数”属性可以控制阴影的质量，该值越高产生的噪点越少，效果如图 4-26 和图 4-27 所示。当然，该值不是越大越好，较大的值会增加渲染的时间。

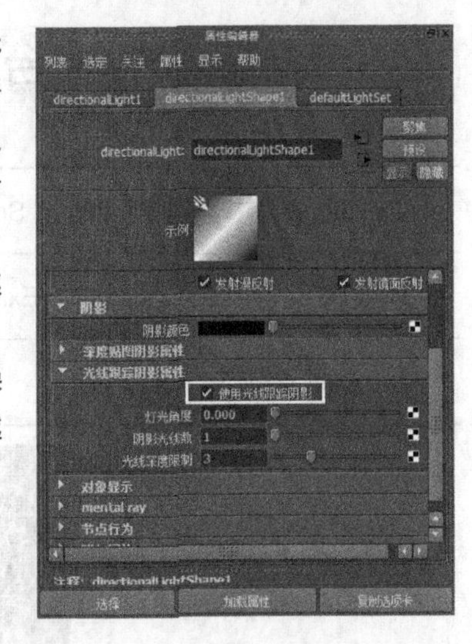

图 4-23

图 4-24

图 4-25

图 4-26

图 4-27

4.3 用点光源制作台灯照明

场景位置	Scene>CH04>D1>D1.mb	扫描观看视频！
实例位置	Example>CH04>D1>D1.mb	
学习目标	学习点光源的使用方法	

案例引导

本例中的台灯照明是一个典型的点光源照射效果，因此创建点光源并设置其位置，然后设置灯光的颜色和强度，最后调整好阴影属性就可以完成效果。

打开点光源的“属性编辑器”面板，在“点光源属性”卷展栏下，点光源比平行光多了“衰减速率”属性，该属性可以控制灯光在发射过程中的衰减类型，如图 4-28 所示。

“衰减速率”包括“无衰减”“线性”“二次方”和“立方”4 个选项，如图 4-29 所示。

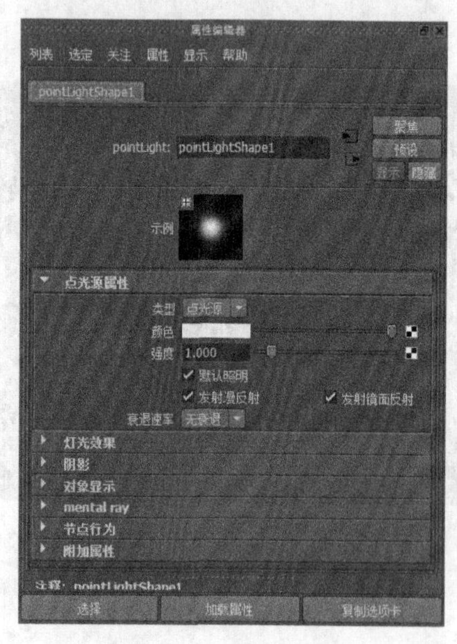

图 4-28

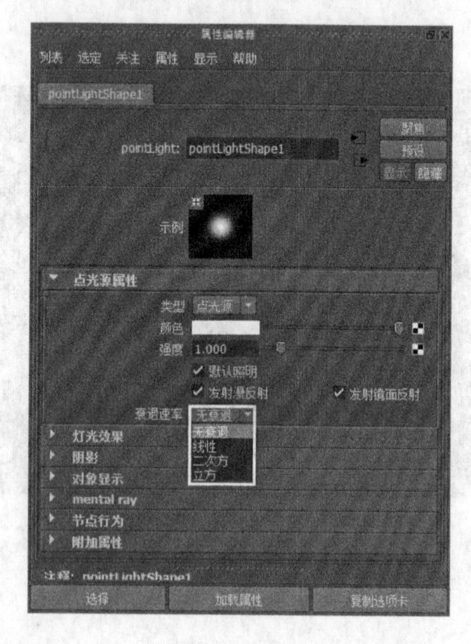

图 4-29

“无衰减”选项可以使灯光照到所有对象，效果如图4-30所示。

“线性”选项可以使灯光强度随着距离的增加而以线性的方式下降（比真实世界灯光速度要慢），效果如图4-31所示。

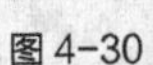

图4-30

图4-31

“二次方”选项可以使灯光强度与距离的平方成比例地下降（与真实世界灯光速度等速），效果如图4-32所示。

“立方”选项可以使灯光强度与距离的立方成比例地下降（比真实世界灯光速度要快），效果如图4-33所示。

图4-32

图4-33

技巧与提示

正常情况下的衰减速率要比上述的效果图强烈得多，文中为了能让读者看到逐步衰减的过程，对灯光的强度作了适当调整。若读者在调整衰减速率时，渲染效果为一片死黑，可以适当地增加灯光的强度。

制作演示

（1）打开学习资源中的Scene>CH04>D1>D1.mb文件，场景中有一个台灯模型，如图4-34所示。

（2）执行“创建 > 灯光 > 点光源”菜单命令，创建一盏点光源，如图4-35所示。选择点光源，然后在“通道盒 / 层编辑器”中设置“平移Y”为48.607，如图4-36所示。

图 4-34

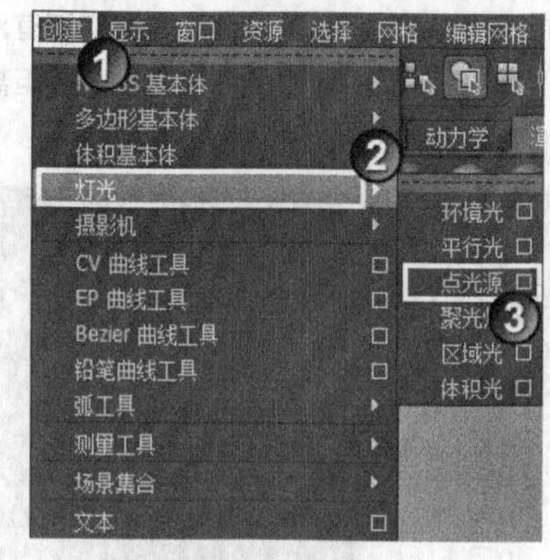

图 4-35

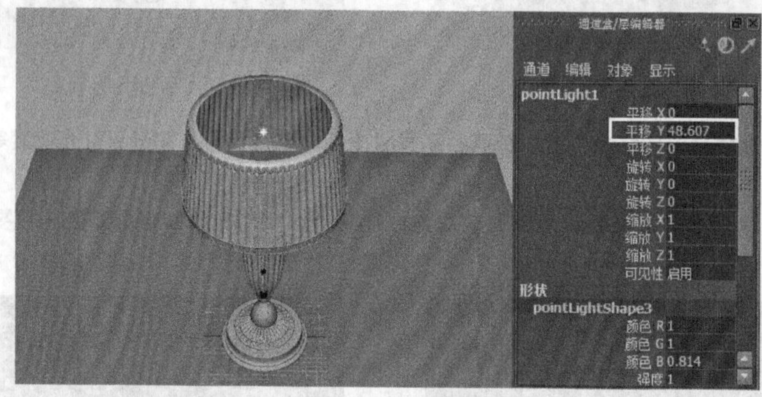

图 4-36

（3）选择点光源，然后按组合键 Ctrl+A 打开“属性编辑器”面板，接着设置“颜色”为（R:255，G:255，B:208），如图 4-37 所示。

（4）在状态栏中单击“打开渲染视图”按钮，然后在打开的“渲染视图”对话框中单击“渲染当前帧”按钮渲染当前场景，如图 4-38 所示。可以观察到阴影过于生硬，需要再作调整。

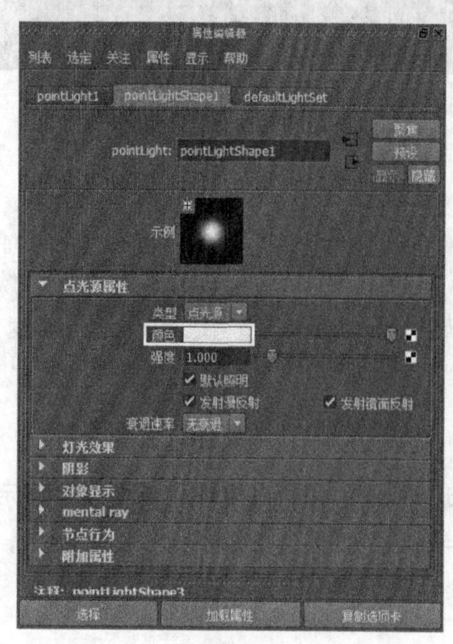

图 4-37

图 4-38

技巧与提示

在状态中单击“渲染当前帧”按钮也可渲染当前场景。

本书中部分场景使用的是 Mental Ray 材质，若不能正常渲染，可在打开的“渲染视图”对话框设置渲染器为 Mental Ray，如图 4-39 所示。

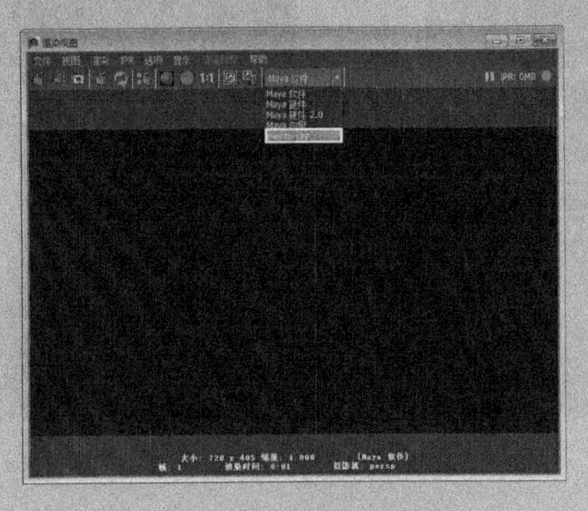

图 4-39

（5）展开“光线跟踪阴影属性”卷展栏，然后设置“灯光半径”为 5、“阴影光线数”为 15，如图 4-40 所示。接着渲染当前场景，如图 4-41 所示。

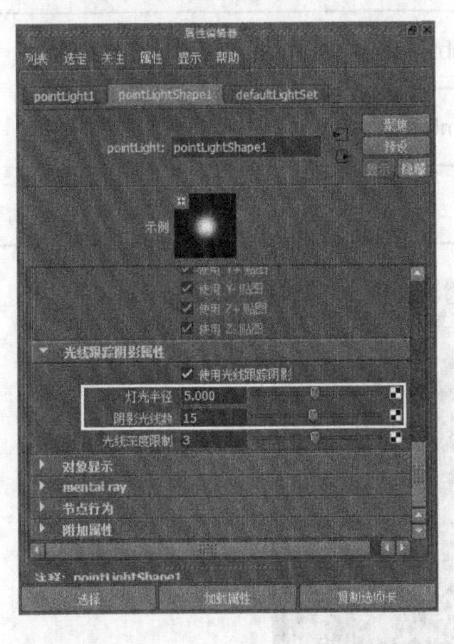

图 4-40

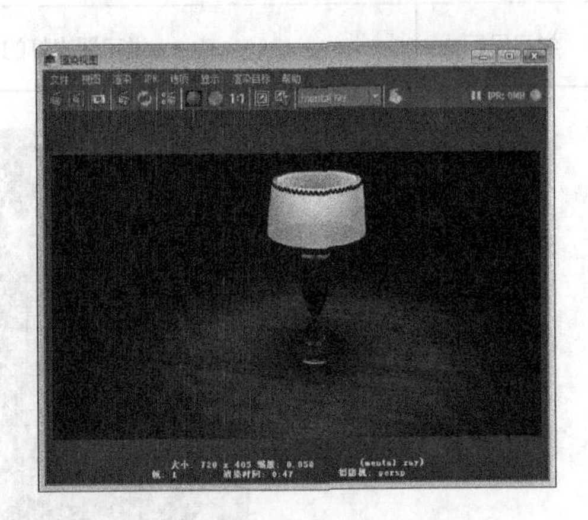

图 4-41

技术反馈

本例通过模拟台灯的照明效果，来掌握点光源的使用方法。点光源是 Maya 中常用的灯光之一，在制作灯光照明的过程中经常用到。另外，在“灯光效果”卷展栏下，可以为点光源添加辉光效果，如图 4-42 所示，效果如图 4-43 所示。

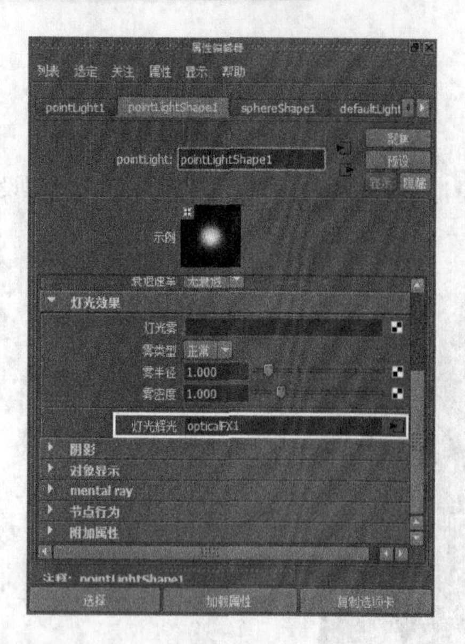

图 4-42

图 4-43

4.4 用聚光灯制作森林雾气

场景位置	Scene>CH04>D2>D2.mb	扫描观看视频!
实例位置	Example>CH04>D2>D2.mb	
学习目标	学习聚光灯的使用方法	

案例引导

本例中的森林照明是模拟自然界中的真实效果。在森林中由于湿度较大，经常在清晨和夜晚会出现雾气效果，使用聚光灯就可以模拟这种雾气效果。

打开点光源的“属性编辑器”面板，在“聚光灯属性”卷展栏下，聚光灯多了“圆锥体角度”“半影角度”和“衰减”3 个属性，如图 4-44 所示。

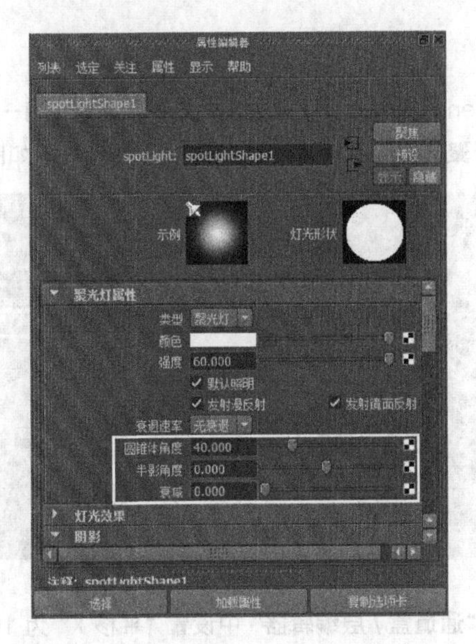

图 4-44

“圆锥体角度”属性用来控制聚光灯光束的照射范围，该值默认为 40，效果如图 4-45 和图 4-46 所示。

图 4-45

图 4-46

“半影角度”属性用来控制聚光灯光束柔和边缘的范围（该值默认为 0），效果如图 4-47 和图 4-48 所示。

图 4-47

图 4-48

制作演示

（1）打开学习资源中的 Scene>CH04>D2>D2.mb 文件，场景中有一个树林模型，如图 4-49 所示。

（2）执行“创建 > 灯光 > 聚光灯”菜单命令，创建一盏聚光灯，如图 4-50 所示。

图 4-49

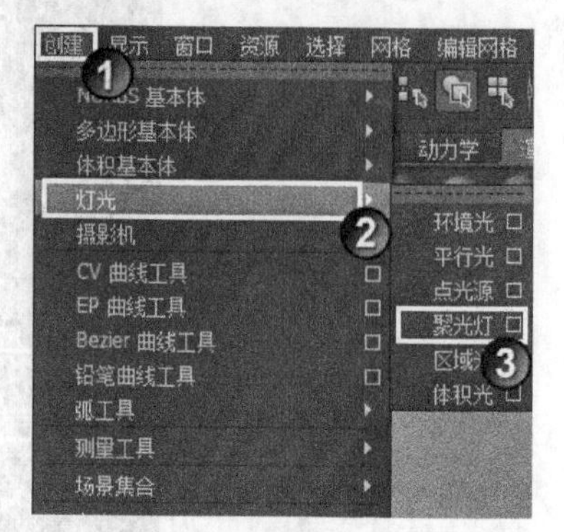

图 4-50

（3）选择聚光灯，然后在“通道盒 / 层编辑器”中设置“平移 X”为 11.496、“平移 Y”为 65.735、“平移 Z”为 -36.376、“旋转 X”为 -238.376、“旋转 Y”为 4.394、“旋转 Z”为 180、“缩放 X”为 5、“缩放 Y”为 5、“缩放 Z”为 10.542，如图 4-51 所示。

（4）选择聚光灯，然后按组合键 Ctrl+A 打开“属性编辑器”面板，接着设置“颜色”为（R:255，G:255，B:220）、“强度”为 3.5、“半影角度”为 20，如图 4-52 所示。

图 4-51

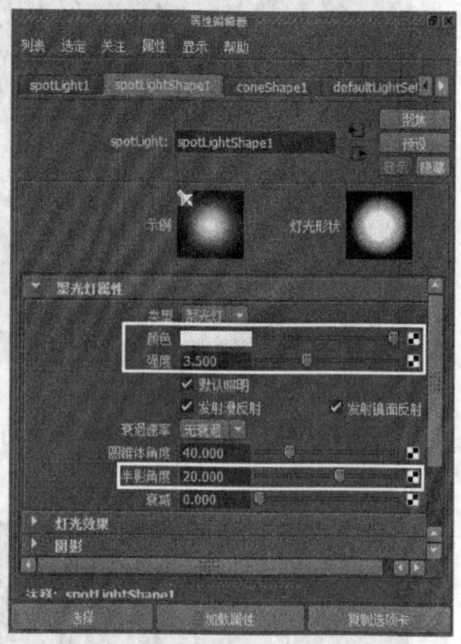

图 4-52

（5）展开“灯光效果”卷展栏，然后单击“灯光雾”属性后面的按钮为该属性连接一个 lightFog（灯光雾）节点，接着设置“雾扩散”为 2、“雾密度”为 1.5，如图 4-53 所示。

（6）展开“光线跟踪阴影属性”卷展栏，然后设置“灯光半径”为 12、“阴影光线数”为 15，如图 4-54 所示。

（7）打开的“渲染视图”对话框，然后执行“渲染 > 渲染 >camera1”命令，如图 4-55 所示。最终效果如图 4-56 所示。

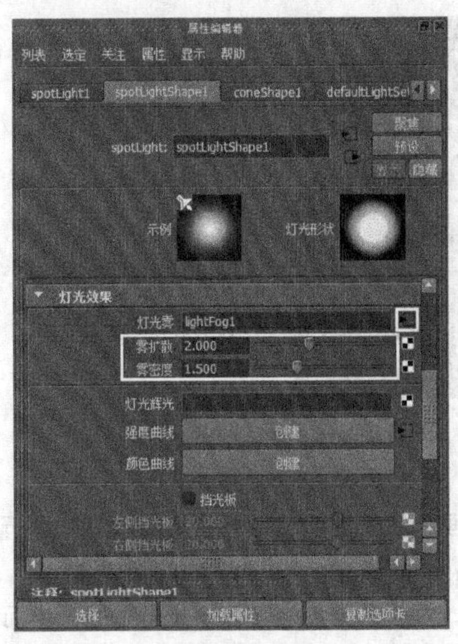

图 4-53

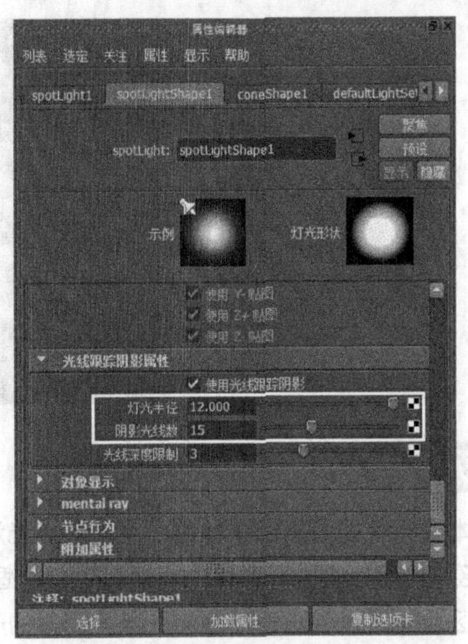

图 4-54

图 4-55

图 4-56

技术反馈

本例通过模拟森林雾气，来掌握聚光灯的使用方法。聚光灯的效果类似于舞台射灯的效果，通常用来模拟人造灯光效果。例如车灯、路灯和电筒等。另外，聚光灯的灯光雾功能，可以模拟出显示世界中的灯光雾效果。

4.5 用区域光制作象棋照明

场景位置	Scene>CH04>D3>D3.mb	扫描观看视频!
实例位置	Example>CH04>D3>D3.mb	
学习目标	学习“区域光”的使用方法	

案例引导

本案例中的国际象棋场景只有两盏点光源提供照明，画面过于昏暗，因此需要增加灯光进行照明。使用区域光可以产生高质量的灯光和阴影，适合为静帧作品照明。

区域光是一种矩形的灯光，最为明显的一个特点就是，灯光的强度会随着灯光面积的大小而变化。灯光的面积越大，强度也就越大，如图 4–57 和图 4–58 所示。

图 4–57

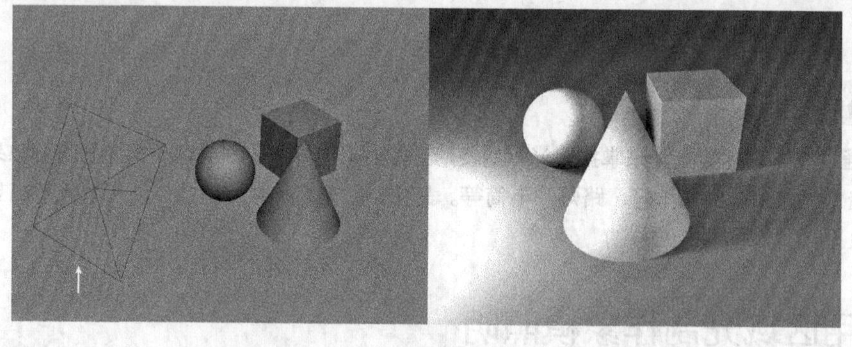

图 4–58

制作演示

（1）打开学习资源中的 Scene>CH04>D3>D3.mb 文件，场景中有一套国际象棋模型、两盏点光源和一个摄像机，如图 4–59 所示。

（2）打开的“渲染视图”对话框，然后执行“渲染 > 渲染 >camera1”命令，渲染摄像机视角，效果如图 4–60 所示。可见场景中的光线偏暗，需要增加光线补充照明。

图 4-59

图 4-60

（3）执行“创建 > 灯光 > 区域光”菜单命令，创建一盏区域光，如图 4-61 所示。

（4）选择区域光，然后在“通道盒 / 层编辑器”中设置“平移 X”为 -6.468、“平移 Y”为 52.687、“平移 Z”为 14.24、“旋转 X”为 -427.167、“旋转 Y”为 -7.321、“旋转 Z”为 -360、“缩放 X”为 12.321、“缩放 Y”为 12.321、“缩放 Z”为 12.321，如图 4-62 所示。

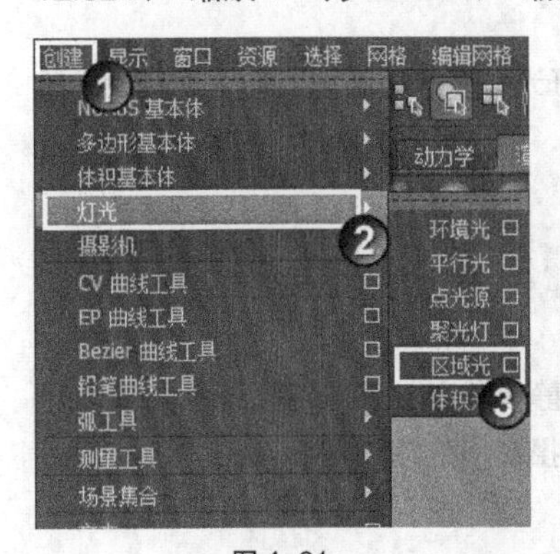

图 4-61

图 4-62

（5）选择区域光，然后按组合键 Ctrl+A 打开“属性编辑器”面板，接着设置“颜色”为（R:235，G:255，B:255）、“强度”为 40、“衰减速率”为“线性”，如图 4-63 所示。

（6）展开“光线跟踪阴影属性”卷展栏，然后设置“阴影光线数”为 15，如图 4-64 所示。

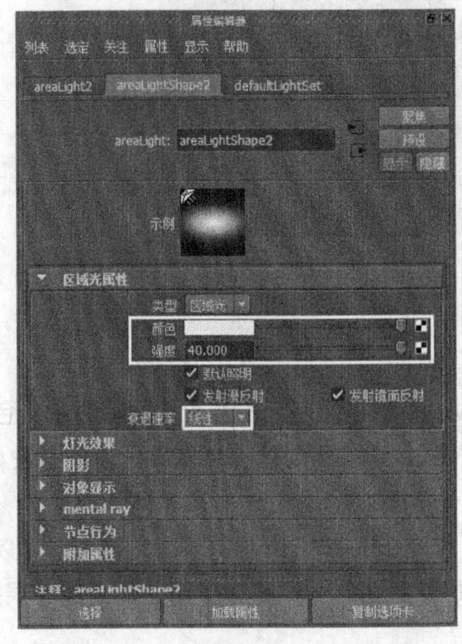

图 4-63

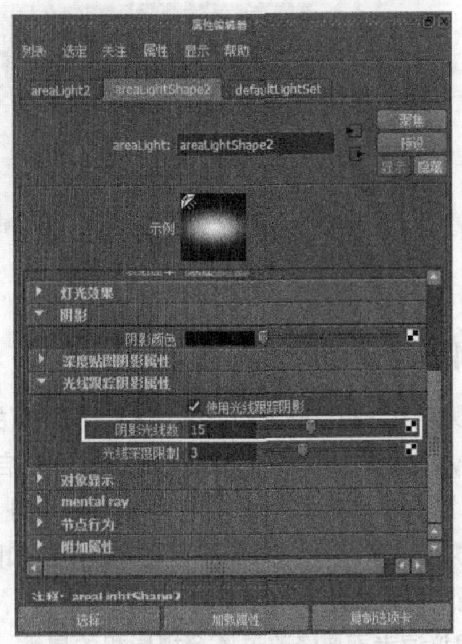

图 4-64

（7）打开的“渲染视图”对话框，然后执行“渲染 > 渲染 >camera1”命令，渲染摄像机视角，效果如图 4-65 所示。

图 4-65

技术反馈

本例通过为国际象棋场景照明，来掌握区域光的使用方法。该灯光可以产生高质量的照明和阴影效果，但耗费的渲染时间也相对较长，因此不利于动画的照明。

4.6 关于摄影机

摄影机在 Maya 中有着重要作用，不论是制作三维动画，还是静帧作品，都是通过摄影机获取画面。摄影机会直接影响到最终的视觉效果，因此读者一定要熟练掌握摄影机的使用方法。

4.6.1 Maya 中的摄影机

Maya 提供了 5 种摄影机，分别是“摄影机”“摄影机和目标”“摄影机、目标和上方向”“立体摄影机”和“Multi Stereo Rig”，如图 4-66 所示。前 3 种摄影机的使用方法大同小异，后两种则很少用到，下文主要以“摄影机”为重点进行讲解。

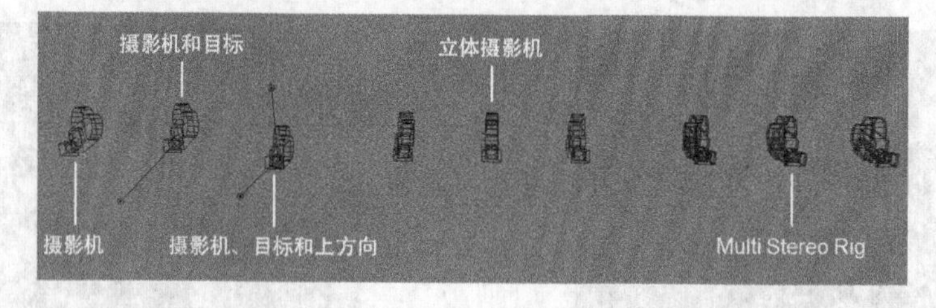

图 4-66

4.6.2 摄影机的作用

现实生活中，摄影机只是一种获取画面的设备，而在 Maya 中摄影机还充当着“眼睛”的角色，因为 Maya 是通过摄影机来观察三维世界。在启动 Maya 时，Maya 会默认创建 4 台摄影机，分别是 persp（透视）、top（顶）、front（前）和 side（侧），用来观察 4 个视图中的内容。

执行“窗口 > 大纲视图”菜单命令，如图 4-67 所示，在打开的“大纲视图”对话框中，可以看到 4 台摄影机，如图 4-68 所示。默认情况下，这 4 台摄影机是被隐藏的，这是为了防止用户的错误操作，因此建议读者不要修改这 4 台摄影机的属性。

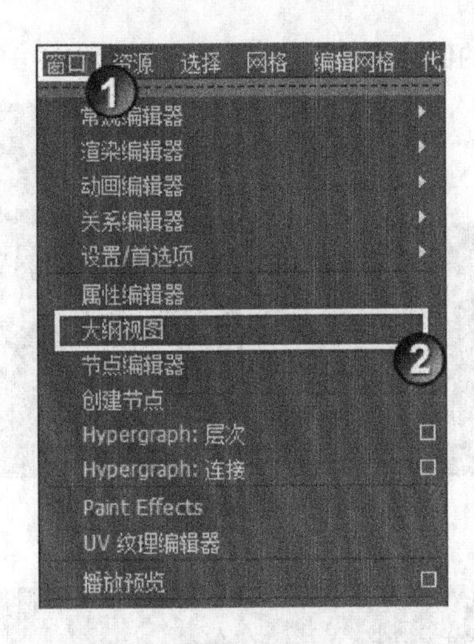

图 4-67

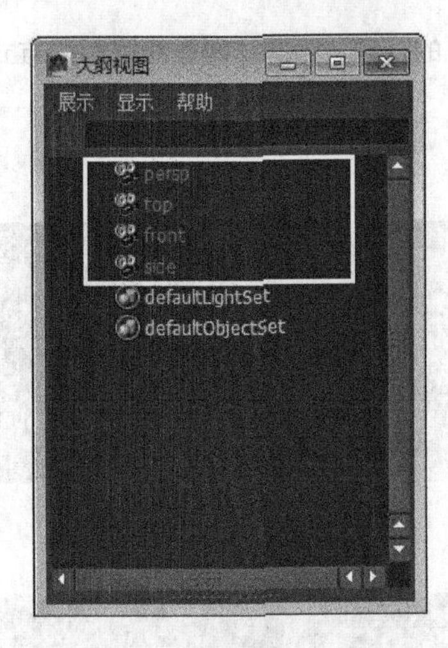

图 4-68

4.7 布置摄影机

在了解 Maya 摄影机的基础知识后，我们来学习如何实际操作摄影机，包括创建摄影机和调整摄影机，后续还会介绍一些摄影机的特殊效果。

4.7.1 创建摄影机

打开“创建 > 摄影机”菜单，可以创建不同类型的摄影机，如图 4-69 所示。读者也可以在工具架中，选择“渲染”选项卡，然后单击“创建摄影机”按钮，在栅格上创建一台摄影机，如图 4-70 所示。

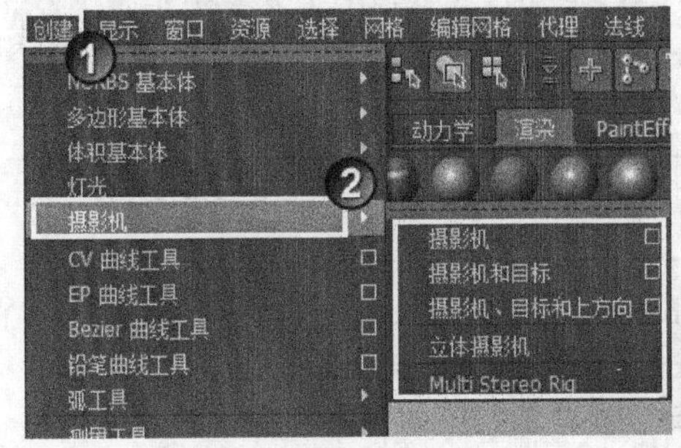

图 4-69

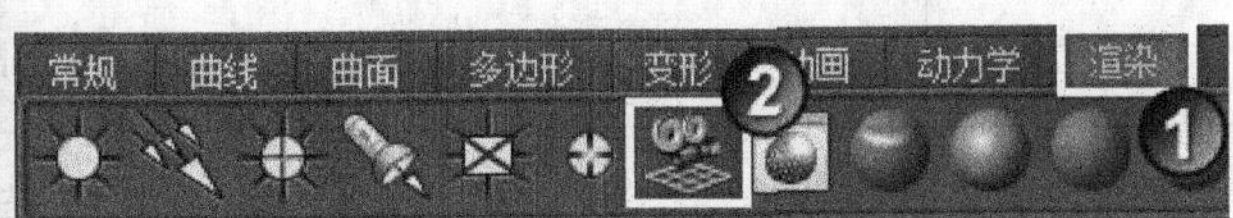

图 4-70

4.7.2 调整摄影机

调整摄影机的方法和调整灯光一样，下面介绍摄影机的具体操作方法。

创建完摄影机后，可以使用“移动工具”（快捷键为 W）和“旋转工具”（快捷键为 E）调整摄影机的位置和方向，如图 4-71 所示。

选择摄影机，然后按 T 键，摄影机上会出现两个控制手柄，一个是灯光的位置，另一个是目标位置，可通过移动操作手柄的位置，来调整摄影机的位置和方向，效果如图 4-72 和图 4-73 所示。

选择摄影机，然后在工作区中执行“面板 > 沿选定对象观看”命令，此时会切换到灯光方向的视角，以第一人称的方式观察灯光的照射方向，并且在工作区的下方会显示 camera1 的字样，说明当前视图是摄像机的视角，因此使用操作视图的方式，可以调整灯光的位置和方向，如图 4-74 所示。

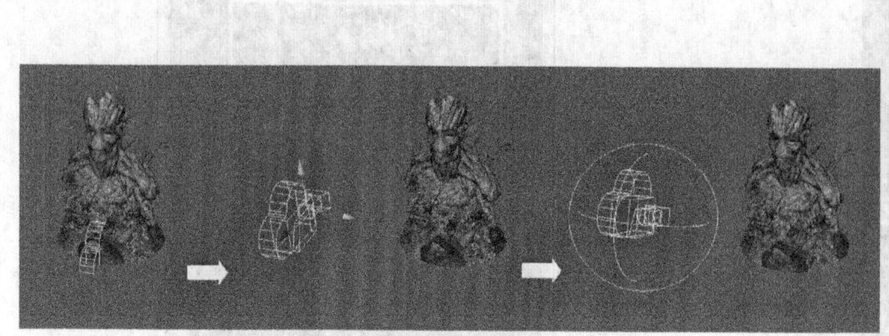

图 4-71

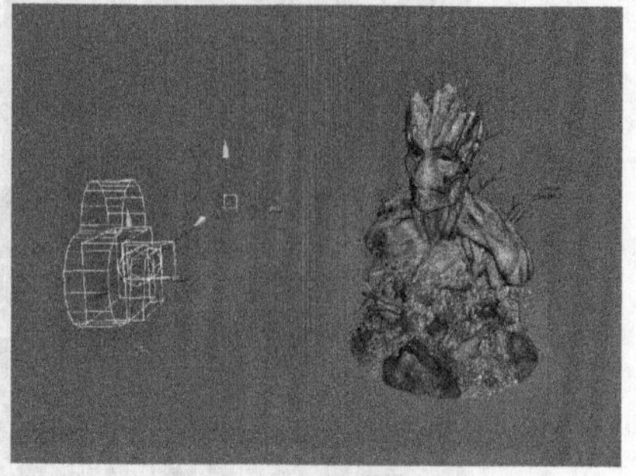

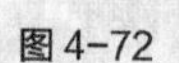

图 4-72

图 4-73

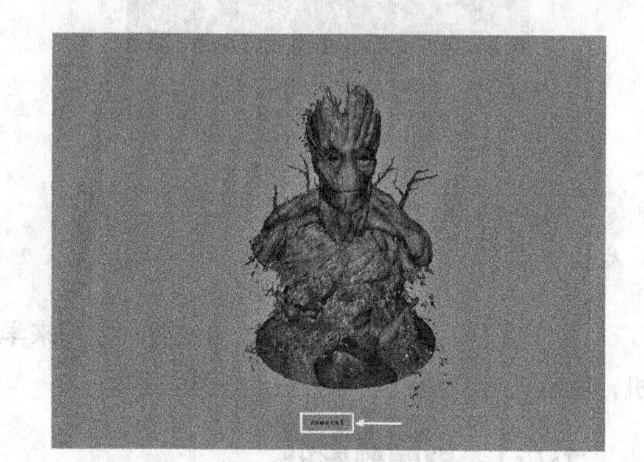

图 4-74

4.8 用摄像机制作景深特效

场景位置	Scene>CH04>D4>D4.mb	扫描观看视频！
实例位置	Example>CH04>D4>D4.mb	
学习目标	学习“景深”功能的使用方法	

案例引导

本例中景深特效是拍摄中一种常见的效果，合理地使用景深可以模糊背景，突出画面中的主体对象，如图 4-75 所示。Maya 的摄影机具有景深功能，可以逼真地模拟出这一效果。

选择摄影机，然后打开“属性编辑器”面板可以激活景深功能，如图 4-76 所示。

图 4-75

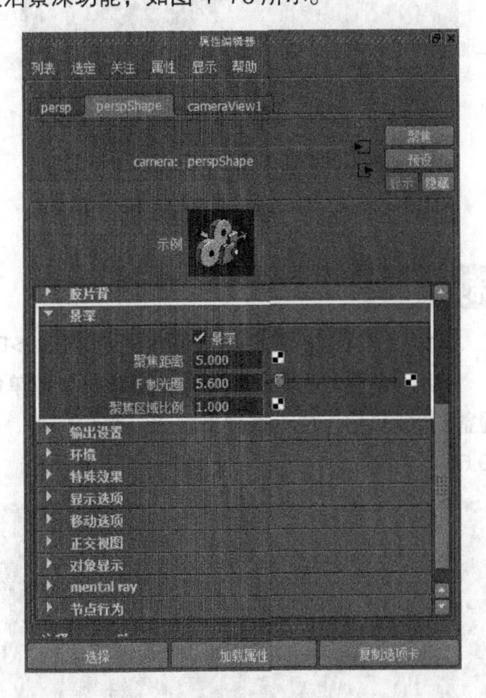

图 4-76

在 Maya 中，影响景深效果的主要两个属性是“聚焦距离”和“F 制光圈”，下面通过实际操作来介绍这两个属性的作用。

“聚焦距离”属性是用来控制摄影机到焦点的距离，简单地讲，“聚焦距离”控制画面中主体部分的位置。图 4-77 和图 4-78 所示的是不同数值的“聚焦距离”的效果。

图 4-77

图 4-78

“F 制光圈”属性是用来控制景深的大小，光圈越大，景深越小，光圈越小，景深越大。图 4-79 和图 4-80 所示的是不同数值的“F 制光圈”的效果。

图 4-79

图 4-80

制作演示

（1）打开学习资源中的 Scene>CH04>D4>D4.mb 文件，场景中有一个书桌模型，如图 4-81 所示。

（2）执行“创建 > 摄影机 > 摄影机”菜单命令，创建一盏摄影机，如图 4-82 所示。然后在“通道盒 / 层编辑器”中设置“平移 X”为 26.992、“平移 Y”为 7.119、“平移 Z”为 0.312、“旋转 Y”为 89.664、“旋转 Z”为 7.142，如图 4-83 所示。

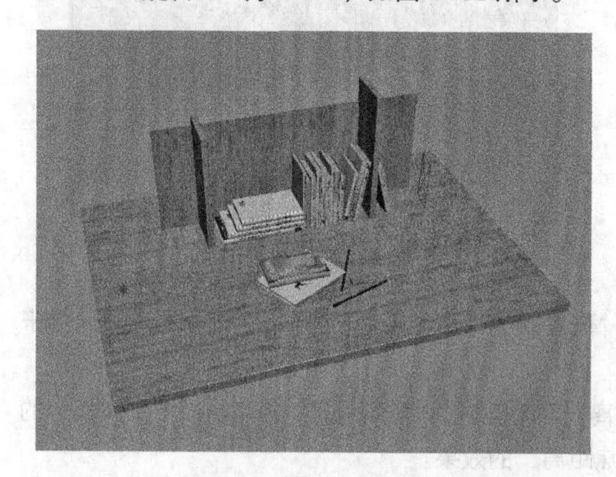

图 4-81

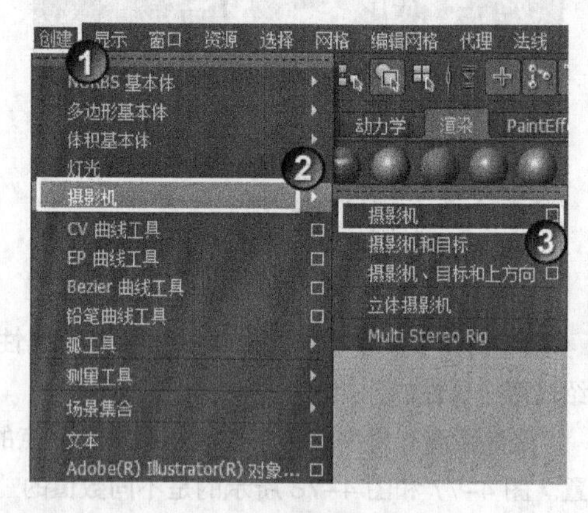

图 4-82

图 4-83

（3）打开的“渲染视图”对话框，然后执行“渲染 > 渲染 >camera1”命令，渲染摄像机视角，效果如图 4-84 所示。此时画面中没有景深效果，不能突出远处的图书。

(4)选择区域光，然后按组合键 Ctrl+A 打开“属性编辑器”面板，接着选择“景深”选项，再设置“聚焦距离”为 35，如图 4-85 所示。最后渲染 camera1 视角，效果如图 4-86 所示。

图 4-84

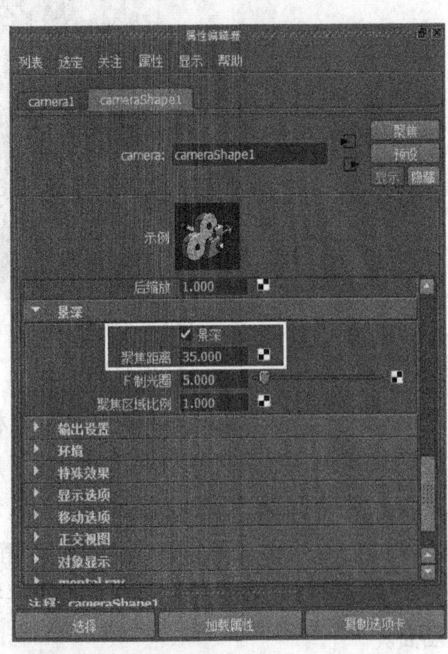

图 4-85

图 4-86

技术反馈

本例通过制作景深特效，来掌握摄影机的“景深”功能。该功能可以增加画面的空间深度感，并且在杂乱的背景中突出主体，但是会大大增加渲染时间。

4.9 综合练习：制作场景灯光

场景位置	Scene>CH04>D5>D5.mb	扫描观看视频！
实例位置	Example>CH04>D5>D5.mb	
学习目标	掌握多种灯光的综合使用	

案例引导

本例是一个静物场景，场景中有不同材质的物体，包括玻璃、瓷器、金属和木料等。为了展现场景中的对象，需要多种灯光结合使用。因为区域光可以模拟真实的光影效果，而且本例又是一个静帧作品，因此场景中以区域光为主提供照明，配合平行光照亮整体画面。

制作演示

（1）打开学习资源中的 Scene>CH04>D5>D5.mb 文件，场景中有一套静物模型和 HDRI 环境贴图，如图 4-87 所示。

图 4-87

技巧与提示

HDRI 贴图可以为场景提供真实的环境效果，关于 HDRI 环境贴图的内容，将会在第 6 章中详细介绍。

（2）执行“创建 > 摄影机 > 摄影机”菜单命令，创建一盏摄影机，然后在“通道盒 / 层编辑器”中设置“平移 Y”为 7.694、“平移 Z”为 24.243、“旋转 X”为 –3.087，如图 4-88 所示。

图 4-88

（3）打开“渲染视图”对话框，然后设置渲染器为 mental ray，接着执行“渲染 > 渲染 >camera1”命令，渲染摄像机视角，效果如图 4-89 所示。由于 HDRI 环境贴图的作用，场景中有了微弱的照明。

图 4-89

（4）创建一盏区域光，然后“通道盒 / 层编辑器”中设置“平移 X”为 -39.503、“平移 Y”为 11.423、“平移 Z”为 14.506、“旋转 X”为 -9.5 、“旋转 Y”为 -73.34、“缩放 X/Y/Z”均为为 16.97，如图 4-90 所示。

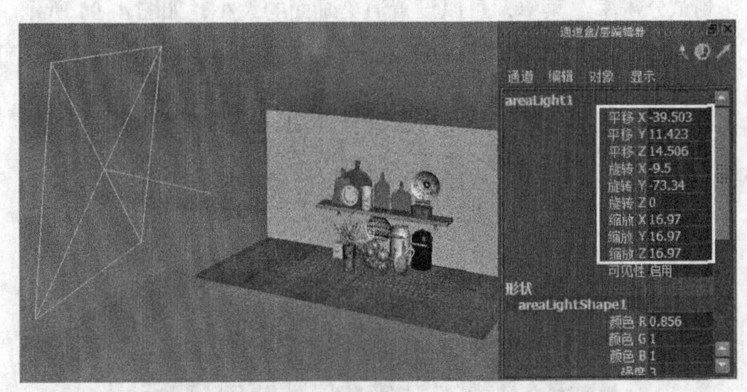

图 4-90

（5）选择 areaLight1 节点，然后打开“属性编辑器”面板，接着在“区域光属性”卷展栏下，设置“颜色”为（R:218，G:255，B:255）、“强度”为 3、“衰退速率”为“线性”，如图 4-91 所示。最后展开“阴影 > 光线跟踪阴影属性”卷展栏，设置“阴影光线数”为 15，如图 4-92 所示。

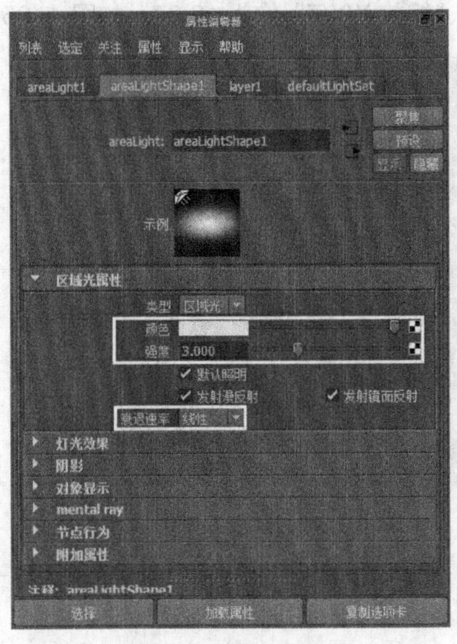

图 4-91

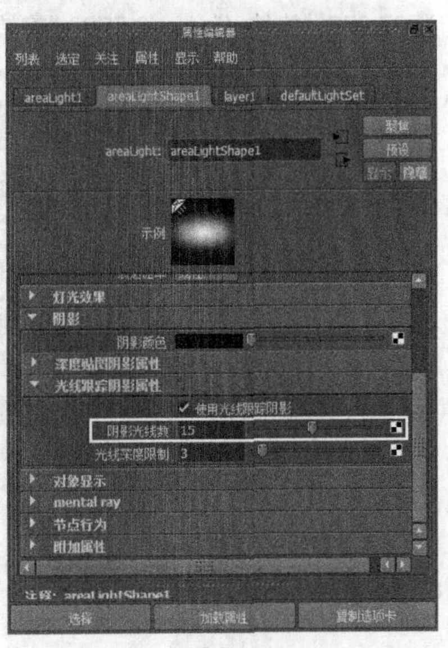

图 4-92

技巧与提示

在测试灯光效果时，可以将灯光的质量设置的低一些，这样可以快速观察到灯光效果，当场景中的灯光布置完成后，再将灯光的质量提高。

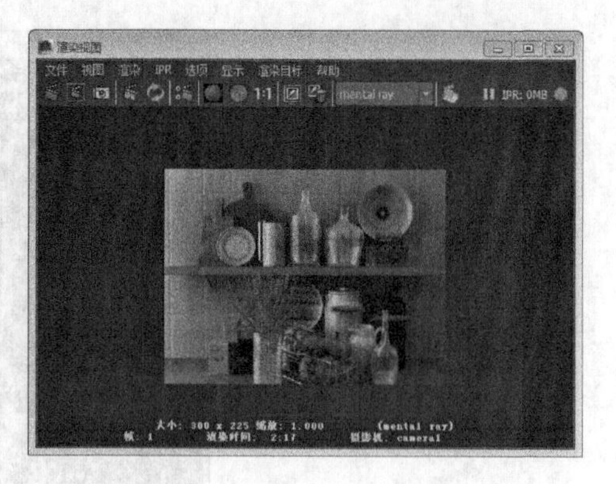

图 4-93

（6）打开的“渲染视图”对话框，然后执行“渲染 > 渲染 >camera1”命令，渲染摄像机视角，效果如图 4-93 所示。由图可见，画面左侧被区域光照亮，但右侧还是较暗。

技巧与提示

在测试渲染效果时，可以将渲染画面的大小设置的小一些，以提高预览效率。在“渲染视图”对话框中，打开“选项 > 测试分辨率”菜单，可以设置渲染画面的大小，如图 4-94 所示。

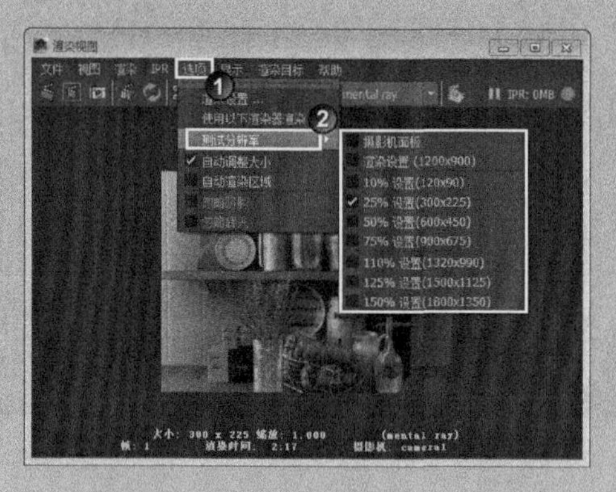

图 4-94

（7）创建一盏区域光，然后“通道盒 / 层编辑器”中设置“平移 X”为 29.287、“平移 Y”为 11.423、“平移 Z”为 27.973、“旋转 X”为 -6.573 、“旋转 Y”为 51.676、“缩放 X/Y/Z”均为 16.97，如图 4-95 所示。

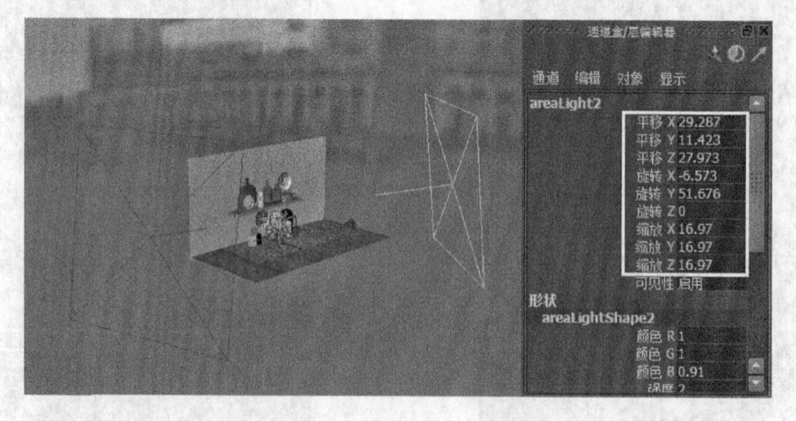

图 4-95

（8）选择 areaLight2 节点，然后打开“属性编辑器”面板，接着在“区域光属性”卷展栏下，设置“颜色”为（R:255，G:255，B:235）、“强度”为 2、“衰退速率”为“线性”，如图 4-96 所示。最后展开“阴影 > 光线跟踪阴影属性”卷展栏，设置“阴影光线数”为 15，如图 4-97 所示。

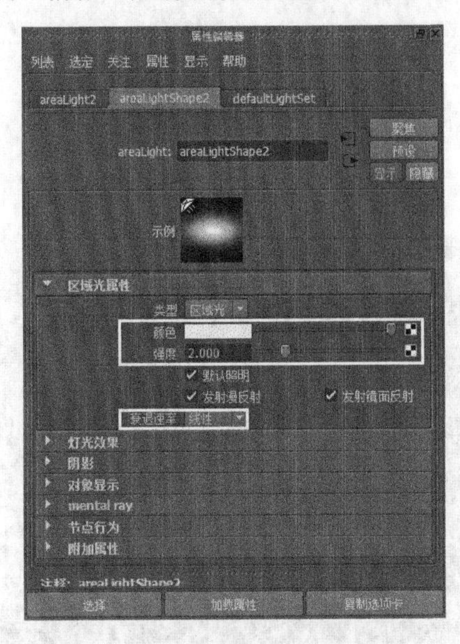

图 4-96

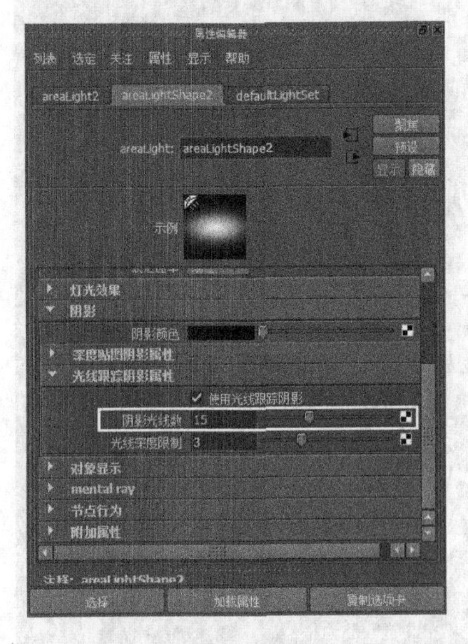

图 4-97

（9）打开“渲染视图”对话框，然后执行“渲染 > 渲染 >camera1”命令，渲染摄像机视角，效果如图 4-98 所示。由图可见，画面两侧被照亮，但整体亮度还是较暗。

（10）创建一盏平行光，然后“通道盒 / 层编辑器”中设置“平移 X”为 -0.617、“平移 Y”为 50.464、“平移 Z”为 44.67、“旋转 X”为 -22.727、“旋转 Y”为 0.357、“缩放 X/Y/Z”均为为 7.816，如图 4-99 所示。

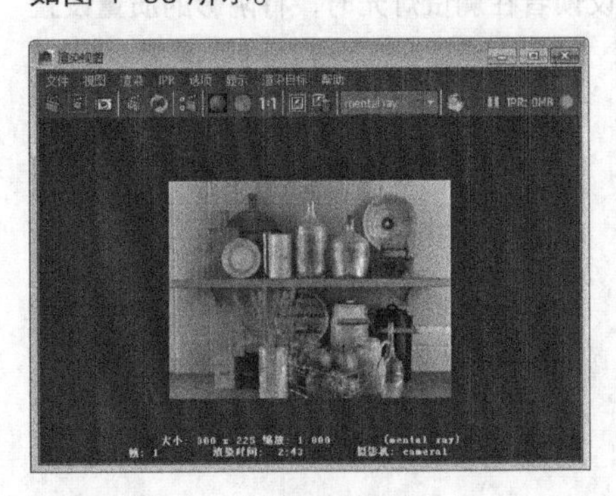

图 4-98

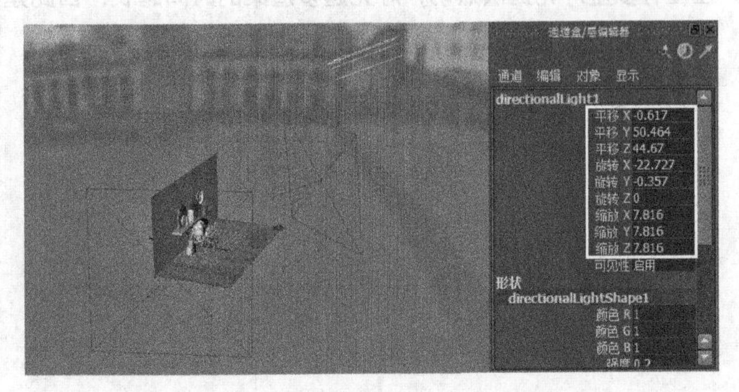

图 4-99

技巧与提示

调整平行光的大小，不影响灯光的实际效果，这里只是为了便于观察灯光的角度。

（11）选择 directionalLight1 节点，然后打开“属性编辑器”面板，接着在“区域光属性”卷展栏下，设置“强度”为 0.2，如图 4-100 所示。

（12）打开“渲染视图”对话框，然后执行“渲染 > 渲染 >camera1”命令，渲染摄像机视角，效果如图 4-101 所示。

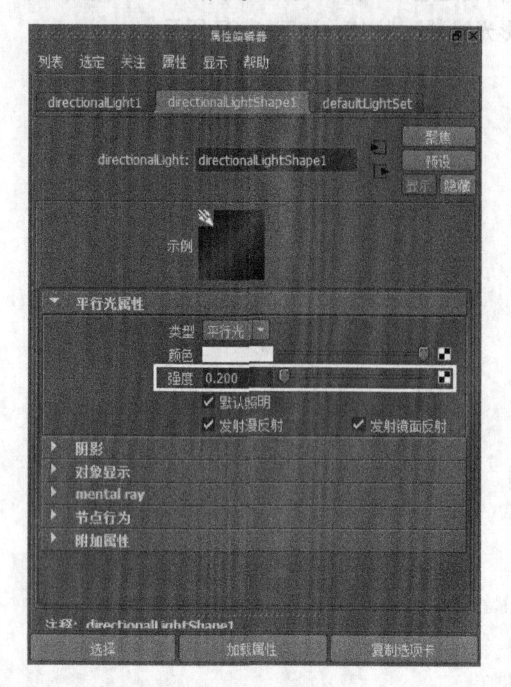

图 4-100

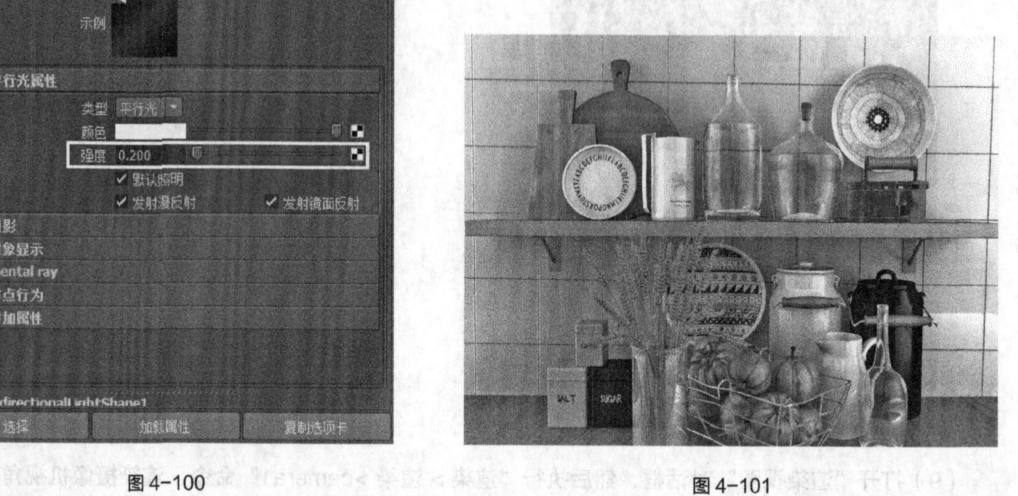

图 4-101

技术反馈

通过制作场景灯光，来掌握摄影机、区域光和平行光的综合使用。在制作三维作品时，一个场景中往往有多盏灯光提供照明，灯光越多渲染的时间越长，因此建议读者在测试灯光时，将阴影的质量设置得低一些，以增加预览的效率。

Chapter

5

第5章 纹理与材质

纹理与材质是两个息息相关的环节，初学者很容易将纹理与材质混淆，严格来说两者的作用不同，但目的都是为模型增加真实的视觉效果，以模拟出现实世界中的材料和质感。Maya纹理与材质节点非常多，功能也非常强大，尤其是Mental Ray渲染器提供的节点，可以模拟出逼真的材质效果。本章介绍了编辑UV、创建节点、编辑节点、赋予材质与各种类型材质的使用方法等内容。通过对本章的学习，读者可以掌握材质的制作与赋予的方法，以及一些常用节点的特性。

本章学习要点

- 掌握UV的相关知识
- 掌握Hypershade对话框的使用方法
- 掌握材质的创建方法
- 掌握节点的连接方法
- 掌握材质的赋予方法

5.1 UV 简介

在模型创建完成后，需要对其 UV 进行设置，因为 UV 将会直接影响到纹理的效果，因此要格外注意模型的 UV 是否合理。

5.1.1 什么是 UV

UV 是一个二维纹理坐标，它带有多边形和曲面的顶点组件信息。打个比方，模型可以看作为地球，而 UV 则是一张世界地图，通过 UV 这张地图我们可以在模型上找到对应的顶点，如图 5-1 所示。在 Maya 中 UV 通常都是杂乱无章的，如图 5-2 所示。我们需要运用一些方法和技巧，将这张地图调整成一张标准的形状和大小。

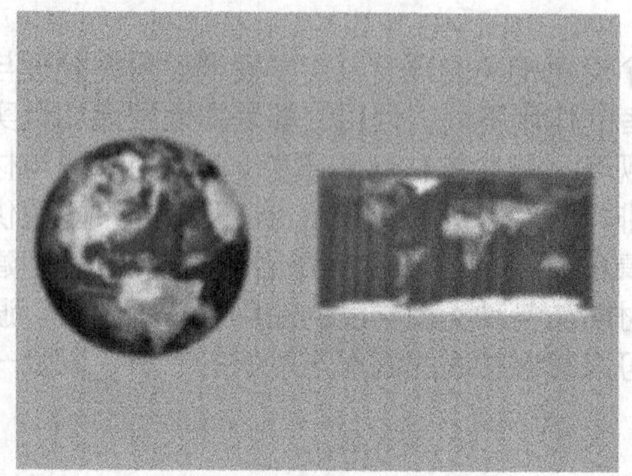

图 5-1

图 5-2

5.1.2 UV 的作用

UV 用于定义二维纹理坐标系，称为“UV 纹理空间”。UV 纹理空间使用字母 U 和 V 来指示二维空间中的轴。UV 纹理空间有助于将图像纹理贴图放置在 3D 物体表面上。图 5-3 所示的是多边形立方体上的面所对应到 UV 中的区域，如果该区域中有贴图（图像文件），那么贴图中的内容就会显示在多边形模型上对应的位置，如图 5-4 所示。

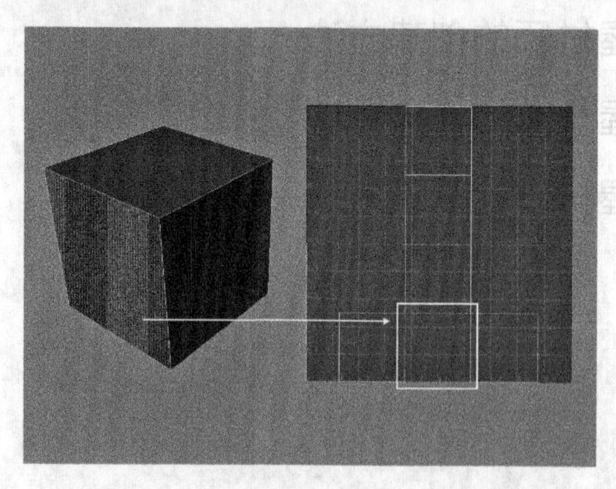

图 5-3

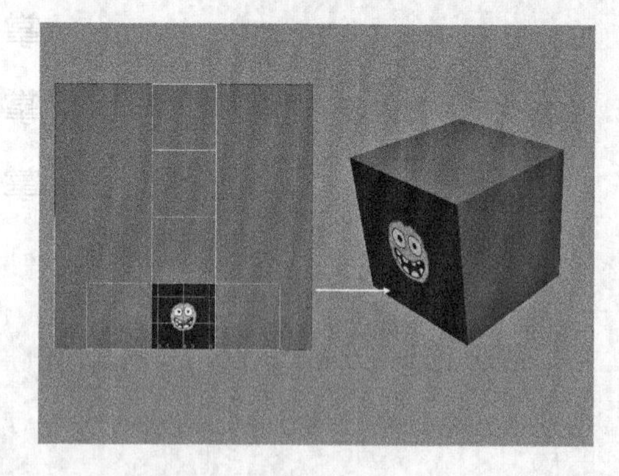

图 5-4

5.1.3 编辑 UV

在“UV 纹理编辑器”窗口中可以对 UV 进行操作，执行“窗口 >UV 纹理编辑器”菜单命令，如图 5-5 所示，可以打开“UV 纹理编辑器”窗口，如图 5-6 所示。

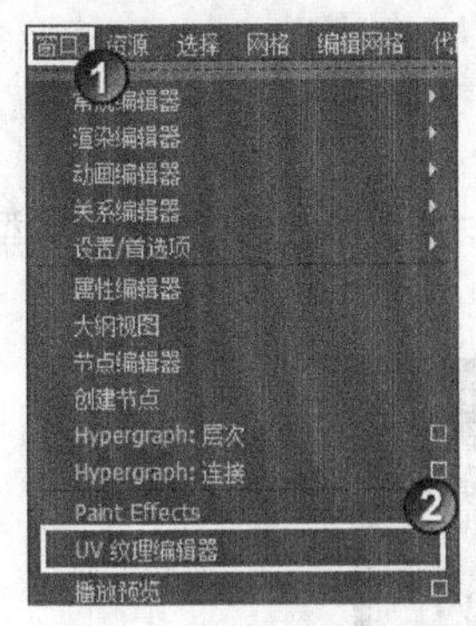

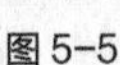

图 5-5

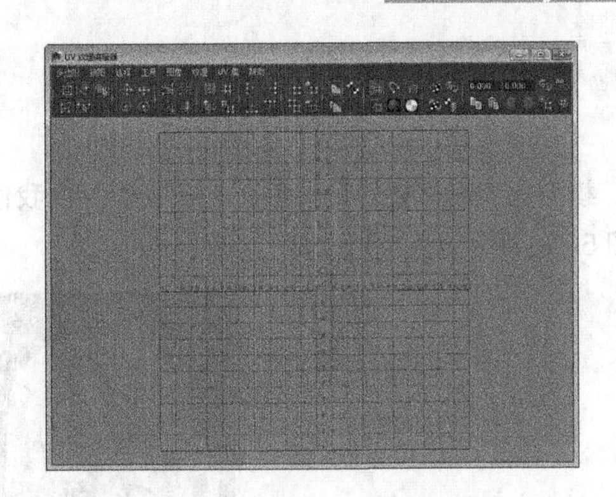

图 5-6

在“UV 纹理编辑器”对话框中可以对模型的纹理进行调整，已达到制作贴图的标准，然后根据调整好的 UV 在其他软件中绘制贴图，最后将贴图连接给该模型的材质上，就能显示出具有纹理效果的模型了，如图 5-7 所示。

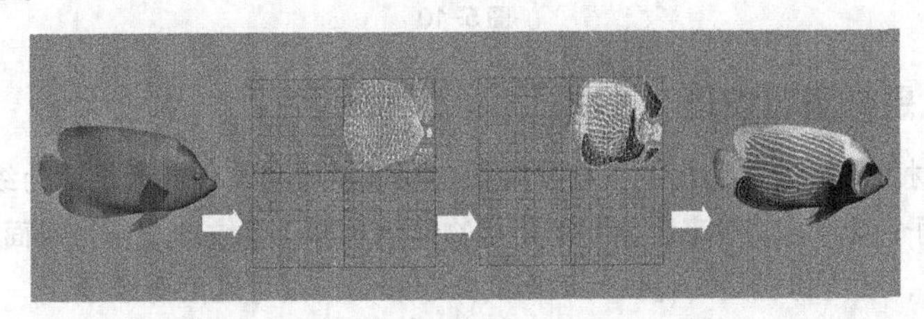

图 5-7

技巧与提示

在调整 UV 时，应将 UV 放置在坐标上的第一象限中，也就是网格中的右上角区域里，这样贴图才能正确的在多边形模型上显示。

Maya 中提供了一些命令，可以快速地调整 UV。在“多边形”模块下展开“创建 UV”菜单，其中的“平面映射”“圆柱形映射”“球形映射”和“自动映射”命令可以针对不同类型的多边形来调整 UV，如图 5-8 所示。

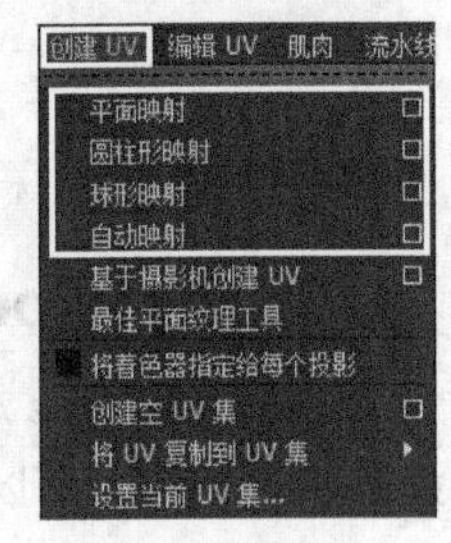

图 5-8

通过上述的 4 个映射命令，对不同类型的多边形进行 UV 的调整。“平面映射”命令可以调整平面类型的多边形模型，如盒子、箱子和冰箱等模型；“圆柱形映射”命令可以调整圆柱体类型的多边形模型，如瓶子、罐头和油桶等；“球形映射”命令可以调整球体类型的多边形模型，如足球和篮球等；“自动映射”命令可以调整不规则的多边形模型，如图人、动物和怪物等，如图 5-9 所示。

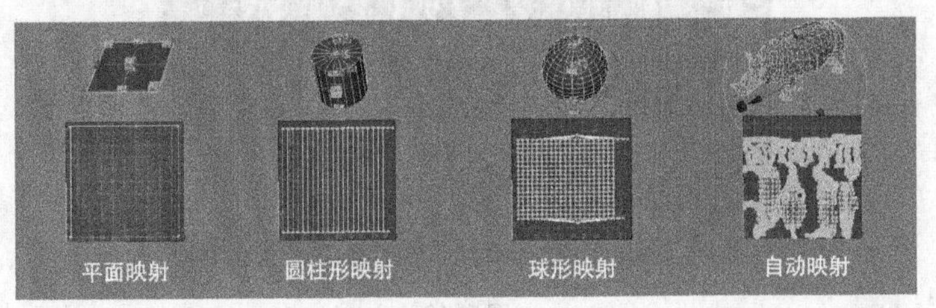

图 5-9

5.2 材质简介

模型完成后需要对其上色，在三维世界中我们称之为制作材质，通过这一环节，模型就有了生机，如图 5-10 所示。

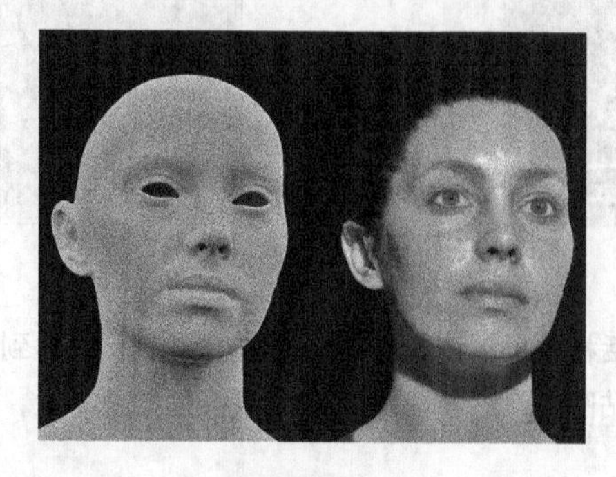

图 5-10

5.2.1 什么是材质和纹理

在三维世界中材质和纹理密切相关，初学者很容易将材质和纹理混淆，认为纹理就是材质，严格来说材质和纹理是两个概念。简单来说，材质是指物体的本质，而纹理是则是表面的特征。举例说明，图 5-11 所示的杯子，它的材质是陶瓷，而表面的文字和图案则可理解为纹理。

图 5-11

5.2.2 Hypershade 对话框简介

在 Hypershade 对话框中可以创建和编辑材质，单击"窗口 > 渲染编辑器 >Hypershade"菜单命令，如图 5-12 所示，可以打开 Hypershade 对话框，如图 5-13 所示。

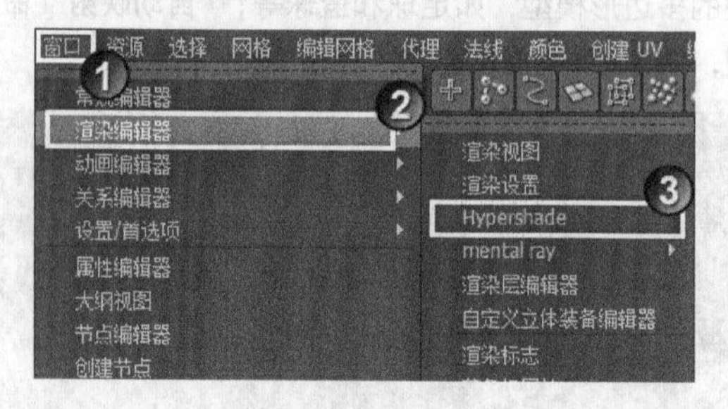

图 5-12

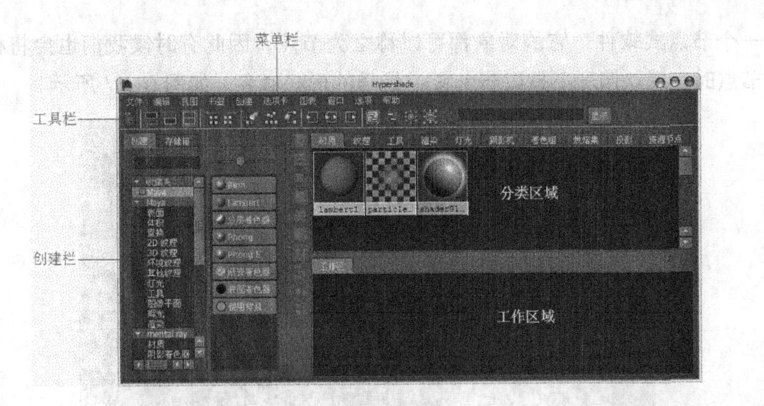

图 5-13

下面介绍一下 Hypershade 对话框各部分的作用。

菜单栏提供了编辑和管理材质的所有命令。工具栏提供了很多帮助编辑材质的工具，通过这些工具用户可以调整节点的显示方式和 Hypershade 对话框的布局。

创建栏分为两部分，左边的列表可以选择节点的类别，右边的列表选择具体的节点，单击可创建选择的节点。如果安装有其他渲染器并加载到 Maya 中，那么该渲染器中的节点会显示在创建栏中，如图 5-14 所示。

图 5-14

分类区域将场景中存在的不同类型的节点放置在对应的选项卡下，图 5-15 所示为“灯光”选项卡下存在的灯光节点，通过分类区域用户可以快速查找需要的节点。

工作区域用来编辑节点，在该区域中可以根据需要制作出巨大、复杂的节点网络（为了达到理想效果），如图 5-16 所示。通常情况下工作区域需要配合“属性编辑器”使用，这样可以快速地调整材质。

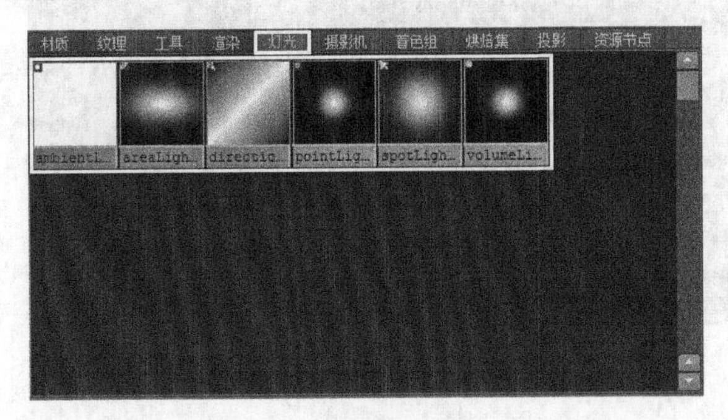

图 5-15

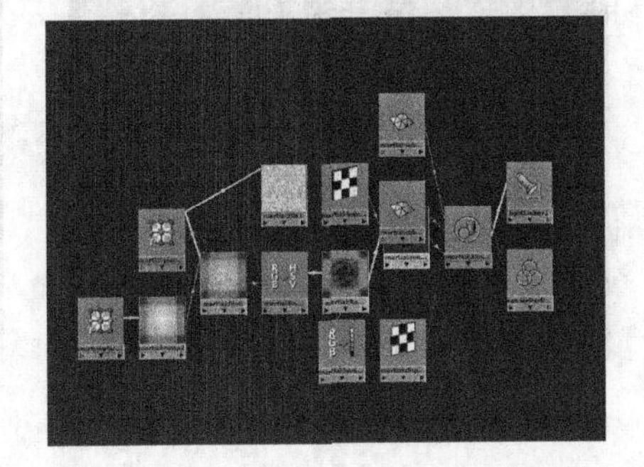

图 5-16

技巧与提示

Maya 启动后，会默认创建 lambert、particleCloud 和 shaderGlow 节点。

Maya 是一个节点式软件，它的对象都可以称之为节点，因此有时候我们也会将材质称之为节点。在创建相同的节点时，默认情况下是以节点名 + 编号的形式命名，如图 5-17 所示。

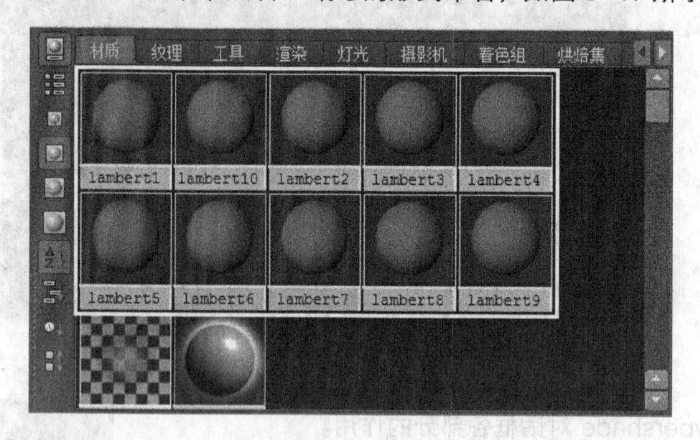

图 5-17

5.2.3 编辑材质

创建完节点后，用户可以在“材质编辑器”面板中对其进行属性修改。在 Hypershade 对话框工作区域，双击创建的节点，将会在界面的右侧打开“材质编辑器”面板，如图 5-18 所示。

不同的节点具有不同的属性，图 5-19 所示的分别是 Lambert 和 Blinn 节点，由图可见 Blinn 节点具有更多的属性。

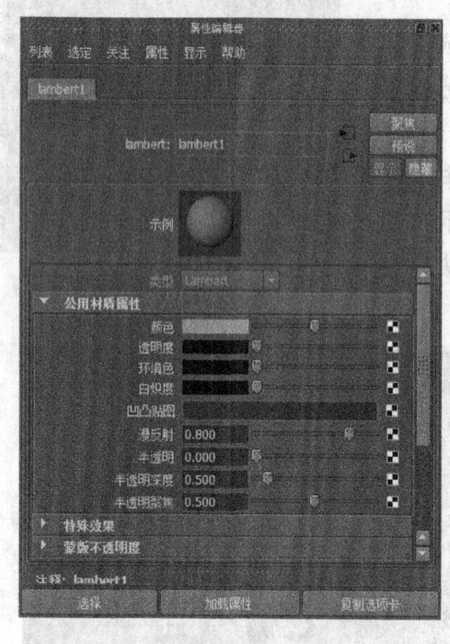

图 5-18

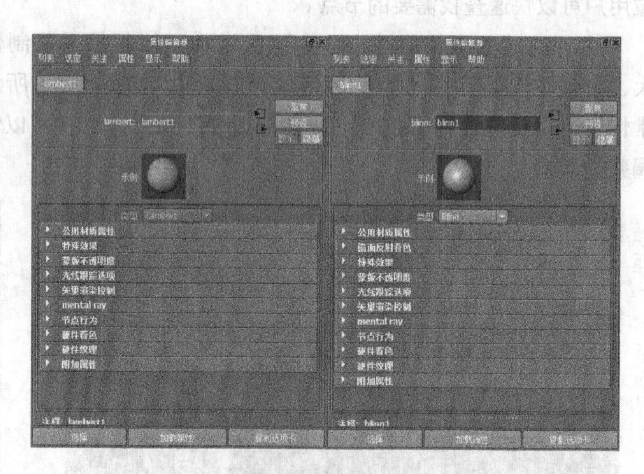

图 5-19

5.2.4 连接节点

在很多属性后面会有一个按钮，单击该按钮将会打开“创建渲染节点”对话框，如图 5-20 所示。在该对话框中可以为对应的属性连接其他节点，连接完成后该按钮呈状，如图 5-21 所示。

另外，还有一种方法也可以连接节点，下面通过将“分形”节点连接到 Lambert 节点的“颜色”属性上，来介绍该方法的操作步骤。

选择一个 Lambert 节点，然后打开对应的“属性编辑器”面板，接着将光标移动至“分形”节点

（fractal 节点）上，再按住鼠标中键并拖曳至“属性编辑器”面板中的“颜色”属性上，最后松开鼠标，“分形”节点就连接到 Lambert 节点的“颜色”属性上了，如图 5-22 所示。

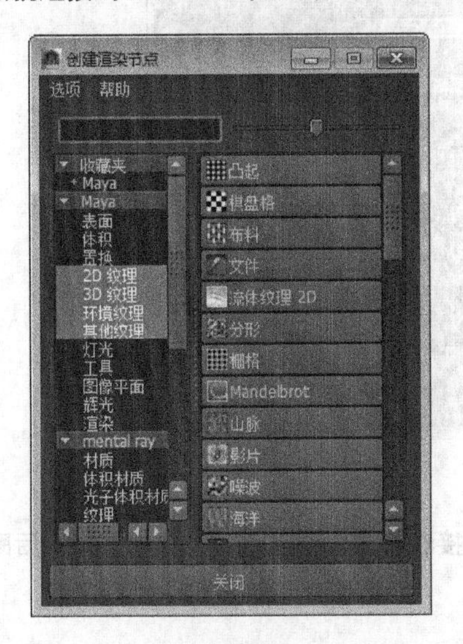

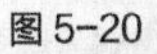
图 5-20

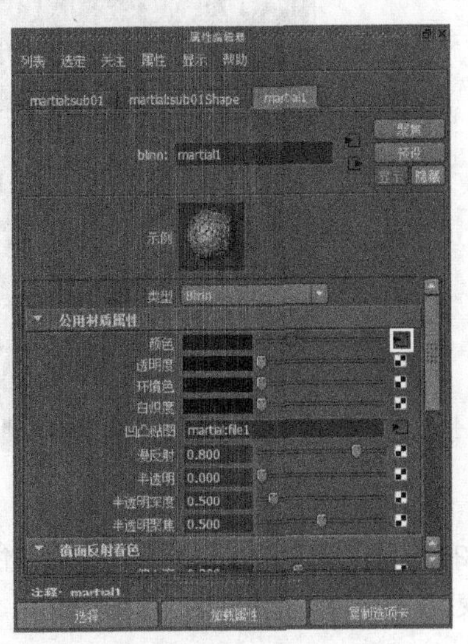

图 5-21

图 5-22

技巧与提示

创建栏中的部分节点是中文名，但是创建后的节点显示的是英文名，因此在创建节点时要注意对应的节点。

5.2.5　赋予材质

材质编辑完成后，需要将其赋予到对应的模型上。下面介绍两种常用的赋予材质的方法。

第 1 种：选择模型，然后在 Hypershade 对话框中将光标移至材质球上，接着按住鼠标右键，在打开的 Hotbox 菜单中选择“为当前选择指定材质”命令，如图 5-23 所示。

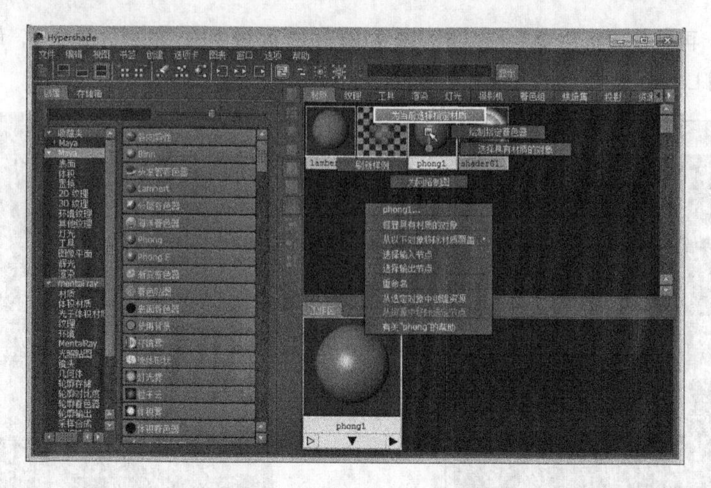

图 5-23

第 2 种：将光标移至材质球上，然后按住鼠标中键，接着将光标移至模型上，松开鼠标后即可将材质赋予模型。

5.3 用 Lambert 节点制作狐狸材质

场景位置	Scene>CH05>E1>E1.mb	扫描观看视频！
实例位置	Example>CH05>E1>E1.mb	
学习目标	学习 Lambert 节点的使用方法	

案例引导

本例中的狐狸材质是以 Lambert 节点为基础，通过添加贴图来模拟出狐狸外表的效果。Lambert 节点没有光泽效果，适合用来模拟墙面、地面以及纸箱等物体。打开 Lambert 节点的“属性编辑器”面板，可以设置“颜色”“透明度”和“环境色”等属性，如图 5-24 所示。

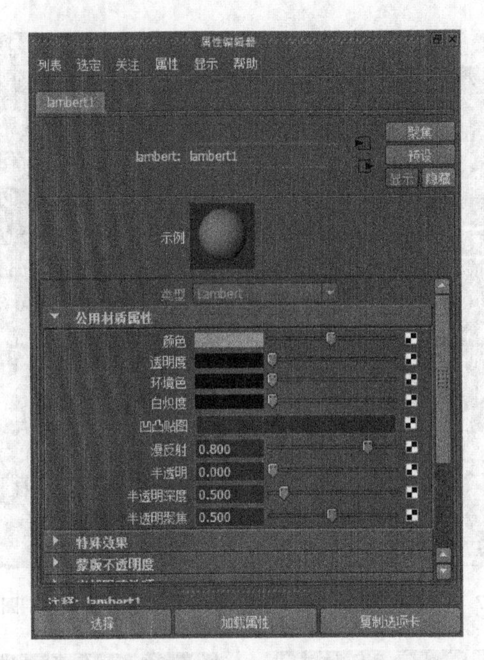

图 5-24

制作演示

（1）打开学习资源中的 Scene>CH05>E1>E1.mb 文件，场景中有一个狐狸模型，如图 5-25 所示。

（2）打开 Hypershade 对话框，然后在创建栏中单击 Lambert 选项创建节点，如图 5-26 所示。

图 5-25

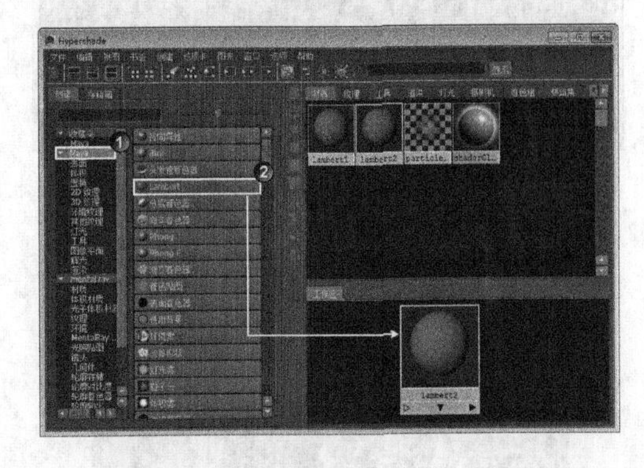

图 5-26

（3）双击 lambert2 节点，打开对应的“材质编辑器”面板，然后单击“颜色”属性后面的按钮，接着在打开的“创建渲染节点”对话框中选择“文件”节点，如图 5-27 所示。此时“材质编辑器”面板将会显示“文件”节点的属性，如图 5-28 所示。

（4）在“材质编辑器”面板中单击“图像名称”属性后面的按钮，在打开的“打开”对话框中选择学习资源中的 Example>CH05>E1>dif.png 文件，接着单击“打开”按钮，如图 5-29 所示。

（5）这时，我们会发现 lambert 2 节点的材质球发生变化，如图 5-30 所示。为了便于查找和管理，我们可以根据需要修改节点的名字。在“属性编辑器中”将 lambert2 节点的名字设置为 fox，如图 5-31 所示。然后将 fox 材质赋予模型，效果如图 5-32 所示。

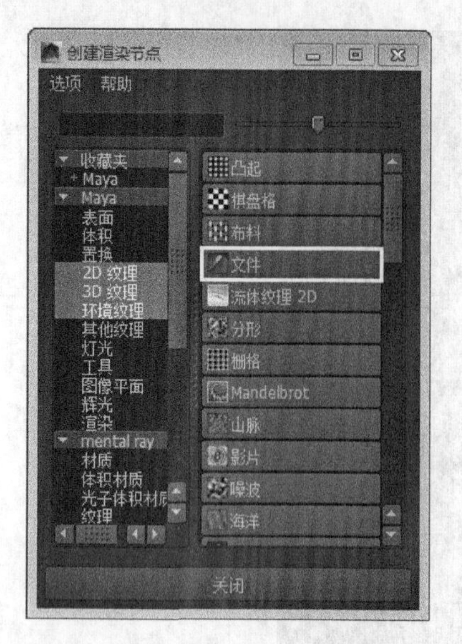

图 5-27

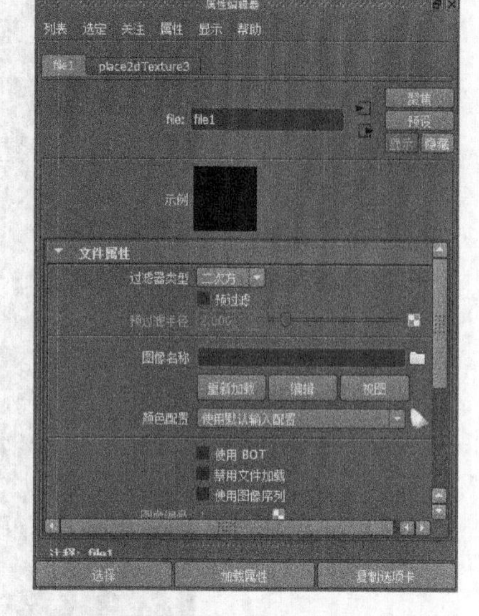

图 5-28

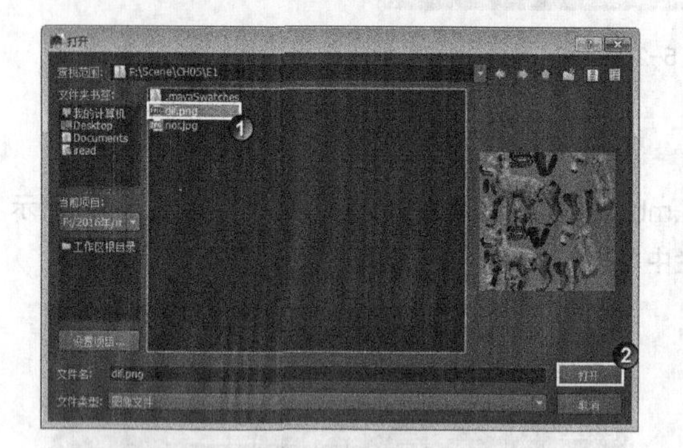

图 5-29

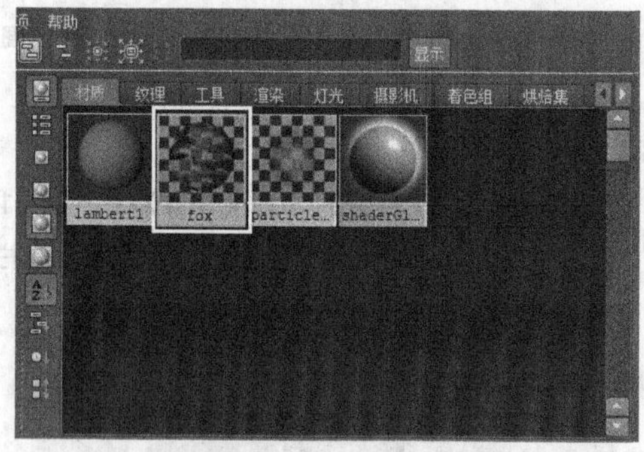

图 5-30

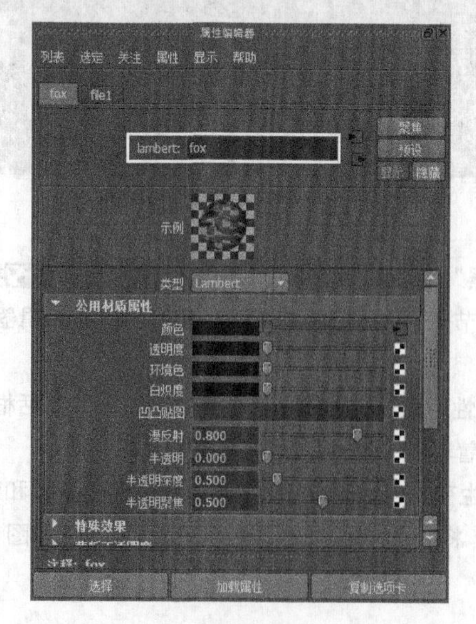

图 5-31

图 5-32

技巧与提示

如果场景中的模型没有显示贴图效果，可以按数字6键切换到纹理显示模式，或者在工作区中单击“带纹理”按钮，如图5-33所示。

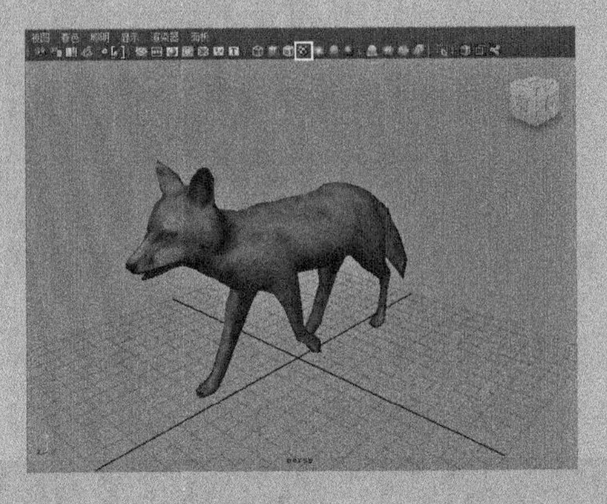

图5-33

（6）选择fox节点，然后在“属性编辑器”面板中单击“凹凸贴图”属性后面的按钮，接着在“创建渲染节点”对话框中选择“文件”节点。此时，“属性编辑器”面板会显示bump2d1节点的属性，设置“用作”为“切线空间法线”，如图5-34所示。

（7）切换到file2选项卡，然后单击“图像名称”后面的按钮，如图5-35所示，接着加载学习资源中的Example>CH05>E1>nor.jpg文件。

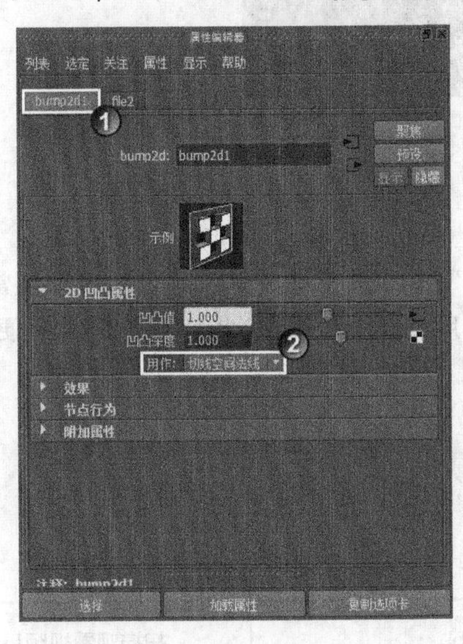

图5-34

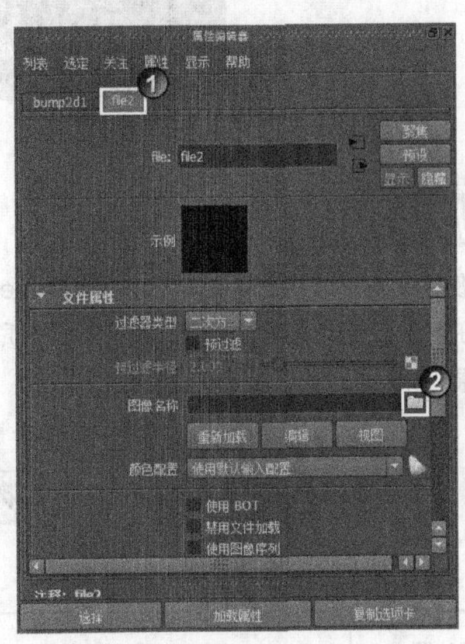

图5-35

技巧与提示

“凹凸贴图”属性可以为材质连接凹凸贴图或法线贴图。具有凹凸贴图或法线贴图的材质，在低面数的情况下会显示出丰富的细节，如图5-36所示。

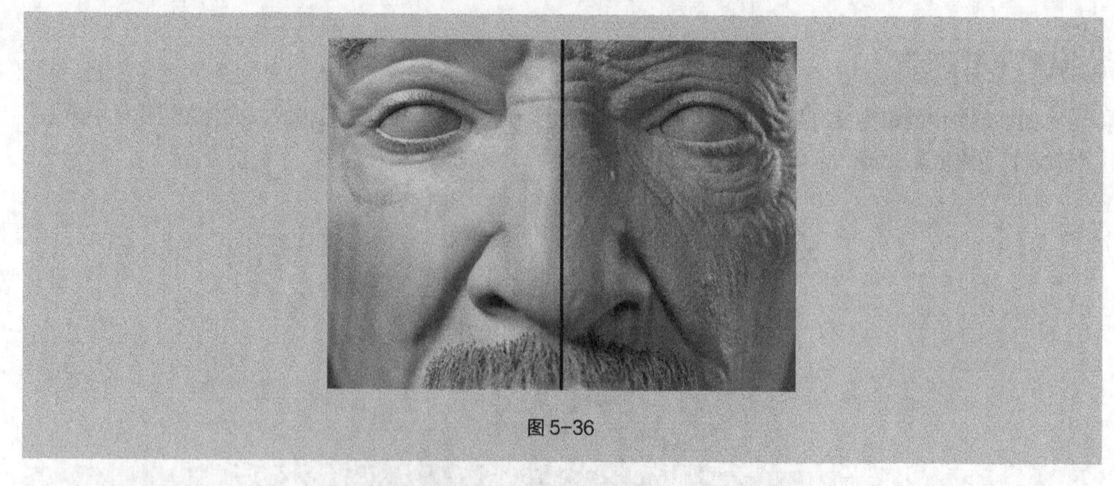

图 5-36

（8）材质完成后可对模型进行渲染，效果如图 5-37 所示。

图 5-37

技术反馈

本例通过模拟狐狸效果，来掌握 Lambert 和“文件”节点的使用方法。Lambert 材质经常用到，尤其是在测试灯光效果时，因为 Lambert 材质效果简单占用的资源也相对较少，测试的时候也便于用户观察效果。

5.4 用 Blinn 节点制作玻璃材质

场景位置	Scene>CH05>E2>E2.mb	扫描观看视频！
实例位置	Example>CH05>E2>E2.mb	
学习目标	学习 Blinn 节点的使用方法	

案例引导

本例中的玻璃材质是由 Blinn 节点完成的，Blinn 节点相比 Lambert 节点多了反射和折射效果，因此可以用作模拟金属和玻璃等效果。打开 Blinn 节点的“属性编辑器”面板，可以设置“偏心率”“反射率”和“折射率”等属性，如图 5-38 所示。

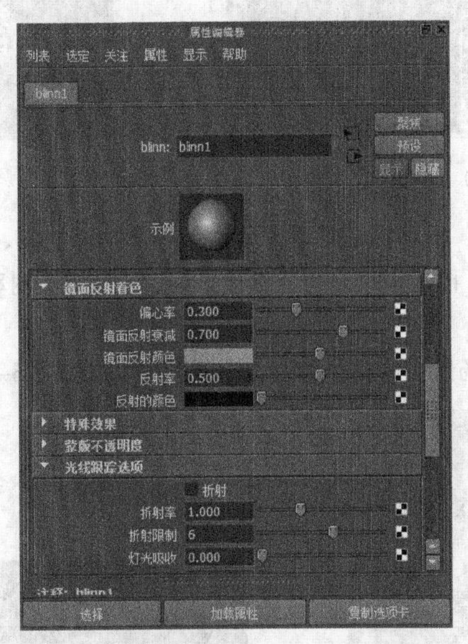

图 5-38

制作演示

（1）打开学习资源中的 Scene>CH05>E2>E2.mb 文件，场景中包含模型和灯光，如图 5-39 所示。

图 5-39

（2）打开 Hypershade 对话框，然后创建一个 Blinn 节点，如图 5-40 所示。

（3）在 Hypershade 对话框中双击 blinn1 节点打开“属性编辑器”面板，然后在“公用材质属性”卷展栏中设置“透明度”为（R:242，G:242，B:242）、“漫反射”为 0.8，如图 5-41 所示。

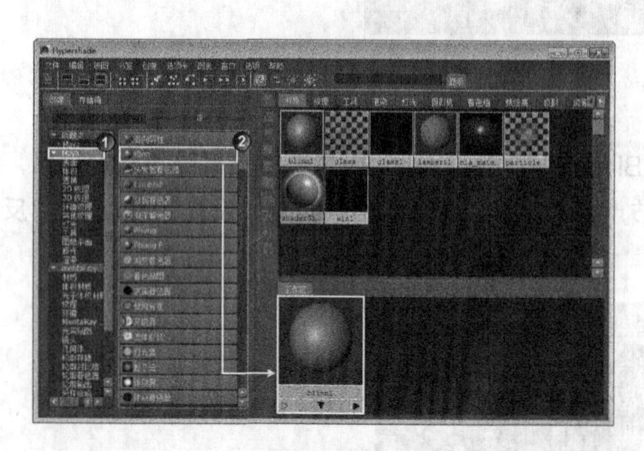

图 5-40

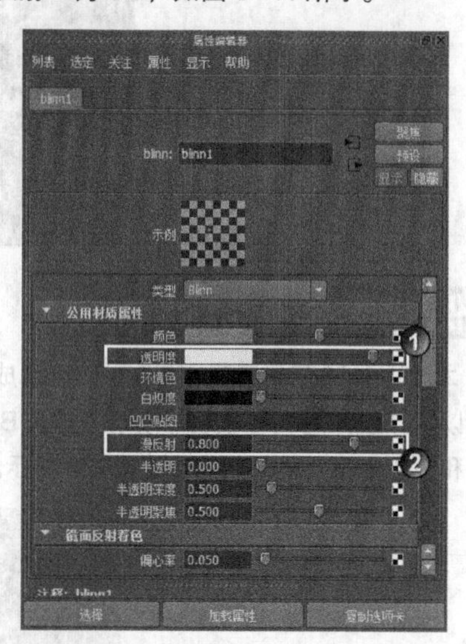

图 5-41

（4）展开“镜面反射着色”卷展栏，然后设置“偏心率”为 0.05、“镜面反射衰减”为 0.9，接着展开“光线跟踪选项”卷展栏，再选择“折射”选项，最后设置“折射率”为 1.5、“折射限制”为 12，如图 5-42 所示。

（5）将调整好的材质赋予场景中的杯子模型，渲染后的效果如图 5-43 所示。

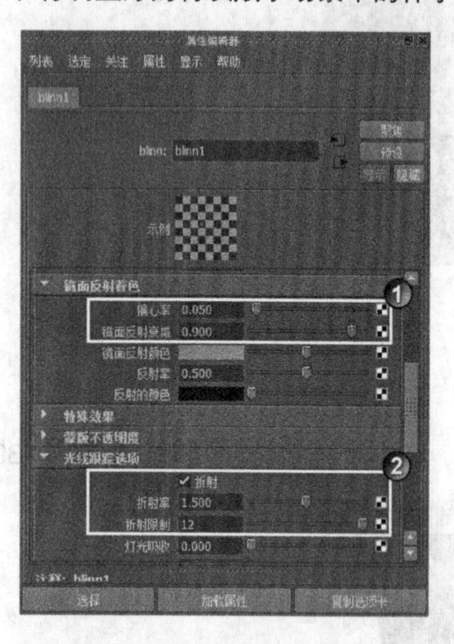

图 5-42

图 5-43

技术反馈

本例通过模拟玻璃效果，来掌握 Blinn 节点的使用方法。Blinn 可以模拟很多材质的效果，设置反射的相关属性可以模拟金属效果，设置折射的相关属性可以模拟玻璃效果。

5.5 用 mia_material_x 节点制作金属材质

场景位置	Scene>CH05>E3>E3.mb	扫描观看视频!
实例位置	Example>CH05>E3>E3.mb	
学习目标	学习 mia_material_x 节点的使用方法	

案例引导

本例中的金属材质是由 Mental Ray 渲染器的 mia_material_x 节点来完成的。该节点拥有大量实用的属性，可以模拟现实世界中的绝大部分材质效果，例如金属、塑料、水和钻石等，是 Mental Ray 渲染器中最常用的一种节点。

在 Hypershade 对话框的创建栏中选择 mental ray 类别，然后选择 mia_material_x 节点即可创建该节点，如图 5-44 所示。

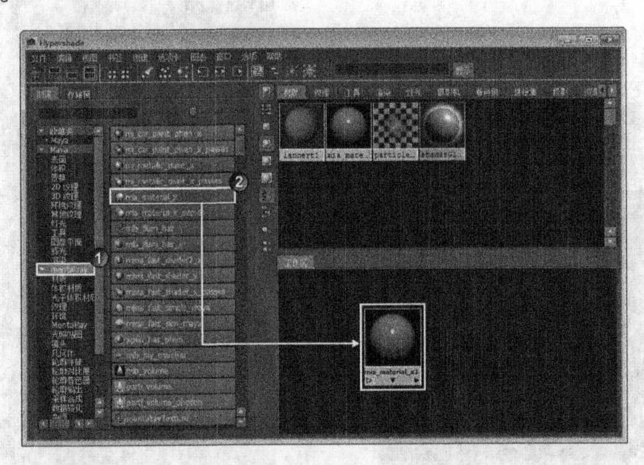

图 5-44

Mental Ray 是一款电影级的 3D 渲染引擎，它可以生成令人难以置信的高质量真实感图象。从 Maya5.0 版本以后内置在 Maya 里，在 Maya 中若没有加载 Mental Ray 渲染器，可以在“插件管理器”对话框中选择 Mayatomr.mll 选项，如图 5-45 所示。

在 Hypershade 对话框的中若 Mental Ray 渲染器的节点呈红色显示，说明当前渲染器不是 Mental Ray，如图 5-46 所示。使用其他渲染器是不能渲染 Mental Ray 的节点，因此要切换到 Mental Ray 渲染器。

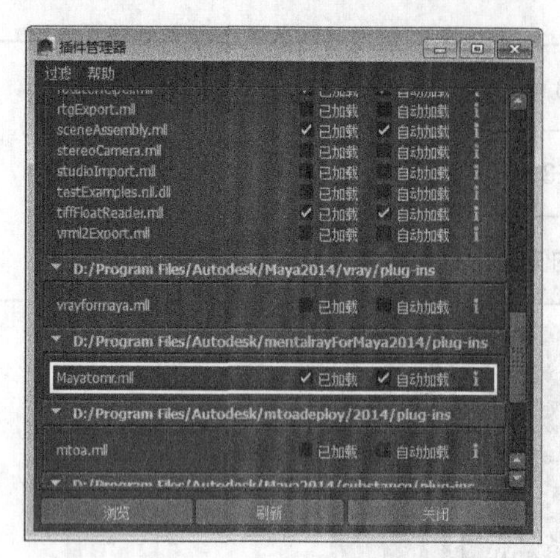

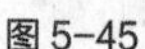

图 5-45

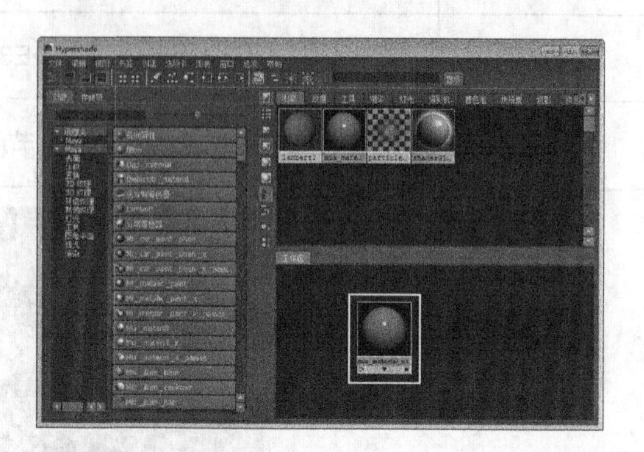

图 5-46

在状态栏中单击“打开渲染视图”按钮，在打开的“渲染视图”对话框中可以切换当前渲染器，如图 5-47 所示。

打开 mia_material_x 节点的“属性编辑器”面板，可以设置“漫反射”“反射”和“折射”等属性，如图 5-48 所示。

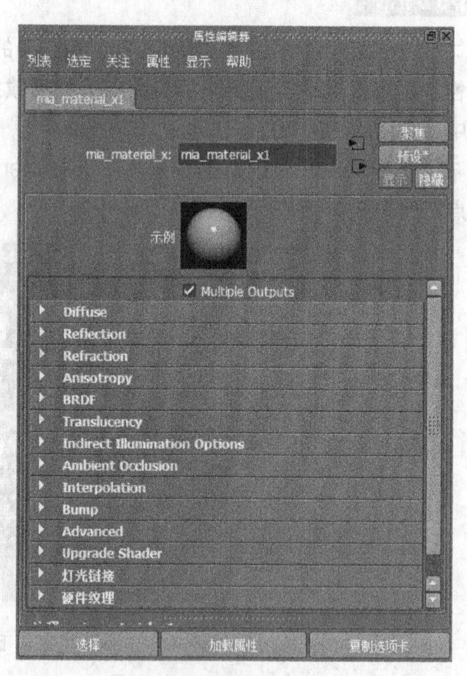

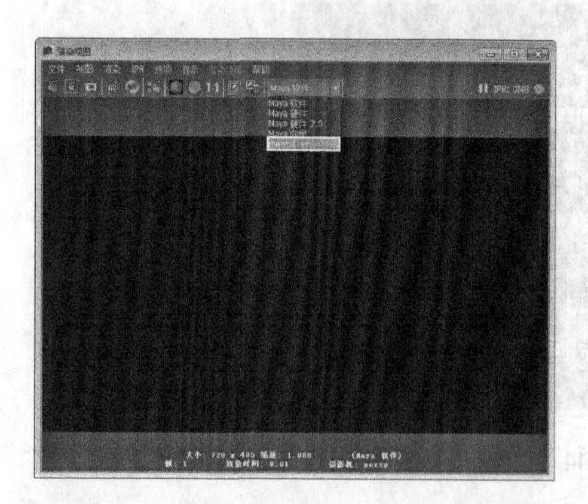

图 5-47

图 5-48

制作演示

（1）打开学习资源中的 Scene>CH05>E3>E3.mb 文件，场景中包含模型和灯光，如图 5-49 所示。

（2）打开 Hypershade 对话框，然后创建一个 mia_material_x 节点，如图 5-50 所示。

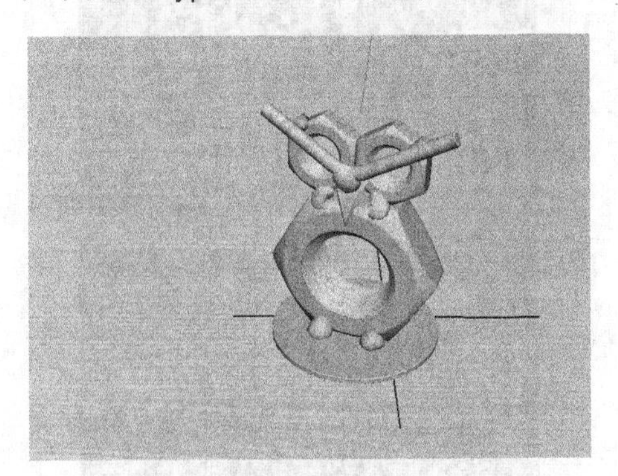

图 5-49

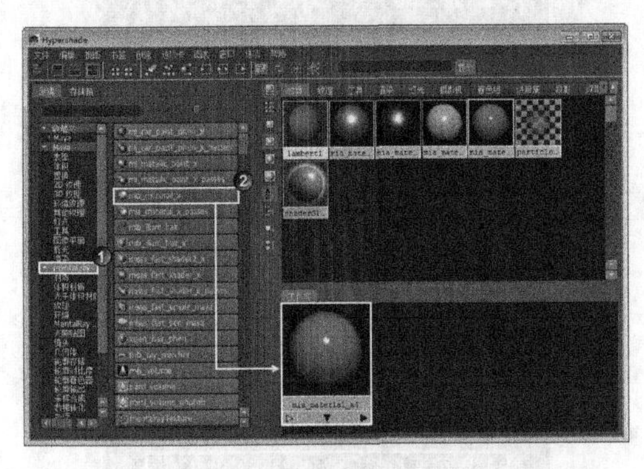

图 5-50

（3）在 Hypershade 对话框中双击 mia_material_x4 节点打开“属性编辑器”面板，然后在 Diffuse（漫反射）卷展栏中为 Color（颜色）属性连接一个“文件”节点，接着为“文件”节点加载学习资源中的 Example>CH05>E3> Metal2_dif.jpg 文件，再展开 Reflection（反射）卷展栏，最后设置 Color（颜色）为（R:209，G:209，B:209）、Glossiness（光泽度）为 0.4，如图 5-51 所示。

（4）展开 BRDF 卷展栏，然后设置 0 Degree Reflection（0 度反射）为 0.9、Brdf Curve（Brdf 曲线）为 1.6，如图 5-52 所示。

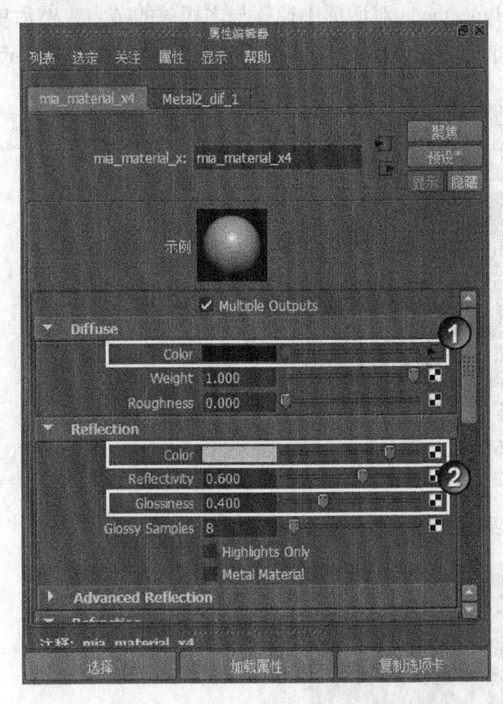

图 5-51

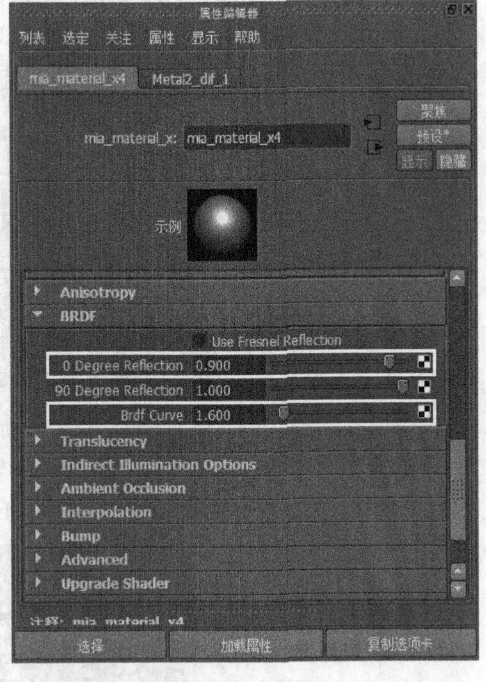

图 5-52

（5）展开 Bump（凹凸）卷展栏，然后为 Standard Bump（标准凹凸）属性连接一个“文件”节点，接着为“文件”节点加载学习资源中的 Example>CH05>E3> Metal2_bump.jpg 文件，如图 5-53 所示。最后设置 bump2d7 节点的“凹凸深度”为 0.01，如图 5-54 所示。

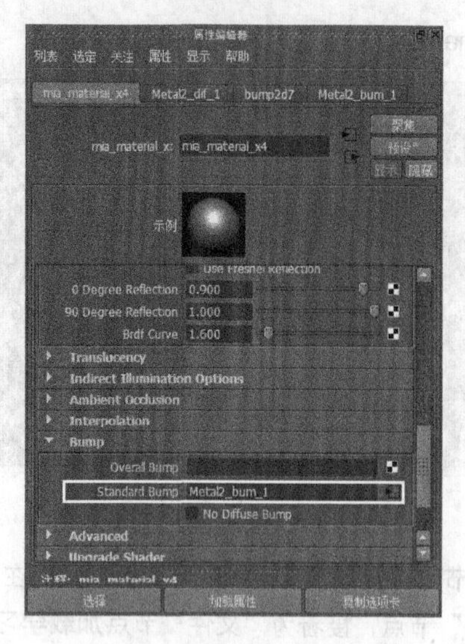

图 5-53

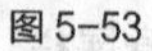

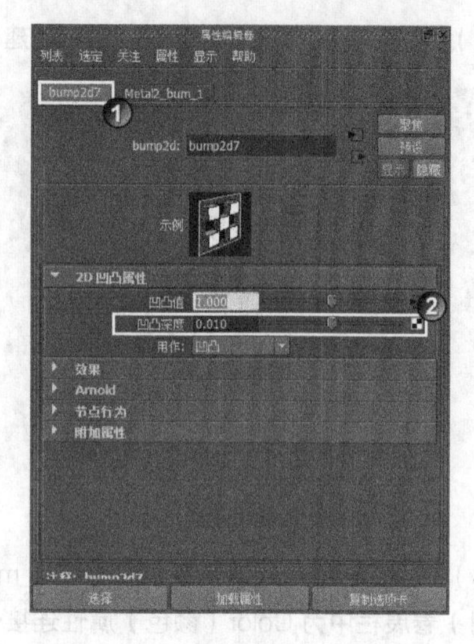

图 5-54

技巧与提示

在制作过程中，若找不到需要的节点，可以在 Hypershade 对话框中选择与之相关的节点，然后单击“输入和输出连接”按钮。这样，就可以在“工作区”中显示选择节点的节点网络，如图 5-55 所示。

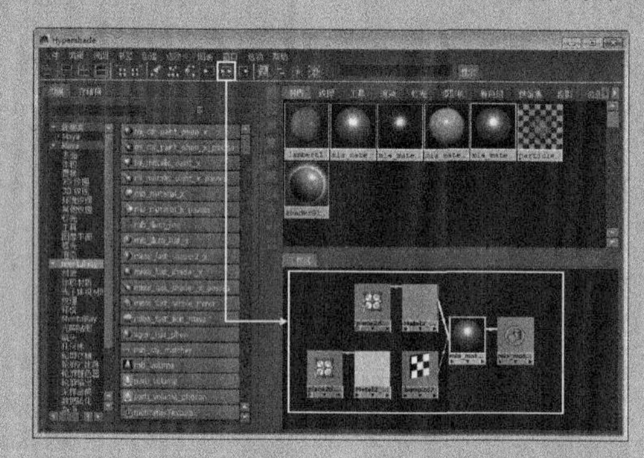

图 5-55

（6）将制作好的金属材质赋予模型，渲染后的效果如图 5-56 所示。

图 5-56

技术反馈

本例通过模拟金属效果，来掌握 mia_material_x 节点的使用方法。mia_material_x 节点是类似于 Maya 的 Blinn 节点，但效果要远远好于后者。

5.6 用 mi_car_paint_phen_x 节点制作车漆材质

场景位置	Scene>CH05>E4>E4.mb	扫描观看视频！
实例位置	Example>CH05>E4>E4.mb	
学习目标	学习 mi_car_paint_phen_x 节点的使用方法	

案例引导

本例中的车漆材质是由 Mental Ray 渲染器的 mi_car_paint_phen_x 节点来完成的。该节点可以模拟喷漆效果，例如钢琴表面和塑料表面的效果。

打开 mi_car_paint_phen_x 节点的“属性编辑器”面板，可以设置“漫反射”“高光”“碎片”和“污渍”等属性，如图 5-57 所示。

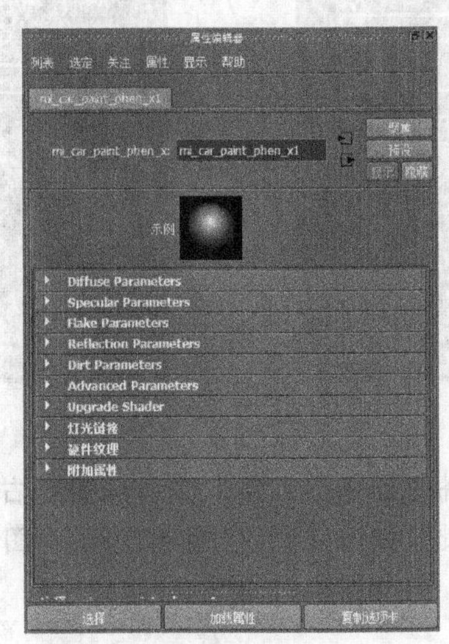

图 5-57

制作演示

（1）打开学习资源中的 Scene>CH05>E4>E4.mb 文件，场景中有一个汽车模型，如图 5-58 所示。

（2）打开 Hypershade 对话框，然后创建一个 mi_car_paint_phen_x 节点，如图 5-59 所示。

图 5-58

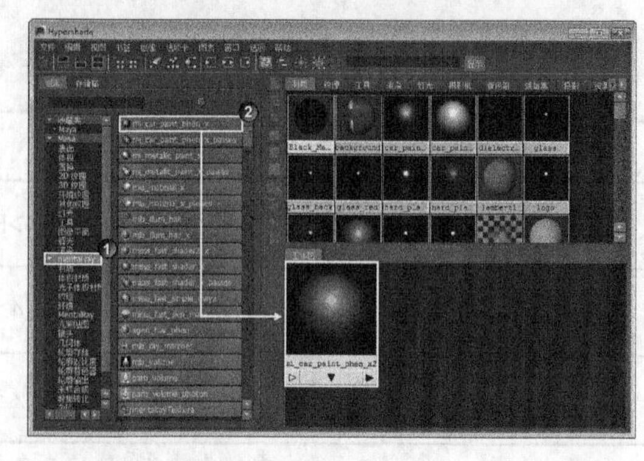

图 5-59

（3）在 Hypershade 对话框中双击 mi_car_paint_phen_x1 节点打开“属性编辑器”面板，然后在 Diffuse Parameters（漫反射参数）卷展栏中设置 Base Color（基础颜色）为（R:200，G:200，B:200）、Lit Color（反射颜色）为（R:227，G:227，B:227），如图 5-60 所示。

（4）展开 Flake Parameters（碎片参数）卷展栏，然后设置 Flake Weight（碎片权重）为 0.1，如图 5-61 所示。

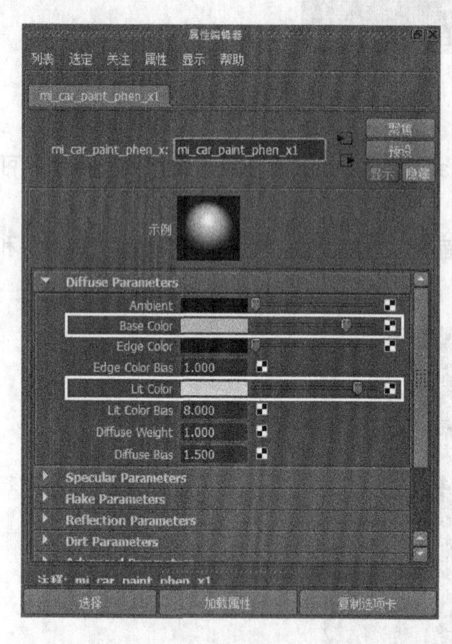

图 5-60

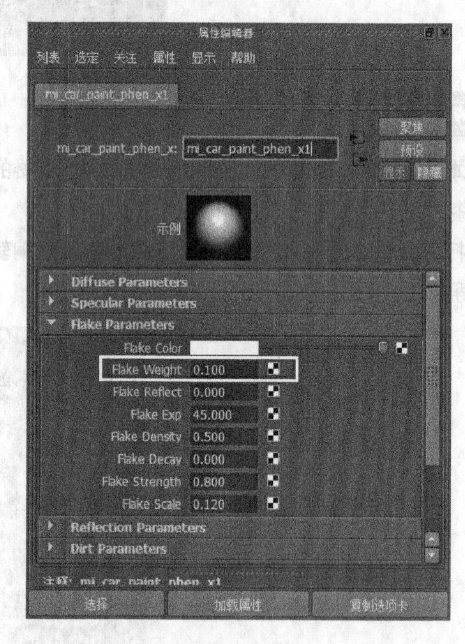

图 5-61

（5）在“通道盒/层编辑器”面板中选择 paint 层，然后单击鼠标右键，接着在打开的菜单中选择“选择对象”命令，如图 5-62 所示。此时 paint 层中的对象被选择，如图 5-63 所示。

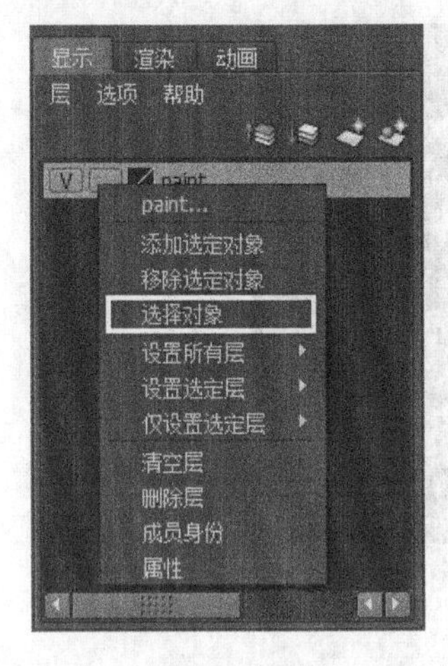

图 5-62

图 5-63

（6）将制作好的车漆材质赋予给选择的对象，渲染后的效果如图 5-64 所示。

图 5-64

技术反馈

本例通过模拟车漆效果，来掌握 mi_car_paint_phen_x 节点的使用方法。mi_car_paint_phen_x 节点可以模拟出逼真的喷漆效果，不仅用于模拟车漆，还可用于模拟昆虫的甲壳。另外，mi_car_paint_phen_x 节点还可以添加污渍效果，使细节更加丰富。

5.7 用 misss_fast_simple_maya 节点制作蜡烛材质

场景位置	Scene>CH05>E5>E5.mb	扫描观看视频！
实例位置	Example>CH05>E5>E5.mb	
学习目标	学习 misss_fast_simple_maya 节点的使用方法	

案例引导

本例中的蜡烛材质是由 Mental Ray 渲染器的 misss_fast_simple_maya 节点来完成的。该节点可以模拟半透明效果，也就是业界常说的 SSS（次表面散射）效果，常常用来制作皮肤、树叶和纸张等材质效果。

打开 misss_fast_simple_maya 节点的“属性编辑器”面板，可以设置“非散射漫反射层”“次表面散射层”和“凹凸着色器”等属性，如图 5-65 所示。

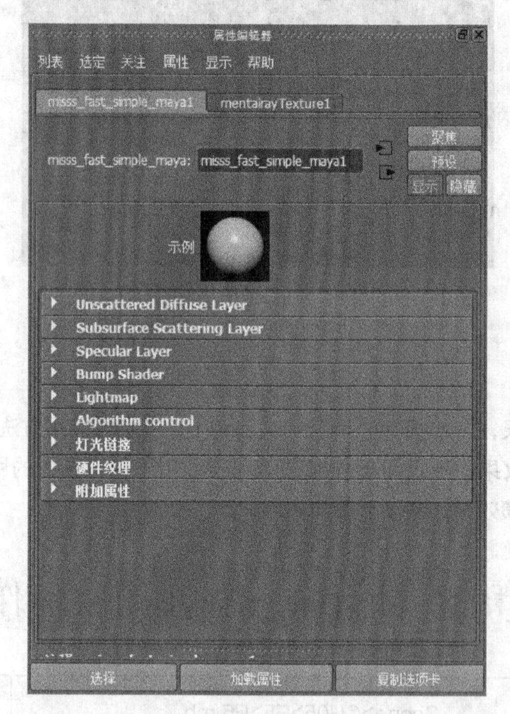

图 5-65

制作演示

（1）打开学习资源中的 Scene>CH05>E5>E5.mb 文件，场景中包含模型和灯光，如图 5-66 所示。

（2）打开 Hypershade 对话框，然后创建一个 misss_fast_simple_maya 节点，如图 5-67 所示。

图 5-66

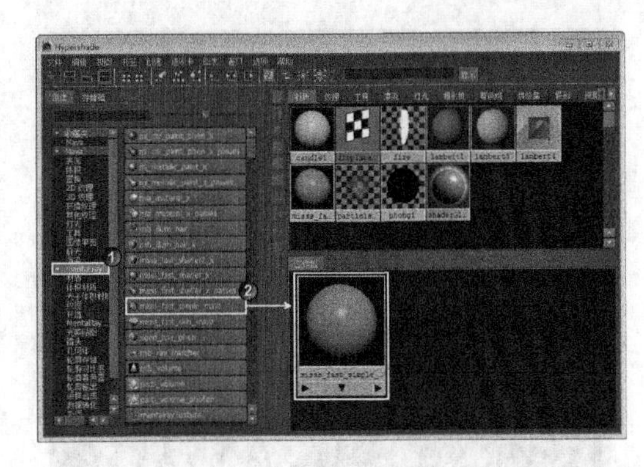

图 5-67

（3）在 Hypershade 对话框中双击 misss_fast_simple_maya1 节点打开“属性编辑器”面板，然后在 Unscattered Diffuse Layer（非散射漫反射层）卷展栏中设置 Overall Color（整体颜色）为（R:244，G:238，B:215），如图 5-68 所示。

（4）展开 Subsurface scattering Layer（次表面散射层）卷展栏，然后设置 Front SSS Color（前 SSS 颜色）为（R:230，G:218，B:180）、Front SSS Weight（前 SSS 权重）为 1、Back SSS Color（后 SSS 颜色）为（R:183，G:172，B:136）、Back SSS Weight（后 SSS 权重）为 0.7、Back SSS Radius（后 SSS 半径）为 25，如图 5-69 所示。

图 5-68

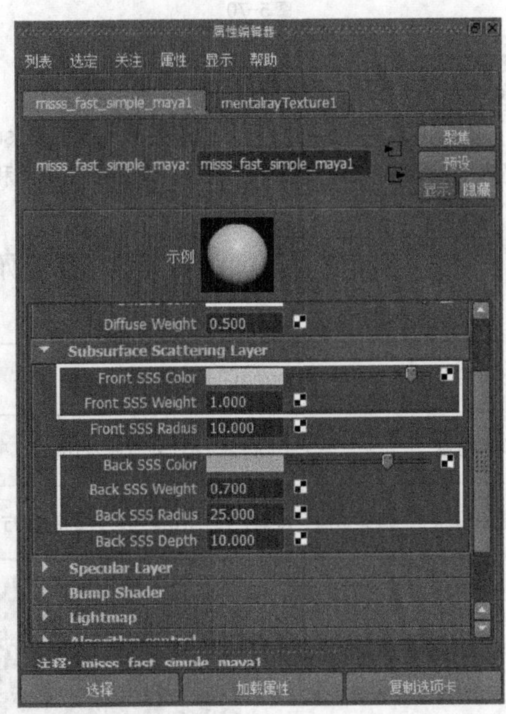

图 5-69

（5）展开 Specular Layer（高光层）卷展栏，然后设置 Specular Color（高光颜色）为（R:180，G:180，B:180），如图 5-70 所示。

（6）将制作好的金属材质赋予给模型，渲染后的效果如图 5-71 所示。

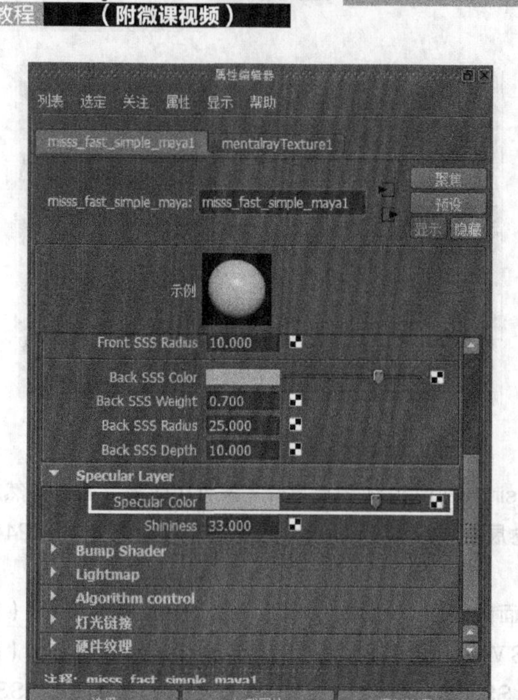

图 5-70

图 5-71

技术反馈

本例通过制作蜡烛材质，来掌握 misss_fast_simple_maya 节点的使用方法。该节点是一种常用的材质，除了用来模拟皮肤外，还可以用来模拟牛奶和橡皮等材质。

5.8 综合练习：渲染桌面静物

场景位置	Scene>CH05>E6>E6.mb	扫描观看视频！
实例位置	Example>CH05>E6>E6.mb	
学习目标	掌握金属、玻璃、凹凸和植物效果的制作方法	

案例引导

本例中的桌面静物是由多个物体构成，包含了大量的材质，例如金属、塑料、木材、植物、玻璃和墙面等。为了模拟出不同材质的效果，本例使用不同的节点，包括 Lambert、Blinn、mia_material_x 以及 Phong 等。

制作演示

打开学习资源中的 Scene>CH05>E6>E6.mb 文件，场景中包含模型、灯光和摄影机，如图 5-72 所示。由于需要的材质较多，因此下面逐个进行介绍。

1. 制作玻璃材质

（1）打开 Hypershade 对话框，然后创建 mia_material_x 节点，如图 5-73 所示。接着打开“属性编辑器”面板，设置节点的名字为 glass，再设置 Diffuse（漫反射）卷展栏下的 Color（颜色）为黑色、Weight（权重）为 0，最后设置 Reflection（反射）卷展栏下的 Reflectivity（反射率）为 1，如图 5-74 所示。

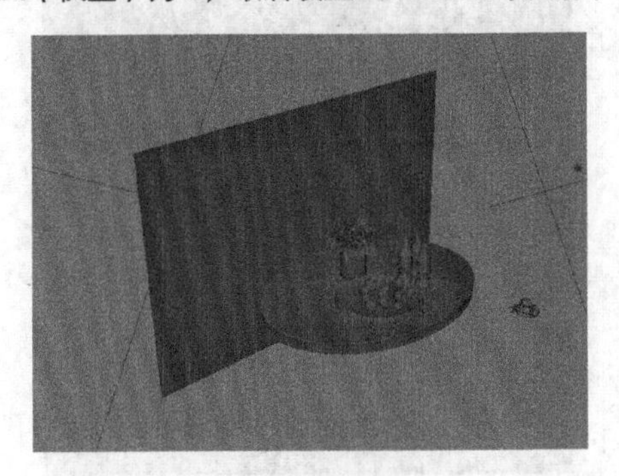

图 5-72

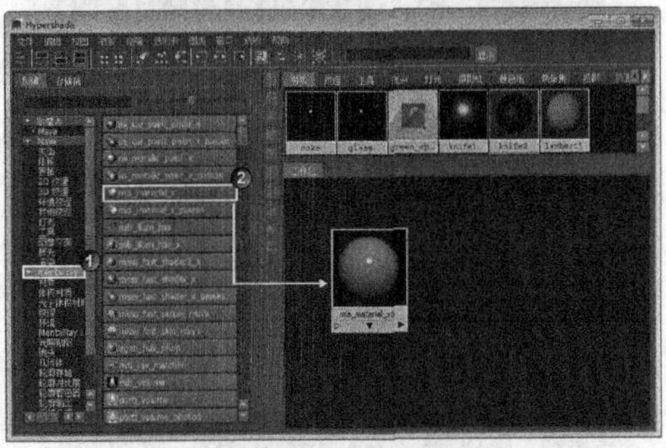

图 5-73

（2）在 Refraction（折射）卷展栏下设置 Index of Refraction（折射率）为 1.5、Transparency（透明度）为 1，如图 5-75 所示。

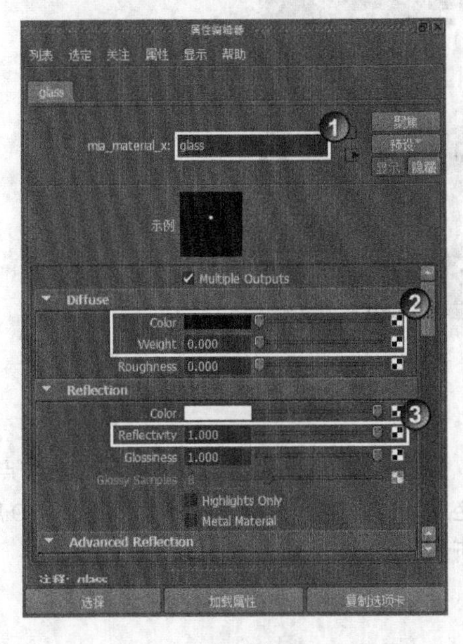

图 5-74

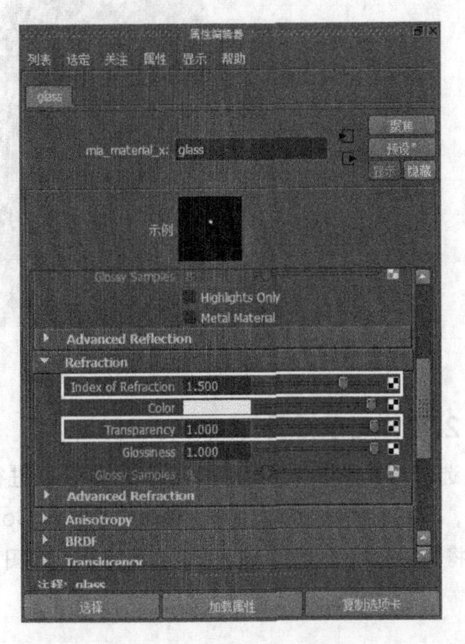

图 5-75

（3）在 Advanced Refraction（高级折射）卷展栏下选择 Use Max Distance（使用最大距离）选项，然后设置 Max Distance（最大距离）为 30，接着选择 Use Color At Max Distance（在最大距离中使用的颜色）选项，再设置 Color At Max Distance（最大距离中的颜色）为（R:102，G:181，B:217）、Max Trace Depth（最大跟踪深度）为 8，最后选择 Refractive Caustic（折射焦散）和 Propagate Alpha（传递 Alpha）选项，如图 5-76 所示。

（4）在 BRDF 卷展栏下选择 Use Fresnel Reflection（使用 Fresnel 反射）选项，如图 5-77 所示。然后将制作好的材质赋予给可乐瓶和花瓶模型，如图 5-78 所示。

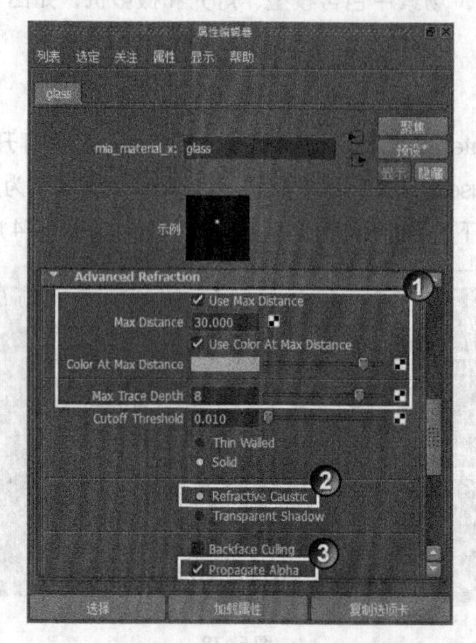

图 5-76

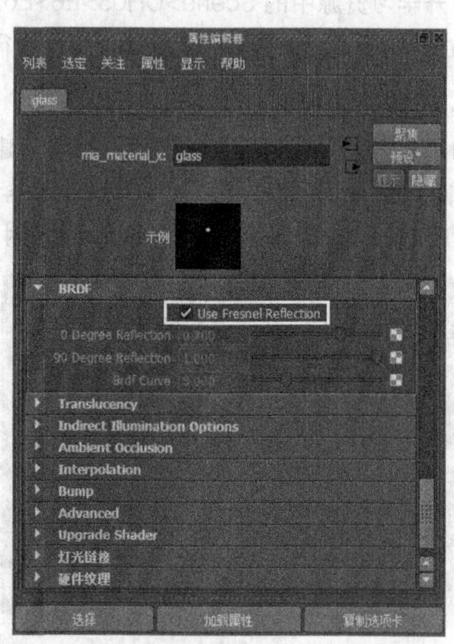

图 5-77

图 5-78

2. 制作可乐材质

选择 glass 节点，然后按组合键 Ctrl+D 进行复制，接着打开“属性编辑器”面板，设置节点名为 coke，再在 Refraction（折射）卷展栏下设置 Color（颜色）为（R:136，G:84，B:64），如图 5-79 所示。最后将该材质赋予给可乐瓶中的可乐模型，如图 5-80 所示。

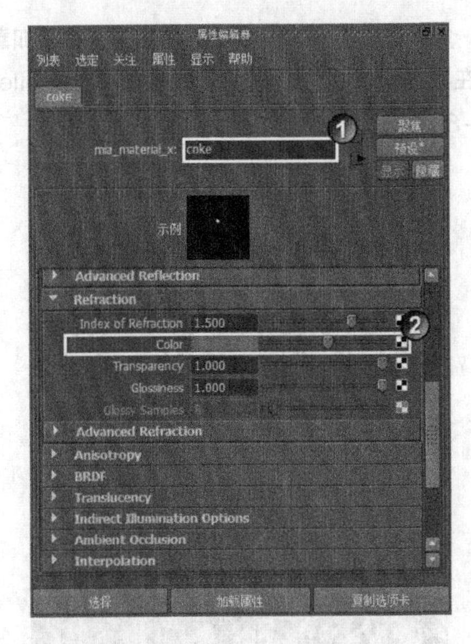

图 5-79

图 5-80

3. 制作瓶贴材质

（1）创建一个 Blinn 节点，然后在“属性编辑器”面板中设置节点名为 logo，接着在“公用材质属性”卷展栏下为“颜色”属性连接一个“文件”节点，并且为“文件”节点加载学习资源中的 Example>CH05>E6>coke_diff.jpg 文件，如图 5-81 所示。

（2）在“镜面反射着色”卷展栏下设置“镜面反射颜色”为（R:46，G:46，B:46）、“反射率”为 0.1，如图 5-82 所示。然后将该材质赋予给瓶贴模型，如图 5-83 所示。

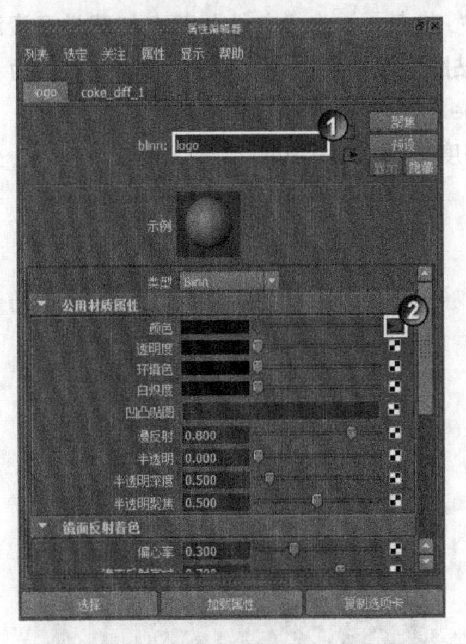

图 5-81

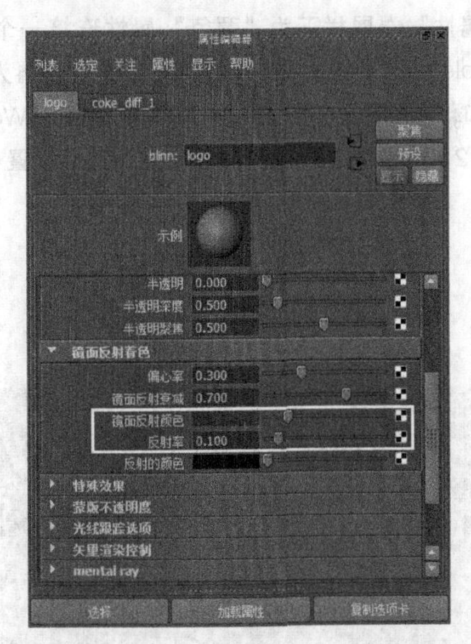

图 5-82

4. 制作瓶盖材质

（1）创建一个 mia_material_x 节点，然后在“属性编辑器”面板中设置节点名为 lid，接着在

Diffuse（漫反射）卷展栏下为 Color（颜色）属性连接一个“文件”节点，再为“文件”节点加载学习资源中的 Example>CH05>E6>cap_dif.jpg 文件，最后在 Reflection（反射）卷展栏下设置 Reflectivity（反射率）为 0.1、Glossiness（光泽度）为 0.5，如图 5-84 所示。

图 5-83

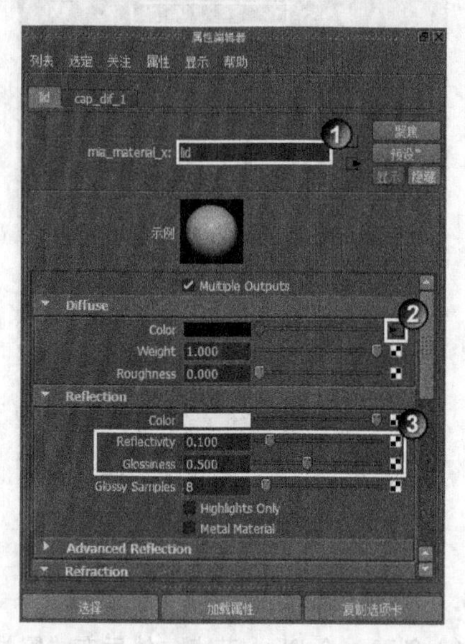

图 5-84

（2）将制作好的瓶盖材质赋予给可乐瓶盖模型，如图 5-85 所示。

5. 制作盘子材质

（1）创建一个 Blinn 节点，然后在“属性编辑器”面板中设置节点名为 plate，接着在“公用材质属性”卷展栏下为“颜色”属性连接一个“文件”节点，并为“文件”节点加载学习资源中的 Example>CH05>E6>Wood2_dif.jpg 文件，再为“凹凸贴图”属性连接一个“文件节点”，最后为“文件”节点加载学习资源中的 Example>CH05>E6>Wood2_spe.jpg 文件，如图 5-86 所示。

（2）选择生成的 bump2d 节点，然后设置“凹凸深度”为 0.25，如图 5-87 所示。

图 5-85

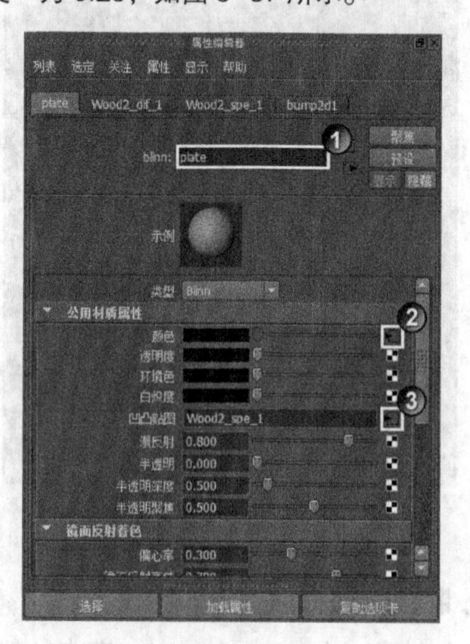

图 5-86

（3）选择 plate 节点，然后在“镜面反射着色”卷展栏下设置“镜面反射颜色”为（R:24，G:24，B:24），接着将“凹凸贴图”属性上的“文件”节点连接到“反射率”属性上，如图 5-88 和图 5-89 所示。

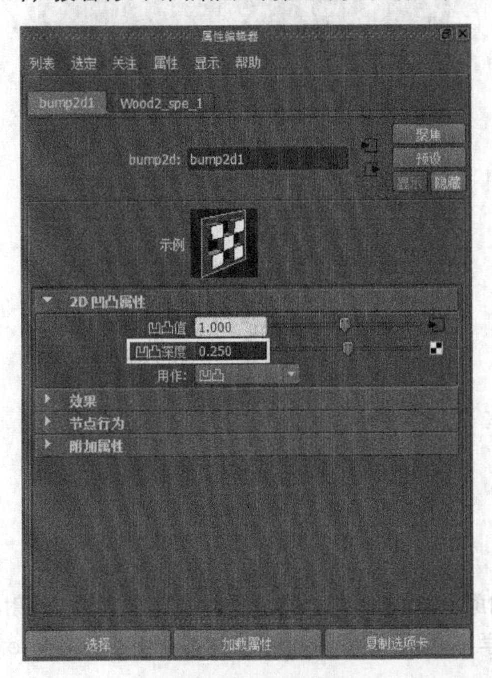

图 5-87

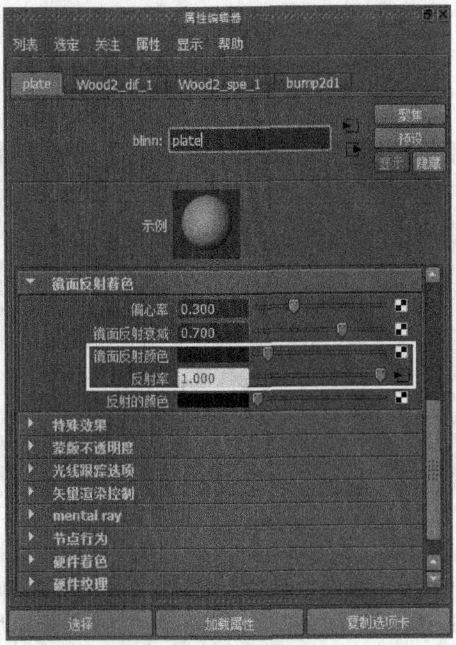

图 5-88

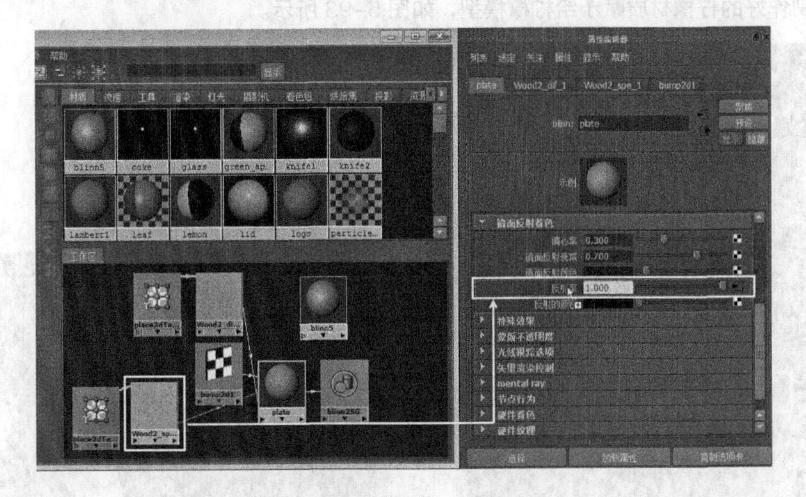

图 5-89

（4）将制作好的盘子材质赋予给盘子模型，如图 5-90 所示。

6. 制作柠檬材质

（1）创建一个 Blinn 节点，然后在“属性编辑器”面板中设置节点名为 lemon，接着在“公用材质属性”卷展栏下为“颜色”属性连接一个“文件”节点，并为“文件”节点加载学习资源中的 Example>CH05>E6>lemon_dif.jpg 文件，如图 5-91 所示。

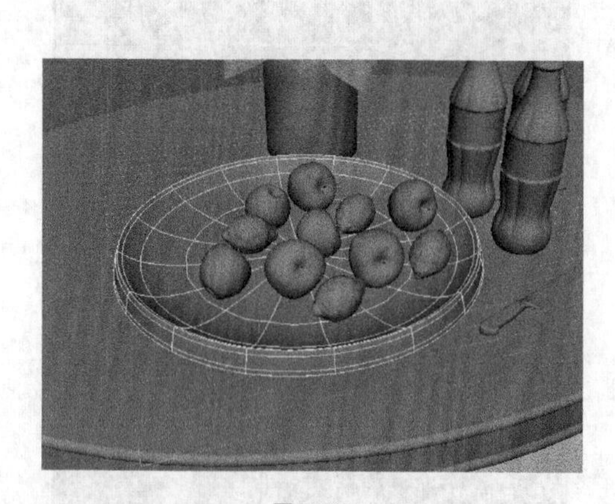

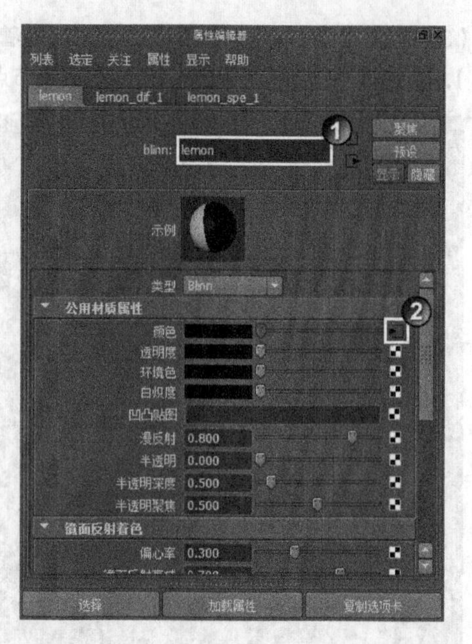

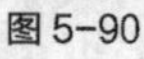

图 5-90

图 5-91

（2）在“镜面反射着色”卷展栏下设置“镜面反射颜色”为（R:41，G:41，B:41），接着为“反射率”属性连接一个“文件”节点，并为“文件”节点加载学习资源中的 Example>CH05>E6>lemon_spe.jpg 文件，如图 5-92 所示。

（3）将制作好的柠檬材质赋予给柠檬模型，如图 5-93 所示。

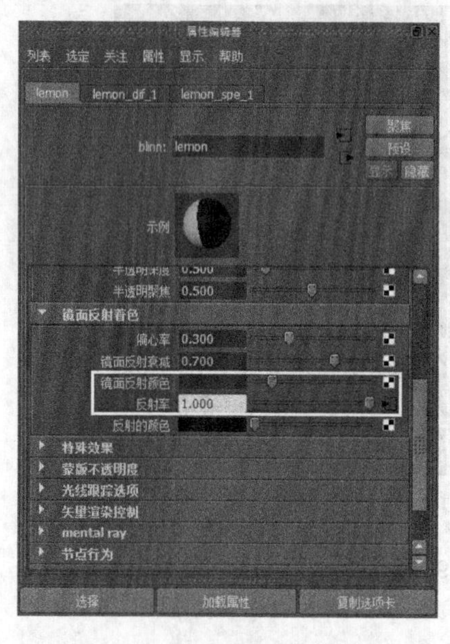

图 5-92

图 5-93

7. 制作苹果材质

（1）创建一个 Blinn 节点，然后在“属性编辑器”面板中设置节点名为 green_apple，接着在“公用材质属性”卷展栏下为“颜色”属性连接一个“文件”节点，并为“文件”节点加载学习资源中的 Example>CH05>E6>green_apple_dif.jpg 文件，如图 5-94 所示。

（2）在“镜面反射着色”卷展栏下设置“镜面反射颜色”为（R:15，G:15，B:15），接着为“反射率”属性连接一个“文件”节点，并为“文件”节点加载学习资源中的 Example>CH05>E6>green_apple_spe.jpg 文件，如图 5-95 所示。

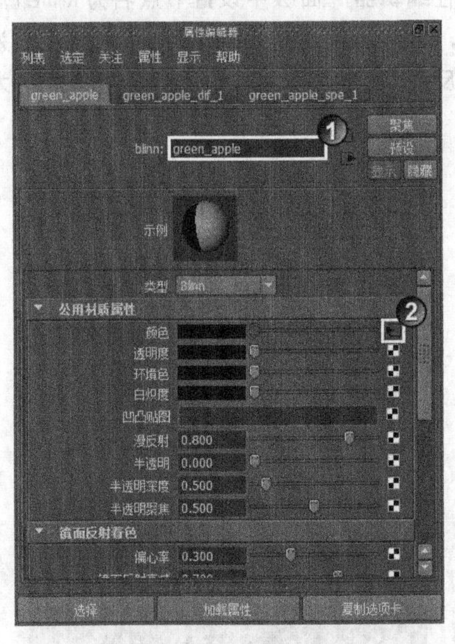

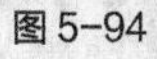
图 5-94

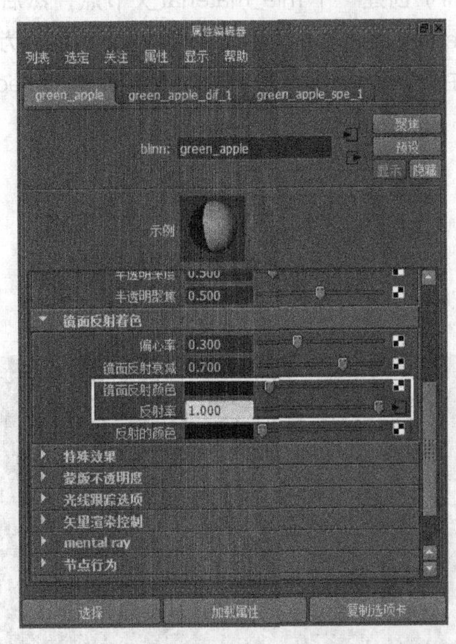

图 5-95

（3）创建一个 Blinn 节点，然后在“属性编辑器”面板中设置节点名为 red_apple，接着在“公用材质属性”卷展栏下为“颜色”属性连接一个“文件”节点，并为“文件”节点加载学习资源中的 Example>CH05>E6>red_apple_dif.jpg 文件，如图 5-96 所示。

（4）在“镜面反射着色”卷展栏下设置“镜面反射颜色”为（R:15，G:15，B:15），接着为“反射率”属性连接一个“文件”节点，并为“文件”节点加载学习资源中的 Example>CH05>E6>red_apple_spe.jpg 文件，如图 5-97 所示。

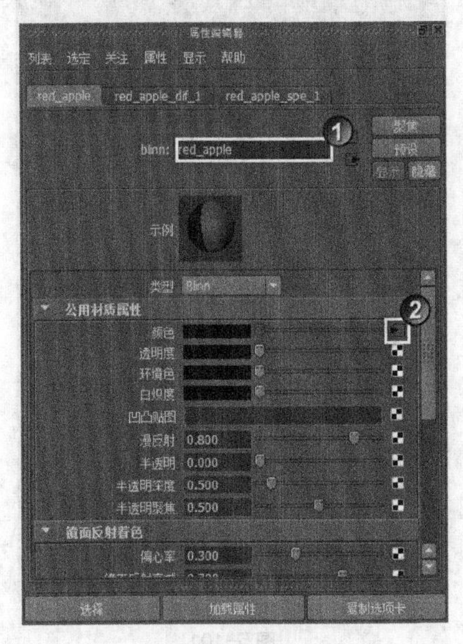

图 5-96

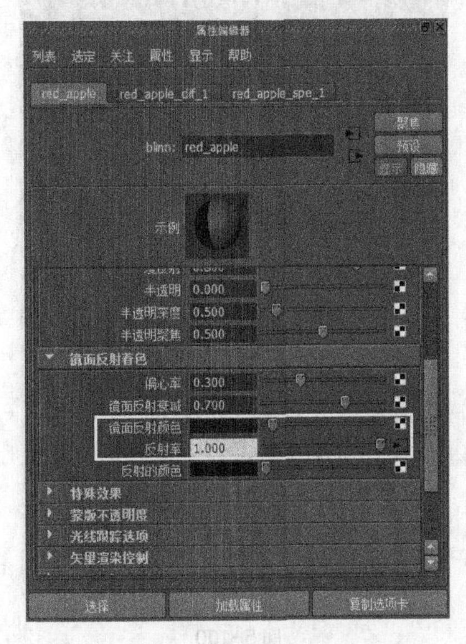

图 5-97

（5）将制作好的两种苹果材质赋予随即赋予给苹果模型，如图 5-98 所示。

8. 制作刀材质

（1）创建一个 mia_material_x 节点，然后在“属性编辑器”面板中设置节点名为 knife1，接着 Diffuse（漫反射）卷展栏下为 Color（颜色）为（R:38，G:38，B:38）、Roughness（粗糙度）为 0.5，最后在 Reflection（反射）卷展栏下设置 Reflectivity（反射率）为 0.6、Glossiness（光泽度）为 0.3，如图 5-99 所示。

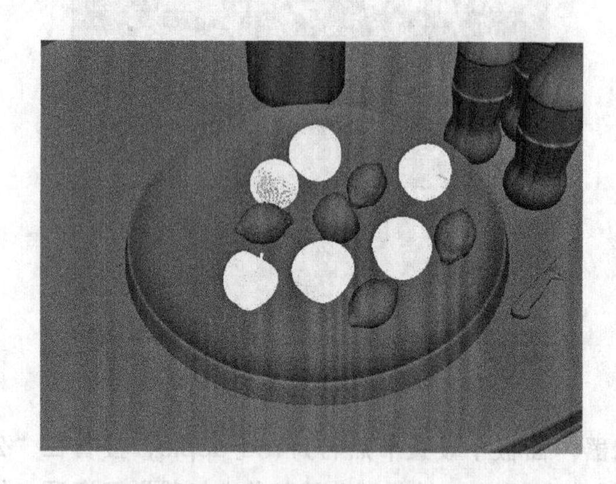

图 5-98

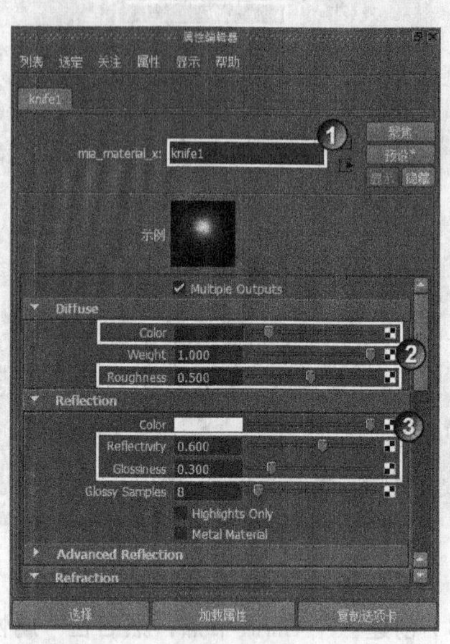

图 5-99

（2）展开 BRDF 卷展栏，然后设置 0 Degree Reflection（0 度反射）为 0.82，如图 5-100 所示。

（3）创建一个 Phong 节点，然后在“属性编辑器”面板中设置节点名为 handle，接着在“公用材质属性”卷展栏下设置“颜色”为（R:15，G:15，B:15），如图 5-101 所示。

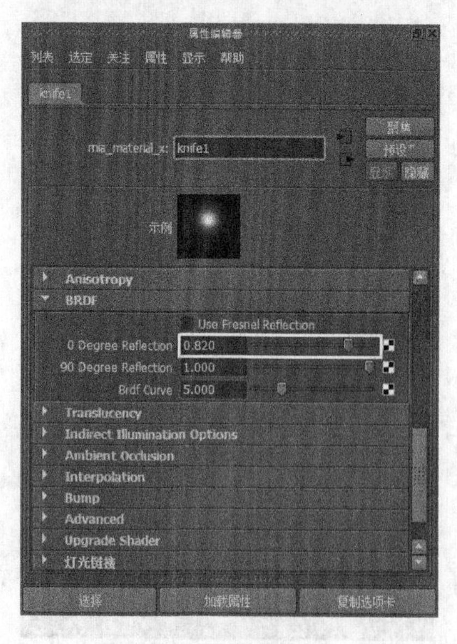

图 5-100

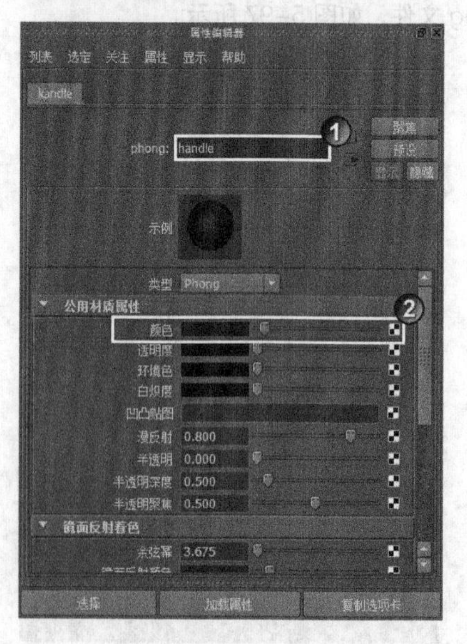

图 5-101

（4）在“镜面反射着色”卷展栏下设置“余弦幂”为3.675、“镜面反射颜色”为（R:28，G:28，B:28）、“反射率”为0，如图5-102所示。

（5）将制作好的knife1节点赋予给刀身模型，然后将handle节点赋予给刀柄模型，如图5-103所示。

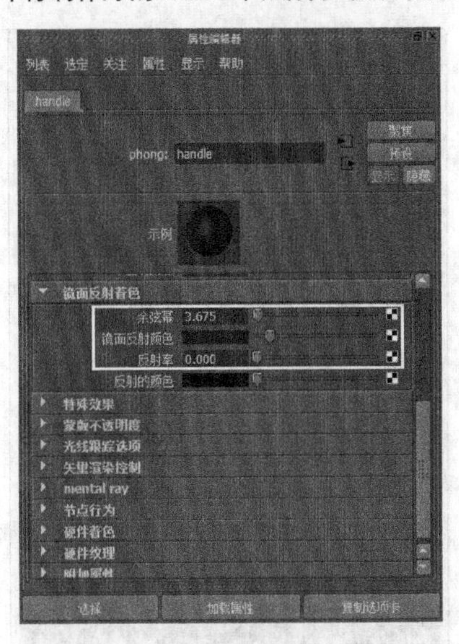

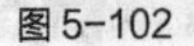
图5-102

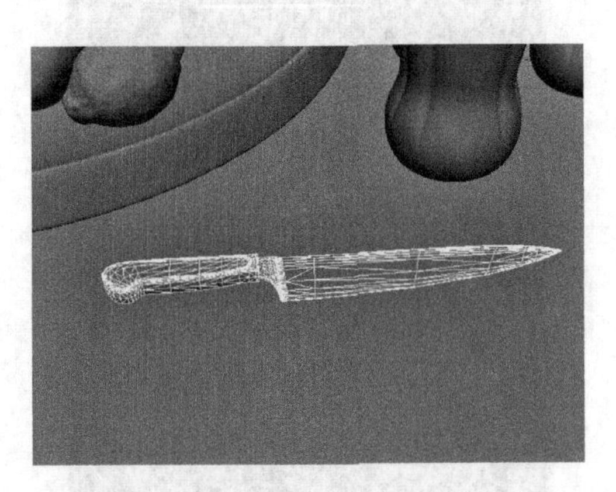

图5-103

9. 制作插花材质

（1）创建一个Phong节点，然后在“属性编辑器”面板中设置节点名为flower，接着在“公用材质属性”卷展栏下为“颜色”属性连接一个“文件”节点，再为“文件”节点加载学习资源中的Example>CH05>E6>flower_dif.jpg文件，最后设置“透明度”为（R:46，G:46，B:46），如图5-104所示。

（2）在“镜面反射着色”卷展栏下设置“镜面反射颜色”为（R:76，G:76，B:76）、“反射率”为0.05，如图5-105所示。

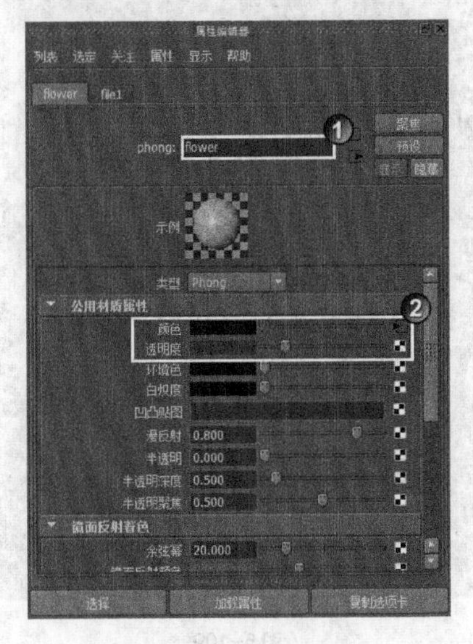

图5-104

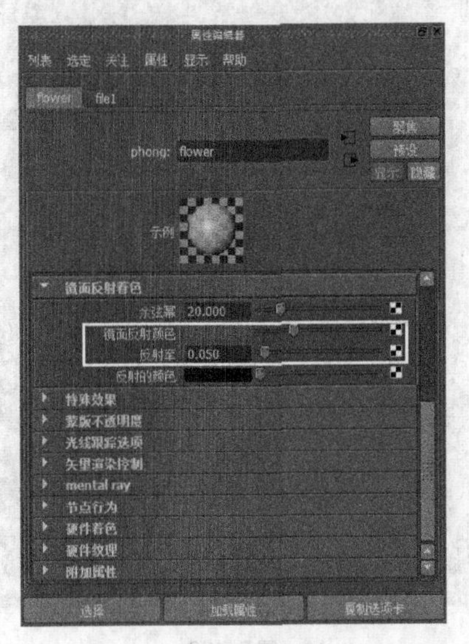

图5-105

（3）创建一个 Phong 节点，然后在“属性编辑器”面板中设置节点名为 leaf，接着“公用材质属性”卷展栏下设置“透明度”为（R:13，G:13，B:13），如图 5-106 所示。最后单击“颜色”属性后面的按钮，在打开的“创建渲染节点”对话框中选择“渐变”节点，如图 5-107 所示。

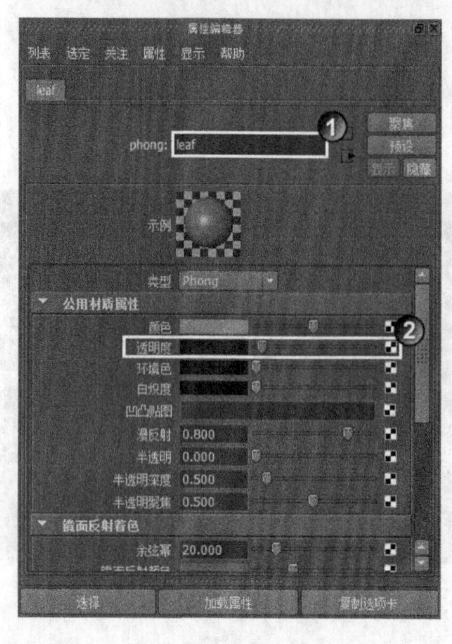

图 5-106

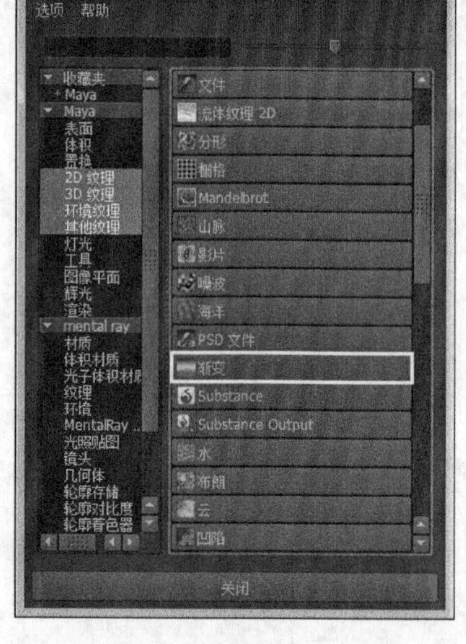

图 5-107

（4）在 ramp（渐变）节点的“属性编辑器”面板中，单击绿色色标后面的关闭按钮，可以删除绿色色标，如图 5-108 所示。

（5）选择顶部的色标，然后设置“选定颜色”为（R:48，G:75，B:22），如图 5-109 所示。接着选择底部的色标，设置“选定颜色”为（R:110，G:151，B:70）。

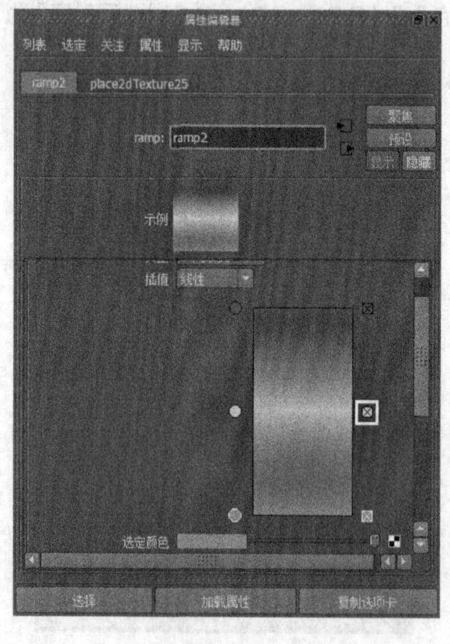

图 5-108

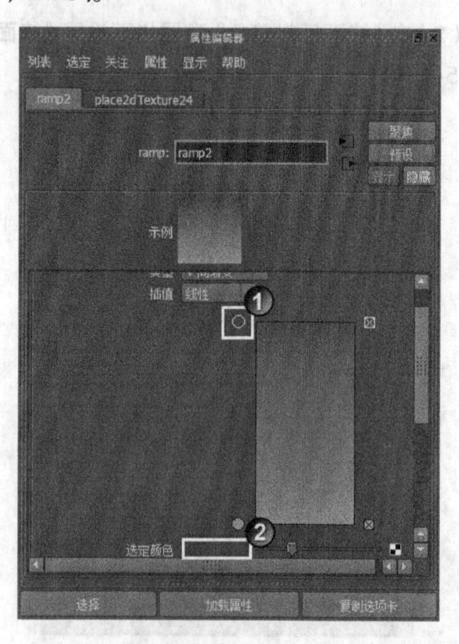

图 5-109

（6）选择leaf节点，然后打开“属性编辑器”面板，接着在“镜面反射着色”卷展栏下设置“镜面反射颜色”为（R:76，G:76，B:76）、“反射率”为0.05，如图5-110所示。

（7）将制作好的flower节点赋予给花模型，然后将leaf节点赋予给叶子和枝桠模型，如图5-111所示。

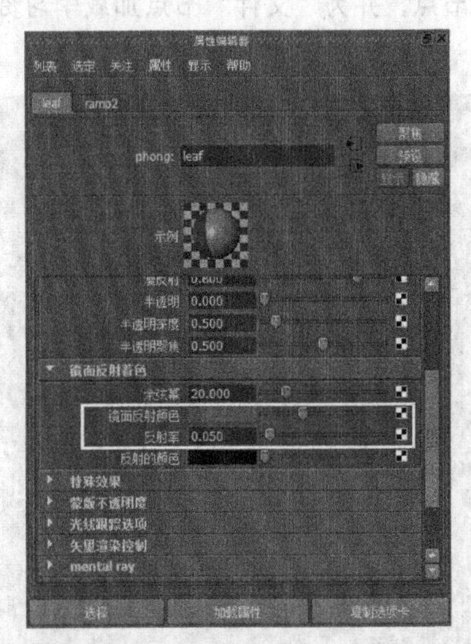

图5-110

图5-111

10. 制作桌子材质

（1）创建一个Blinn节点，然后在“属性编辑器”面板中设置节点名为table1，接着在“公用材质属性”卷展栏下为“颜色”属性连接一个“文件”节点，再为“文件”节点加载学习资源中的Example>CH05>E6>Wood_dif.jpg文件，如图5-112所示。

（2）为“凹凸贴图”连接一个“文件”节点，然后为“文件”节点加载学习资源中的Example>CH05>E6>Wood_nor.jpg文件，接着选择与table1连接的bump2d节点，打开“属性编辑器”面板，最后在“2D凹凸属性”卷展栏下设置“用作”为“切线空间法线”，如图5-113所示。

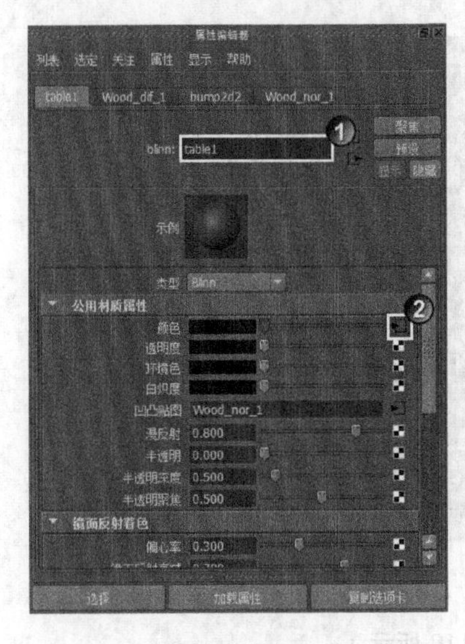

图5-112

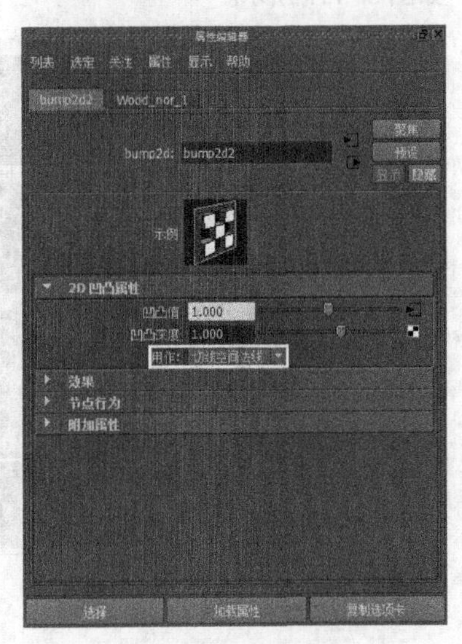

图5-113

（3）将制作好的 table1 节点赋予给桌子模型，如图 5-114 所示。

11. 制作墙面材质

（1）创建一个 Lambert 节点，然后在“属性编辑器”面板中设置节点名为 wall，接着在“公用材质属性”卷展栏下为“颜色”属性连接一个“文件”节点，并为“文件”节点加载学习资源中的 Example>CH05>E6>pp.jpg 文件，如图 5-115 所示。

图 5-114

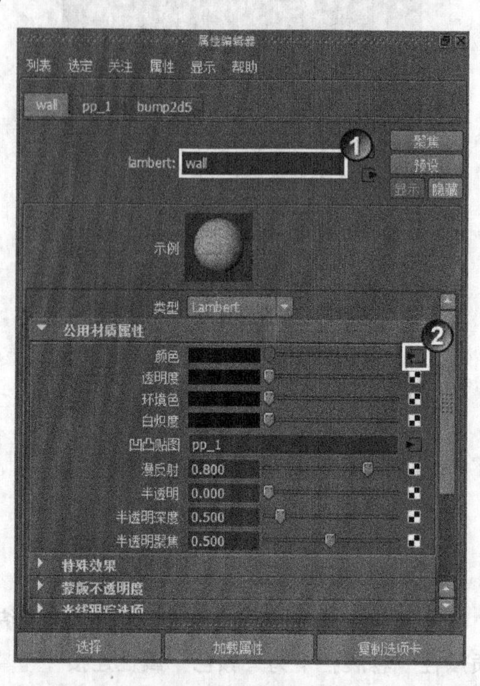

图 5-115

（2）将“颜色”属性上的“文件”节点连接到“凹凸贴图”属性上，如图 5-116 所示。然后再选择生成的 bump2d 节点，接着打开“属性编辑器”面板，在“2D 凹凸属性”卷展栏下设置“凹凸深度”为 0.02，如图 5-117 所示。

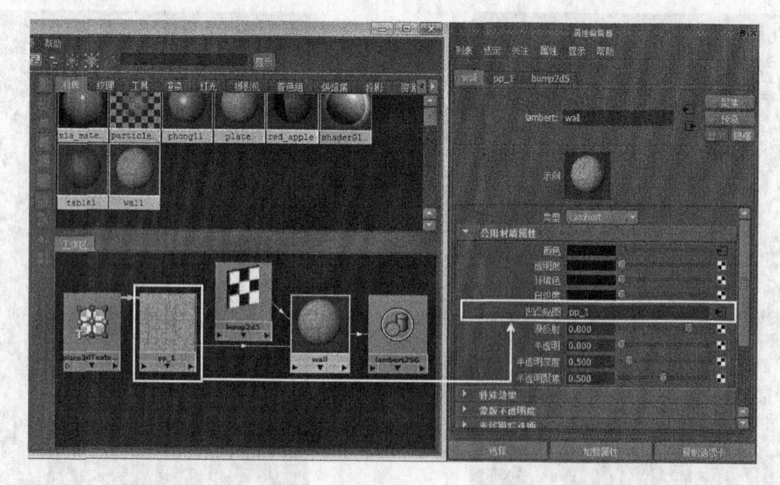

图 5-116

（3）将制作好的 wall 节点赋予给墙面模型，如图 5-118 所示。

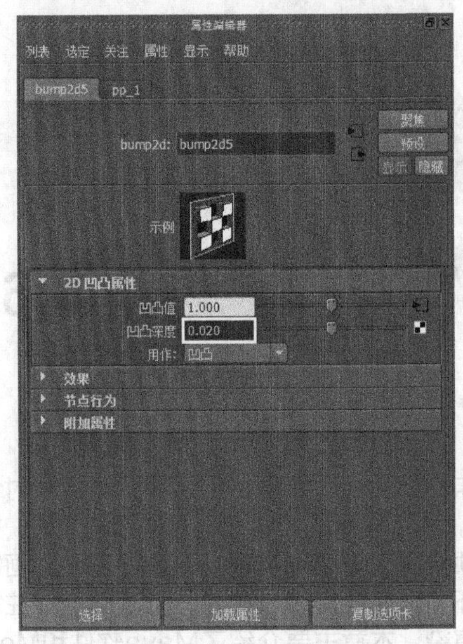

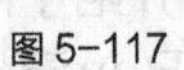

图 5-117

图 5-118

12. 渲染场景

打开“渲染视图”对话框，执行“渲染 > 渲染 >camera1”渲染摄影机视角，效果如图 5-119 所示。

图 5-119

技术反馈

本案例通过制作染桌面静物的材质，来掌握 Lambert、Blinn、mia_material_x 以及 Phong 等材质的综合使用，并且本例中使用大量的贴图，用来模拟物体的表面颜色和凹凸效果。

Chapter 6

第6章 渲 染

渲染是三维动画制作的最后一个流程，但是在预览效果时也会用到。在Maya的视图中，我们看到的内容并不是最终的效果，如果要看到最终的效果，必须要通过渲染来实现。渲染是三维动画制作中最消耗时间和资源的环节，而电影级效果的一帧画面，往往需要花费上百小时的时间来渲染。本章主要介绍了Maya软件和Mental Ray渲染器的使用方法，以及Mental Ray渲染器的焦散、运动模糊、间接照明等效果的制作方法。通过本章的学习，读者不仅可以提高渲染的质量，节省渲染的时间，还能制作一些特殊效果。

本章学习要点

- 掌握Maya软件渲染器的使用方法
- 掌握Mental Ray渲染器的使用方法
- 掌握焦散的制作方法
- 掌握运动模糊的制作方法
- 掌握间接照明的制作方法

Maya 2014

6.1 渲染简介

前面的内容介绍了模型、灯光、摄影机和材质等内容，接下来就将介绍渲染输出三维作品。在渲染时，有很多因素会影响渲染的时间和质量，下面将介绍最常用的一些设置技巧，以及一些特殊效果的实现方法。

6.1.1 什么是渲染

渲染（Render）在计算机图形图像领域中指的是图形图像输出的这一过程，是三维制作的最后一道工序。渲染看上去是一个很简单的步骤，用户只需要执行一个命令或单击一个按钮，就能得到最终的图像。但是，渲染背后的工作却相当复杂，简单地讲，就是计算机通过一系列特殊的算法，将三维世界的画面以二维图像的形式呈现给用户。因此渲染后的结果往往是若干个序列帧图像文件，通过将序列帧连续播放达到动画效果。

在三维制作过程中，渲染是通过渲染器完成的，Maya 提供了多种渲染器供用户选择，以满足用户的不同需求。常用的渲染器有“Maya 软件”渲染器和 Mental Ray 渲染器，本书将重点介绍 Mental Ray 渲染器。

Mental Ray 渲染器是一款优秀的渲染器，在渲染大量反射和折射物体的场景，速度要比默认的“Mayay 软件”渲染器快很多，在置换贴图和运动模糊的运算速度上，也远远快于“Maya 软件”渲染器。不仅如此，Mental Ray 渲染器的渲染质量也非常高，参与过大量的电影项目，如图 6-1~ 图 6-3 所示。

图 6-1

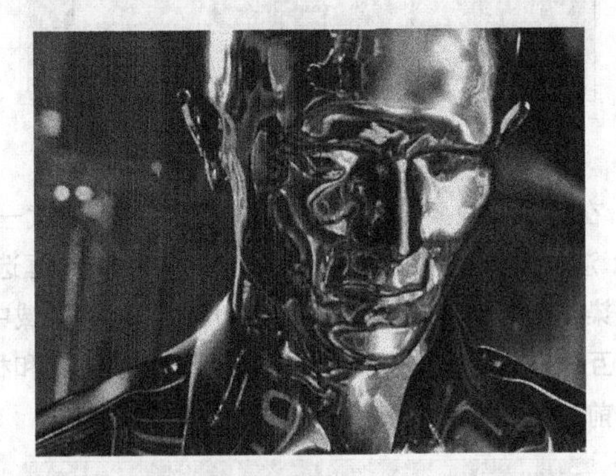

图 6-2

图 6-3

6.1.2 如何渲染

使用 Maya 进行渲染时，通常是在“渲染视图”对话框中进行操作，在前面的内容中已经简单介绍过渲染的方法。下面以操作的形式，详细介绍常用的渲染方法和步骤。

在渲染前我们需要选取一个合适的视角，当摄影机调整完成后，为了保险起见，我们还需要在“渲染视图”对话框中检查选取的视角，单击“快照”按钮，可以观察当前视角中的内容，如图 6-4 所示。快照是以线框的形式进行显示，这是为了提高预览效率。

调整好视角以后，在渲染区域中框选一块区域，然后单击“渲染区域”按钮，如图 6-5 所示。等待数秒后，框选区域中的图像就被渲染出来了，如图 6-6 所示。区域渲染可以快速地渲染选择区域，在设置渲染细节时，该方法经常用到，这样既可以观察到画面的渲染内容，又可以节约海量的渲染时间。

图 6-4

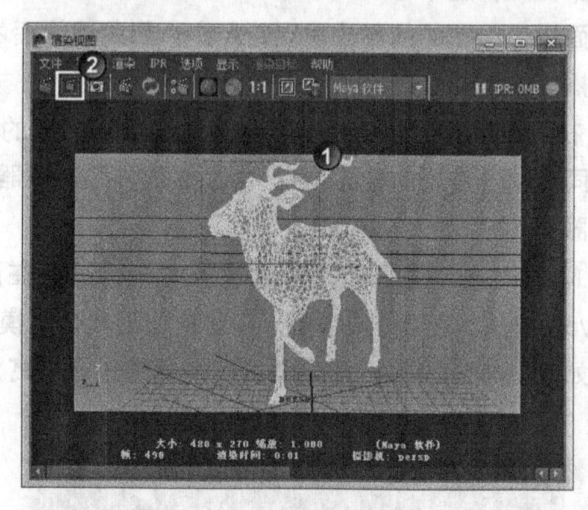

图 6-5

在对当前效果较为满意后，接下来可以测试一下整体效果。设置渲染器为 Mental Ray，然后单击“IPR 渲染当前帧”按钮，接着在渲染区域中框选整个区域，如图 6-7 所示。这时，框选的渲染区域会渲染出画面内容。当我们调整视角时，渲染区域中的内容也会随即产生变化，如图 6-8 所示。该方法以交互的方式渲染出选择区域，常用于测试灯光和材质的效果，如果想结束 IPR 渲染，可以按 Esc 键取消当前渲染操作。

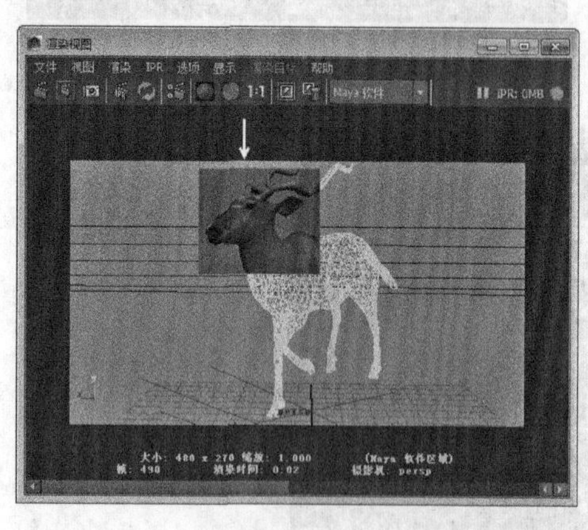

图 6-6

图 6-7

在调整材质和灯光时，还可以通过对比的方式，来观察调整前后的效果。渲染当前场景，然后单击“保持图像”按钮，可以临时保存当前渲染结果，如图 6-9 所示。保存图像后，“渲染视图”对话框底部会出现滑块，可拖动滑块切换保存的图像，以便观察前后的变化，如图 6-10 所示。

图 6-8

图 6-9

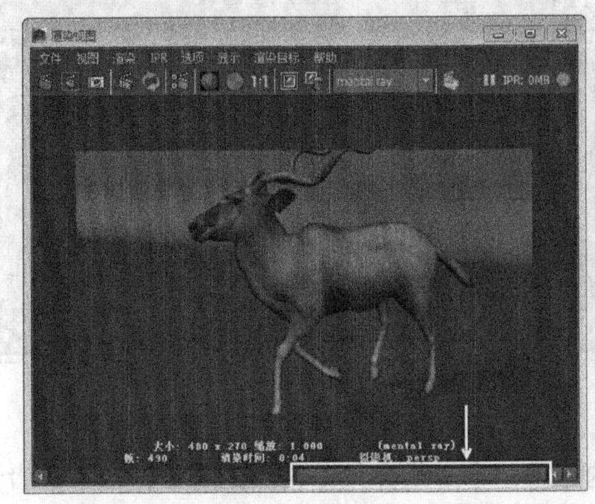

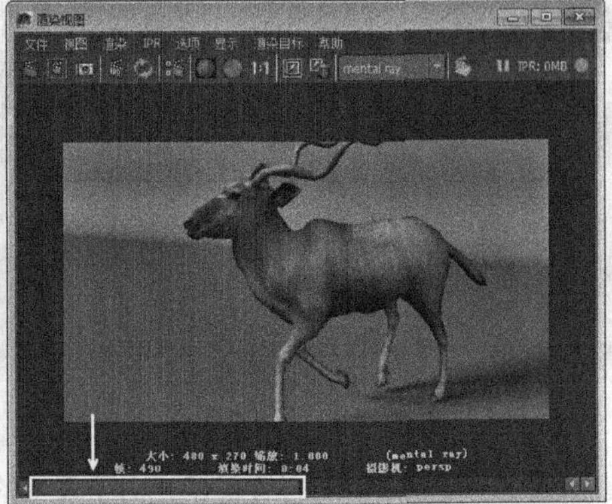

图 6-10

有的时候，用户可能不太清楚当前选择的视图。这时在“渲染视图”对话框中打开“渲染 > 渲染”菜单，可以在该菜单下选择场景中存在的摄影机，Maya 会渲染出的摄影机视角中的内容，如图 6-11 所示。

读者可能已经注意到了，在渲染完成后，“渲染视图”对话框底部会出现一些信息，如图 6-12 所示。这些信息包括图像的大小、图像的比例、当前使用的渲染器、当前帧、渲染时间以及当前摄影机，读者可以参考这些做出相应的调整。

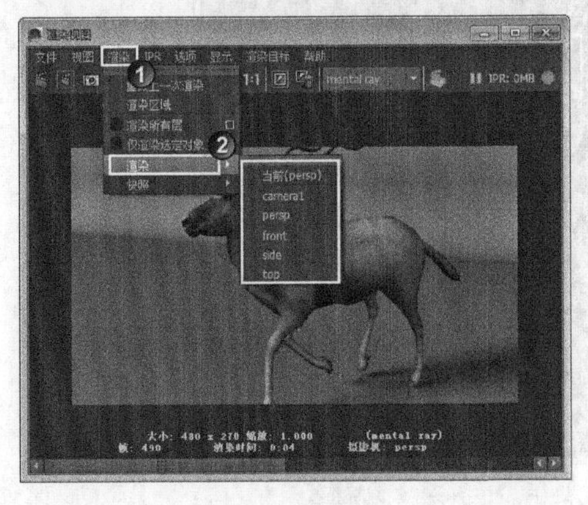

图 6-11

图 6-12

6.1.3 设置渲染

在状态栏或“渲染视图”对话框中，单击“渲染设置”按钮可以打开“渲染设置”对话框，如图 6-13 所示。

在“公用”选项卡下，可以设置输出文件的信息、输出序列的范围、输出图像的大小以及使用的摄影机等属性。而其他选项卡是由渲染器决定，也就是说不同的渲染器，有着不同的属性和不同的功能，但都具有“公用”选项卡中的属性，如图 6-14 所示。

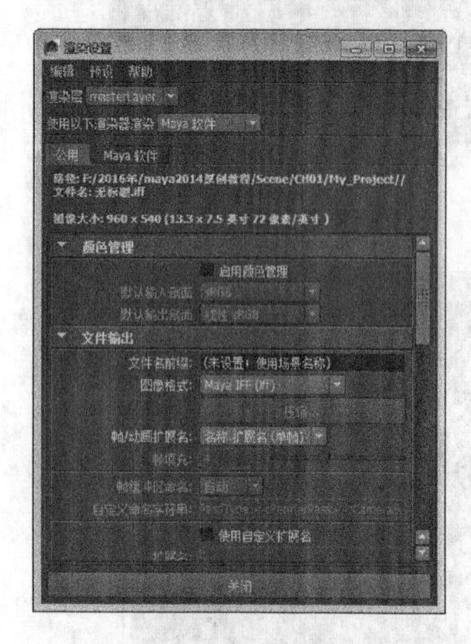

图 6-13

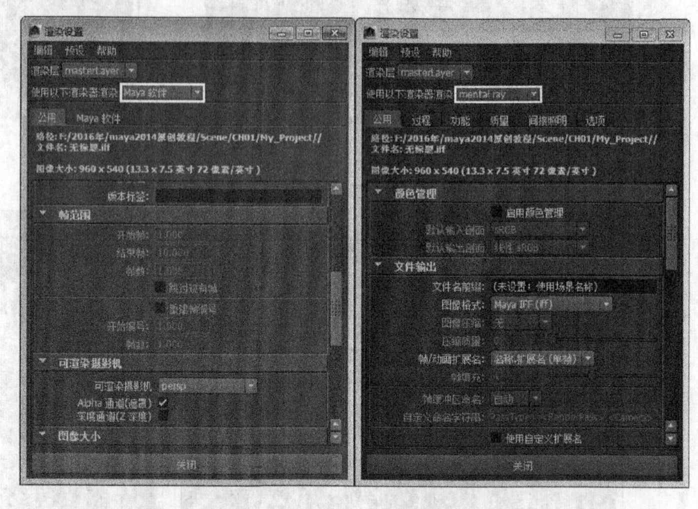

图 6-14

“渲染设置”对话框中的内容很多，由于篇幅的原因，本书只介绍最常用的属性，力求读者快速掌握实战技巧。

影响图像质量的两大属性分别是采样和光线跟踪，如图 6-15 所示。采样主要控制整体图像的质量，而光线跟踪主要控制反射、折射和阴影的效果。如果画面中有很多噪点或者是锯齿，那么可以适当地提高采样属性的数值；如果画面中的光泽材质不反射阴影，或者在反射和折射时出现错误，可以调整光线跟踪属性。

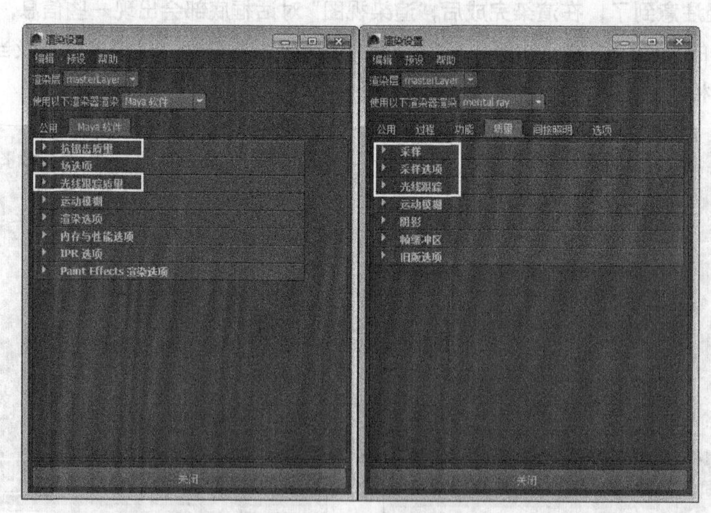

图 6-15

为了让读者直观地了解采样和光线跟踪，下面通过实际操作来介绍两者的作用。以下图像都是由

Mental Ray 渲染器完成，各种渲染器的采样和光线跟踪的作用基本相同，读者在使用“Maya 软件”渲染器时可以举一反三。

图 6-16 所示的画面是“质量”为 0.25 的效果。几何体的边缘有很多锯齿，并且画面中有很多噪点。

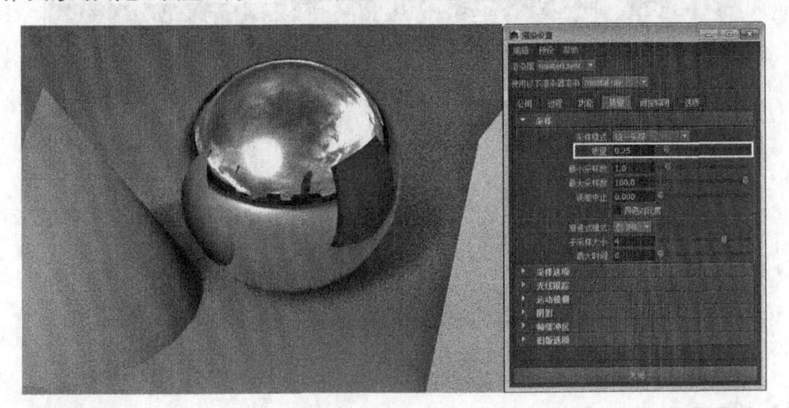

图 6-16

将“质量”设置为 2 后，画面质量有了明显提升，如图 6-17 所示。由图可见，画面中的锯齿基本上消除，而噪点大大降低。

图 6-17

画面中是“反射”为 1、“折射”为 1 的效果（见图 6-18）。图中标记的位置，可以观察到由于光线反弹的次数不足，造成的“死黑”和折射问题。

图 6-18

将“质量”设置“反射”为 4、“折射”为 4 后，画面中的反射和折射达到正常效果，如图 6-19 所示。如果光泽材质不能正常反射阴影，可以将“阴影”的数值提高。

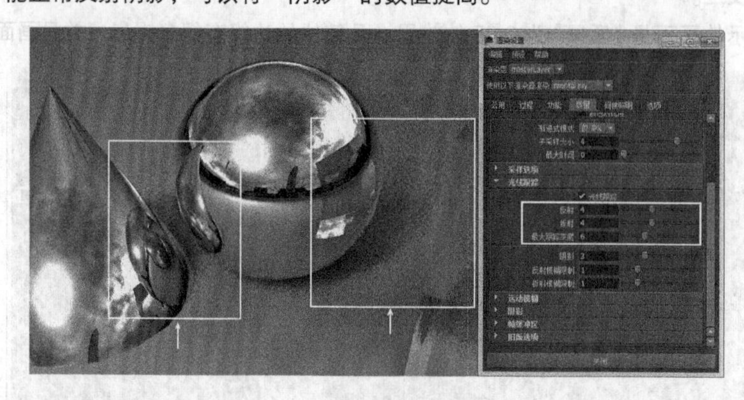

图 6-19

阴影的质量主要受到采样和灯光的影响，图 6-20 所示的是灯光下的“阴影光线数”属性为 1 的效果，画面中的阴影有大量的噪点。

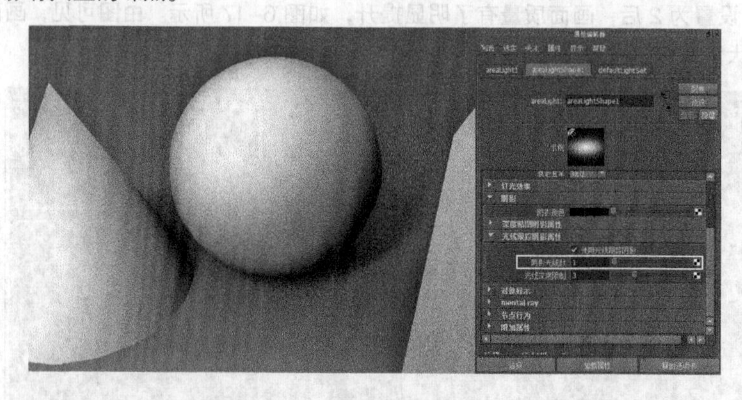

图 6-20

将“阴影光线数”设置为 20，渲染后阴影的效果变得细腻，如图 6-21 所示。提示“阴影光线数”属性可以提高阴影质量，但是还是会有噪点，这需要提升采样值才能降低噪点。

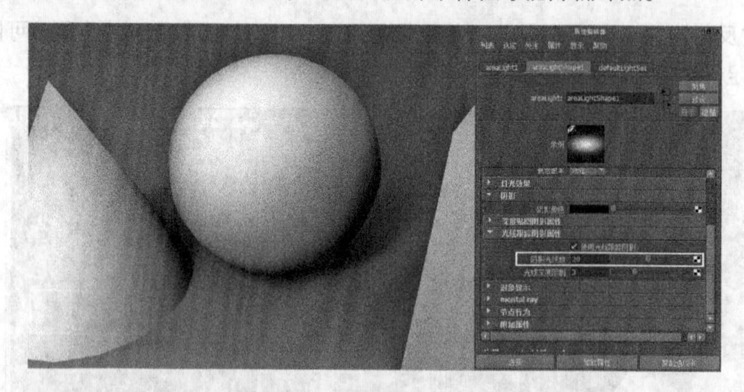

图 6-21

在渲染时，以上介绍的属性并不是设置越高越好，属性数值的提升会导致渲染时间成倍地增加，因此建议在设置参数时，建议读者根据场景内容逐步增加。

6.2 用 Maya 软件渲染器渲染兰花

场景位置	Scene>CH06>F1>F1.mb	扫描观看视频！
实例位置	Example>CH06>F1>F1.mb	
学习目标	学习“Maya 软件”渲染器的使用方法	

案例引导

本例中的兰花场景是通过“Maya 软件”渲染器来渲染完成的。“Maya 软件”渲染器是一种混合渲染器，具有真实的光线跟踪以及扫描行渲染器的速度优势，不仅速度快，而且在原始速度下有利于提高质量和扩大容量宽度。

场景中包含金属、植物以及墙面等多种材质，因此要考虑到反射和阴影的质量。在设置参数时，重点在“Maya 软件”选项卡下的“抗锯齿质量”和“光线跟踪质量”卷展栏里的属性，如图6-22和图6-23所示。

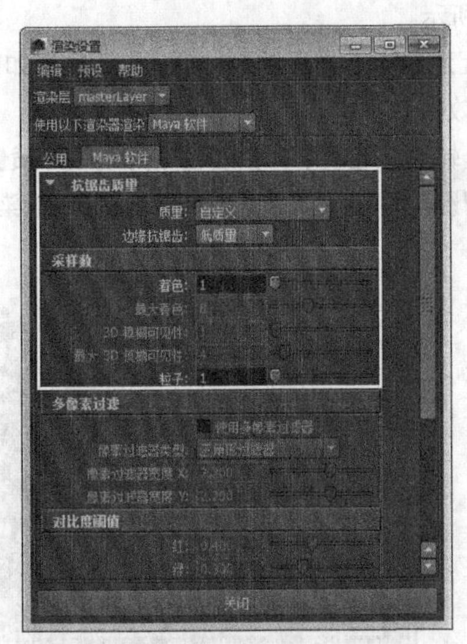

图6-22

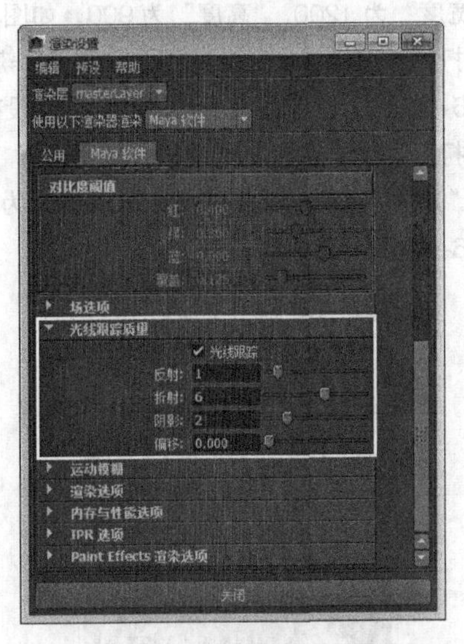

图6-23

制作演示

（1）打开学习资源中的 Scene>CH06>E1>E1.mb 文件，场景中有 3 组兰花模型和 4 盏灯光，如图 6-24 所示。

（2）在工作区中，执行“视图 > 书签 >cameraView1”命令，视角将发生变化，如图 6-25 所示。

图 6-24

图 6-25

技巧与提示

“书签”可以保存选取好的视角，在改变视角后，可以恢复到保存的视角。

在工作区中，执行“视图 > 书签 > 编辑书签”命令，可以打开“书签编辑器”对话框，如图 6-26 所示。单击“新建书签”按钮新建书签，可以将当前视图中的视角保存下来，以便用户恢复到选取的视角。

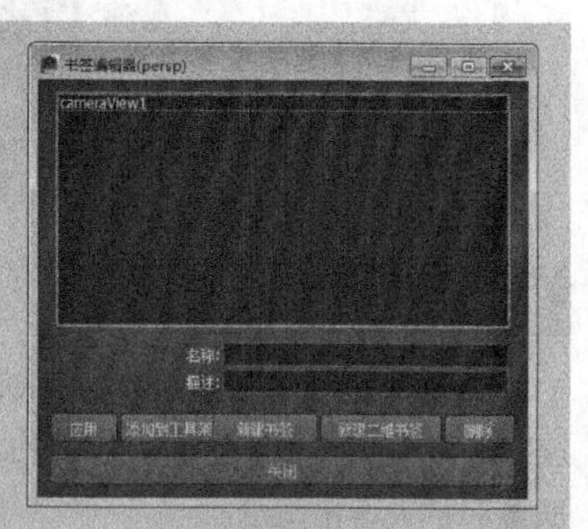

图 6-26

（3）打开“渲染设置”对话框，然后在“图像大小”卷展栏下，取消“保持宽度 / 高度比率”，接着设置“宽度”为 1200、“高度”为 900，如图 6-27 所示。

（4）打开“渲染视图”对话框，将测试分辨率设置为 50%，然后渲染当前场景，效果如图 6-28 所示。由图 6-28 可见，图像的质量较低，而且没有阴影效果。

（5）打开“渲染设置”对话框，然后选择“Maya 软件”选项卡，接着在“光线跟踪质量”卷展栏下，选择“光线跟踪”选项，再设置“反射”为 6、“阴影”为 6，如图 6-29 所示。最后渲染当前场景，效果如图 6-30 所示。

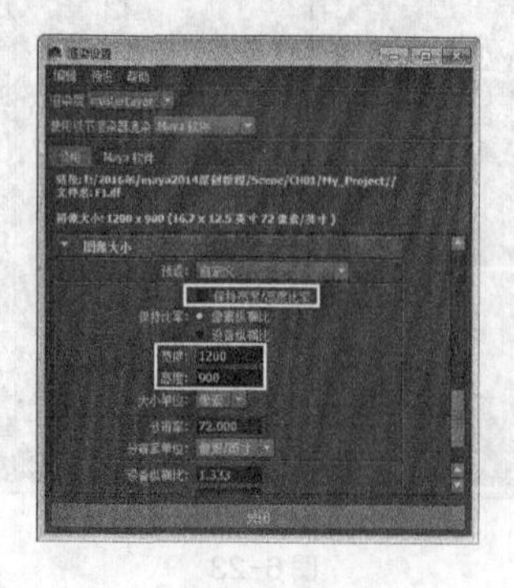

图 6-27

图 6-28

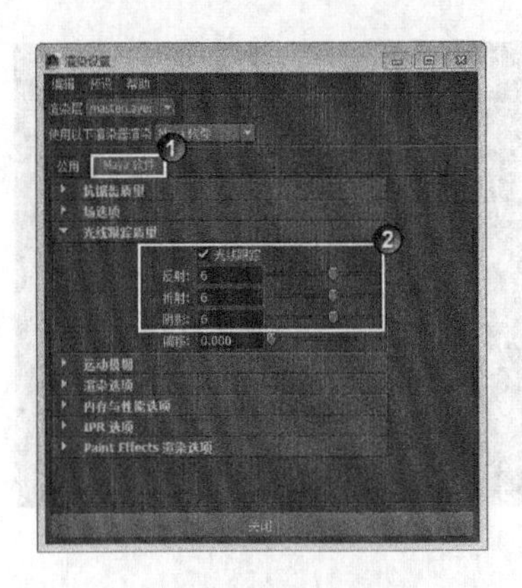

图 6-29

图 6-30

（6）由图 6-30 可见，物体间已经出现了较为逼真的阴影，但是整体效果的质量较低。主要问题出现在物体边缘的锯齿和阴影上的噪点，这是因为渲染质量较低。因此，打开“渲染设置”对话框，然后选择“Maya 软件”选项卡，在“抗锯齿质量”卷展栏下，设置“质量”为“产品级质量”，如图 6-31 所示。

（7）渲染当前场景，效果如图 6-32 所示。由图可见，画面整体质量较高，阴影效果也变得细腻。

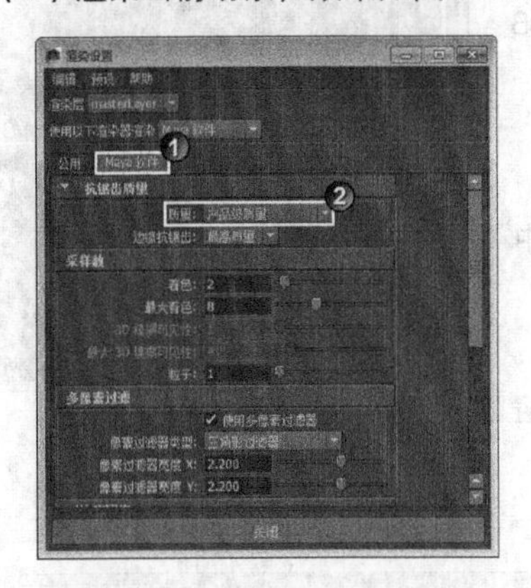

图 6-31

图 6-32

技术反馈

本例通过渲染兰花场景，来掌握“Maya 软件”渲染器的使用方法和操作技巧。“Maya 软件”渲染器是 Maya 内置的一款渲染器，渲染质量较高、速度较快，初学者很容易掌握该渲染器。

6.3 用 Mental Ray 渲染器渲染室内场景

场景位置	Scene>CH06>F2>F2.mb	扫描观看视频！
实例位置	Example>CH06>F2>F2.mb	
学习目标	学习“全局照明”功能的使用方法	

案例引导

本例中室内场景是一个半封闭式的空间，整体环境较为昏暗。需要在建筑的顶部增加一盏灯光，但一盏灯光不能将整个场景照亮，因此需要使用 Mental Ray 渲染器的“全局照明”功能照亮暗部细节。

在“渲染设置”对话框中，选择“间接照明”选项卡，然后在“全局照明”卷展栏下可以激活“全局照明”功能，如图 6-33 所示。

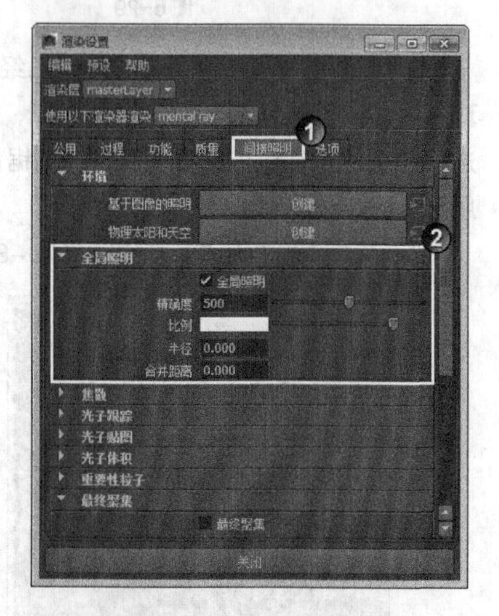

图 6-33

制作演示

（1）打开学习资源中的 Scene>CH06>F2>F2.mb，场景中有一个半封闭的环境和若干盏点光源，如图 6-34 所示。

（2）打开“渲染视图”对话框，设置测试分辨率为 50%、渲染器为 Mental Ray，然后执行“渲染 > 渲染 >camera1”渲染摄影机视角，效果如图 6-35 所示。由图可见，画面整体偏暗，看不出室内的细节。

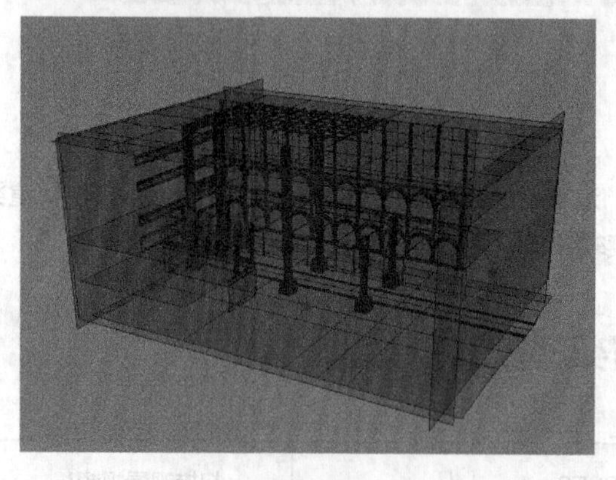

图 6-34

图 6-35

（3）创建一盏区域光，然后在“通道盒 / 层编辑器”面板中设置“平移 X”为 795.955、“平移 Y”为 598.109、“平移 Z”为 6.012、“旋转 X”为 -90、“缩放 X/Y/Z”均为 435.758，如图 6-36 所示。

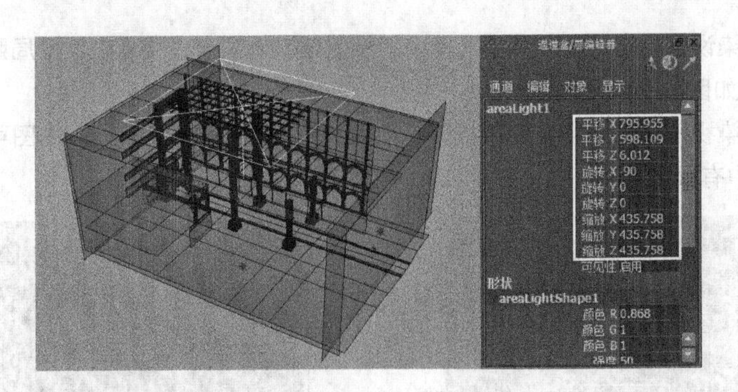

图6-36

（4）选择区域光，然后打开“属性编辑器”面板，接着在“区域光属性”卷展栏下设置“颜色”为（R:221，G:255，B:255）、“强度”为50、“衰退速率”为“线性”，如图6-37所示。最后在“阴影 > 光线跟踪阴影属性”卷展栏下设置“阴影光线数”为15，如图6-38所示。

（5）打开“渲染视图”对话框，渲染摄影机视角，效果如图6-39所示。由图可见，画面中的部分区域仍然偏暗，看不出室内的细节。

（6）选择区域光，然后打开“属性编辑器”面板，接着在“Mental Ray> 焦散和全局照明”卷展栏下选择“发射光子”选项，最后设置“光子密度”为200 000、“指数”为1.4、“全局照明光子”为3 000 000，如图6-40所示。

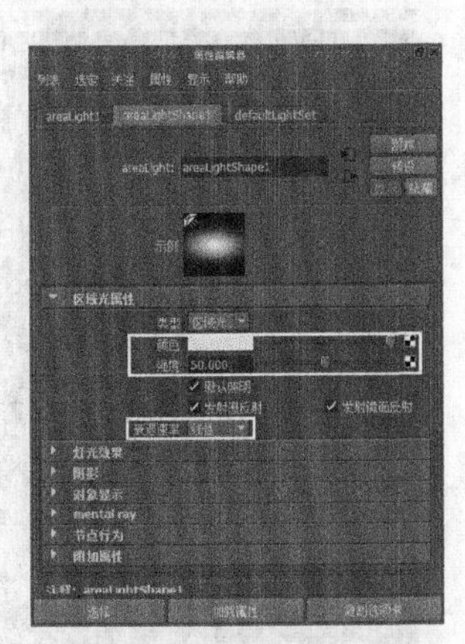

图6-37

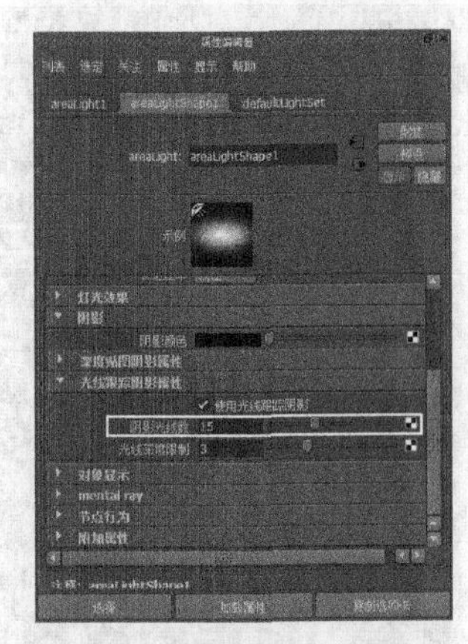

图6-38

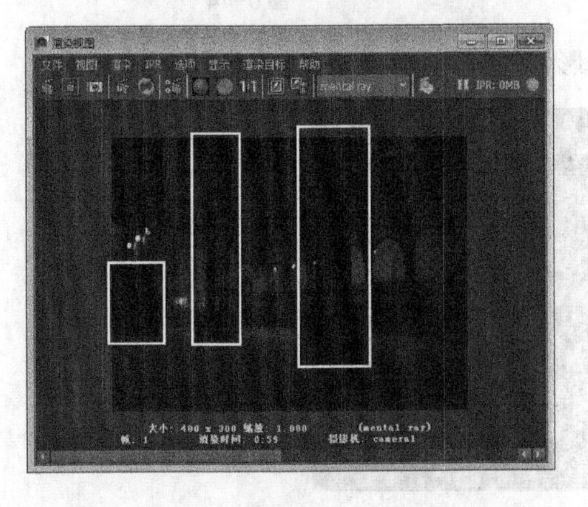

图6-39

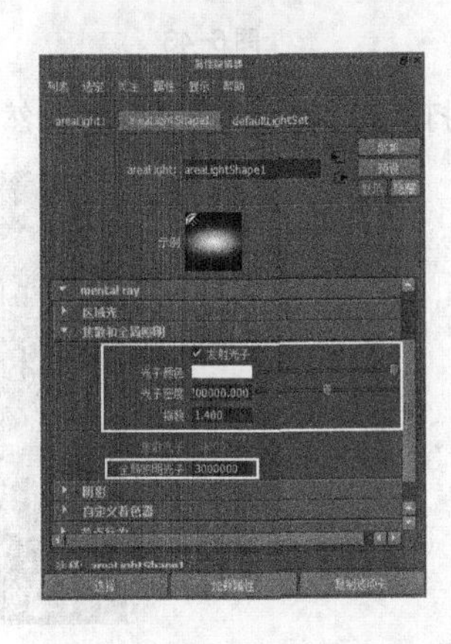

图6-40

（7）打开“渲染设置”对话框，然后选择“间接照明”选项卡，接着在“全局照明”卷展栏下选择“全局照明”线性，如图 6-41 所示。

（8）打开“渲染视图”对话框，渲染摄影机视角，效果如图 6-42 所示。由图可见，画面中的暗部被照亮，但是画面中有很多噪点。

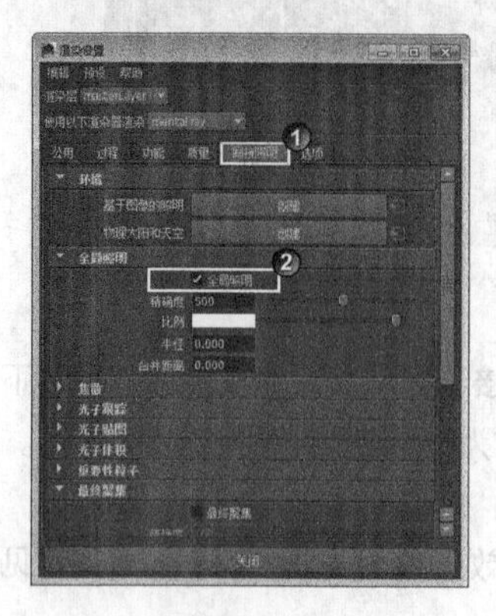

图 6-41

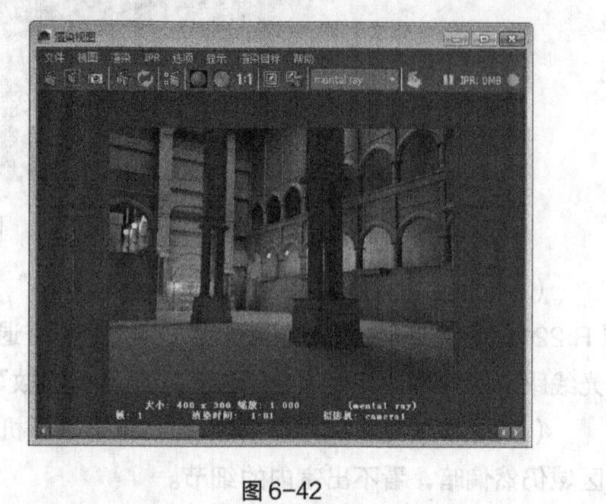

图 6-42

（9）打开“渲染设置”对话框，然后选择“质量”选项卡，接着在“采样”卷展栏下设置“质量”为 2，如图 6-43 所示。最后在“光线跟踪”卷展栏下设置“反射”为 6，如图 6-44 所示。

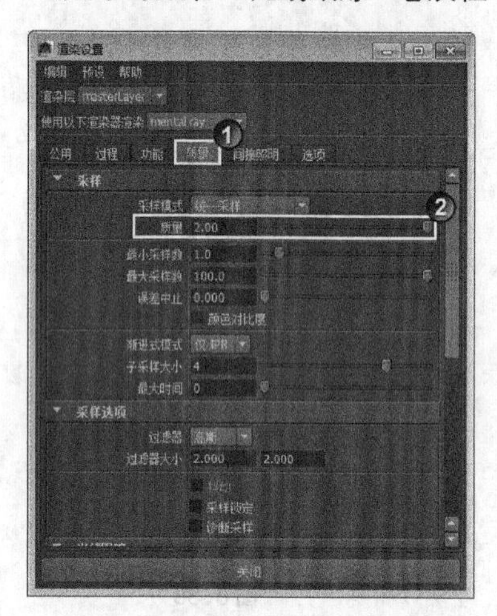

图 6-43

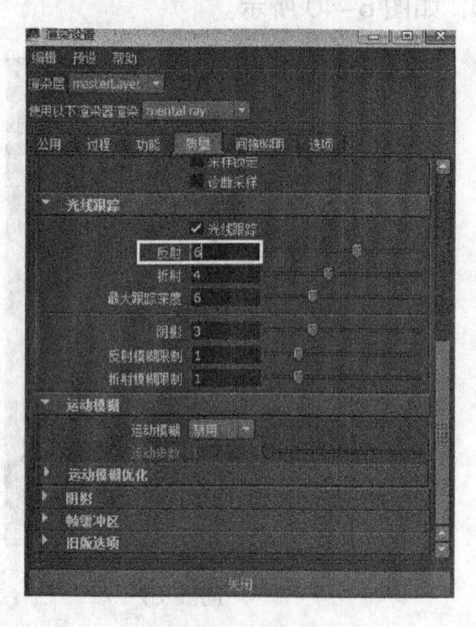

图 6-44

（10）打开“渲染视图”对话框，然后渲染摄影机视角，效果如图 6-45 所示。

图 6-45

技术反馈

本例通过渲染室内场景，来掌握“全局照明”功能的使用方法。在封闭的空间内，“全局照明”功能可以通过光子反弹照亮环境。在有限的灯光环境下，如果不使用该功能，场景中的背光面很难被照亮。

6.4 用 Mental Ray 渲染器制作焦散

场景位置	Scene>CH06>F3>F3.mb	扫描观看视频!
实例位置	Example>CH06>F3>F3.mb	
学习目标	学习“焦散”功能的使用方法	

案例引导

本例中的对象主要由玻璃器皿构成。在现实生活中，物体在反射或折射光线后会产生焦散现象，如图 6-46 所示。

Mental Ray 渲染器具有“焦散”功能，能够模拟现实世界中的焦散效果。在“渲染设置”对话框中，选择“间接照明”选项卡，然后在“焦散”卷展栏下可以激活“焦散”功能，如图 6-47 所示。

图 6-46

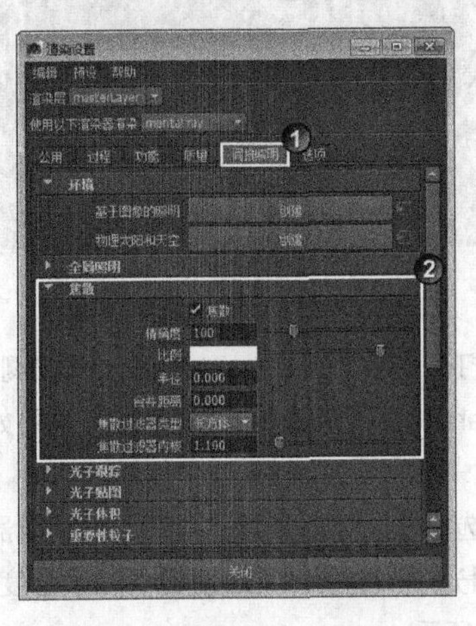

图 6-47

制作演示

（1）打开学习资源中的 Scene>CH06>F3>F3.mb 文件，场景中有若干个模型、一个摄影机以及 HDR 环境贴图，如图 6-48 所示。

（2）创建一盏聚光灯，然后在“通道盒 / 层编辑器”面板中设置“平移 X”为 134.571、“平移 Y”为 125.662、“平移 Z”为 24.837、“旋转 X”为 -39.203、“旋转 Y”为 79.592、“缩放 X/Y/Z”均为 60.402，如图 6-49 所示。

图 6-48

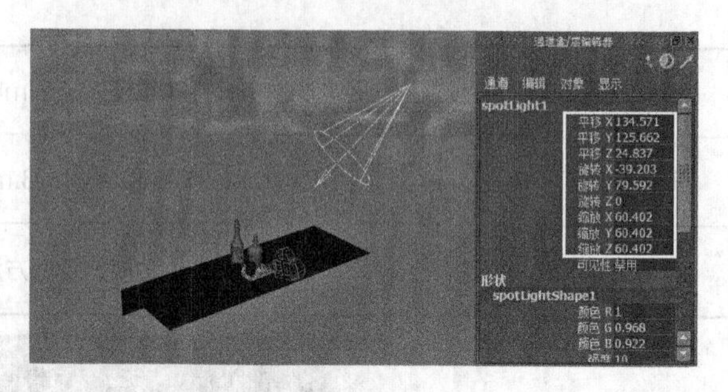

图 6-49

（3）选择聚光灯，然后打开“属性编辑器”面板，接着在“聚光灯属性”卷展栏下设置“颜色”为（R:255，G:247，B:235）、“强度”为 10、“半影角度”为 20，如图 6-50 所示。最后在“阴影 > 光线跟踪阴影属性”卷展栏下设置“灯光半径”为 20、“阴影光线数”为 10，如图 6-51 所示。

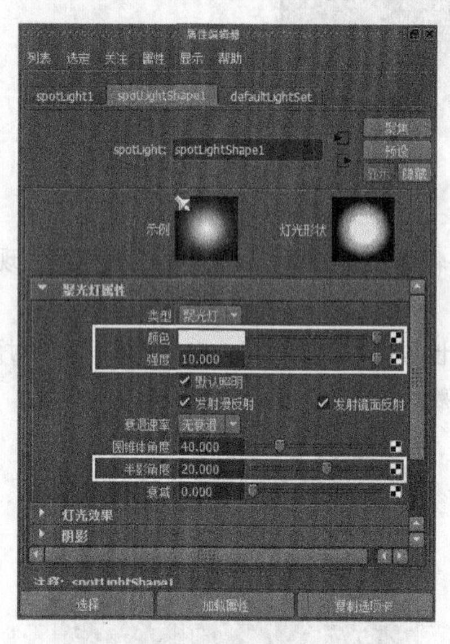

图 6-50

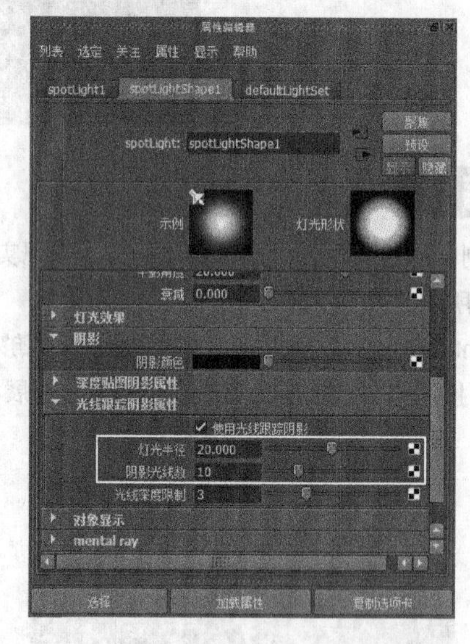

图 6-51

（4）打开“渲染视图”对话框，设置测试分辨率为 50%、渲染器为 Mental Ray，然后执行“渲染 > 渲染 >camera1”渲染摄影机视角，效果如图 6-52 所示。由图可见，图像的质量较低，而且没有焦散效果。

（5）选择聚光灯，然后打开“属性编辑器”面板，接着在“Mental Ray> 焦散和全局照明”卷展栏下选择“发射光子”选项，最后设置“光子密度”为 300 000、“指数”为 1.35、“焦散光子”为 2 000 000，如图 6-53 所示。

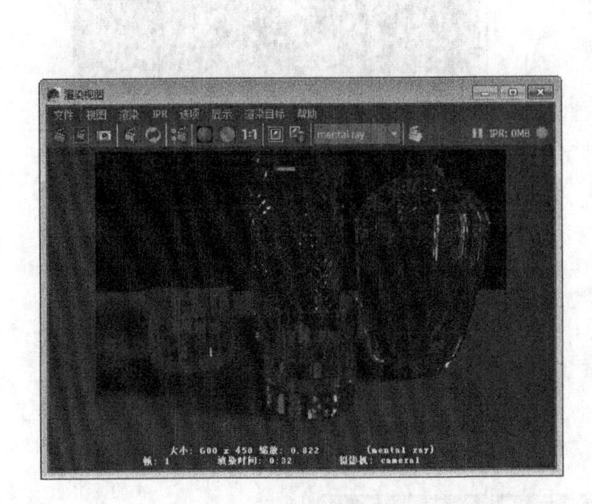

图6-52

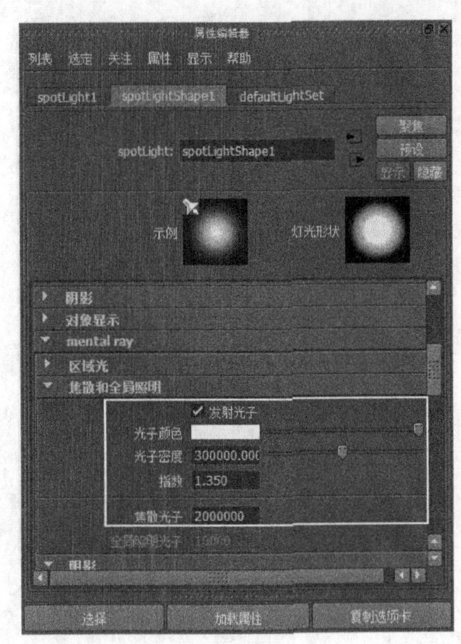

图6-53

（6）打开“渲染设置”对话框，然后选“间接照明”选项卡，然后在“焦散”卷展栏下选择“焦散”选项，接着设置“半径”为0.1，如图6-54所示。

（7）打开“渲染视图”对话框，然后渲染摄影机视角，效果如图6-55所示。由图可见，场景中产生了运动焦散效果，但画面质量过低。

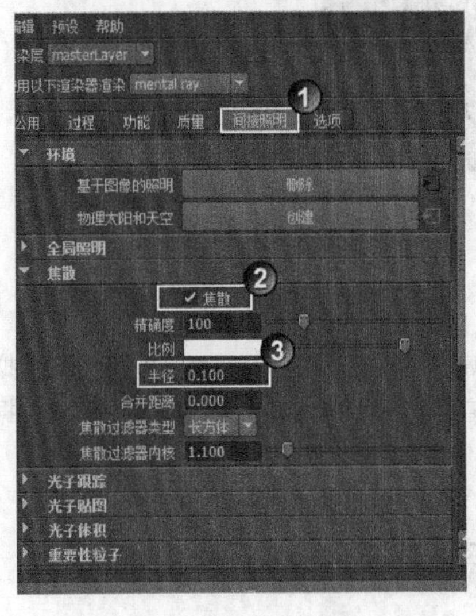

图6-54

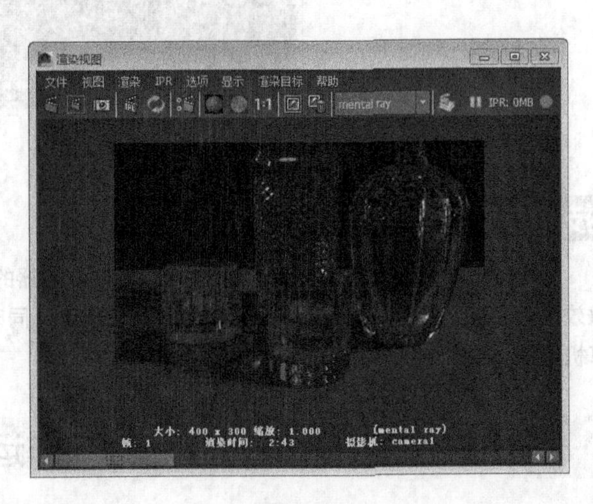

图6-55

（8）打开“渲染设置”对话框，然后选择“质量”选项卡，接着在“采样”卷展栏下设置“质量”为2，如图6-56所示。最后在“光线跟踪”卷展栏下设置“反射”为8、“折射”为8、“最大跟踪深度”为12、“阴影”为8、“反射模糊限制”为8、“折射模糊限制”为8，如图6-57所示。

（9）打开“渲染视图”对话框，然后渲染摄影机视角，效果如图6-58所示。

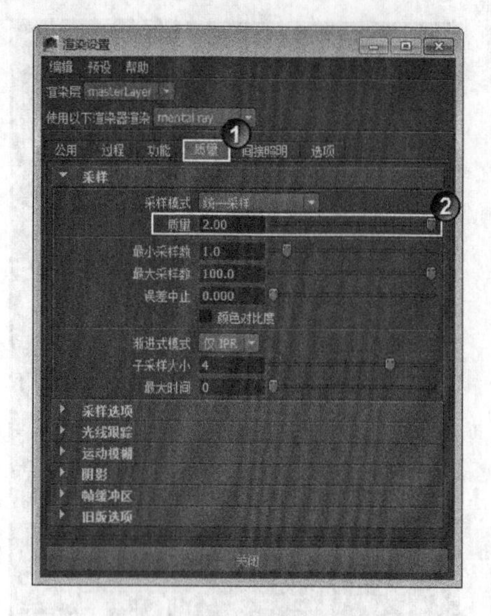

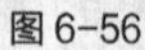

图 6-56

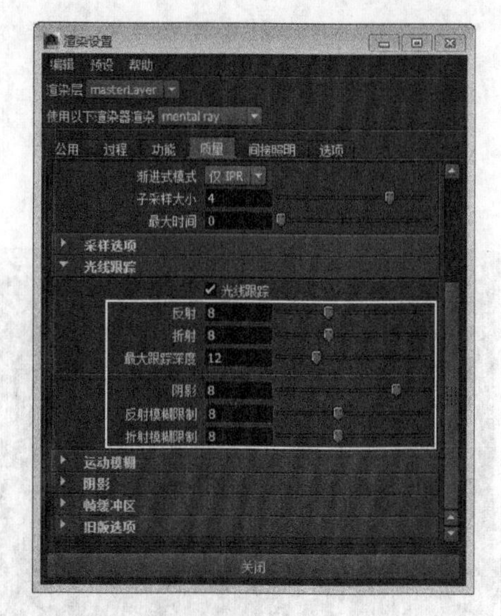

图 6-57

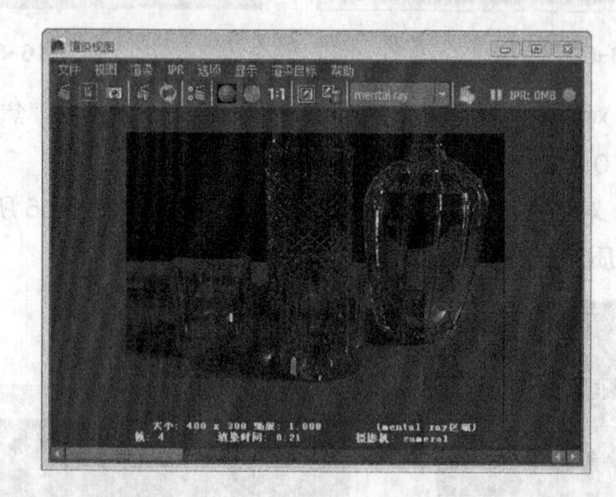

图 6-58

技术反馈

本例通过制作焦散效果，来掌握 Mental Ray 渲染器的焦散功能。在使用 Mental Ray 渲染器模拟焦散效果时，灯光发射的光子越多，焦散的效果越细腻，同时渲染的时间越久越长，因此建议读者根据计算机性能，适当地设置“焦散光子”属性。

6.5 用 Mental Ray 渲染器制作运动模糊

场景位置	Scene>CH06>F4>F4.mb	扫描观看视频！
实例位置	Example>CH06>F4>F4.mb	
学习目标	学习“运动模糊”功能的使用方法	

案例引导

本例中的运动模糊效果，是由于物体高速运动后产生的效果，使用 Mental Ray 渲染器可以模拟这一效果。在“渲染设置”对话框中，选择“质量”选项卡，然后在“运动模糊”卷展栏下可以激活“运动模糊”功能，如图 6-59 所示。

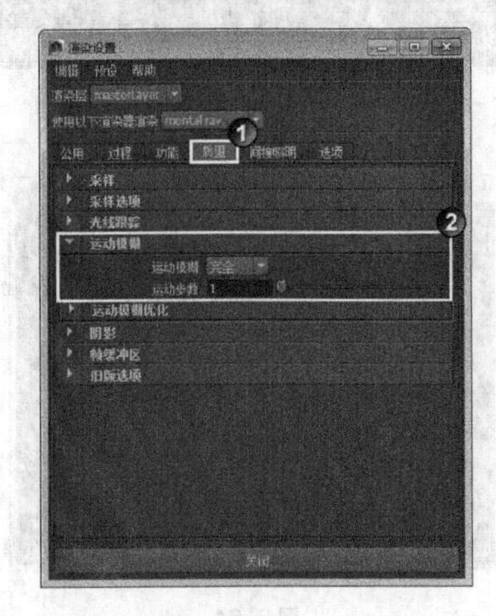

图 6-59

制作演示

（1）打开学习资源中的 Scene>CH06>F4>F4.mb 文件，场景中有汽车模型、灯光以及摄影机，如图 6-60 所示。

（2）在工作区中，执行“面板 > 透视 >camera1”命令，将画面切换到摄影机的视角，如图 6-61 所示。然后在动画控制区中单击“向前播放”按钮▶，可以看到汽车模型有动画效果，如图 6-62 所示。

图 6-60

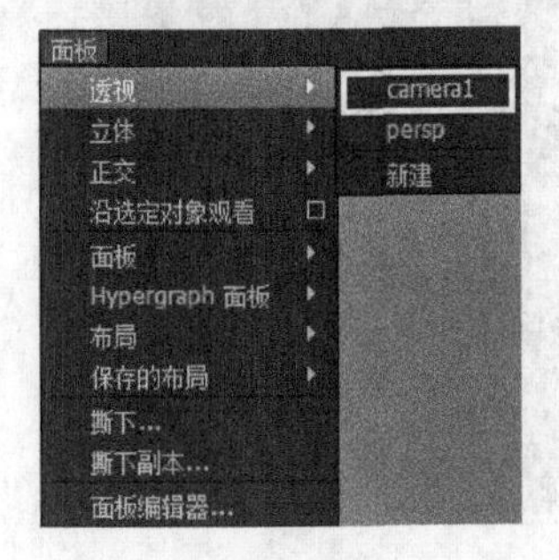

图 6-61

图 6-62

（3）在时间轴上，将光标移至第 4 帧处，然后单击鼠标左键，使当前帧为第 4 帧，如图 6-63 所示。接着打开“渲染视图”对话框，设置测试分辨率为 50%、渲染器为 Mental Ray，然后执行“渲染 > 渲染 >camera1”渲染摄影机视角，效果如图 6-64 所示。

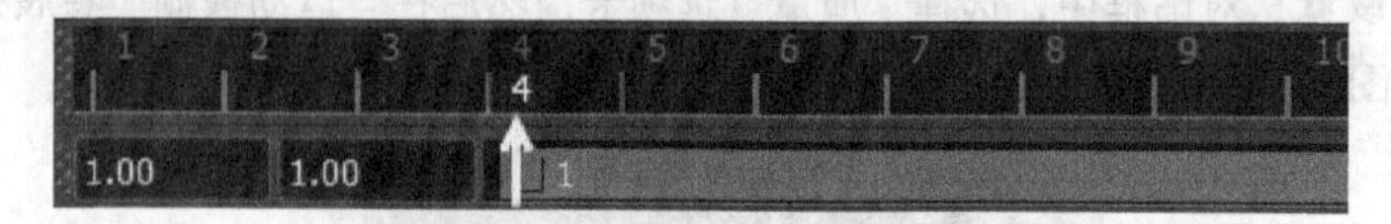

图 6-63

图 6-64

（4）打开“渲染设置”对话框，然后选择“质量”选项卡，接着在“运动模糊”卷展栏下设置“运动模糊”为“完全”，“运动步数”为 5，如图 6-65 所示。

（5）打开“渲染视图”对话框，然后渲染摄影机视角，效果如图 6-66 所示。由图可见，汽车产生了运动模糊效果，但画面质量过低。

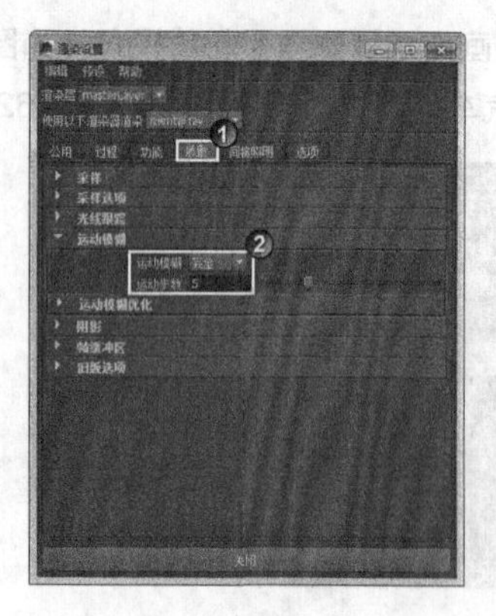

图 6-65

图 6-66

（6）打开“渲染设置”对话框，然后在“采样”卷展栏下设置“质量”为 2，如图 6-67 所示。接着在“光线跟踪”卷展栏下设置“反射”为 8、“折射”为 8、“最大跟踪深度”为 12，如图 6-68 所示。

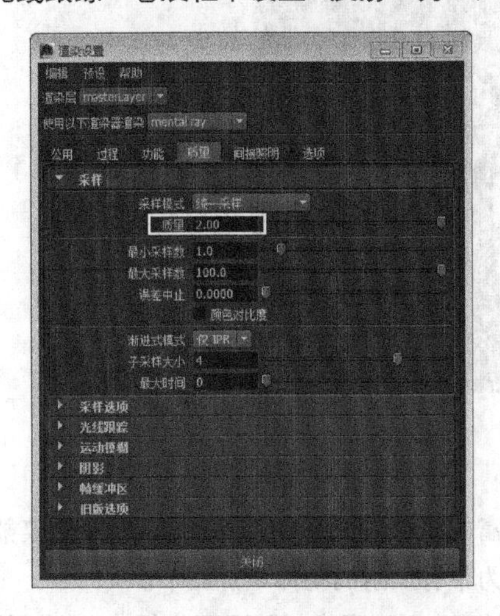

图 6-67

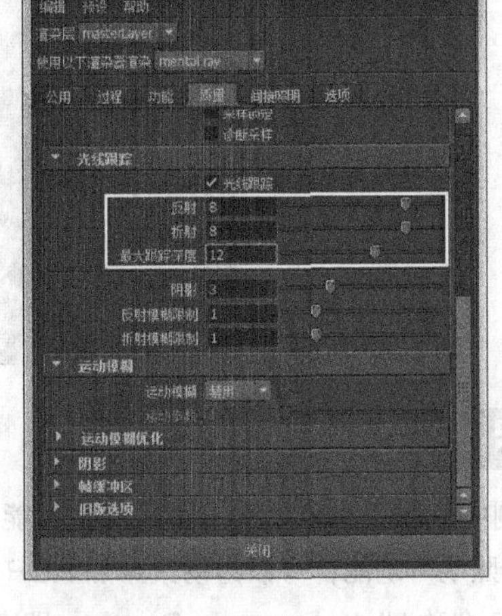

图 6-68

（7）打开“渲染视图”对话框，然后渲染摄影机视角，效果如图 6-69 所示。

图 6-69

技术反馈

本例通过学习制作运动模糊效果，使读者掌握 Mental Ray 渲染器的“运动模糊”功能。在制作动画时，为运动物体添加运动模糊效果可以大大增加动画的连贯性和真实感。

6.6 用 Mental Ray 渲染器制作 HDR 环境

场景位置	Scene>CH06>F5>F5.mb	扫描观看视频！
实例位置	Example>CH06>F5>F5.mb	
学习目标	学习“基于图像的照明”功能的使用方法	

案例引导

本例中的场景比较单调，物体表面不能得到一个丰富的反射效果。使用 Mental Ray 渲染器的“基于图像的照明”功能，可以为场景添加 HDR 环境贴图，为带有反射的物体增加细节。

HDR 全称 High-Dynamic Range，即高动态范围图像。HDR 图像与普通图像相比，可以提供更多的动态范围和图像细节，根据不同的曝光时间的 LDR(Low-Dynamic Range) 图像，利用每个曝光时间相对应最佳细节的 LDR 图像来合成最终 HDR 图像，能够更好地反映出真实环境中的视觉效果。

制作演示

（1）打开学习资源中的 Scene>CH06>F5>F5.mb，场景中有一组静物，如图 6-70 所示。

（2）打开“渲染视图”对话框，然后切换到 Mental Ray 渲染器，接着执行“渲染 > 渲染 >camera1”命令，效果如图 6-71 所示。由于场景过于单调，使玻璃瓶上没有反射的细节。

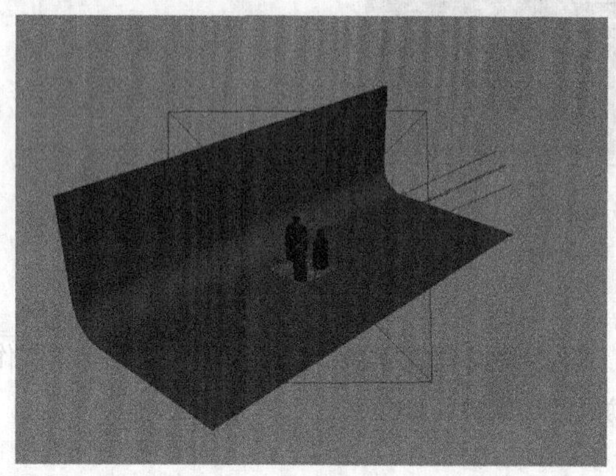

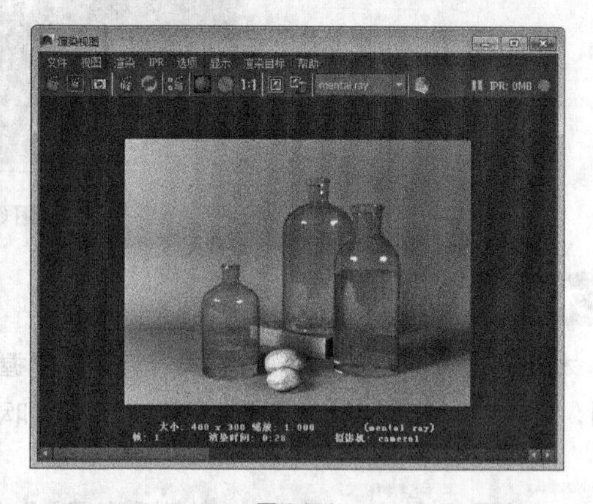

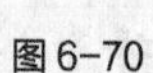

图 6-70

图 6-71

（3）打开“渲染设置”对话框，然后选择“间接照明”选项卡，接着单击“基于图像的照明”后面的“创建”按钮，如图 6-72 所示。最后在“属性编辑器”面板中加载学习资源中的 Example>CH06>F5>007.hdr 文件，如图 6-73 所示。

（4）加载完成后，场景中会出现一个环境球，如图 6-74 所示。打开“渲染视图”对话框，然后渲染 camera1 的视角，效果如图 6-75 所示。因为环境球的作用，玻璃瓶就有了 HDR 图像的反射效果。

（5）选择环境球并旋转，如图 6-76 所示。打开“渲染视图”对话框，然后渲染 camera1 的视角，效果如图 6-77 所示。玻璃瓶上的反射效果随着环境球的变化而变化。

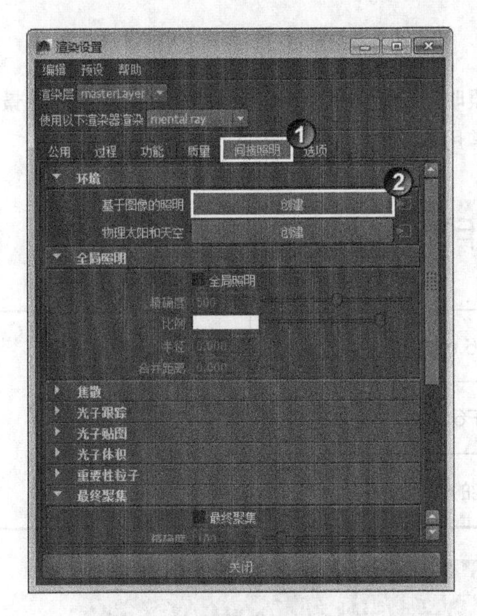

图 6-72

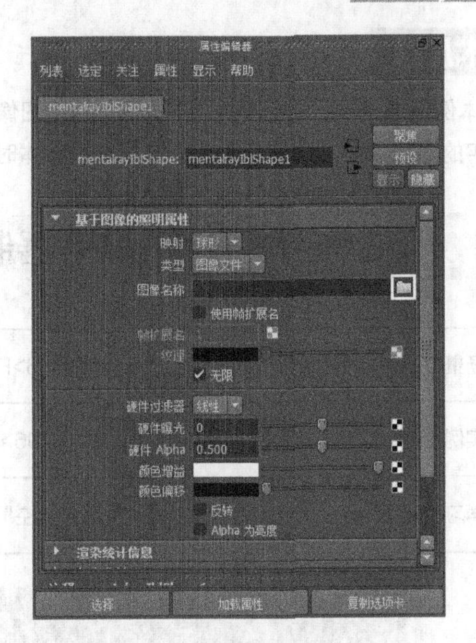

图 6-73

图 6-74

图 6-75

图 6-76

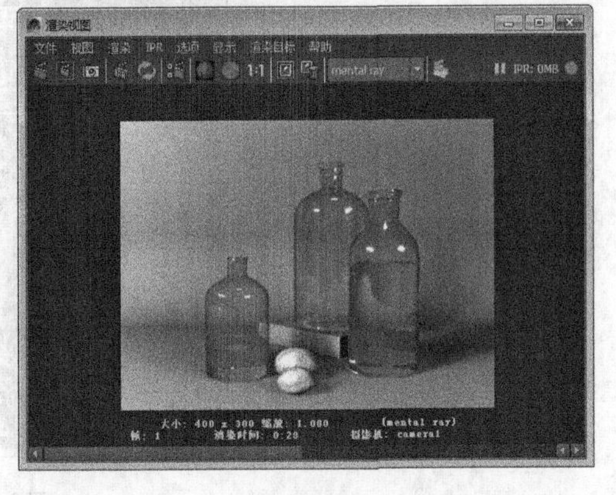

图 6-77

技术反馈

本例通过制作 HDR 环境，来掌握“基于图像的照明”功能的使用方法。HDR 贴图可以为场景模拟出真实的环境效果，在渲染具有反射效果的物体时经常用到。

6.7 用 Mental Ray 渲染器制作物理天空

场景位置	Scene>CH06>F6>F6.mb	扫描观看视频！
实例位置	Example>CH06>F6>F6.mb	
学习目标	学习“物理太阳和天空”功能的使用方法	

案例引导

本例中的物理天空效果，是通过 Mental Ray 渲染器模拟出现实世界中的太阳光照和天空的效果。“物理太阳和天空”功能可以模拟出一天中不同时段的太阳光照和天空的效果。在“渲染设置”对话框中，选择“间接照明”选项卡，然后在“环境”卷展栏下可以激活“物理太阳和天空”功能，如图 6-78 所示。

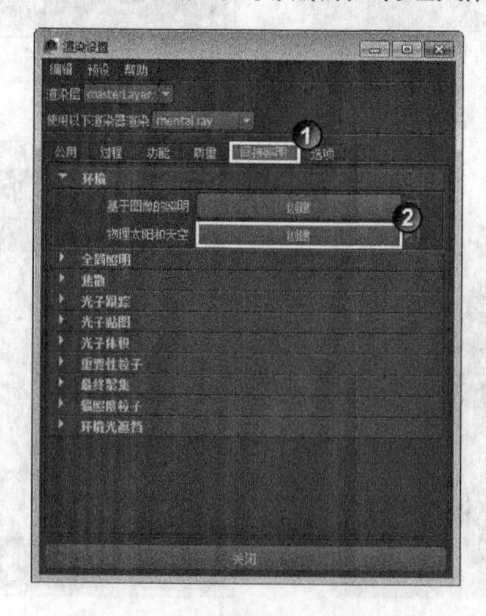

图 6-78

制作演示

（1）打开学习资源中的 Scene>CH06>F6>F6.mb，场景中有一个废墟建筑模型，如图 6-79 所示。

（2）打开“渲染视图”对话框，设置测试分辨率为 50%、渲染器为 Mental Ray，然后执行“渲染 > 渲染 >camera1”渲染摄影机视角，效果如图 6-80 所示。（由图可见，场景只有默认的灯光效果）

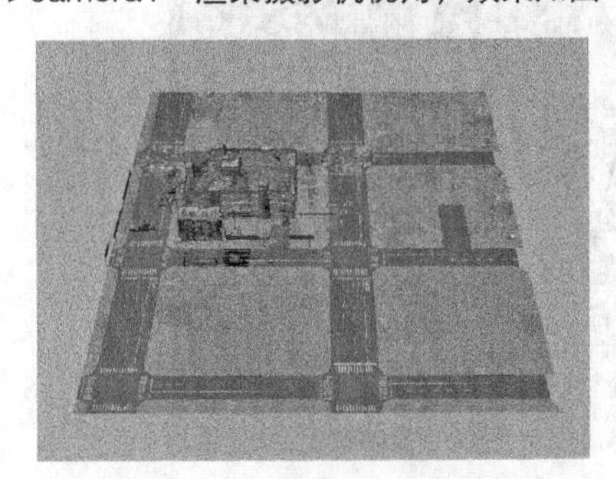

图 6-79

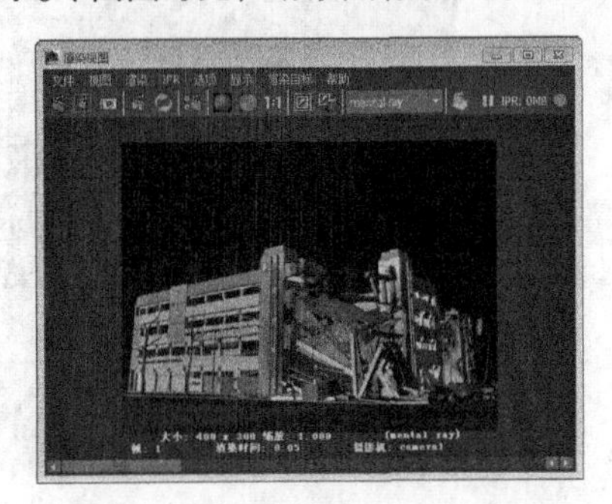

图 6-80

（3）打开“渲染设置”对话框，然后选择“间接照明”选项卡，接着在“环境”卷展栏下单击“物理太阳和天空”后面的“创建”按钮，如图 6-81 所示。此时，场景中会自动生成一盏平行光，如图 6-82 所示。

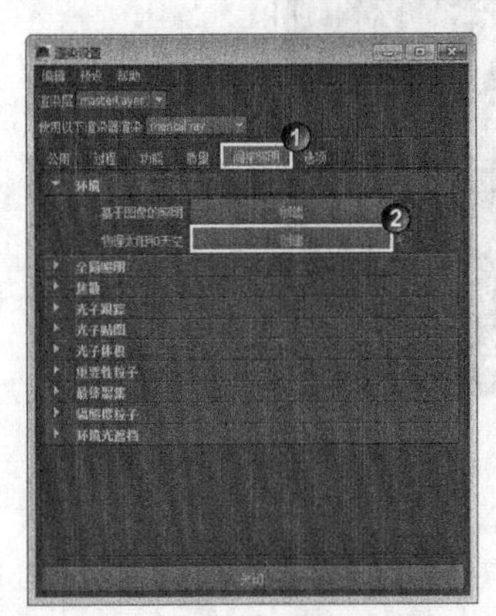

图 6-81

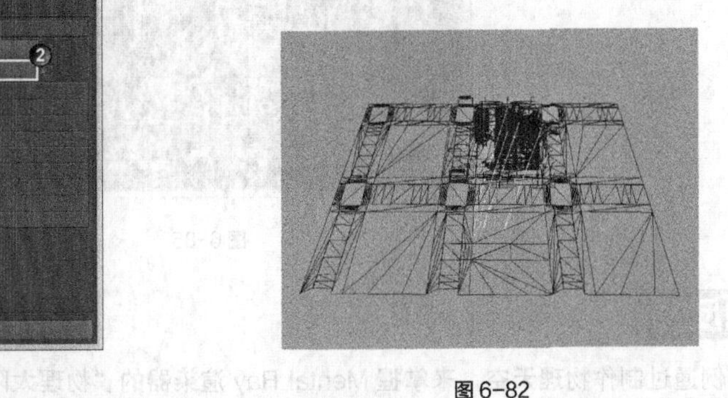

图 6-82

（4）打开“渲染视图”对话框，然后渲染摄影机视角，效果如图 6-83 所示。由图可见，场景中有了照明效果，并且背景出现了天空。

图 6-83

（5）选择平行光，然后在“通道盒/层编辑器”面板中设置“旋转 X”为 -20.006、“旋转 Y”为 -21.337、“旋转 Z”为 29.766、“缩放 X/Y/Z”均为 56.482，如图 6-84 所示。接着打开“渲染视图”对话框，然后渲染摄影机视角，效果如图 6-85 所示。

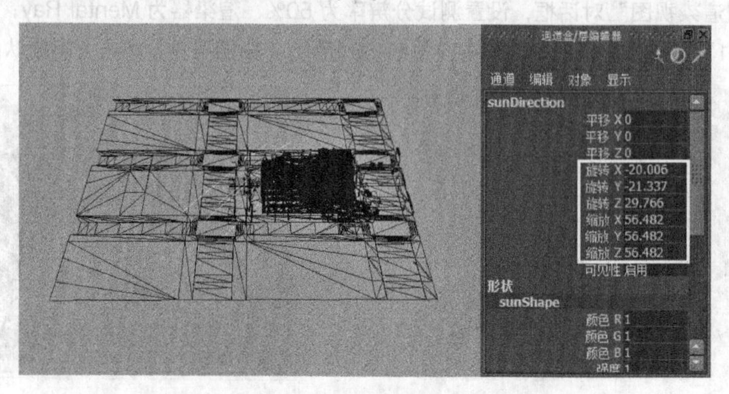

图 6-84

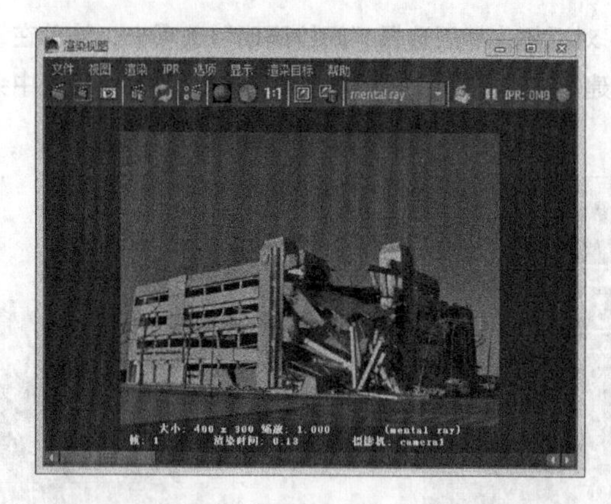

图 6-85

技术反馈

本例通过制作物理天空，来掌握 Mental Ray 渲染器的“物理太阳和天空”功能。使用该功能，可以逼真地模拟出现实世界中的太阳光照和天空环境，在激活该功能后，用户只需要调整灯光的方向，就可以快速模拟任一时段的太阳光照和天空环境。

6.8 综合练习：制作高速飞行效果

场景位置	Scene>CH06>F7>F7.mb	扫描观看视频！
实例位置	Example>CH06>F7>F7.mb	
学习目标	掌握运动模糊功能的设置技巧	

案例引导

本例高速飞行效果，是通过“运动模糊”功能来实现的。Mental Ray 渲染器的“运动模糊”是一个实用的功能，但是会耗费大量的渲染时间。在制作运动模糊效果过时，可以先用低质量的效果进行预览，当效果达到要求后再提高质量。

制作演示

（1）打开学习资源中的 Scene>CH06>F7>F7.mb，场景中有一个战斗机模型，如图 6-86 所示。

（2）播放当前动画，战斗机沿曲线运动，如图 6-87 所示。

图 6-86

图 6-87

（3）打开“渲染视图”对话框，然后设置渲染器为 mental ray，接着执行“渲染 > 渲染 >camera1”命令，效果如图 6-88 所示。由于没有运动模糊，因此看不出飞机的高速运动效果。

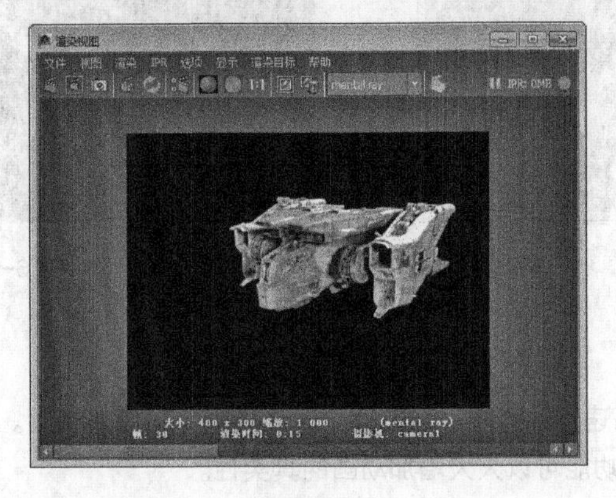

图 6-88

（4）打开“渲染设置”对话框，然后选择“质量”选项卡，接着在“运动模糊”卷展栏下设置“运动模糊”为“完全”“运动步数”为 5，如图 6-89 所示。

（5）打开“渲染视图”对话框，接着渲染 camera1 视角，效果如图 6-90 所示。战斗机有了运动模糊效果，显得更加动感、逼真。

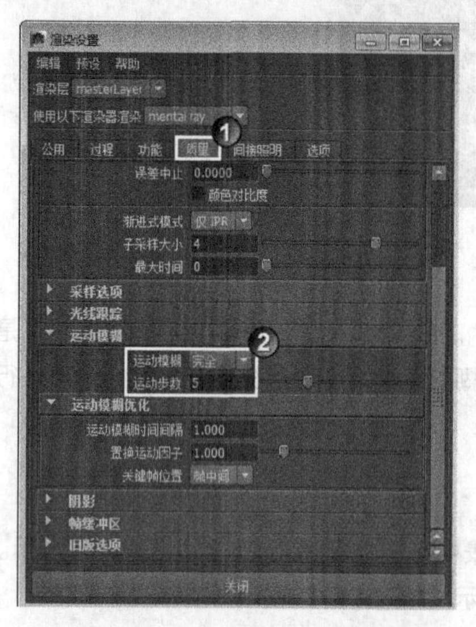

图 6-89

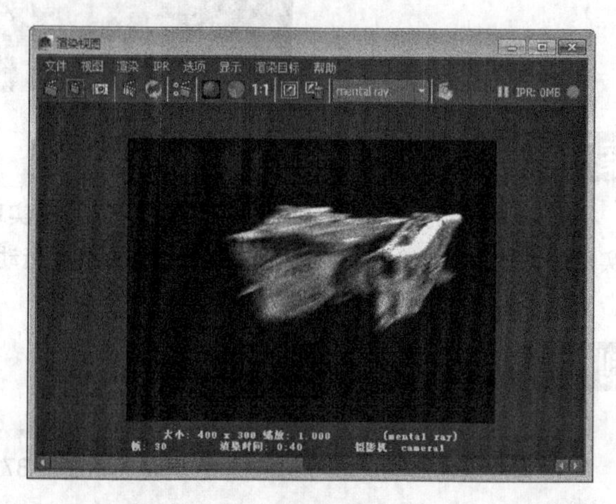

图 6-90

（6）打开“渲染设置”对话框，然后在“采样”卷展栏下设置“质量”为 2，如图 6-91 所示。接着渲染摄影机视角，效果如图 6-92 所示。提高质量后的运动模糊效果会显得更加细腻。

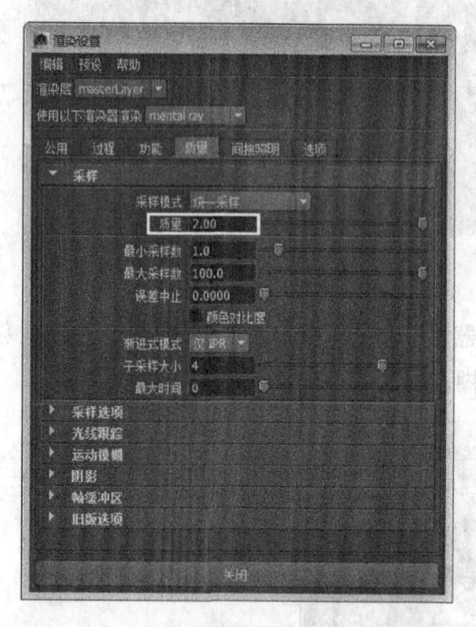

图 6-91

图 6-92

技术反馈

本例通过制作战斗机高速运动效果，来掌握“运动模糊”功能的使用。运动模糊是动画中经常使用的一种功能，适当地使用该功能可以大大增加动画的真实性。

Chapter 7

第7章 动　画

Maya之所以被广泛地用于影视广告，角色动画，电影特技等领域，就是因为其拥有强大的动画功能，无论是制作角色动画，还是制作物理仿真动画，Maya都能轻松完成用户的需求。本章主要介绍变形器、骨架、关键帧、路径动画等动画知识，这些知识较为简单，但是在制作动画的过程中经常用到。通过对本章的学习，读者可以完成变形效果、设置骨架、蒙皮绑定、关键帧动画以及路径动画等，还可以根据所学知识，进一步拓展，通过多种动画效果的组合使用，完成更为复杂的动画效果。

本章学习要点

- 掌握变形器的使用方法
- 掌握骨架的创建与编辑方法
- 掌握蒙皮的方法
- 掌握关键帧动画的制作方法
- 掌握路径动画的制作方法

7.1 动画简介

由于眼睛具有视觉残留效应，因此通过连续播放静止的画面，就能让人看到真实的运动效果，这就是动画最基本的原理。根据科学研究表明，以每秒 24 帧的画面匀速播放，就能产生逼真的动画效果。

在动画软件中，动画的制作过程被简化，动画制作人员不需要为每一帧制作一个动作，只需要在特定的时间里制作关键动作，计算机就会计算出中间的动作。图 7-1 所示为一系列关键动作，而中间缺失的过渡动作，Maya 会控制计算机完成。

图 7-1

在三维世界里凡是能表现出动态效果的行为，都可以称之为动画。一台摄影机的运动可以叫动画，一个人物奔跑也可以叫动画，因此动画的范畴相当广泛。

Maya 之所为能广泛地应用于三维动画领域，正是因为其强大的动画系统。从绑定到动画，Maya 都能轻松驾驭，不仅如此 Maya 的动力学模块也是一大杀手锏，能够模拟各种动力学特效动画，满足不同用户的需求。

Maya 的动画功能，基本上都集中在“动画”模块，切换到“动画”模块后，菜单栏多了“动画”“几何缓存”“创建变形器”“编辑变形器”“骨架”“蒙皮”“约束”以及“角色”8 个菜单，如图 7-2 所示。

动画　几何缓存　创建变形器　编辑变形器　骨架　蒙皮　约束　角色

图 7-2

7.1.1 Maya 的动画类型

Maya 提供了很多动画效果，例如关键帧动画、路径动画、约束动画、变形器动画、骨骼动画和粒子动画等。为了便于读者理解 Maya 中的动画效果，这里将动画分为模型动画和特效动画。

模型动画主要通过对模型设置特定运动达到的动画效果，例如人物动作或者表情动画等，如图 7-3 和图 7-4 所示。模型动画是一种制作较为繁琐的动画类型，需要动画制作者了解运动规律，手动为角色制作每一个关键动作。

图 7-3

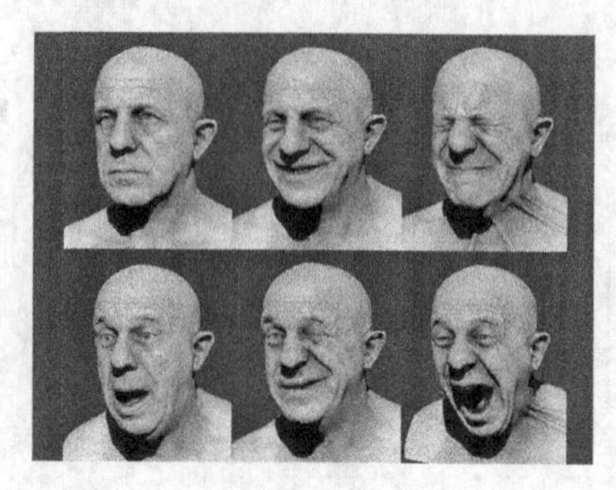

图 7-4

特效动画主要是模拟一系列自然现象的动画，例如物体间的碰撞或者爆炸时的浓烟，如图7–5和图7–6所示。特效动画主要是根据物理学知识，利用计算机将一些数据量巨大的运动效果计算出来，可以说特效动画就是自然现象仿真的动画。由于特效动画的知识点较多，并且有别于模型动画，因此本章不作过多介绍，关于特效动画的内容可参阅第8章。

图7–5

图7–6

无论哪一种动画，都可以在现实世界中找到相应的依据，我们可以通过观察现实中的物体运动，来了解动画的规律，而不是光凭想象来制作动画。

7.1.2 骨架的作用

在现实世界中，动物地运动主要是通过肌肉来完成，肌肉提供动力带动骨架（脊椎动物）使动物完成一个动作。而在三维世界中却有很大不同，动物运动是通过骨架运动，从而带动相关的肌肉（如果是机械运动就省略掉肌肉环节），因此骨架在三维动画中显得尤为重要。图7–7和图7–8所示为在Maya中通过骨架完成的动画效果。

图7–7

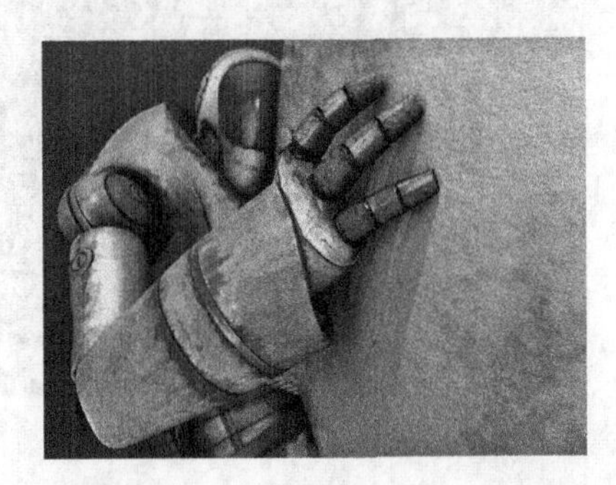

图7–8

很多物体运动并不是一个简单的动作，可能会是很多部分参与完成一个动作，因此需要为物体创建一套合适的骨架。图7–9所示为Maya中的骨架，每一段骨架都是通过关节连接。

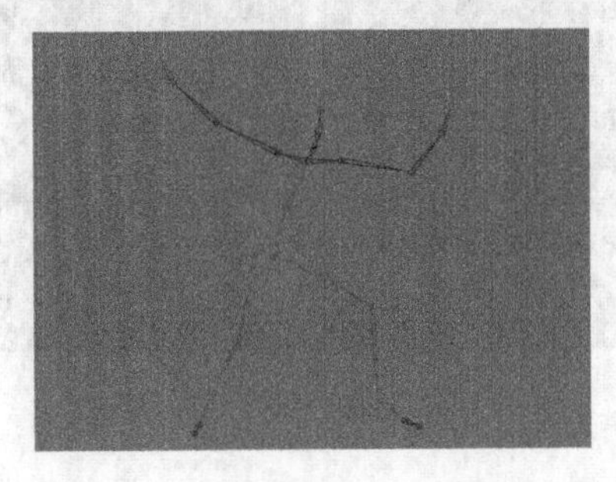

图7–9

在 Maya 中，通常会为一些需要完成复杂运动的物体创建骨架，图 7–10 和图 7–11 所示的是生物和机械模型，通过骨架绑定后，可以快速地完成一系列复杂的动作。

图 7–10

图 7–11

7.1.3 蒙皮的作用

在 Maya 中完成模型和相应骨架后，两种对象相互独立、互不影响。为了让骨架驱动模型产生运动，这时需要通过蒙皮这一操作将模型关联到骨架上。图 7–12 所示为蒙皮前后的效果，由图可见，未蒙皮的模型不受骨架支配，而蒙皮过后的模型，可以根据骨架运动。另外，选择骨架，然后用线框模式显示观察模型，如图 7–13 所示。由图可见，蒙皮前模型线框呈蓝色，说明模型为收到骨架的影响，而蒙皮后模型线框呈品红色，说明模型已受到骨架的影响。

图 7–12

图 7–13

7.2 用晶格命令调整模型风外形

场景位置	Scene>CH07>G1>G1.mb	扫描观看视频！
实例位置	Example>CH07>G1>G1.mb	
学习目标	学习“晶格”命令的使用方法	

案例引导

本例中的角色初始情况下是一个写实风格的模型，可以通过使用晶格来调整角色的外形，使角色变为卡通风格。晶格是一种变形器工具，可以快速地调整使用对象的外形，经常用于建模和变形动画，单击“创建变形器 > 晶格”菜单命令后面的□按钮，可以打开“晶格选项”对话框，如图 7-14 所示。

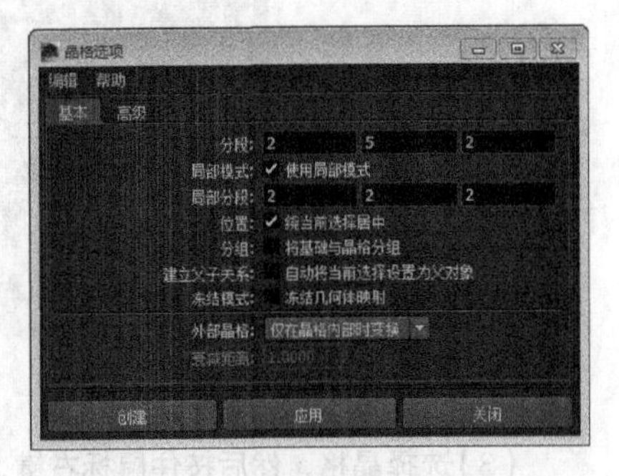

图 7-14

“分段”属性包括 3 个值，分别用来设置 X、Y、Z 方向的分段数，图 7-15 所示为默认分段数的效果。

创建完晶格后，选择晶格控制器，然后按住右键，在打开 Hotbox 菜单中选择“晶格点”命令，修改晶格点可以调整影响对象的外形，如图 7-16 所示。

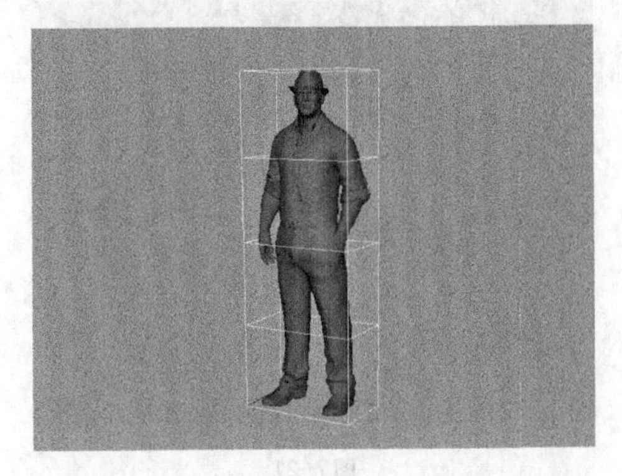

图 7-15

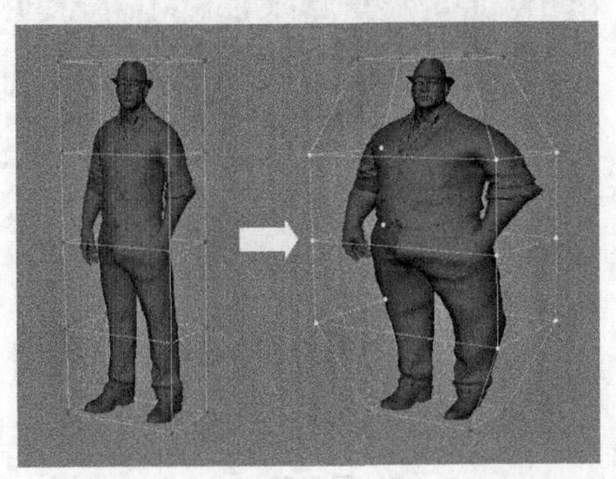

图 7-16

分段数越多，可以控制的细节越多，操作也就越来越麻烦，因此在设置分段数时，一定要结合预期的效果，不能盲目地增加晶格的分段数。

制作演示

（1）打开学习资源文件中的 Scene>CH07>G1>G1.mb 文件，场景中有一个四足动物的骨架，如图 7-17 所示。

（2）选择人物模型，然后执行“创建变形器 > 晶格”菜单命令，如图 7-18 所示。接着在“通道盒 / 层编辑器”中展开 ffd1LatticeShape 节点，设置“T 分段数”为 4，如图 7-19 所示。

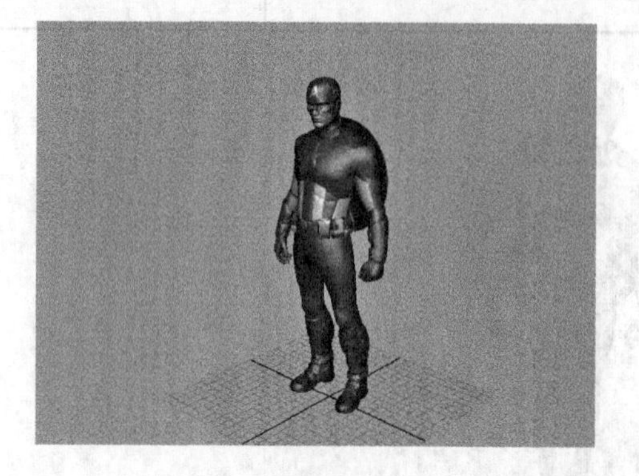

图 7-17

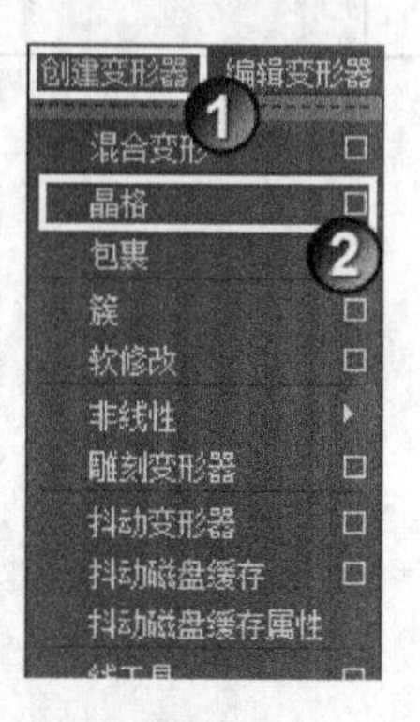

图 7-18

图 7-19

（3）选择晶格，然后按住鼠标右键，在打开的 Hotbox 菜单中选择“晶格点”命令，如图 7-20 所示。接着选择顶部的晶格点，使用“缩放工具”将其放大，如图 7-21 所示。

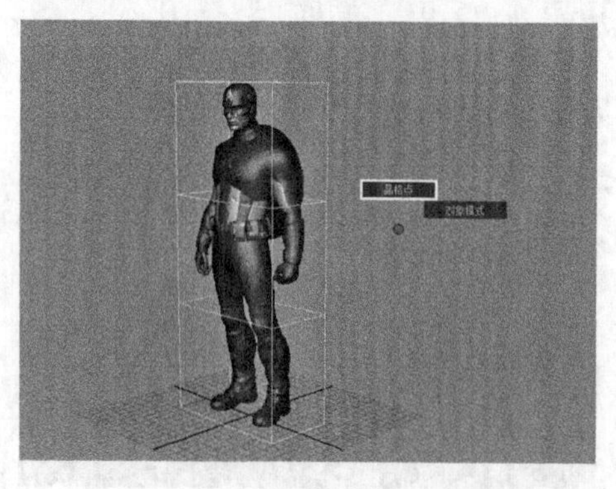

图 7-20

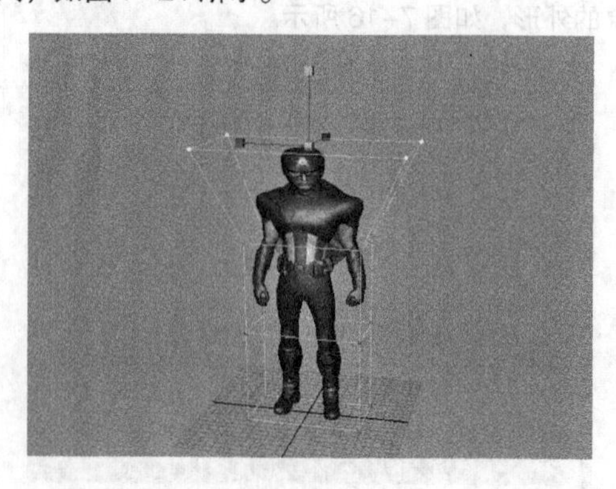

图 7-21

（4）选择第2排的晶格点，然后使用“缩放工具”将其放大，如图7-22所示。接着选择第3排的晶格点，使用“缩放工具”将其缩小，如图7-23所示。最后选择底部的晶格点，使用“缩放工具”将其缩小，如图7-24所示。

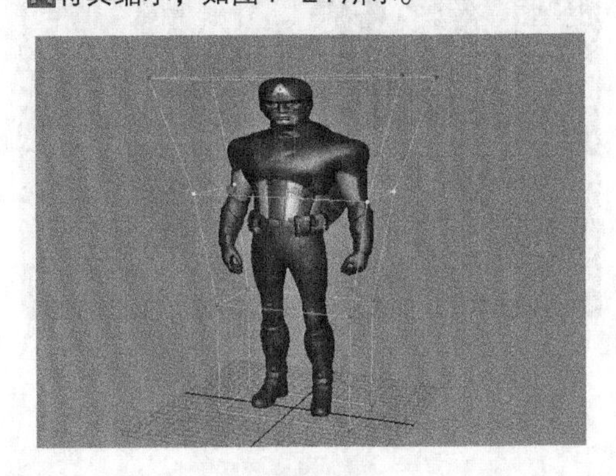

图7-22

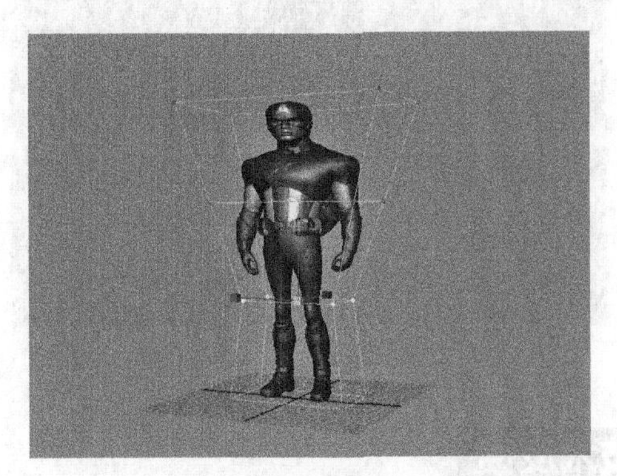

图7-23

（5）由于前面的操作使模型变形严重，因此需要在细节上略微调整。选择底部右侧的晶格点，然后向左拖曳校正头部比例，如图7-25所示。接着选择顶部所有的晶格点并向上拖曳，如图7-26所示。操作完成后删除对象的构建历史，整体效果如图7-27所示。

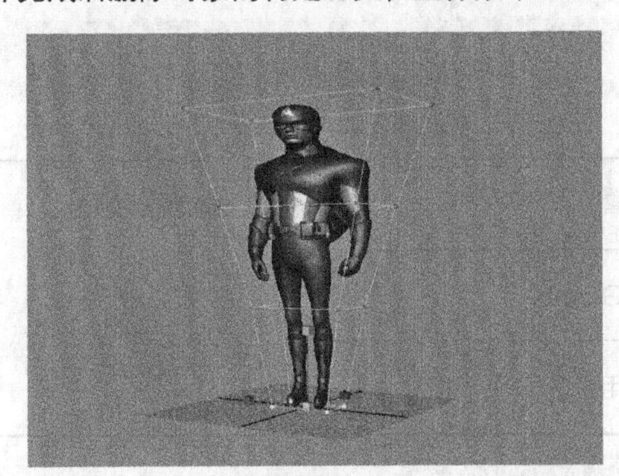

图7-24

图7-25

图7-26

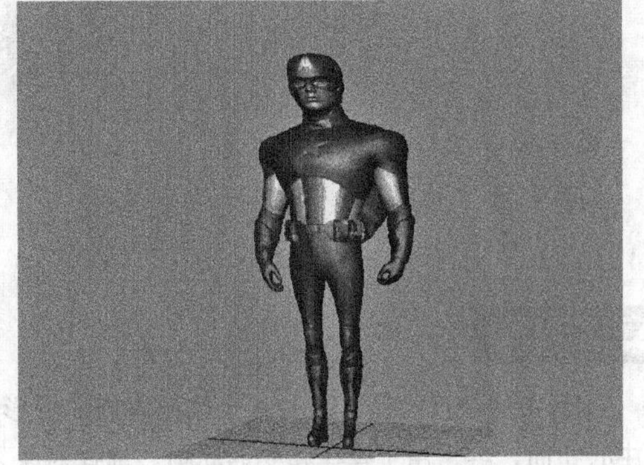

图7-27

（6）选择盾牌模型，然后调整其位置和大小，如图7-28所示。最终效果如图7-29所示。

图 7-28

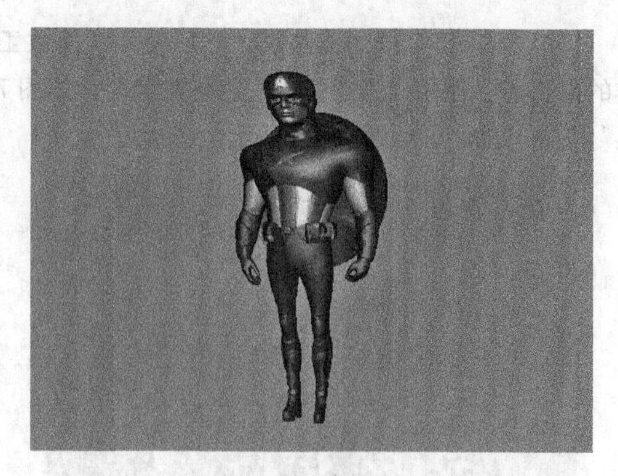

图 7-29

技术反馈

本例通过调整角色的外形，来掌握“晶格”命令的使用方法。该命令在模型制作中，常用于调整大形，对多边形和曲面对象都有效果，建议读者在调整完晶格达到理想效果后，删除作用对象的构建历史。

7.3 用扭曲命令制作绳索

场景位置	无	扫描观看视频！
实例位置	Example>CH07>G2>G2.mb	
学习目标	学习“扭曲”命令的使用方法	

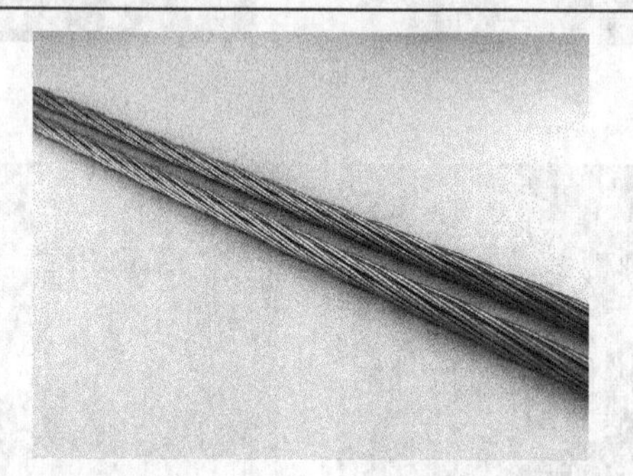

案例引导

本例中的绳索模型，是由 4 个圆柱体扭曲后形成的效果。扭曲是一种变形器工具，可以将作用对象沿中心扭曲，经常用于建模和变形动画。选择对象，然后执行“创建变形器 > 非线性 > 扭曲”菜单命令，作用对象上会增加 twist 节点，如图 7-30 所示。

展开 twist 节点，设置“开始角度”可以调整作用对象的扭曲度，如图 7-31 和图 7-32 所示。“开始角度”和“结束角度”的作用一样都是使作用对象产生扭曲，不同的是这两个属性的作用方向相反。

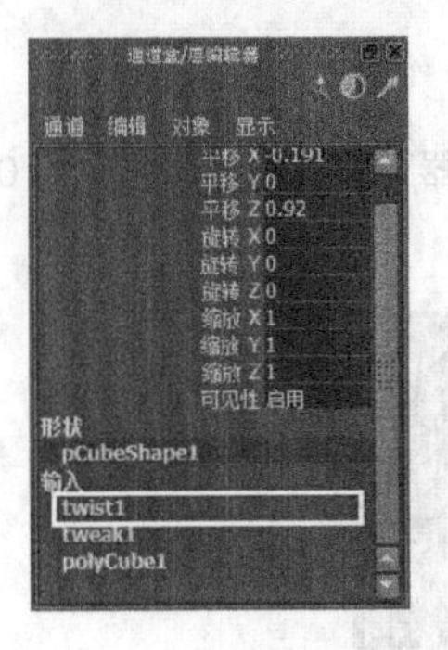

图 7-30

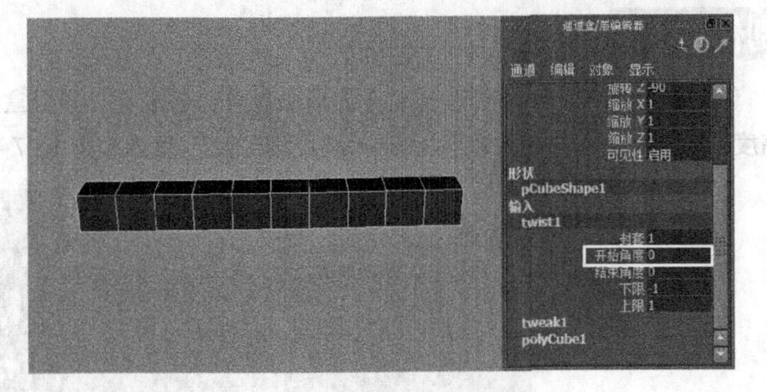

图 7-31

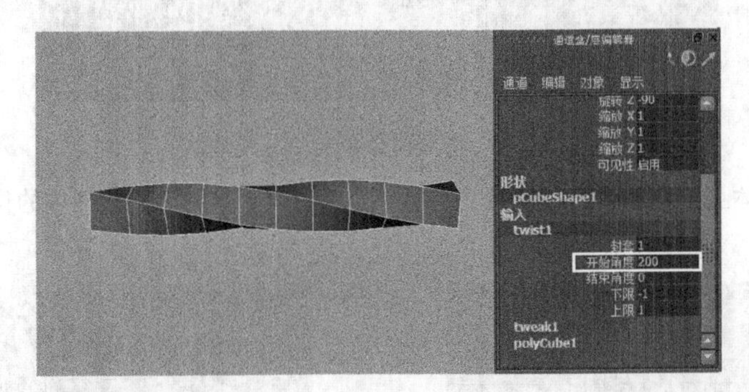

图 7-32

设置“下限”可以调整作用的范围，如图 7-33 和图 7-34 所示。“下限”和“上限”的作用一样都是调整扭曲的作用范围，不同的是这两个属性的作用方向相反。

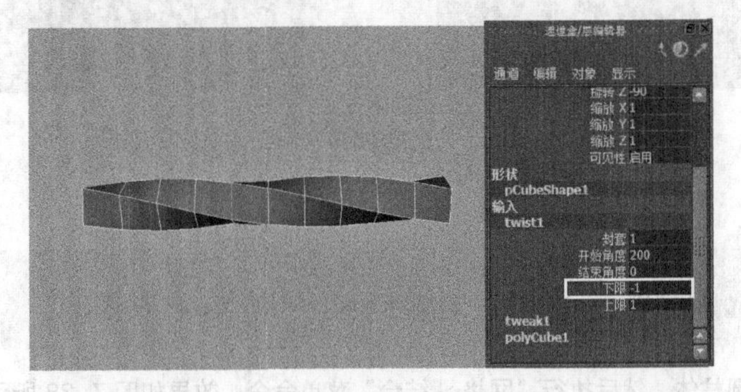

图 7-33

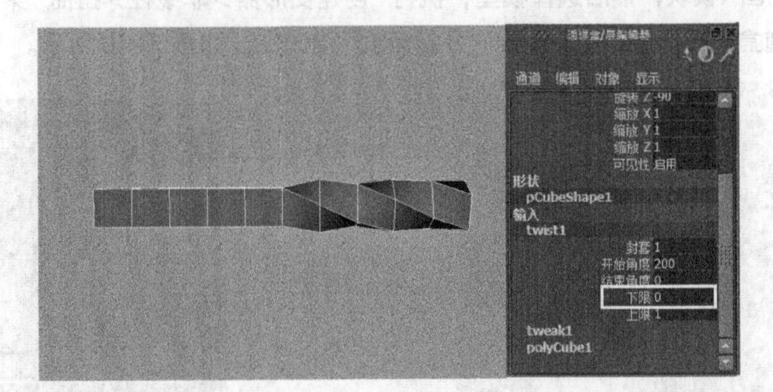

图 7-34

制作演示

（1）新建场景，然后创建一个多边形圆柱体，接着在“通道盒 / 层编辑器”中设置“半径”为 0.65、“高度”为 30、“轴向细分数”为 8、“高度细分数”为 20，如图 7-35 所示。

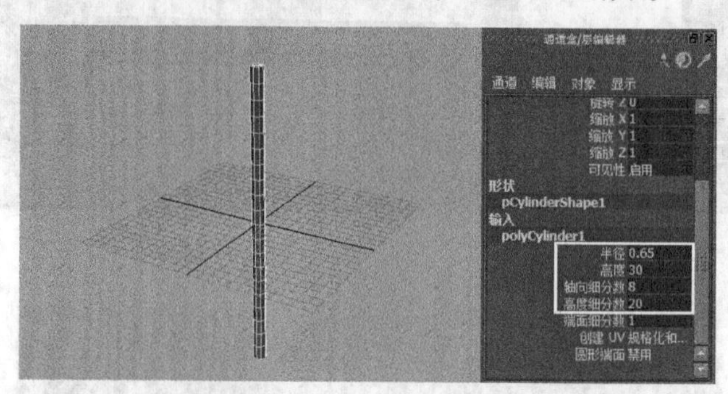

图 7-35

（2）删除圆柱体上下两端的面，然后复制出 3 个圆柱体，接着调整圆柱体的位置，如图 7-36 和图 7-37 所示。

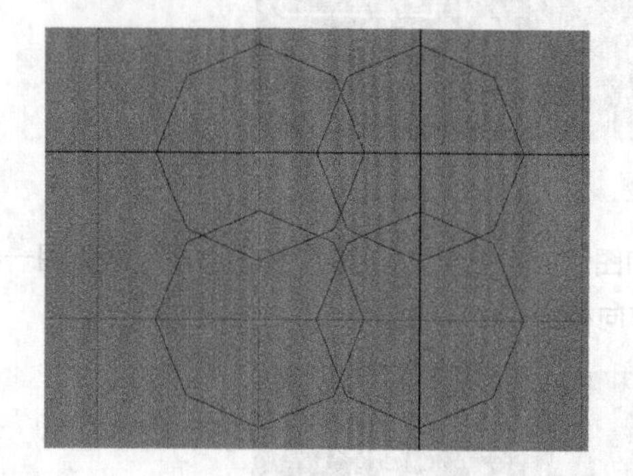

图 7-36

图 7-37

技巧与提示

这里可以使用“捕捉到栅格”工具，将圆柱体捕捉到相邻的四个栅格点上。

（3）选择所有圆柱体，然后执行“网格 > 结合”菜单命令，效果如图 7-38 所示。

（4）切换到“动画”模块，然后选择模型，执行“创建变形器 > 非线性 > 扭曲”菜单命令，如图 7-39 所示。接着在“通道盒 / 层编辑器”中设置“开始角度”为 800，如图 7-40 所示。

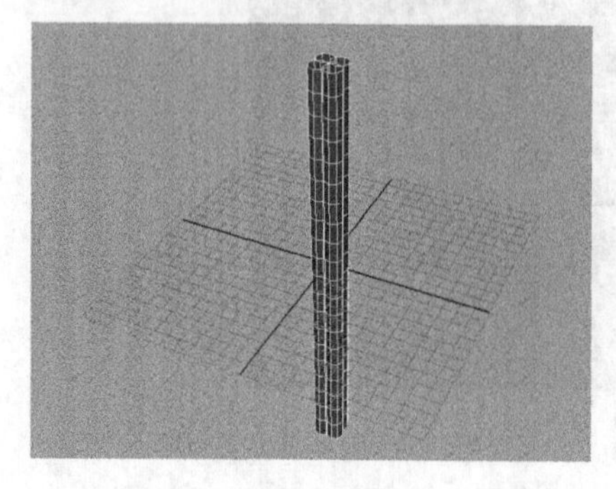

图 7-38

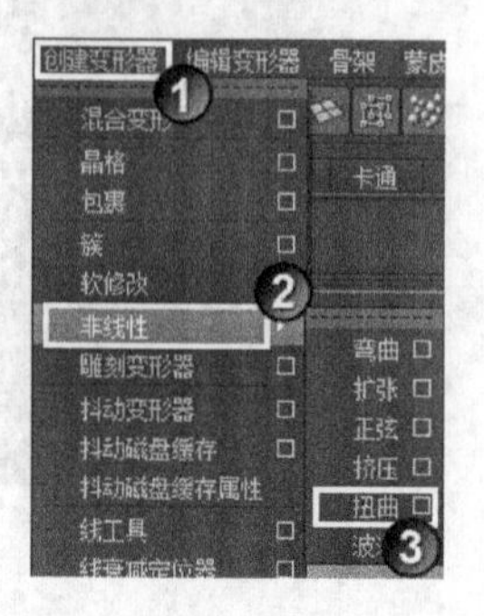

图 7-39

（5）选择模型，然后删除其构建历史，接着按数字 3 键光滑显示，效果如图 7-41 所示。

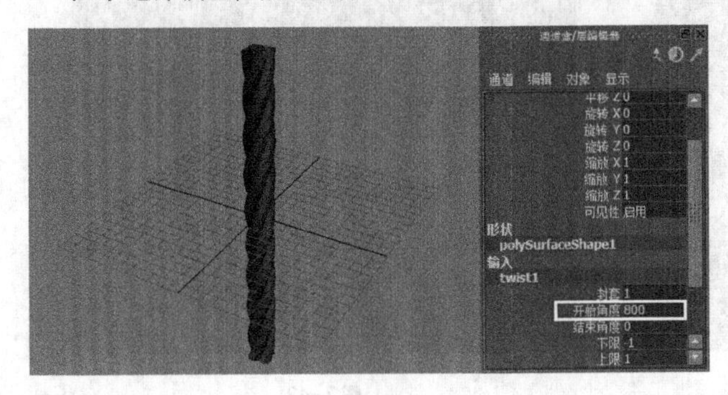

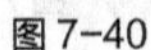
图 7-40

图 7-41

技术反馈

本例通过制作绳索模型，来掌握“扭曲”命令的使用方法。使用该命令制作多边形模型时，需要将多边形的段数设置得高一些，如果模型的段数较少，产生的扭曲效果就会大打折扣。

7.4 用雕刻变形器命令制作篮球

场景位置	无	扫描观看视频！
实例位置	Example>CH07>G3>G3.mb	
学习目标	学习“雕刻变形器”命令的使用方法	

案例引导

本例中的篮球模型，是一个较为复杂的模型。在制作时要考虑到篮球的结构，如果全程使用多边形命令来制作该模型，会有一定的难度，但借助“雕刻变形器”命令可以轻松地完成篮球模型。

对对象执行“创建变形器 > 雕刻变形器”菜单命令后，会在对象内部生成一个控制器，如图 7-42 所示。

通过调整控制器的大小或位置，可以使作用对象产生变形，如图 7-43 所示。

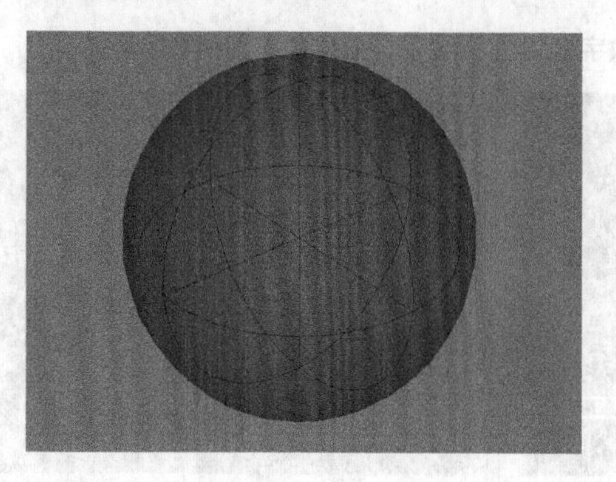

图 7-42

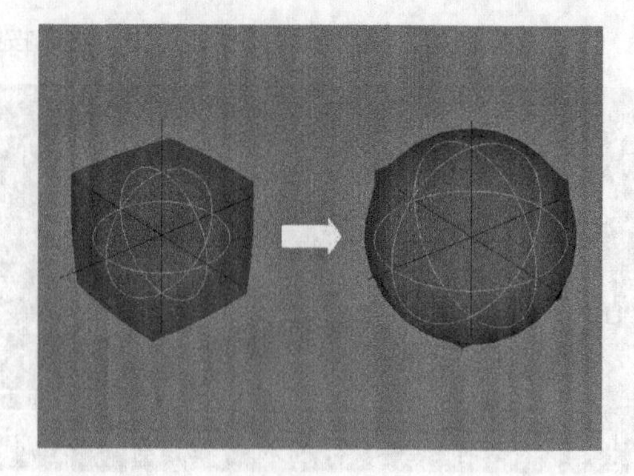

图 7-43

制作演示

（1）新建场景，然后创建一个多边形立方体，接着在“通道盒 / 层编辑器”中设置“细分宽度”为 2、“高度细分数”为 3、“深度细分数”为 2，如图 7-44 所示。

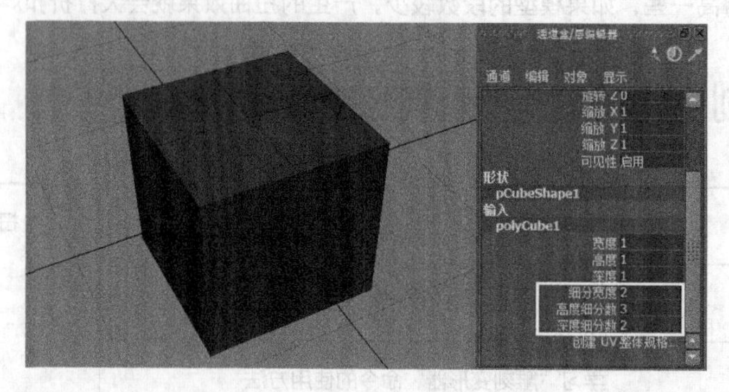

图 7-44

（2）选择立方体上下两端的顶点，然后使用“缩放工具”调整上下两端的面，如图 7-45 和图 7-46 所示。

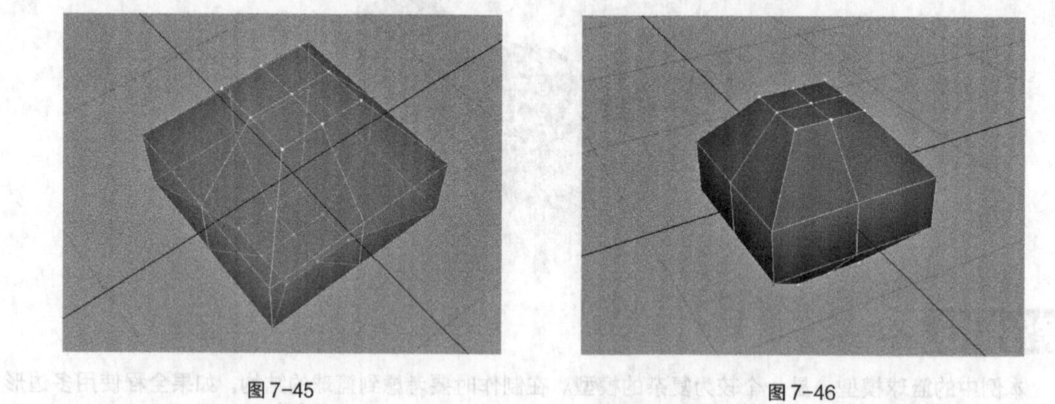

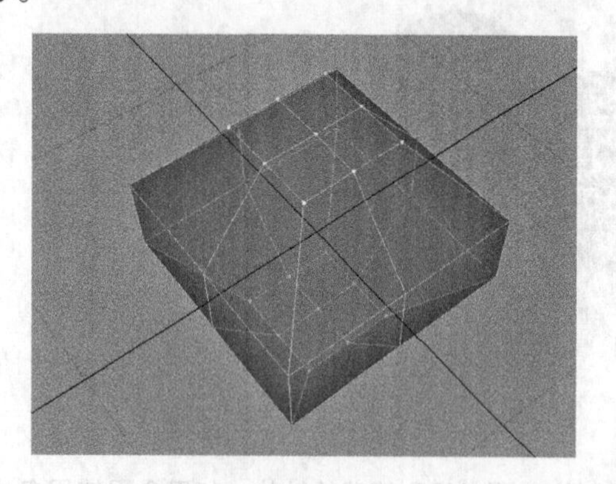

图 7-45

图 7-46

（3）选择图 7-47 所示的顶点，然后使用“缩放工具”调整顶点的位置，如图 7-48 所示。

（4）切换到“多边形”模块，然后选择多边形模型，执行“网格 > 平滑”菜单命令，接着在“通道盒 / 层编辑器”中设置平滑的“分段”为 2，如图 7-49 所示。

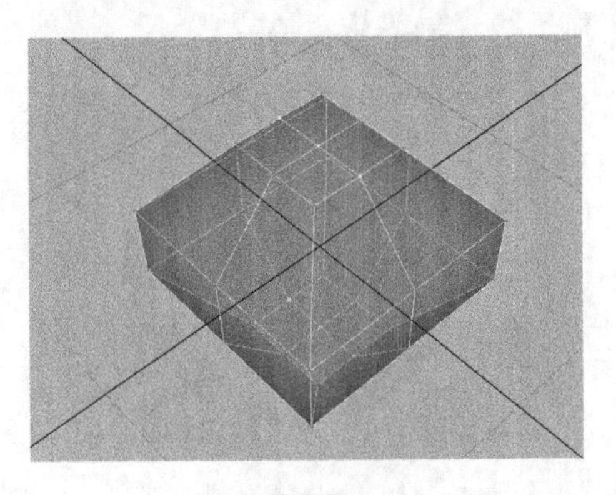

图 7-47

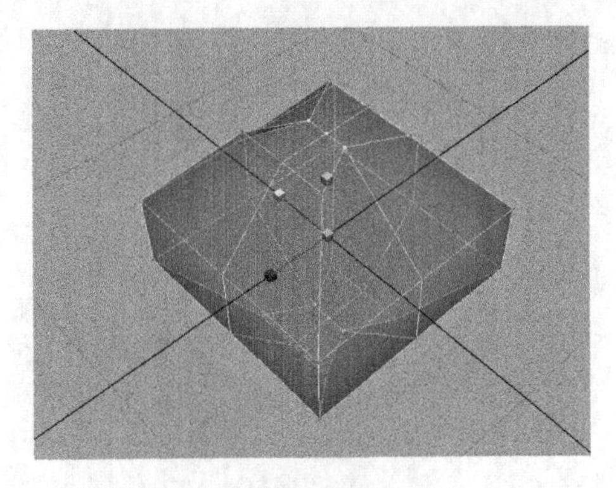

图 7-48

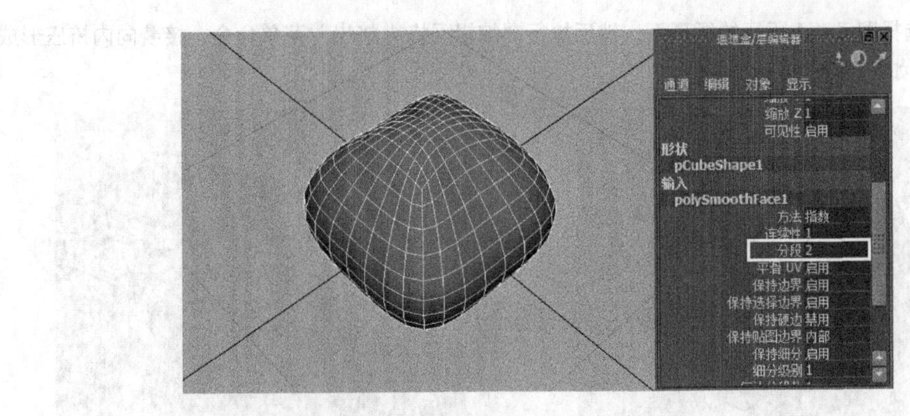

图 7-49

（5）切换到“动画”模块，然后选择模型，接着执行“创建变形器 > 雕刻变形器”菜单命令，如图 7-50 所示。效果如图 7-51 所示。

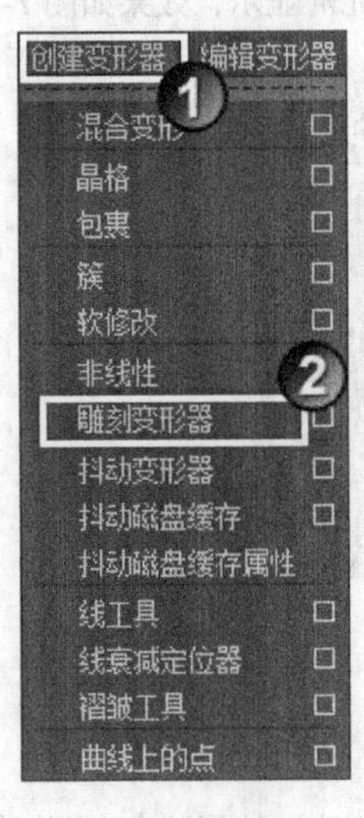

图 7-50

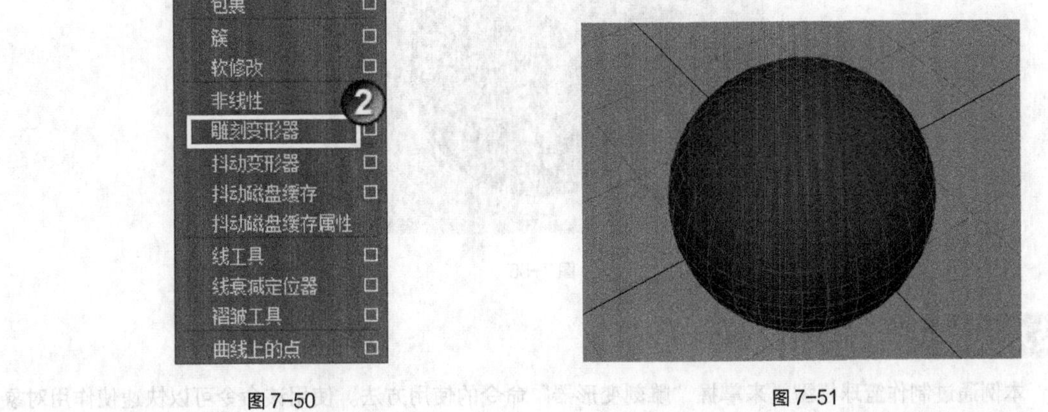

图 7-51

（6）切换到“多边形”模块，然后双击选择图 7-52 所示的循环边，接着执行“编辑网格 > 倒角”菜单命令，效果如图 7-53 所示。

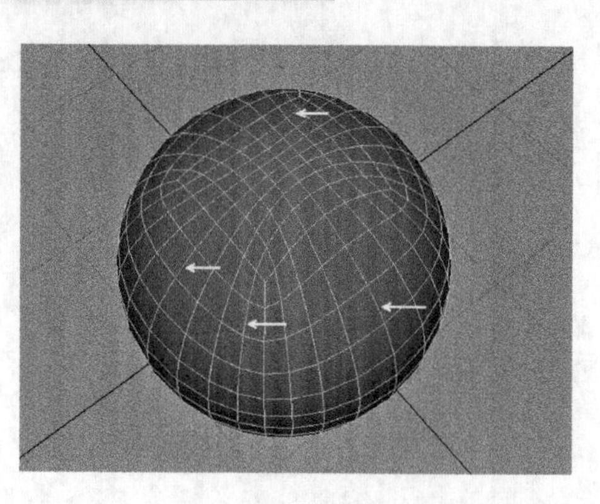

图 7-52

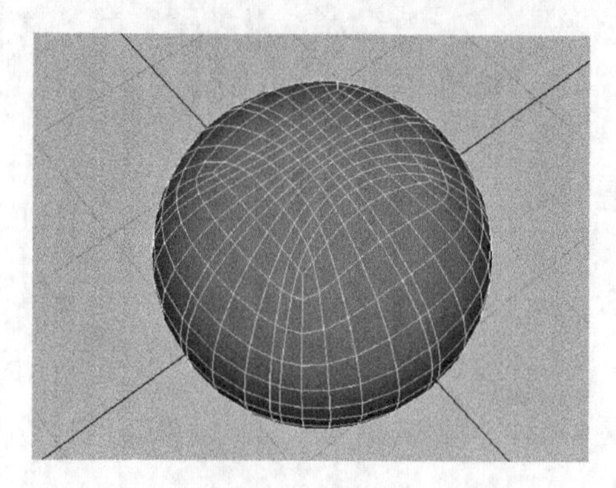

图 7-53

（7）双击选择图 7-54 所示的循环面，然后执行“编辑网格 > 挤出”菜单命令，接着向内挤压形成篮球上的胶带，如图 7-55 所示。

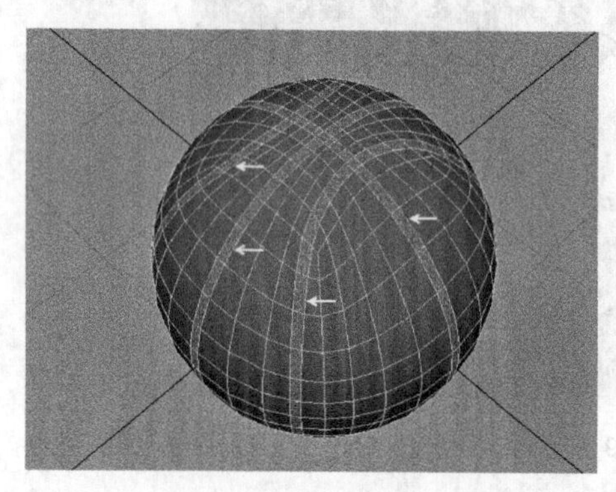

图 7-54

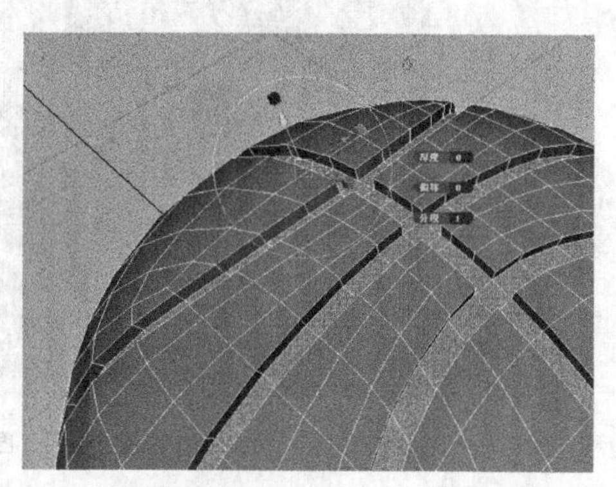

图 7-55

（8）选择篮球模型，然后删除其构建历史，接着按数字 3 键光滑显示，效果如图 7-56 所示。

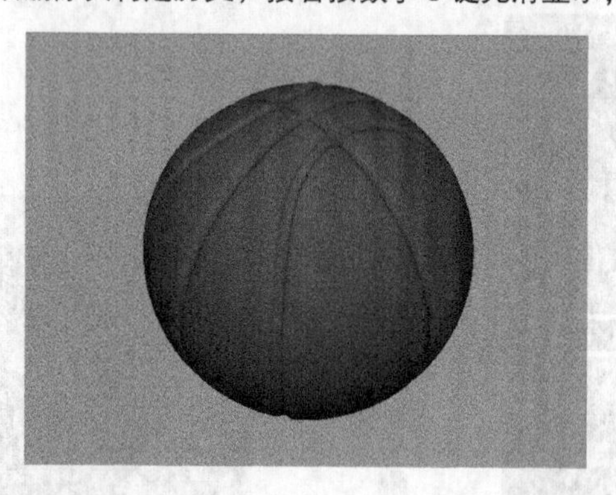

图 7-56

技术反馈

本例通过制作篮球模型，来掌握“雕刻变形器”命令的使用方法。使用该命令可以快速使作用对象膨胀，形成球体形状，使用该命令制作多边形模型时，一定要提升模型的分段数。

7.5 用关节工具制作人体骨架

场景位置	无	扫描观看视频!
实例位置	Example>CH07>G4>G4.mb	
学习目标	学习“关节工具”的使用方法	

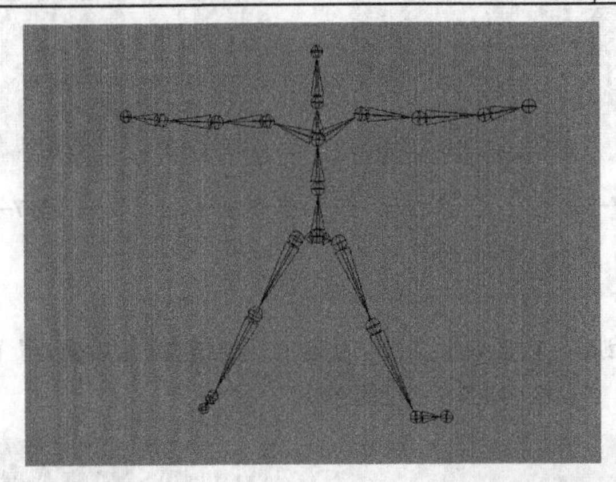

案例引导

本例是参考人体绘制的一套骨架，使用“关节工具”可以创建关节，关节连接后形成骨架。在制作骨架时通常会有相应的模型进行参考，本例则通过一张参考图供读者使用，如图 7–57 所示。

执行“骨架 > 关节工具”菜单命令，然后在视图中单击可创建关节，如图 7–58 所示。连续单击多次关节连接成骨架，绘制完成后按 Enter 键结束绘制，如图 7–59 所示。

图 7–57

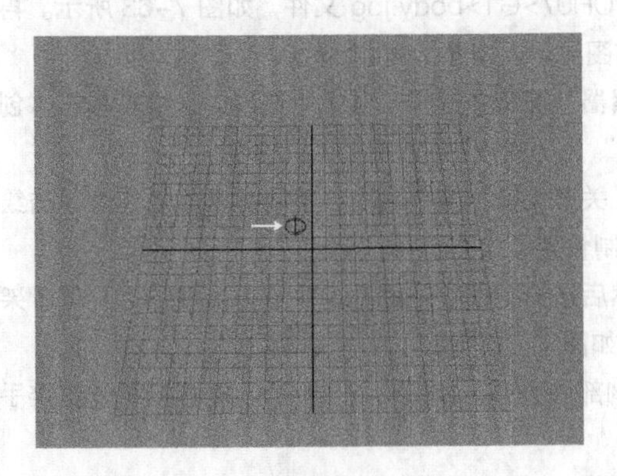

图 7–58

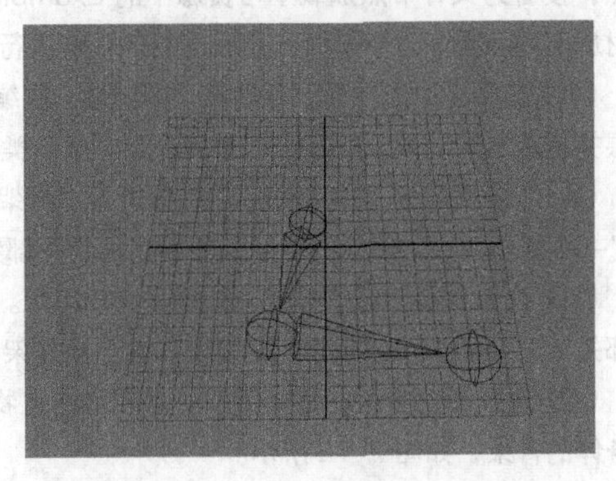

图 7–59

骨架具有方向，锥形的底部是骨架的根部，而锥形指向的一段则是骨架的末端，如图 7-60 所示。

选择骨架上的关节，然后激活“移动工具”，接着按 Insert 键或按住 D 键并拖曳操作手柄，可修改骨架的形状，如图 7-61 所示。

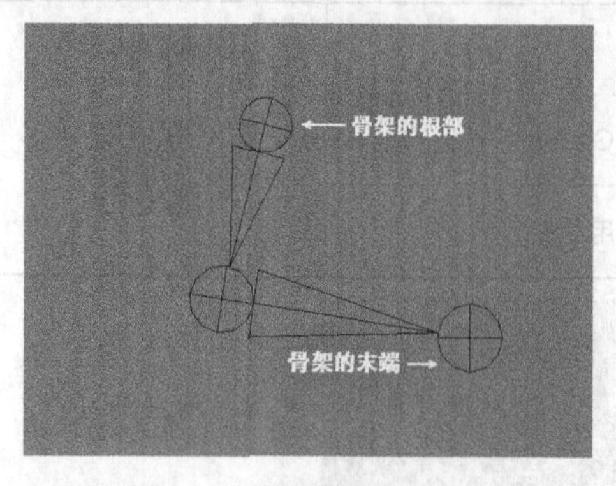

图 7-60

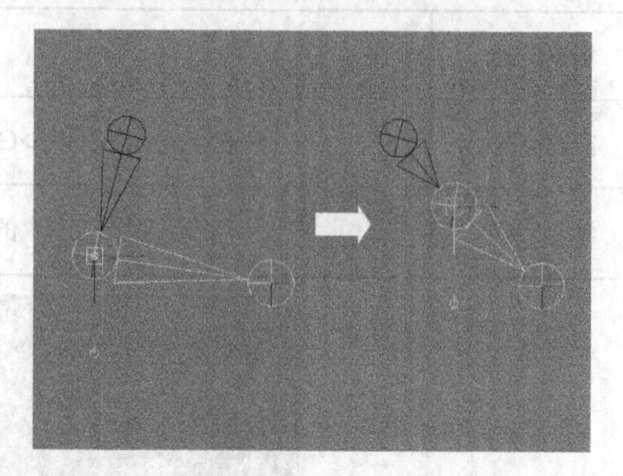

图 7-61

制作演示

（1）新建场景，然后创建一个多边形平面，接着在“通道盒 / 层编辑器”面板中设置“平移 Y”-5、“缩放 X”为 24、“缩放 Z”为 18，如图 7-62 所示。

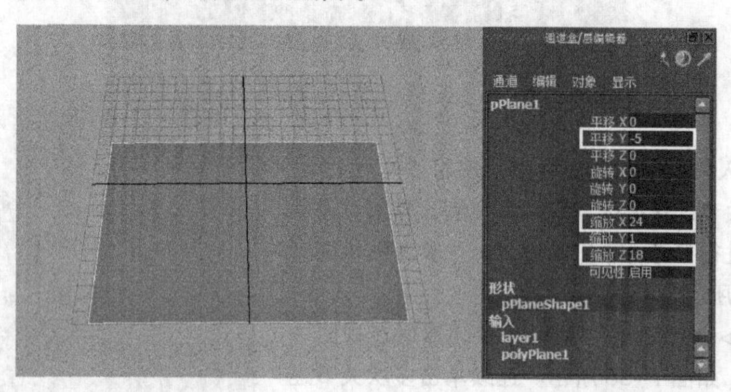

图 7-62

（2）在 Hypershade 对话框中，新建一个 Lambert 材质，然后为其“颜色”属性连接一个“文件”节点，接着为文件节点加载学习资源中的 Example>CH07>G1>body.jpg 文件，如图 7-63 所示。再将该材质节点赋予多边形平面，最后按数字 6 键进行贴图显示，如图 7-64 所示。

（3）选择多边形平面，然后在“通道盒 / 层编辑器”面板中选择“显示”选项卡，接着单击“创建新层并指定选定对象”按钮，最后设置“显示类型”为“引用”，如图 7-65 所示。

（4）切换到 top（顶）视图，然后执行“骨架 > 关节工具”菜单命令，接着参考图像连续单击绘制图 7-66 所示的身体部分的骨架，最后在人物手部绘制骨架，如图 7-67 所示。

（5）在人物腿部绘制骨架，如图 7-68 所示。然后选择腿部骨架的根部关节，接着加选身体骨架的根部关节，如图 7-69 所示。最后按 P 键连接骨架，如图 7-70 所示。

（6）选择手部骨架的根部关节，然后加选人物胸部的关节，如图 7-71 所示。接着按 P 键连接手部和身体的骨架，如图 7-72 所示。

（7）使用同样的方法制作人物左边的骨架，效果如图 7-73 所示。

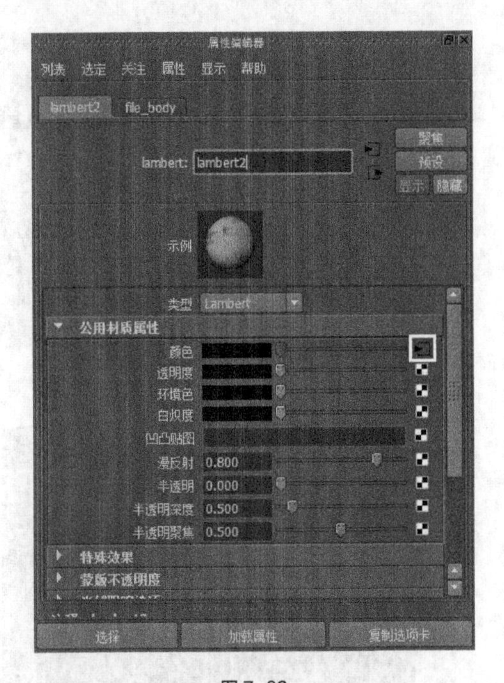

图7-63

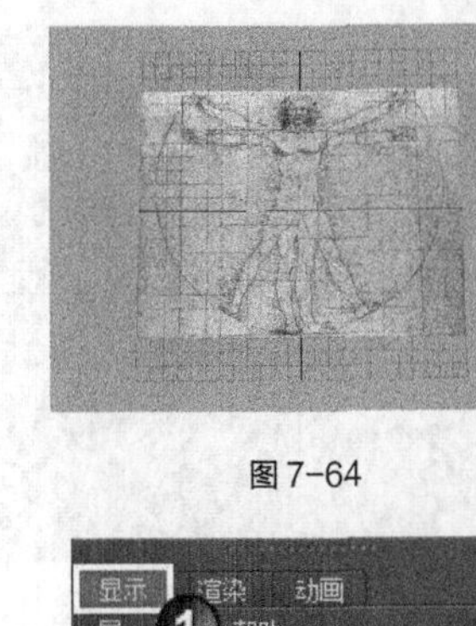

图7-64

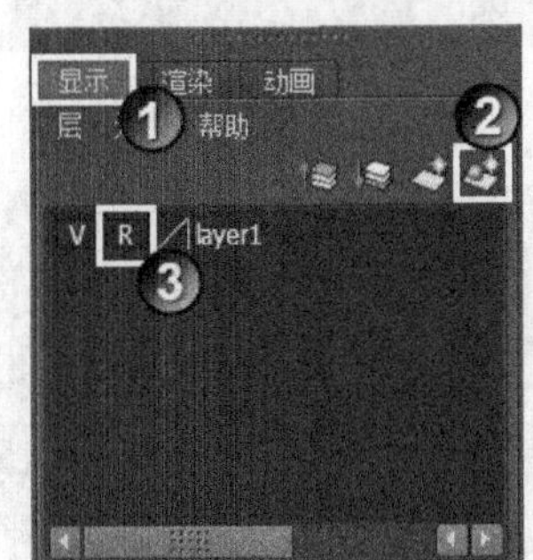

图7-65

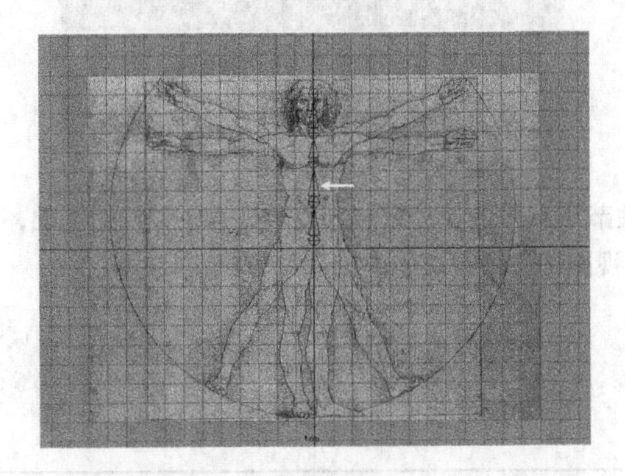

图7-66

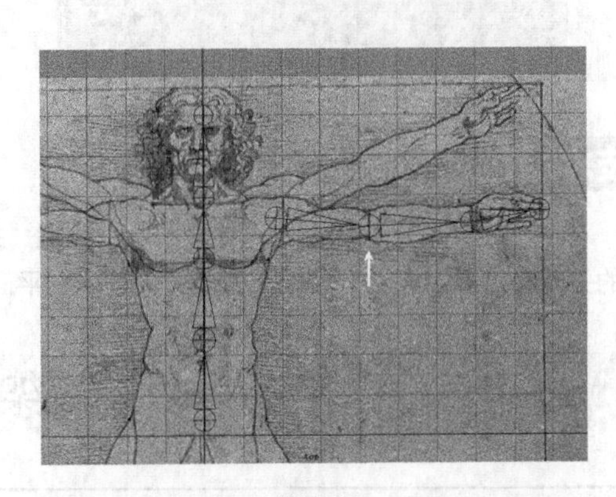

图7-67

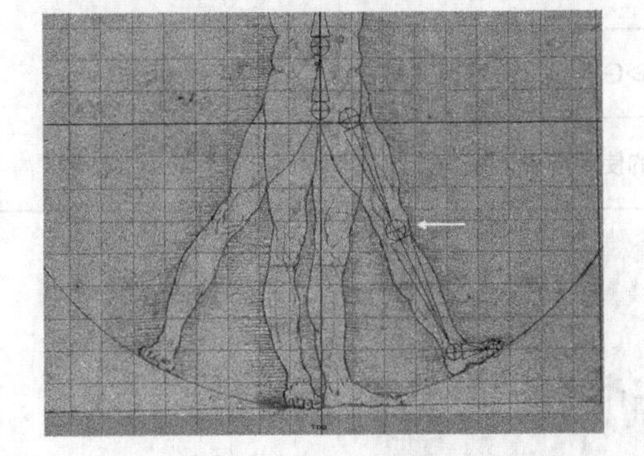

图7-68

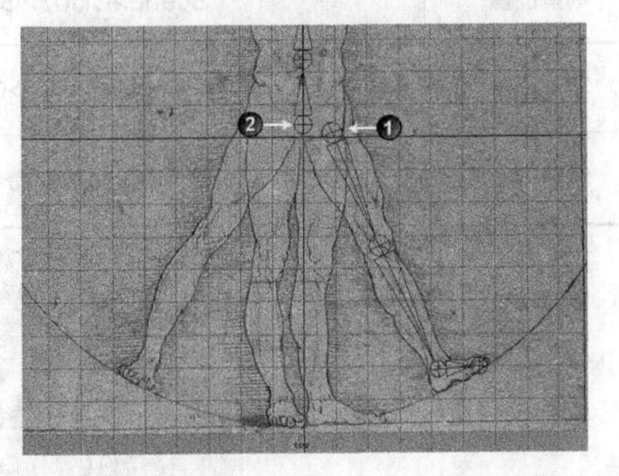

图7-69

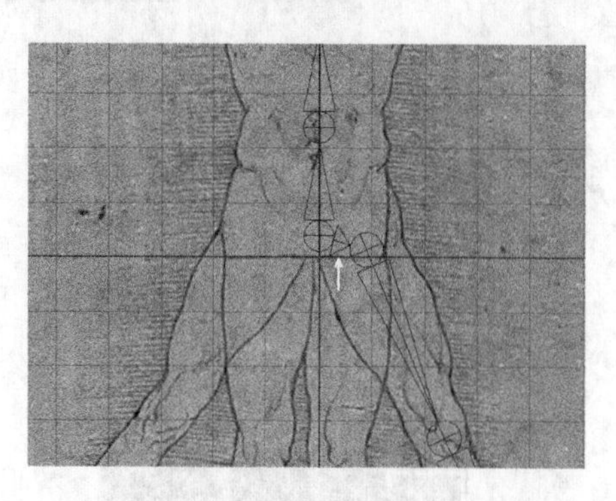

图 7-70

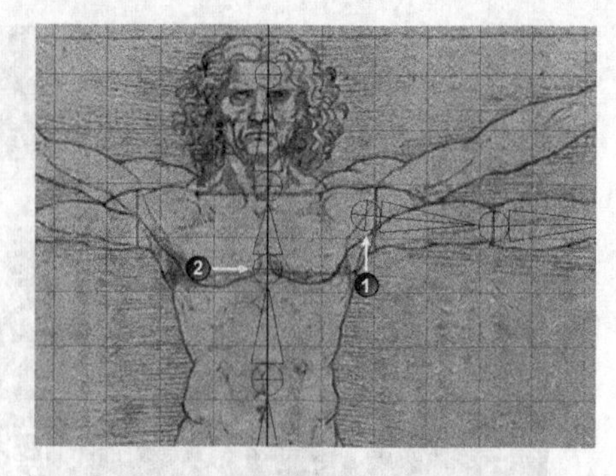

图 7-71

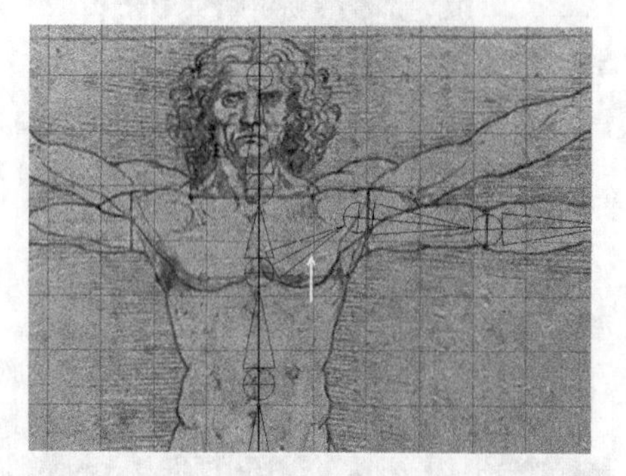

图 7-72

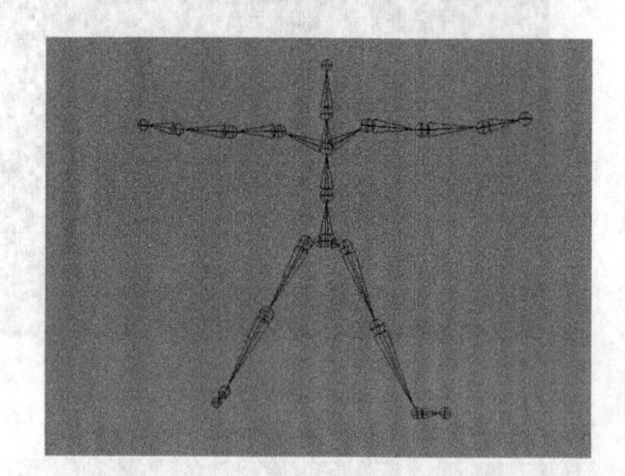

图 7-73

技术反馈

本例通过绘制一个简易的人体骨架，来掌握“关节工具”的使用方法。关节是生成骨架的基础，创建的关节会出现在栅格平面上，因此建议读者在平面视图（非透视图）中创建关节。

7.6 用镜像关节命令复制骨架

场景位置	Scene>CH07>G5>G5.mb	扫描观看视频！
实例位置	Example>CH07>G5>G5.mb	
学习目标	学习“镜像关节”命令的使用方法	

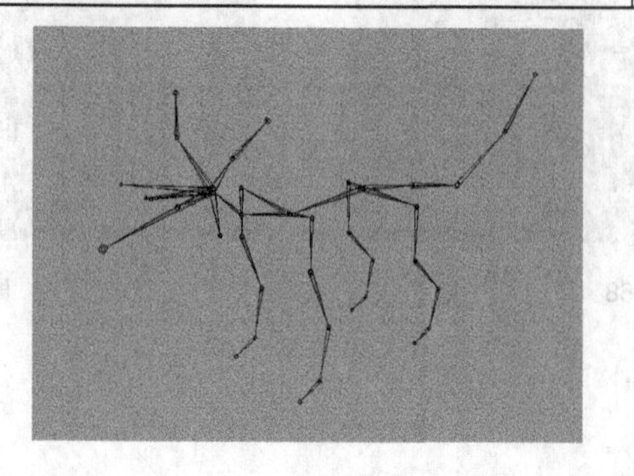

案例引导

本例中的骨架，是一个四足动物的骨架，因此左右对称。在绘制对称的骨架时，可以先绘制出骨架的一侧，然后通过“镜像关节”命令复制出另一侧的骨架，这样可以大大提高制作效率。单击“骨架 > 镜像关节”菜单命令后面的□按钮，可以打开“镜像关节选项”对话框，如图 7-74 所示。

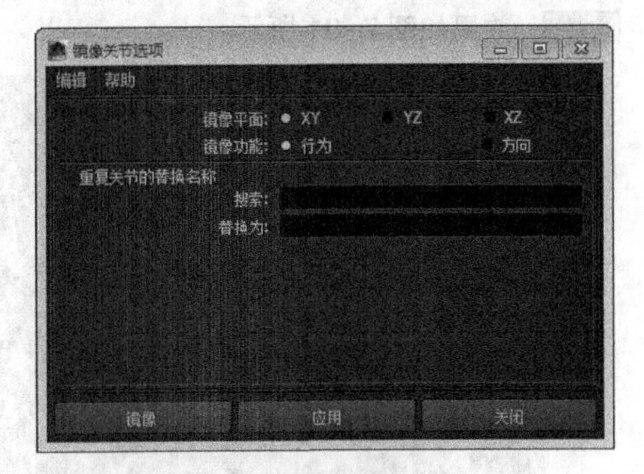

图 7-74

设置“镜像平面”选项，可以调整镜像的方向，如图 7-75 所示。在镜像复制关节时，可以参考视图左下角的坐标指示器，来确定要镜像复制的方向。

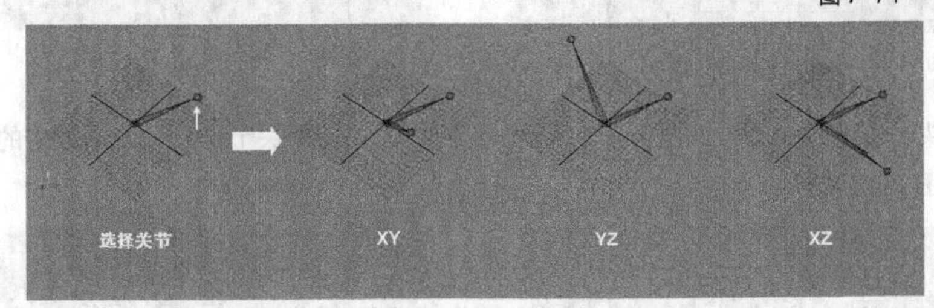

图 7-75

制作演示

（1）打开学习资源文件中的 Scene>CH07>G5>G5.mb 文件，场景中有一个四足动物的骨架，如图 7-76 所示。

（2）选择后腿的骨架，如图 7-77 所示，然后打开“镜像关节选项”对话框，接着设置“镜像平面”为 YZ，最后单击“应用”按钮 应用 ，如图 7-78 所示。效果如图 7-79 所示。

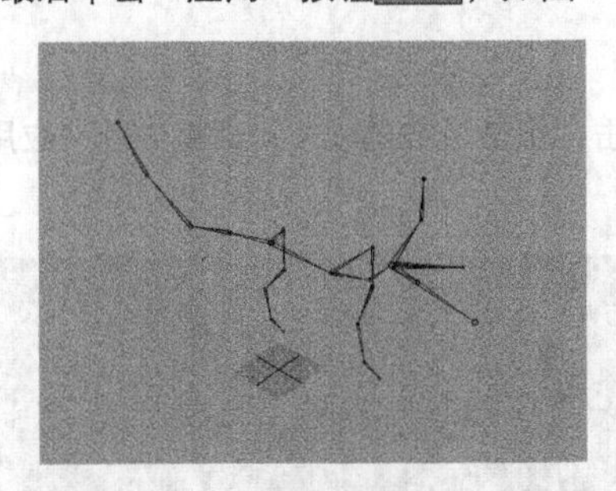
图 7-76

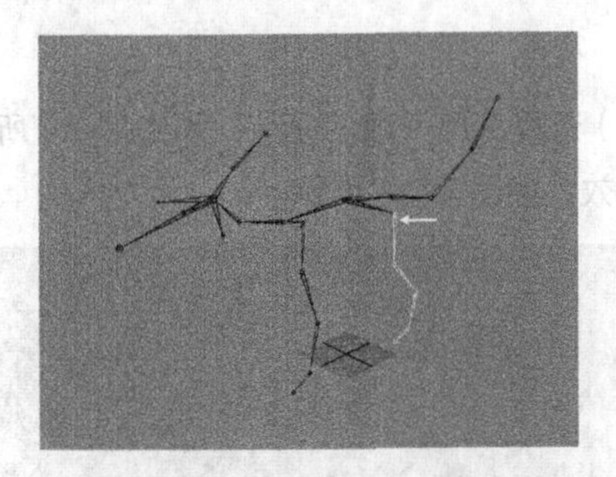
图 7-77

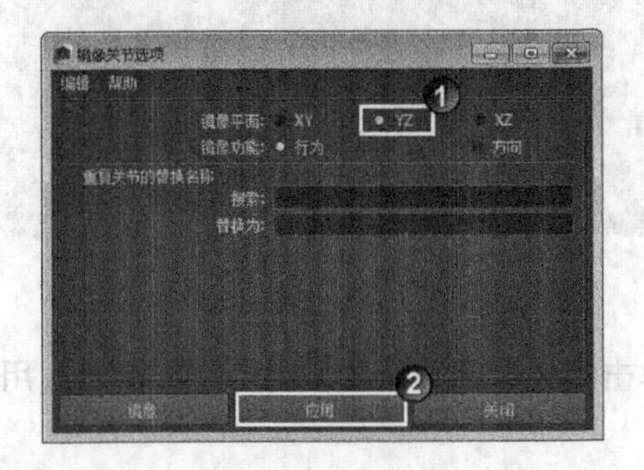

图 7-78

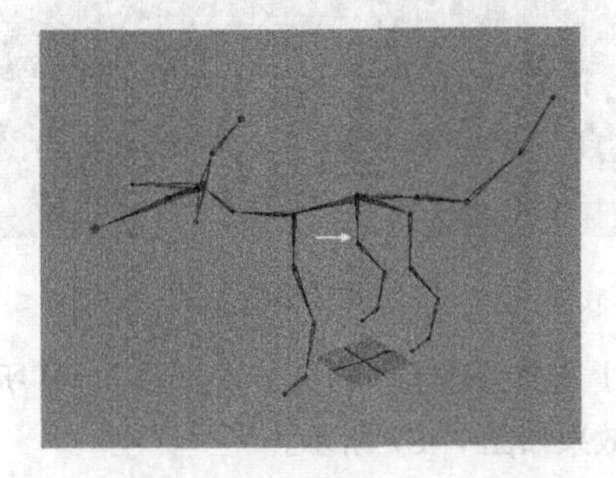
图 7-79

（3）选择前腿的骨架，如图 7-80 所示，然后单击“镜像关节选项”对话框中的“应用”按钮 应用，效果如图 7-81 所示。

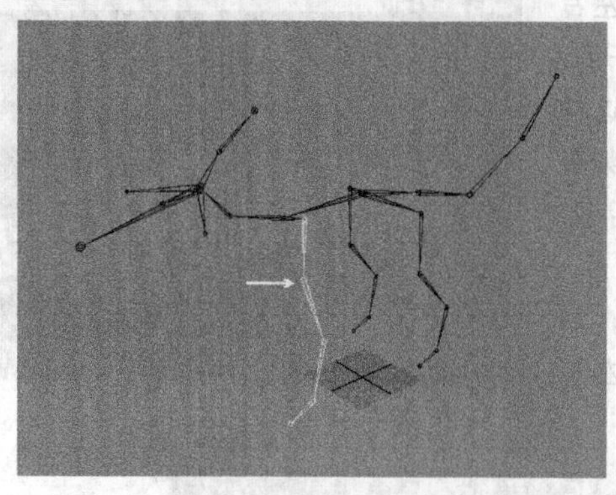

图 7-80

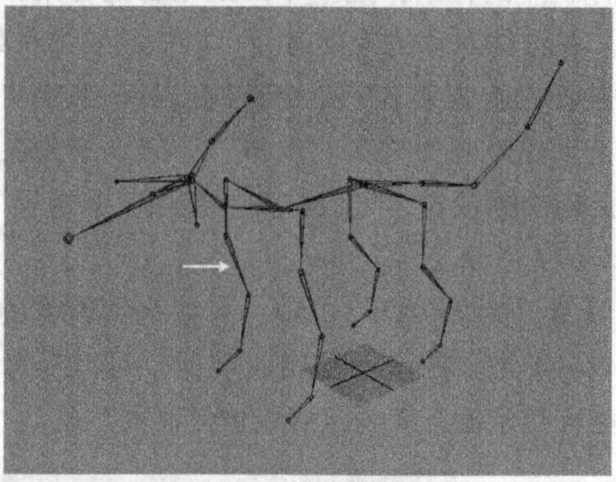

图 7-81

（4）选择头部顶端的关节，如图 7-82 所示，然后单击“镜像关节选项”对话框中的“应用”按钮 应用，效果如图 7-83 所示。

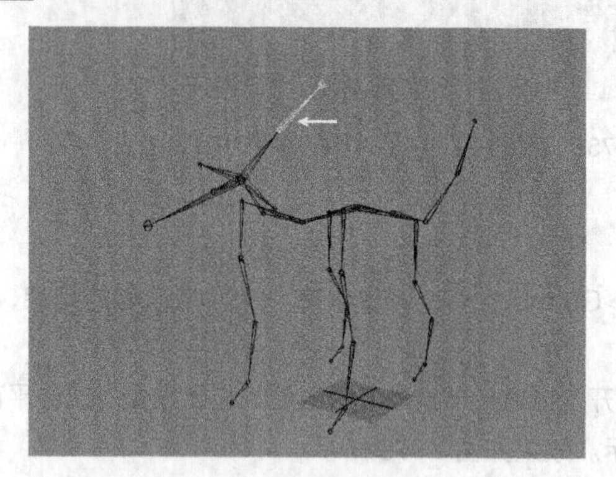

图 7-82

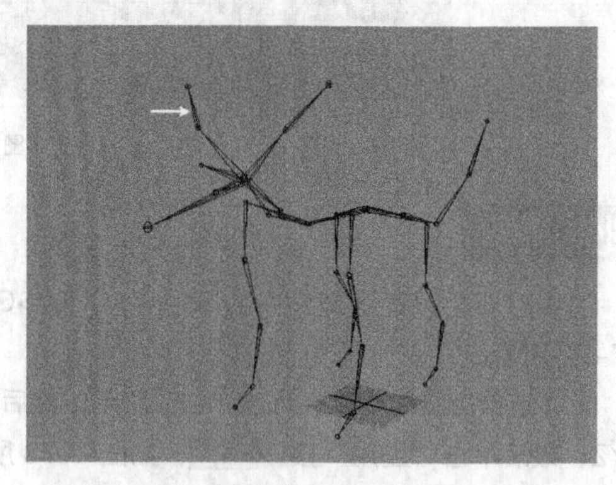

图 7-83

（5）选择头部下端的关节，如图 7-84 所示，然后单击“镜像关节选项”对话框中的“应用”按钮 应用，效果如图 7-85 所示。

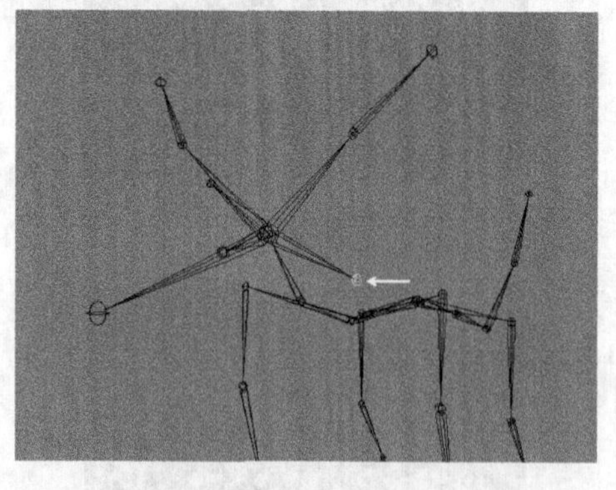

图 7-84

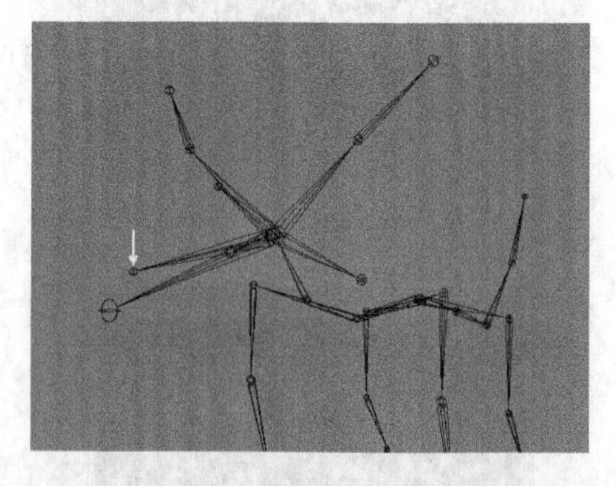

图 7-85

（6）选择头部中间的关节，如图 7-86 所示，然后单击“镜像关节选项”对话框中的“应用”按钮 应用，效果如图 7-87 所示。

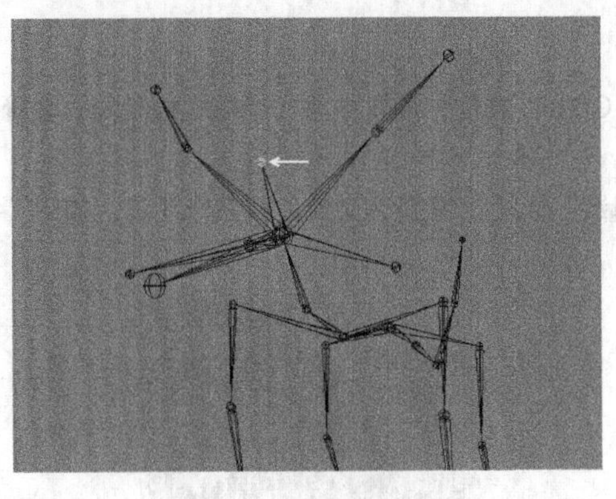
图7-86

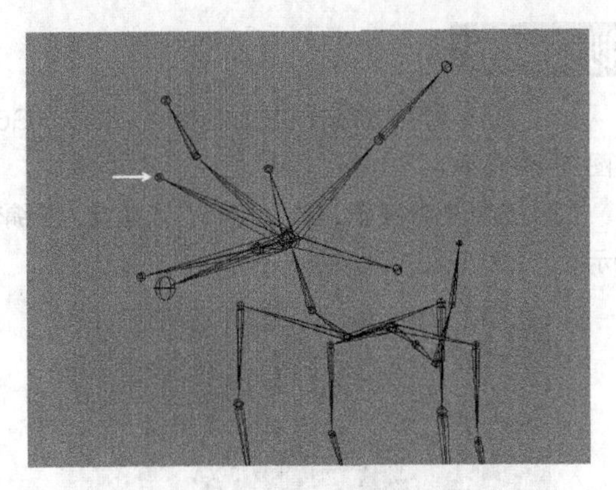
图7-87

技术反馈

本例通过复制关节，来掌握“镜像关节”命令的使用方法。该命令可以对称复制出关节，在创建骨架时经常使用。在操作时需要注意，“镜像关节”命令是以根部关节为对称中心进行镜像复制的。

7.7 用平滑绑定命令绑定模型

场景位置	Scene>CH07>G6>G6.mb	扫描观看视频！
实例位置	Example>CH07>G6>G6.mb	
学习目标	学习“平滑绑定”命令的使用方法	

案例引导

本例中有一个蚂蚁模型和一套与之对应的骨架，在蒙皮前两者互不影响。使用“平滑绑定”命令可以将骨架绑定到模型上，也就是给骨架蒙皮。

选择模型和对应的骨架，然后执行“蒙皮 > 绑定蒙皮 > 平滑蒙皮”菜单命令，就可以将骨架绑定到模型上了。如果想将模型和骨架取消关联，可执行“蒙皮 > 分离蒙皮”菜单命令，如图7-88所示。

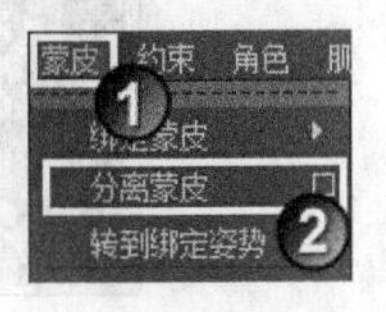

图7-88

制作演示

（1）打开学习资源文件中的 Scene>CH07>G6>G6.mb 文件，场景中有一个蚂蚁模型和一套骨架，如图 7-89 所示。

（2）选择蚂蚁模型，然后打开“通道盒 / 层编辑器”面板，模型的变换参数被修改过，如图 7-90 所示。

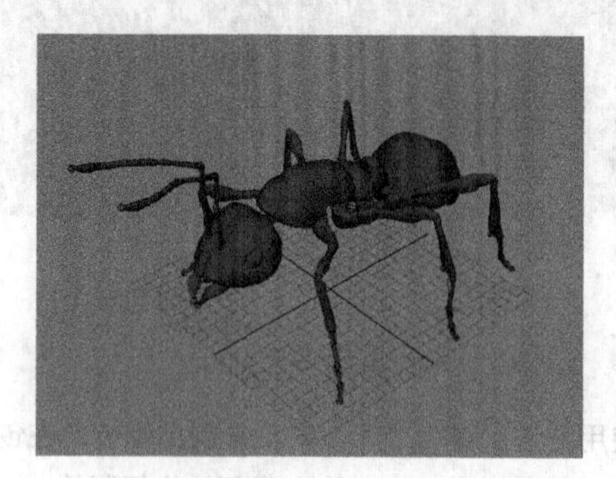

图 7-89

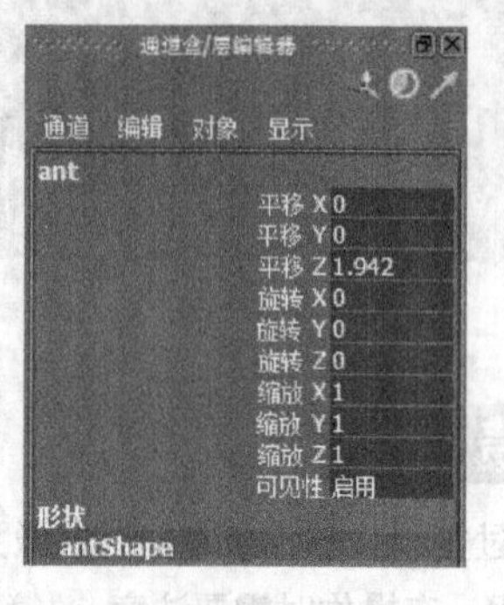

图 7-90

（3）为了使模型在绑定时不出现问题，需要对其进行优化。选择模型，然后执行“编辑 > 按类型删除 > 历史”菜单命令，如图 7-91 所示。接着选择模型，执行“修改 > 冻结变换”菜单命令，如图 7-92 所示。

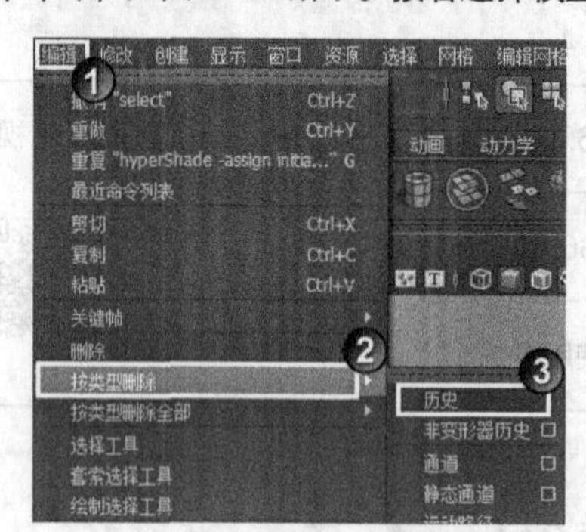

图 7-91

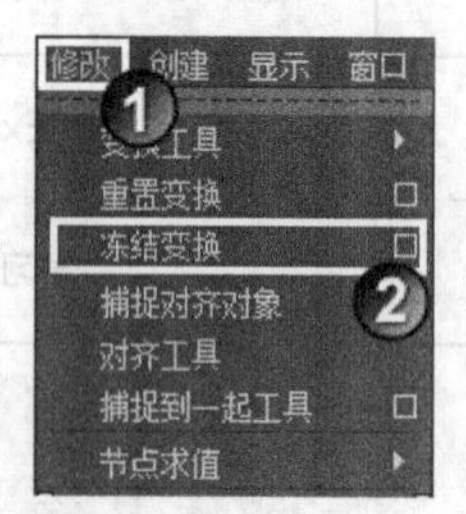

图 7-92

（4）打开“大纲视图”对话框，然后选择模型和骨架，如图 7-93 所示。接着执行“蒙皮 > 绑定蒙皮 > 平滑绑定”菜单命令，如图 7-94 所示。

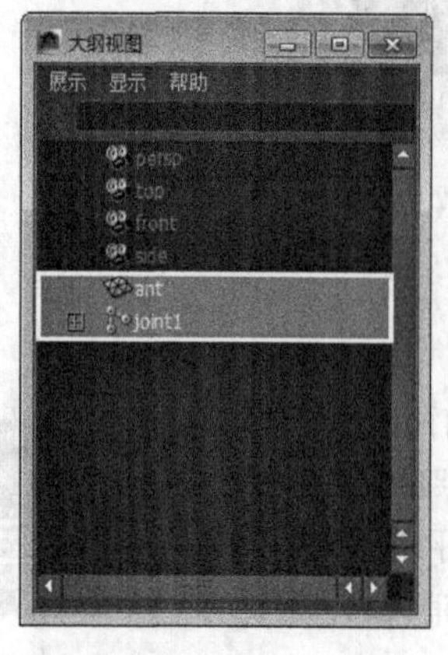

图 7-93

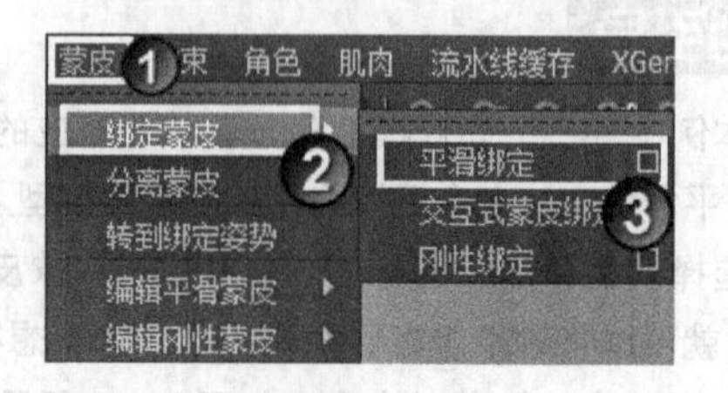

图 7-94

（5）蒙皮完成后，调整骨架，模型会随之发生变化，效果如图 7-95 所示。

图 7-95

技术反馈

本例通过为模型绑定骨架，来掌握“平滑绑定”命令的使用方法。在蒙皮前，要确保模型“干净”，也就是没有任何构建历史，并且“通道盒 / 层编辑器”中的变换参数要保持默认状态。

7.8 用设置关键帧命令制作飞行动画

场景位置	Scene>CH07>G7>G7.mb	扫描观看视频！
实例位置	Example>CH07>G7>G7.mb	
学习目标	学习“设置关键帧”命令的使用方法	

案例引导

本例中飞船模型默认情况下是静止状态，可以通过使用“设置关键帧”命令为其制作位移动画。关键帧动画是一种基础的动画制作类型，但在制作动画时经常用到。对对象设置关键帧后，其属性会呈红色显示，如图 7-96 所示。并且在时间轴中，对应的时间上会出现红色标记，如图 7-97 所示。

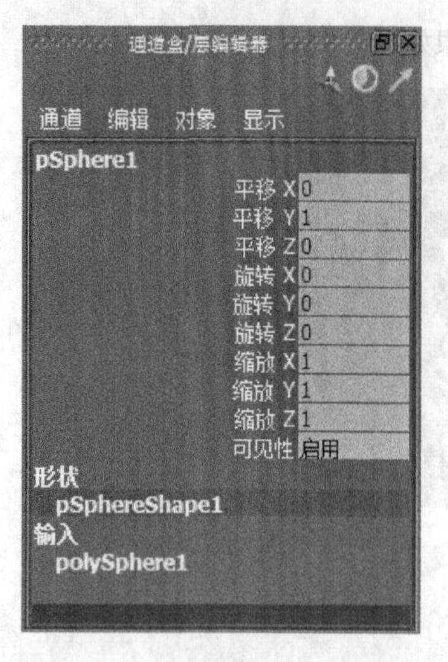

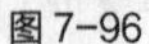

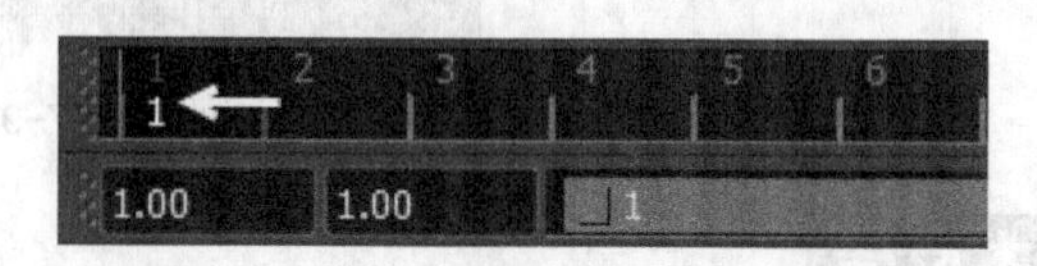

图 7-96

图 7-97

在设置关键帧动画时，只需要在指定的时间上，设置属性的关键帧，就可以产生动画效果，如图 7-98 所示。关键帧之间的动画效果，Maya 可以自动计算出来。

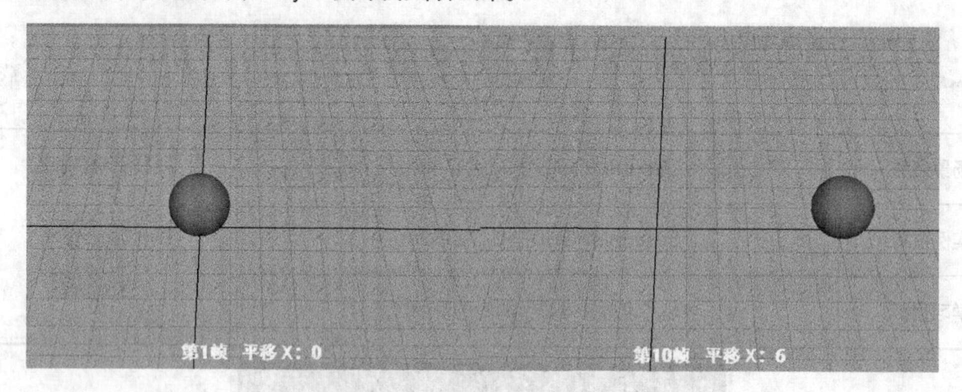

图 7-98

制作演示

（1）打开学习资源文件中的 Scene>CH07>G7>G7.mb 文件，场景中有一个飞船模型，如图 7-99 所示。

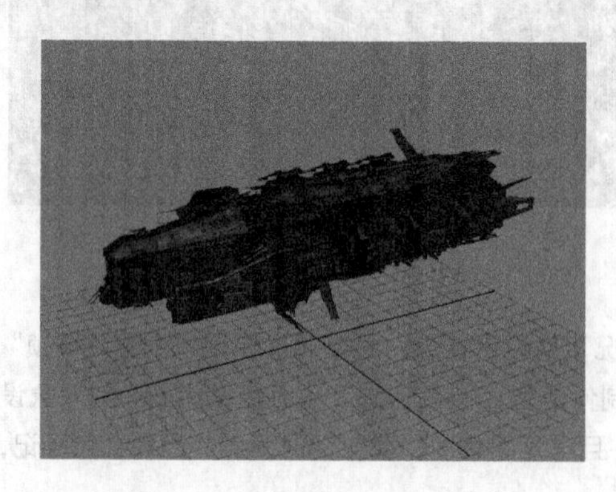

图 7-99

（2）在时间轴中，将播放范围的结束时间设置为100，这样动画的时间范围就控制在1至100帧，如图7-100所示。接着将当前帧设置为第1帧，然后执行“动画 > 设置关键帧”命令，如图7-101所示。

图7-100

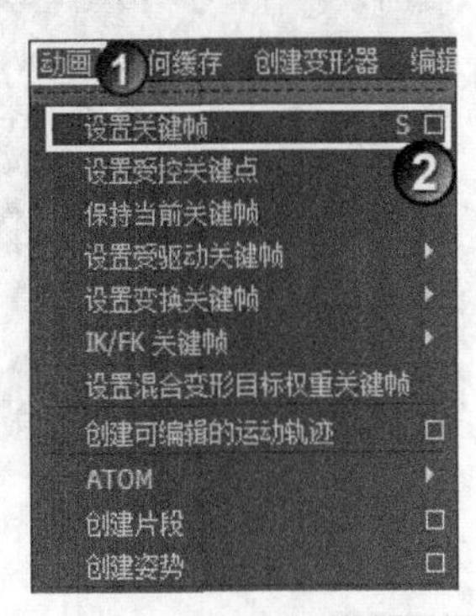

图7-101

（3）将当前时间移至第40帧，然后在“通道盒 / 层编辑器”中设置“平移 Z”为40，然后按S键设置关键帧，如图7-102所示。

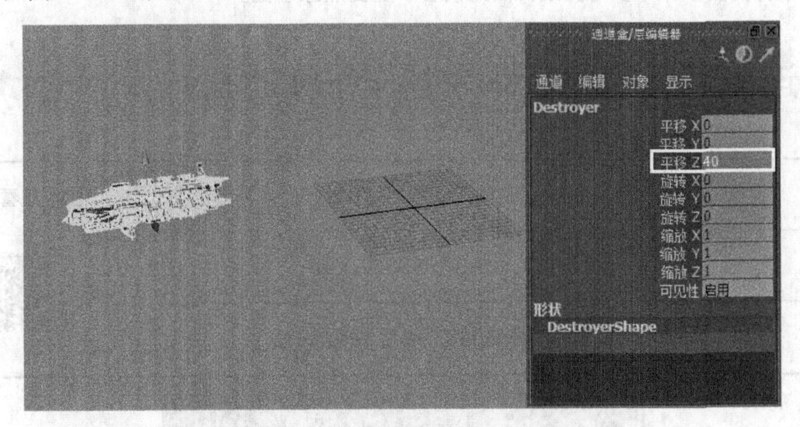

图7-102

（4）将当前时间移至第100帧，然后在“通道盒 / 层编辑器”中设置“平移 Y”为10、“平移 Z”为90、“选择 X”为 -10，然后按S键设置关键帧，如图7-103所示。

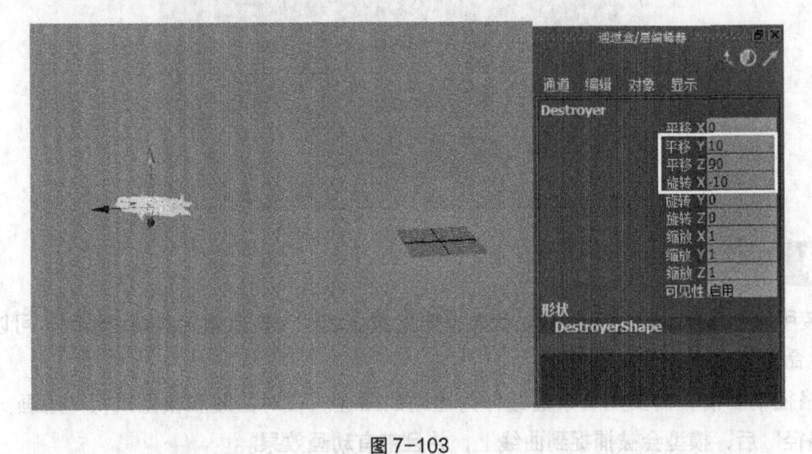

图7-103

（5）单击时间轴上的“向前播放”按钮▶，可播放当前动画，效果如图7-104所示。

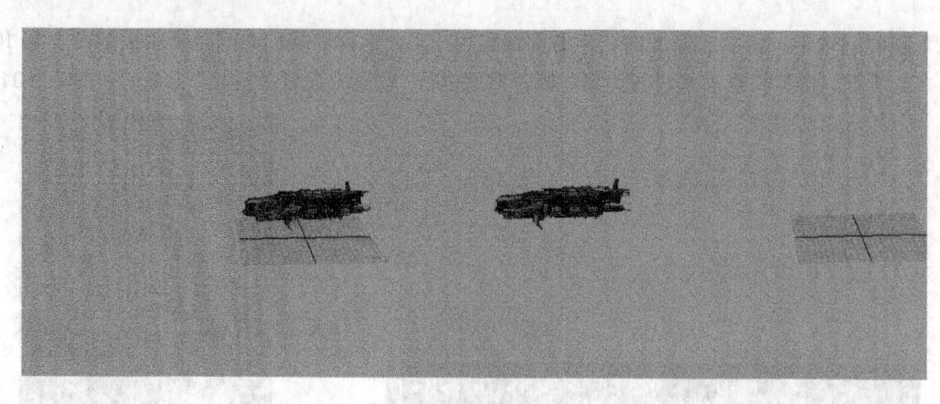

图 7-104

技术反馈

本例通过制作飞船飞行动画，来掌握“设置关键帧”命令的使用方法。该命令是制作动画的基础，大部分动画效果都需要该命令参与完成，因此读者一定要熟练掌握。

7.9 用连接到运动路径命令制作行驶动画

场景位置	Scene>CH07>G8>G8.mb	扫描观看视频！
实例位置	Example>CH07>G8>G8.mb	
学习目标	学习“连接到运动路径”命令的使用方法	

案例引导

本例中装甲车模型默认情况下是静止状态，如果想让装甲车按照指定的路径移动，可以通过“连接到运动路径”命令来完成。

在制作路径动画前，需要用一条曲线作为运动的路径。在对曲线和模型执行“动画 > 运动路径 > 连接到运动路径”后，模型会被捕捉到曲线上，并且带有动画效果。

执行“连接到运动路径”命令后，作用模型会生成 motionPath 节点，该节点下的属性可以控制作用模型在各个方向上的角度。图 7-105 和图 7-106 所示为 motionPath 节点下的“前方向扭曲”属性的效果。

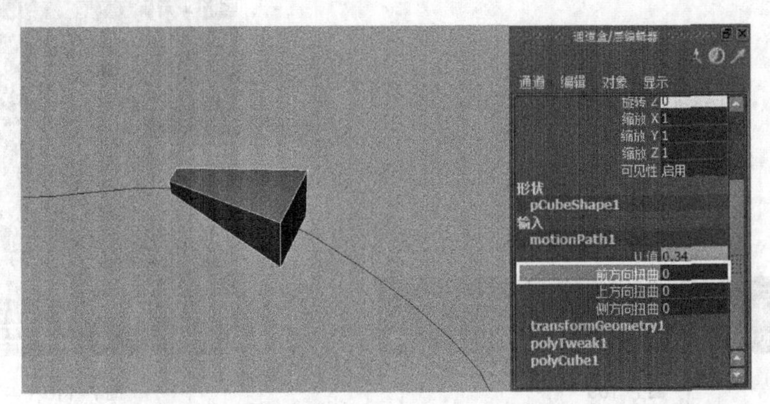

图 7-105

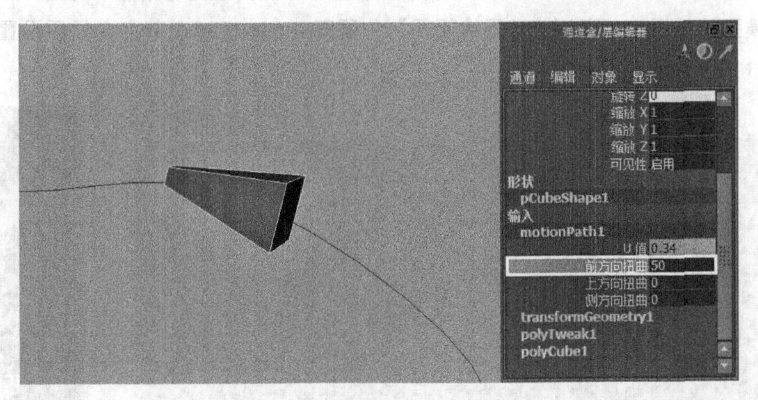

图 7-106

制作演示

（1）打开学习资源中的 Scene>CH07>G8>G8.mb 文件，场景中有一个装甲车模型，如图 7-107 所示。

（2）使用 EP 曲线工具绘制一条曲线，如图 7-108 所示。然后在时间轴中，将播放范围的结束时间设置为 100，如图 7-109 所示。

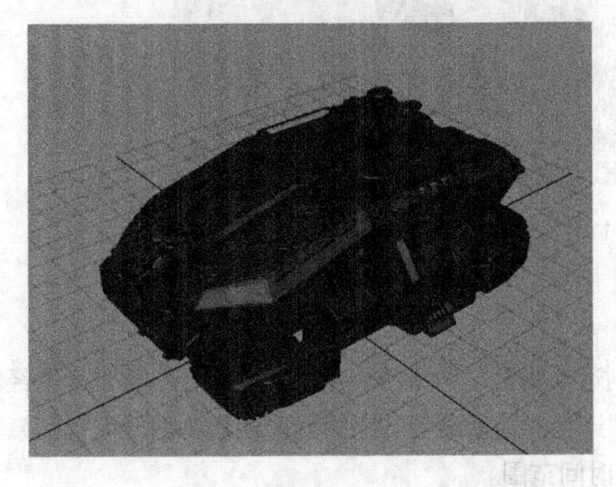

图 7-107

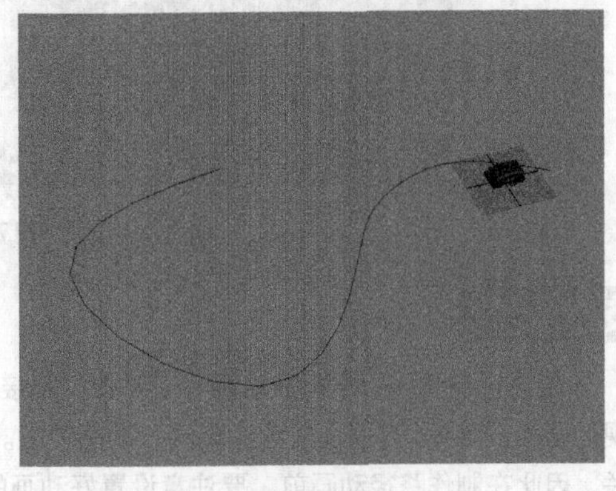

图 7-108

（3）选择模型和曲线，然后执行“动画 > 运动路径 > 连接到运动路径”菜单命令，如图 7-110 所示。

图 7-109　　　　图 7-110

（4）播放动画，可以发现装甲车沿着曲线行驶，但是装甲车的方向与路径不对应，如图 7-111 所示。

（5）选择模型，然后在“通道盒 / 层编辑器”中展开 motionPath1 节点，然后设置“上方向扭曲”为 90，如图 7-112 所示。

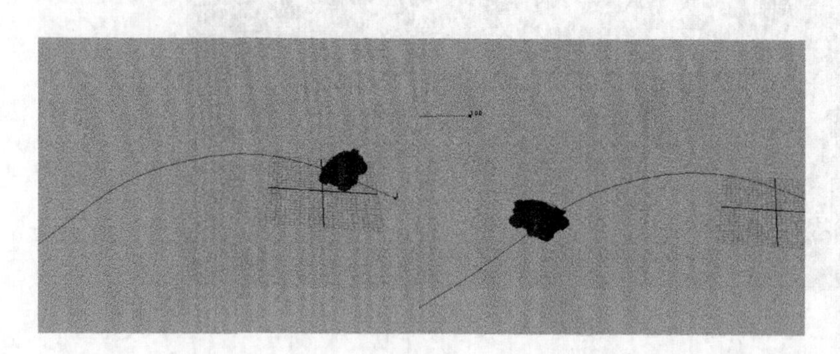

图 7-111

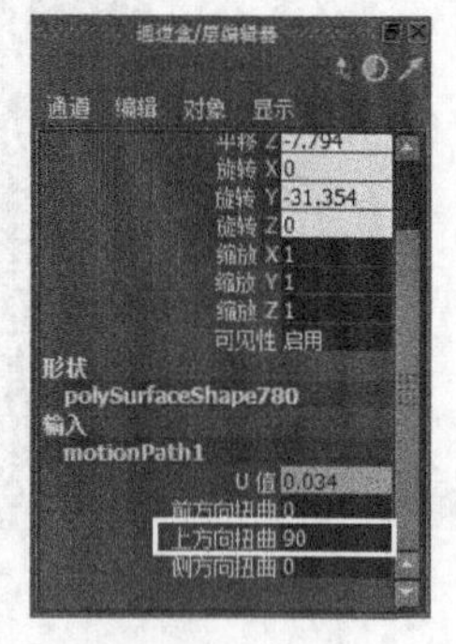

图 7-112

（6）播放动画，可以发现装甲车的方向正确了，如图 7-113 所示。

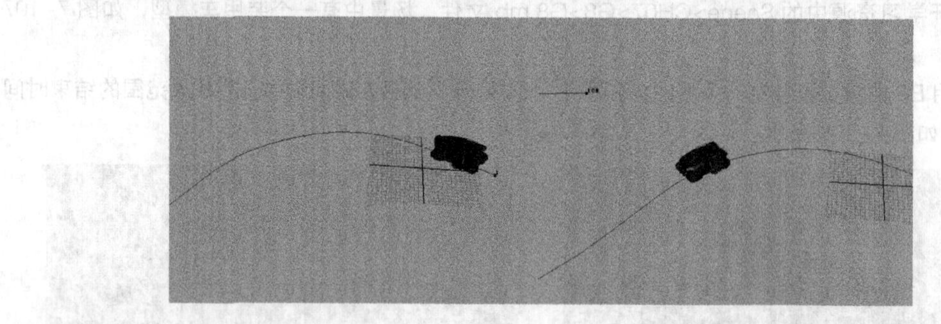

图 7-113

技术反馈

本例通过制作装甲车行驶动画，来掌握“连接到运动路径”命令的使用方法。路径动画是一种经常出现的动画，Maya 可以快速地实现这一动画效果。“连接到运动路径”命令跟时间轴中的时间范围息息相关，因此在制作路径动画前，要注意设置好动画的时间范围。

7.10 综合练习：绑定卡通狗

场景位置	Scene>CH07>G9>G9.mb	扫描观看视频！
实例位置	Example>CH07>G9>G9.mb	
学习目标	掌握绘制骨架和蒙皮的技巧	

案例引导

本例中卡通狗模型是一个典型的四足动物，可先绘制出卡通狗一侧的骨架，然后镜像复制出另一侧，最后通过蒙皮就可以制作动画效果。

制作演示

打开学习资源中的Scene>CH07>G9>G9.mb 文件，场景中有一个卡通狗模型，如图 7-114 所示。

图 7-114

1. 绘制骨架

（1）切换到 side（侧）视图，然后使用“关节工具”绘制身体部分的骨架，如图 7-115 所示。接着绘制出后腿部分的骨架，如图 7-116 所示。

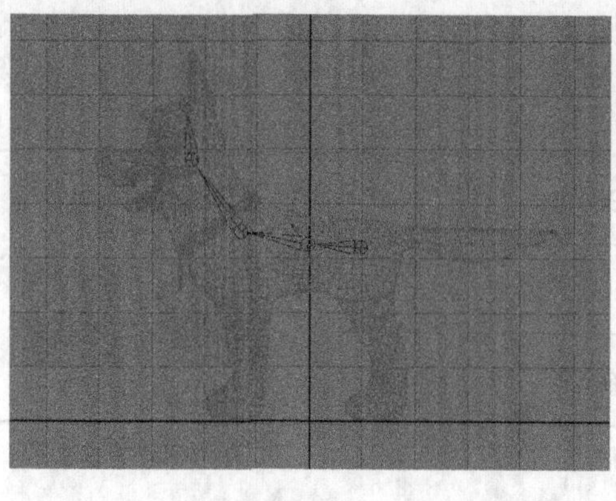

图 7-115

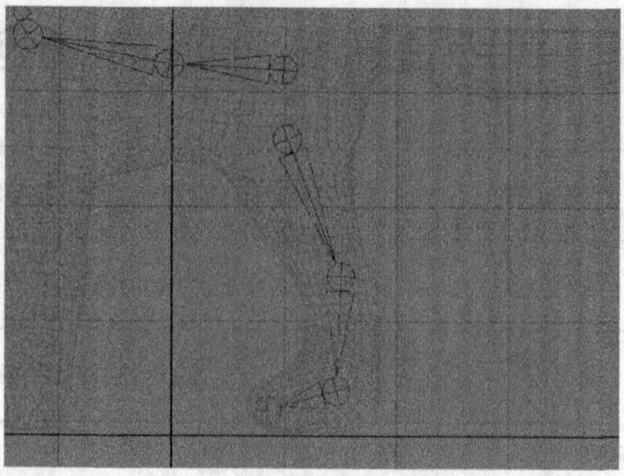

图 7-116

（2）使用“关节工具”绘制前腿部分的骨架，如图 7-117 所示。接着在肩部绘制出一个关节，如图 7-118 所示。再选择关节并加选前腿根部的关节，最后按 P 键连接骨架，如图 7-119 所示。

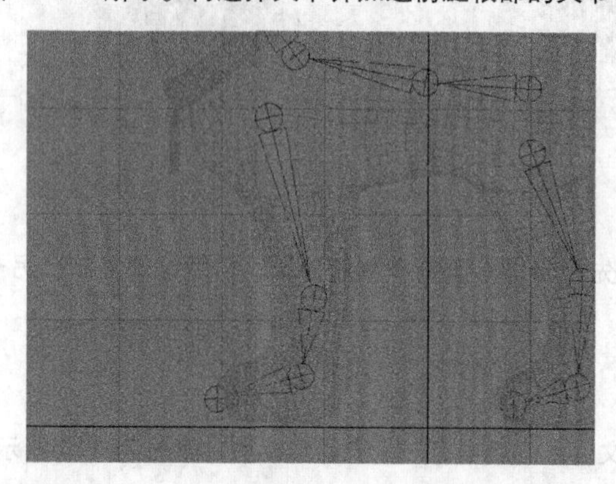

图 7-117

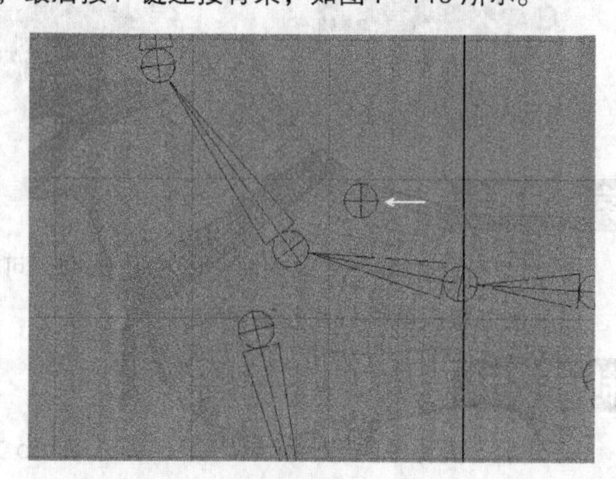

图 7-118

（3）使用“关节工具”在鼻子和下巴处各绘制一个关节，如图 7-120 所示。接着选择鼻子处的关节，再加选眼球旁的关节，如图 7-121 所示。最后按 P 键连接骨架，如图 7-122 所示。

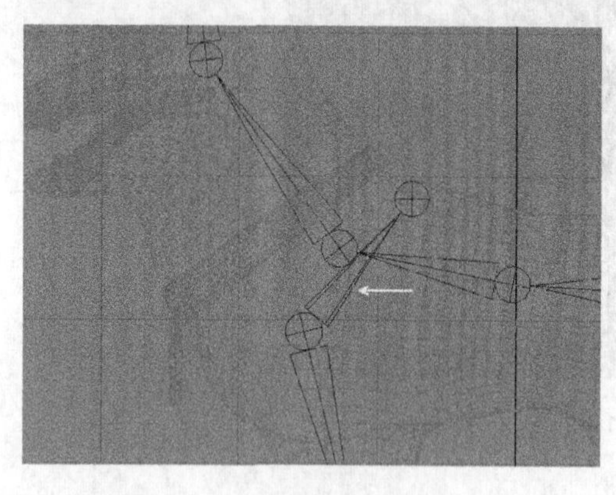

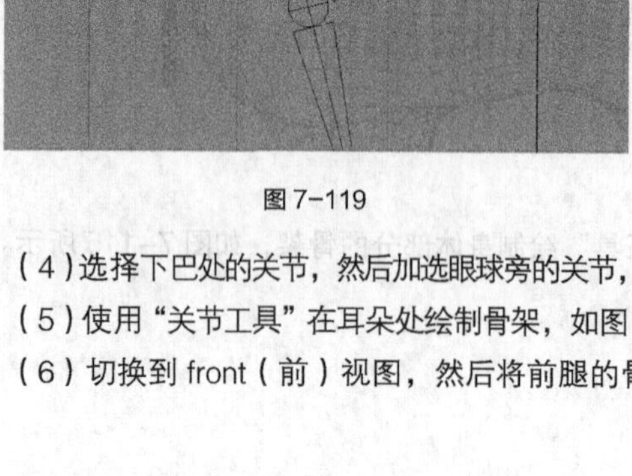

图 7-119

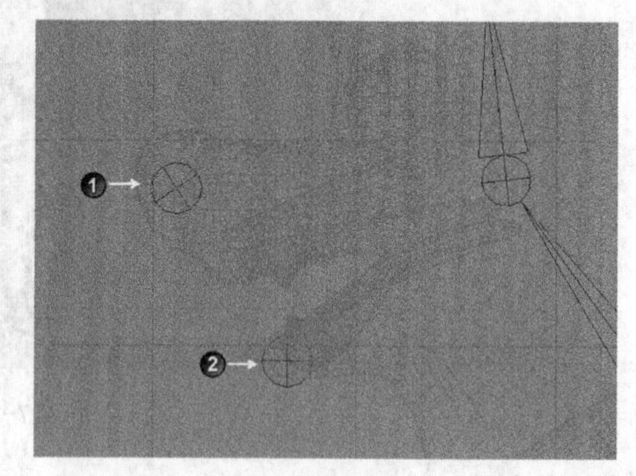

图 7-120

（4）选择下巴处的关节，然后加选眼球旁的关节，如图 7-123 所示。接着按 P 键连接骨架，如图 7-124 所示。

（5）使用“关节工具”在耳朵处绘制骨架，如图 7-125 所示。然后在尾巴处绘制骨架，如图 7-126 所示。

（6）切换到 front（前）视图，然后将前腿的骨架移至右侧，如图 7-127 和图 7-128 所示。

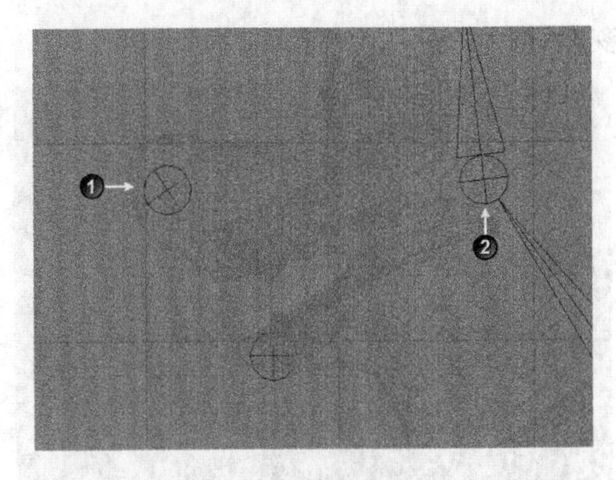

图7-121

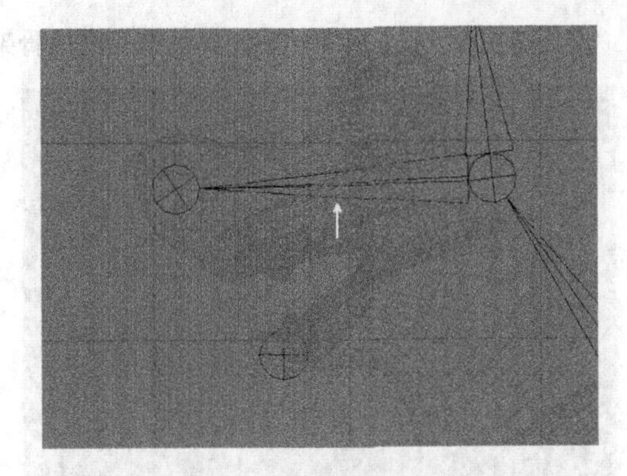

图7-122

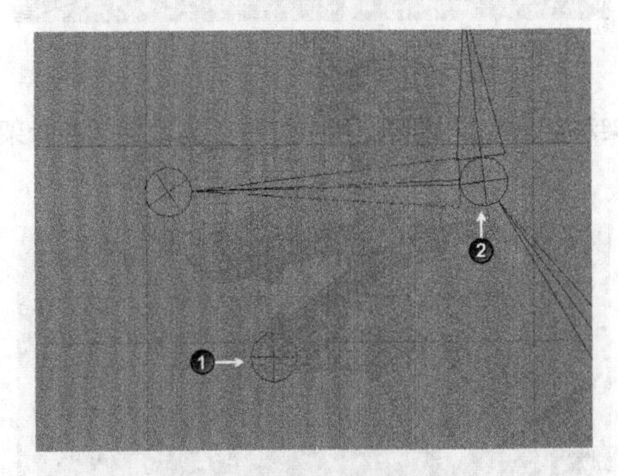

图7-123

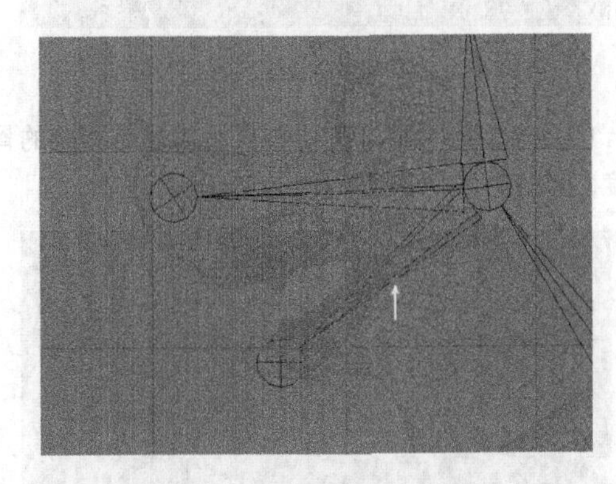

图7-124

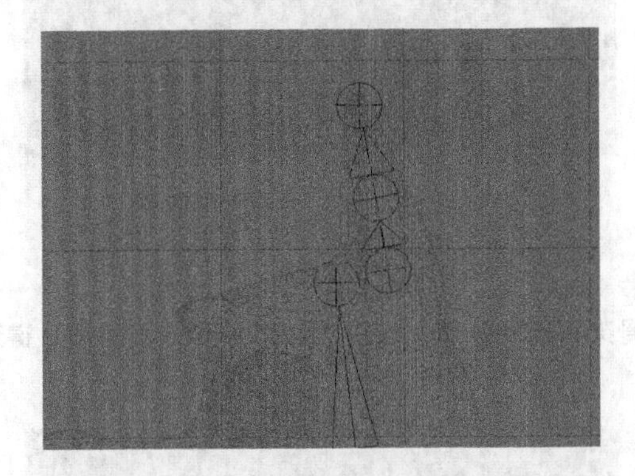

图7-125

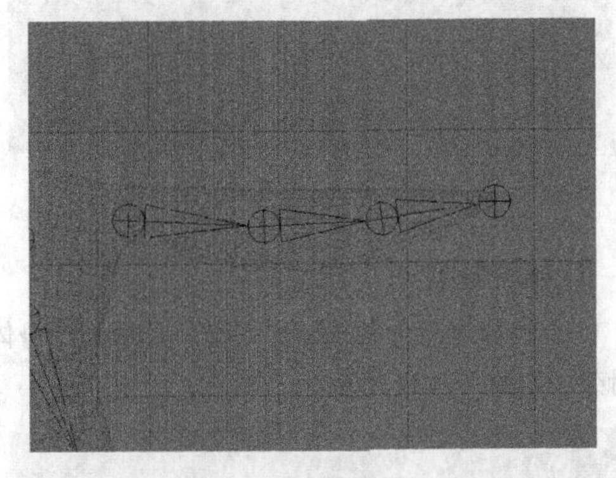

图7-126

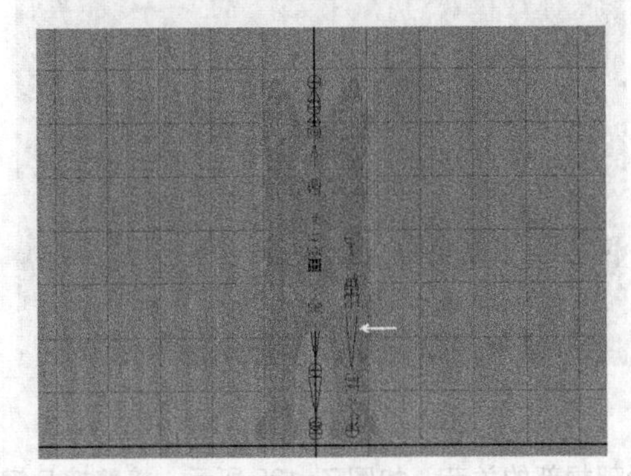

图7-127

图7-128

（7）切换到 top（顶）视图，然后将后腿的骨架移至右侧，如图 7-129 和图 7-130 所示。

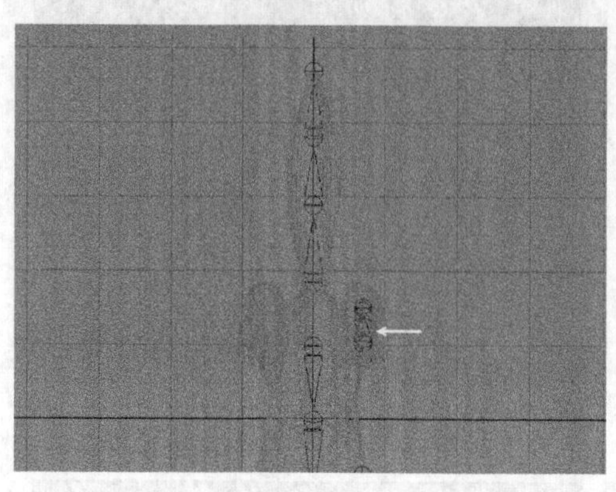

图 7-129

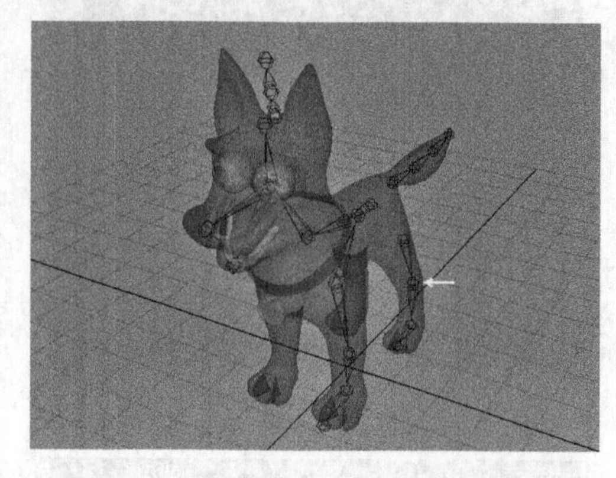

图 7-130

（8）切换到 front（前）视图，然后将耳朵的骨架移至右侧，接着使用“旋转工具”调整骨架的角度，如图 7-131 和图 7-132 所示。

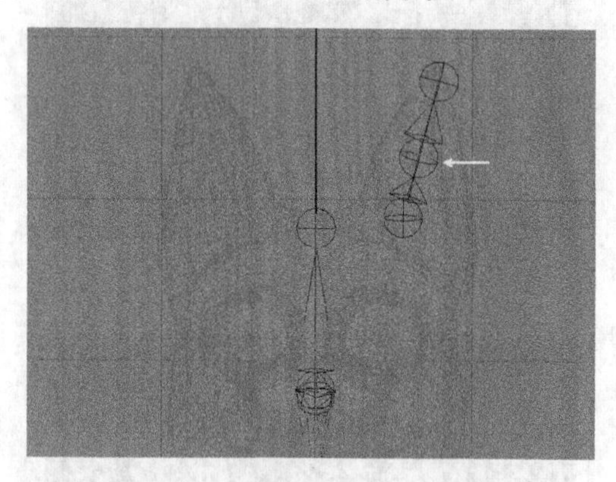

图 7-131

图 7-132

2. 连接骨架

（1）选择尾巴骨架根部的关节，然后加选身体骨架根部的关节，如图 7-133 所示，接着按 P 键连接骨架，如图 7-134 所示。

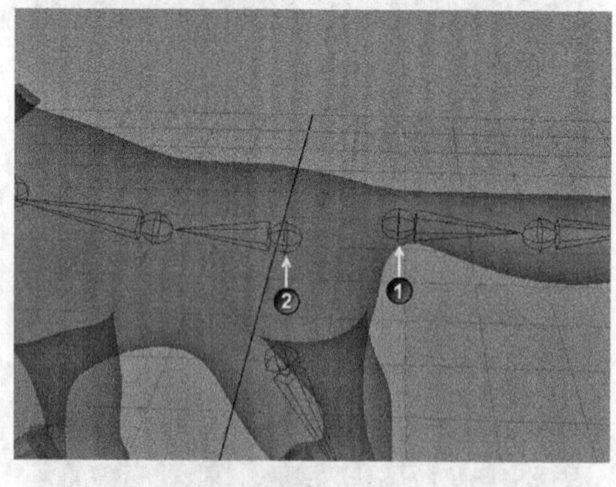

图 7-133

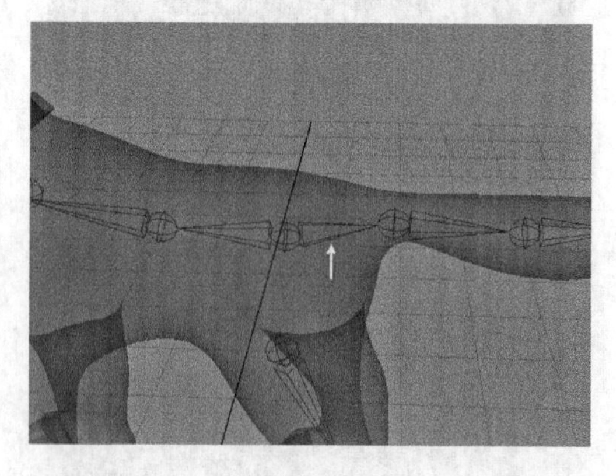

图 7-134

（2）选择后腿骨架根部的关节，然后加选身体骨架根部的关节，如图 7-135 所示，接着按 P 键连接骨架，如图 7-136 所示。

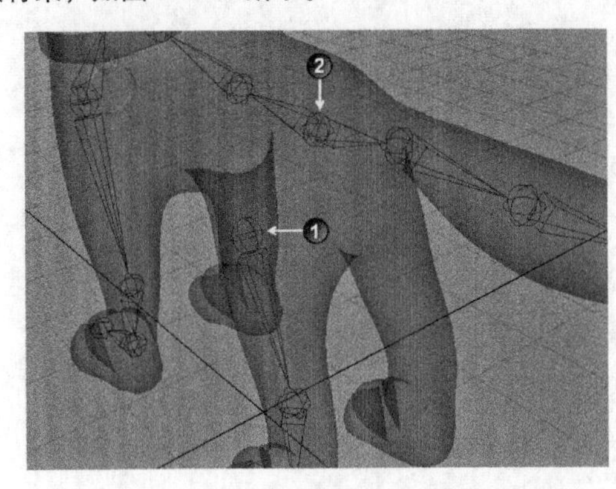

图 7-135

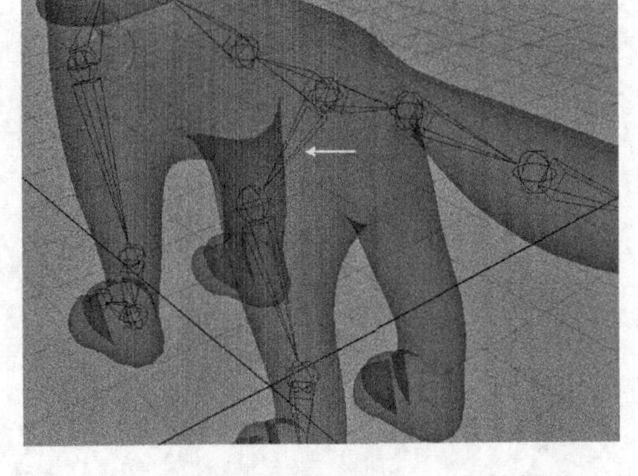

图 7-136

（3）选择前腿骨架根部的关节，然后加选脖子处骨架根部的关节，如图 7-137 所示。接着按 P 键连接骨架，如图 7-138 所示。

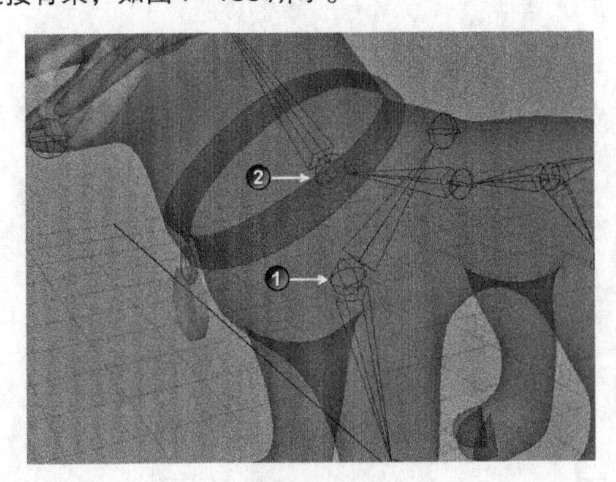

图 7-137

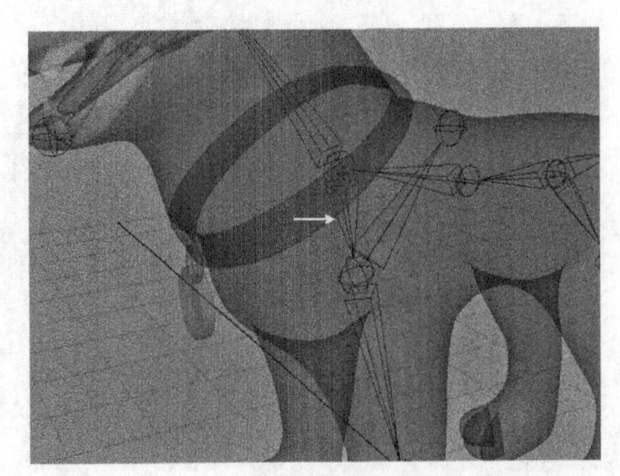

图 7-138

（4）选择耳朵骨架根部的关节，然后加选头顶处的关节，如图 7-139 所示。接着按 P 键连接骨架，如图 7-140 所示。

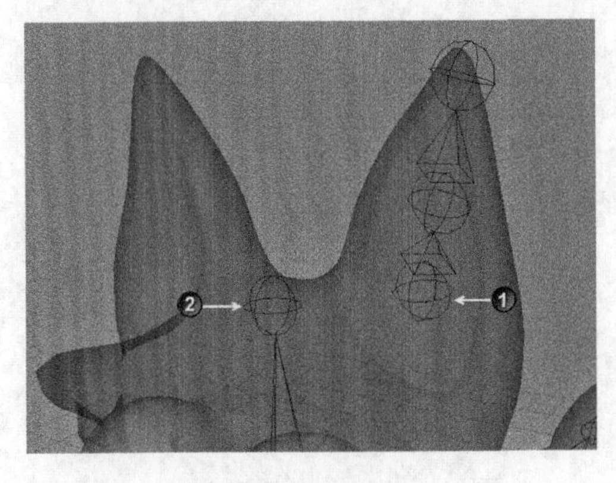

图 7-139

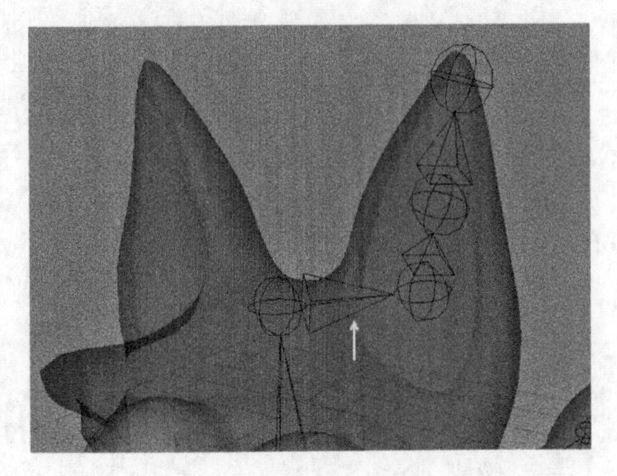

图 7-140

3. 镜像复制骨架

（1）选择后腿处的关节，如图 7-141 所示。然后打开“镜像关节选项”对话框，接着设置“镜像平面”为 YZ，最后单击“应用”按钮[应用]，如图 7-142 所示。效果如图 7-143 所示。

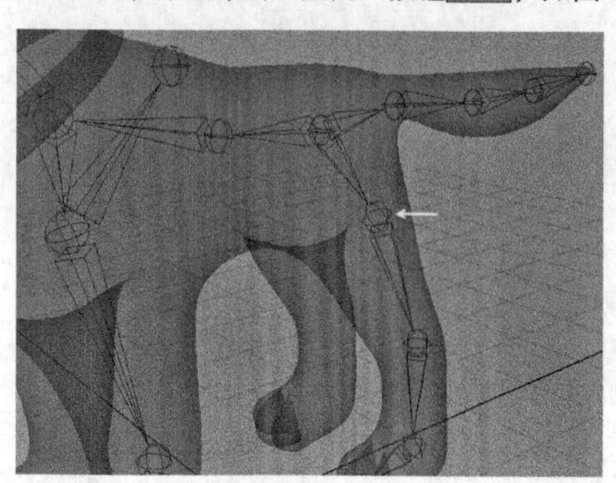

图 7-141

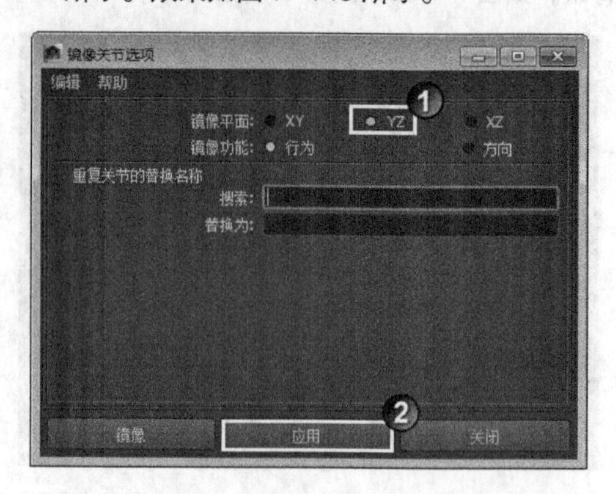

图 7-142

（2）选择前腿的关节，如图 7-144 所示，然后单击“镜像关节选项”对话框中的“应用”按钮[应用]，效果如图 7-145 所示。

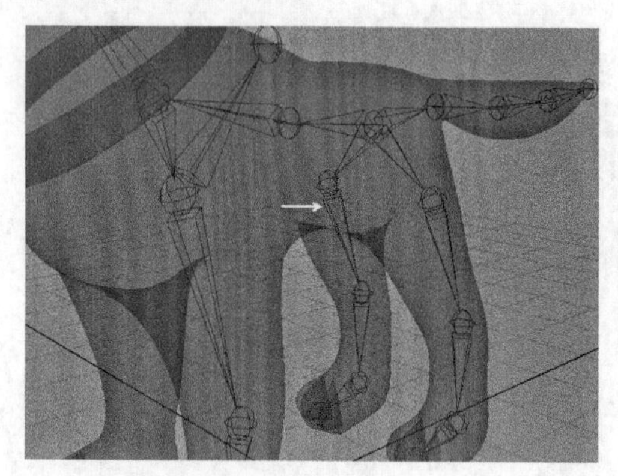

图 7-143

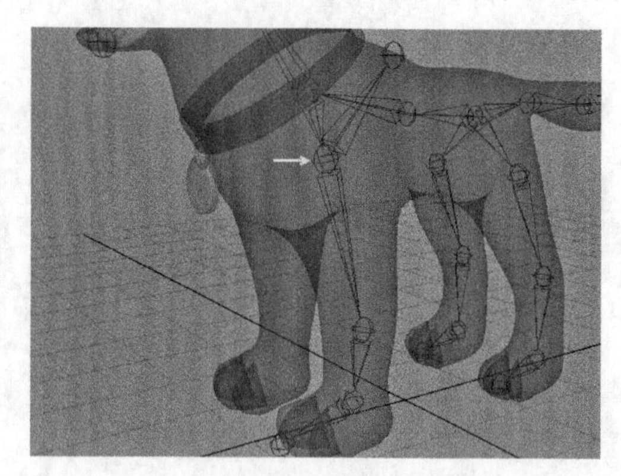

图 7-144

（3）选择耳朵的关节，如图 7-146 所示，然后单击“镜像关节选项”对话框中的“应用”按钮[应用]，效果如图 7-147 所示。

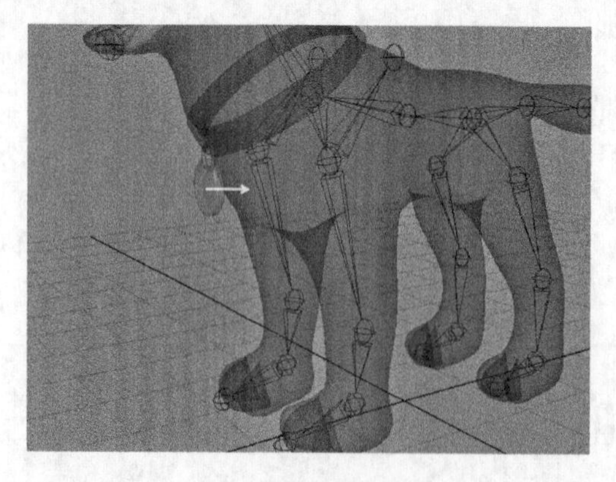

图 7-145

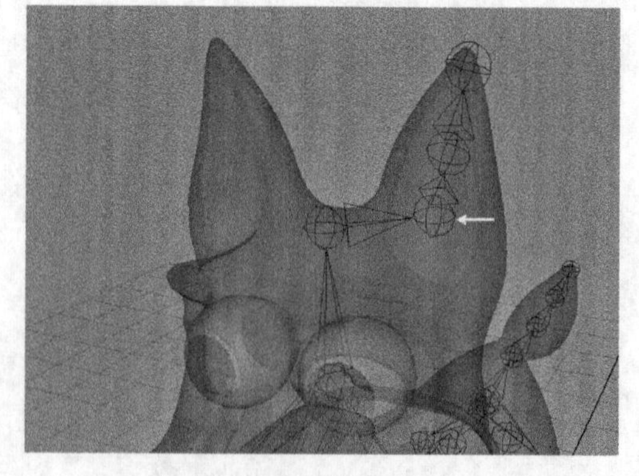

图 7-146

4. 蒙皮绑定

（1）选择模型，然后执行“编辑 > 按类型删除 > 历史”菜单命令，接着执行“修改 > 冻结变换”

菜单命令，确保模型变换参数恢复默认并且没有构建历史，如图 7-148 所示。

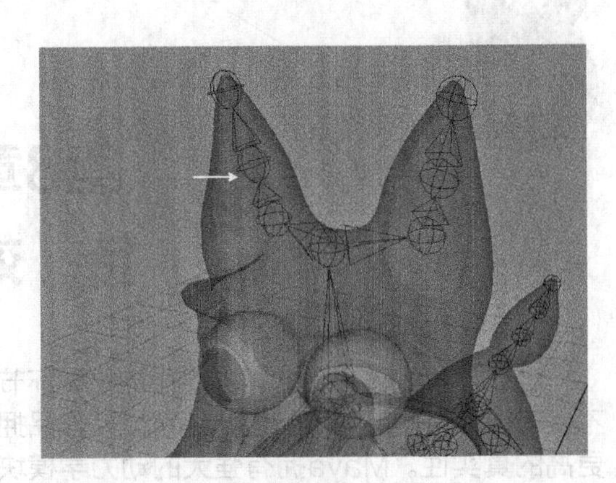

图 7-147

图 7-148

（2）打开“大纲视图”对话框，然后选择模型和骨架，如图 7-149 所示，接着执行“蒙皮 > 绑定蒙皮 > 平滑绑定”菜单命令，此时调整骨架就会影响模型，效果如图 7-150 所示。

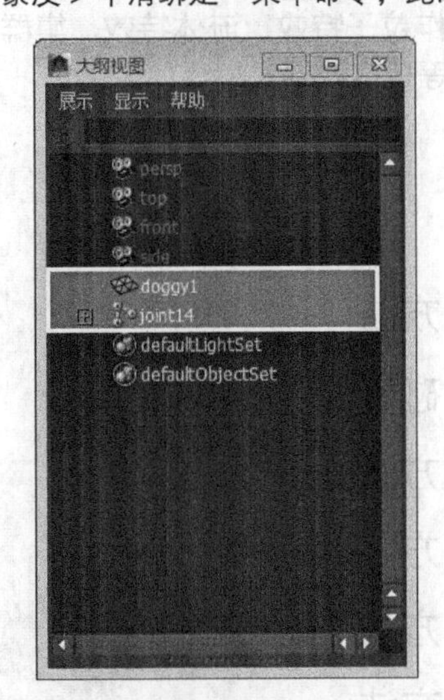

图 7-149

图 7-150

技术反馈

本例通过绑定卡通狗模型，来掌握绘制骨架、镜像骨架以及蒙皮的综合使用。本例贯穿整个绑定的流程，涉及很多使用的命令和工具，望读者能够熟练掌握。

Chapter 8

第8章 特效

特效是影视作品和动画作品中的重要环节，不仅可以提高作品的观赏性，还可以使作品拥有更高的真实性。Maya拥有强大的动力学模块，可以模拟出物体碰撞、集群动画和流体效果等。本章介绍了Maya的粒子工具、粒子碰撞、粒子替代、流体特效和刚体效果等内容。通过本章的学习，读者可以制作粒子特效、流体特效、集群特效以及刚体特效等特技效果。

本章学习要点

- 掌握粒子的使用方法
- 掌握如何使粒子碰撞
- 掌握粒子替代的方法
- 掌握力场的使用方法
- 掌握流体的使用方法
- 掌握刚体的使用方法

8.1 特效简介

近几年特效电影发展迅猛，为了增加商业卖点和提升艺术空间，影片对特效的要求也就越来越高。在 Maya 的动力学模块中，提供了强大的特效工具，以便帮助用户完成各种特效需求。

8.1.1 什么是特效

在影视作品中，人工制造出来的假象和幻觉，被称为特效（也被称为特技效果）。特效分为两种，分别是物理特效和数字特效。物理特效是指通过道具、化妆、搭景、烟火特效和胶片特效等技术手段达到的特技效果，如图 8-1 和图 8-2 所示。而数字特效是由计算机通过特效软件达到的特技效果，如图 8-3 和图 8-4 所示。本章介绍的特效尤指动力学特效，主要用来模拟现实生活中的自然现象，如物体碰撞和烟雾模拟等。

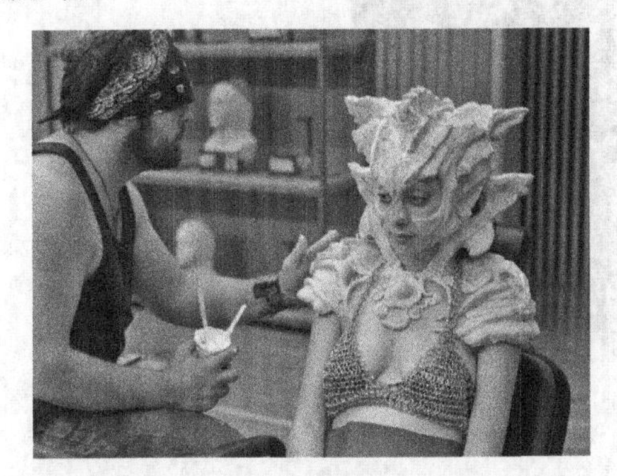

图 8-1

图 8-2

图 8-3

图 8-4

8.1.2 特效的作用

在影视作品中为了增加视觉效果又需要避免让演员处于危险的境地、减少电影的制作成本时，制作者会使用大量的特效，来应对影片中的复杂要求。因为数字特效不受环境、演员和天气的限制，所以在特效领域使用的比例较大。

Maya 拥有了强大的动力学模块，可以为用户提供不同类型的特效。在模块选择器中选择“动力学”模块，菜单栏提供了关于动力学的内容，如图 8-5 所示。

粒子 流体效果 流体 nCache 场 柔体/刚体 效果 解算器

图 8-5

8.2 用创建发射器命令制作喷泉

场景位置	Scene>CH08>H1>H1.mb	扫描观看视频！
实例位置	Example>CH08>H1>H1.mb	
学习目标	学习粒子和发射器的使用方法	

案例引导

本例中的喷泉效果，是一个典型的粒子特效。使用“创建发射器”命令可以创建一个带粒子的发射器，设置发射器和粒子的属性，然后为粒子添加重力场就能完成喷泉效果。

下面介绍部分粒子发射器的属性，其余属性将在制作步骤中进行介绍。

单击“粒子 > 创建发射器”菜单命令后面的□按钮打开“发射器选项（创建）”对话框，如图 8-6 所示。

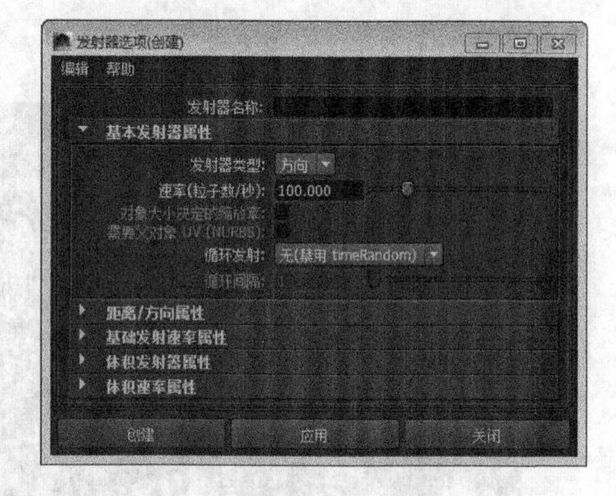

图 8-6

在“基本发射器属性”卷展栏下有“发射器类型”和“速率（粒子数 / 秒）”等属性。

“发射器类型”用于指定发射器的类型，包含“泛向”“方向”和“体积”3 种，效果如图 8-7 所示。

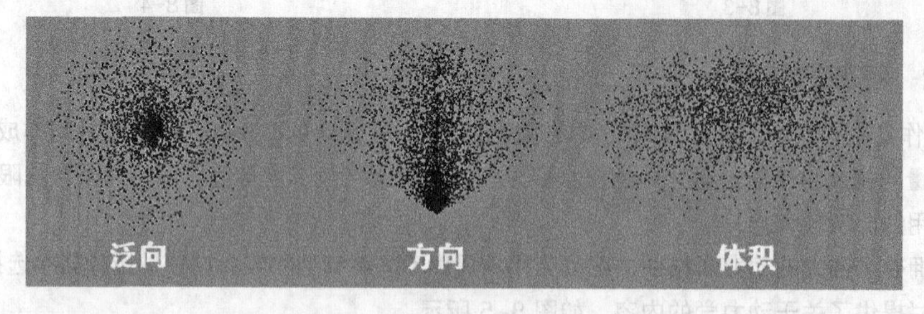

图 8-7

速率（粒子数 / 秒）：设置每秒发射粒子的数量，效果如图 8-8 所示。

图 8-8

在“距离 / 方向属性”卷展栏下有“最大 / 小距离”“方向 X/Y/Z”和“扩散”属性，如图 8-9 所示。

“最大 / 小距离”属性用来控制发射器执行发射的最大和最小距离。方向 X/Y/Z 用来控制发射器的发射方向，这 3 个属性仅适用于“方向”发射器和“体积”发射器。“扩散”属性用来控制发射扩散角度，仅适用于“方向”发射器。

在“基础发射速率属性”卷展栏下有“速率”和“速率随机”等属性，如图 8-10 所示。

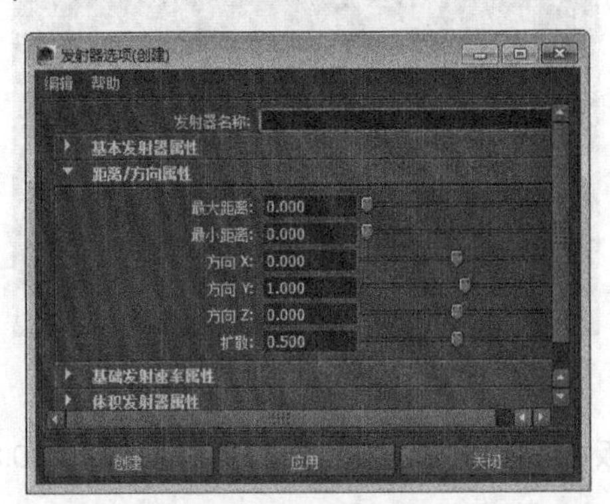

图 8-9

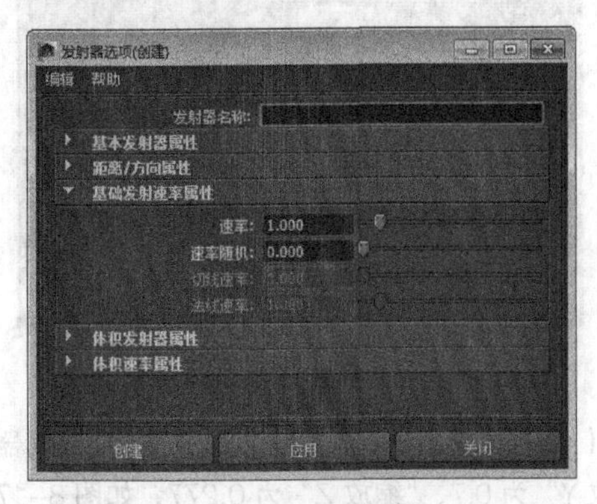

图 8-10

“速率”属性控制粒子的移动速度，该属性不适用于“体积”发射器。“速率随机”属性使粒子的速度产生随机效果。

制作演示

（1）打开学习资源中的 Scene>CH08>H1>H1.mb 文件，场景中一个喷泉模型，如图 8-11 所示。

（2）执行“粒子 > 创建发射器”菜单命令，如图 8-12 所示。场景中的坐标中心处会出现发射器，如图 8-13 所示。

图 8-11

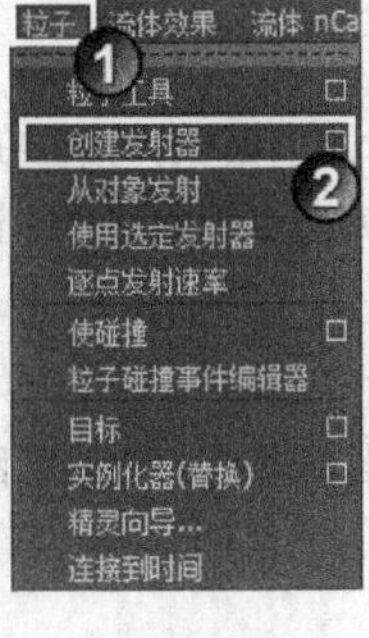

图 8-12

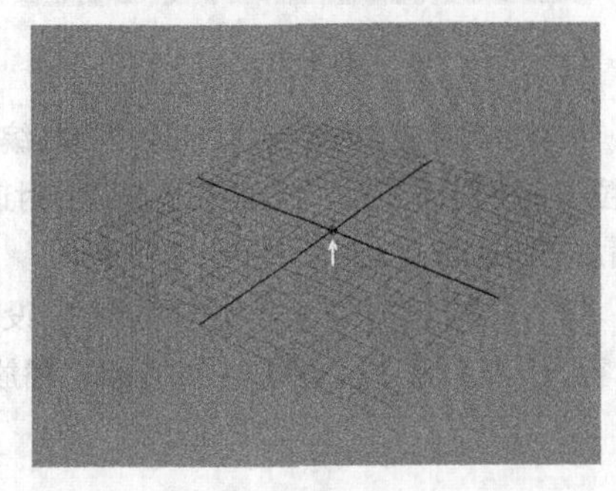

图 8-13

（3）选择发射器，然后打开“属性编辑器”面板，接着在“基本发射器属性”卷展栏下设置“发射器类型”为“体积”，如图 8-14 所示。最后在“体积发射器属性”卷展栏下设置“体积形状”为“圆锥体”，如图 8-15 所示。效果如图 8-16 所示。

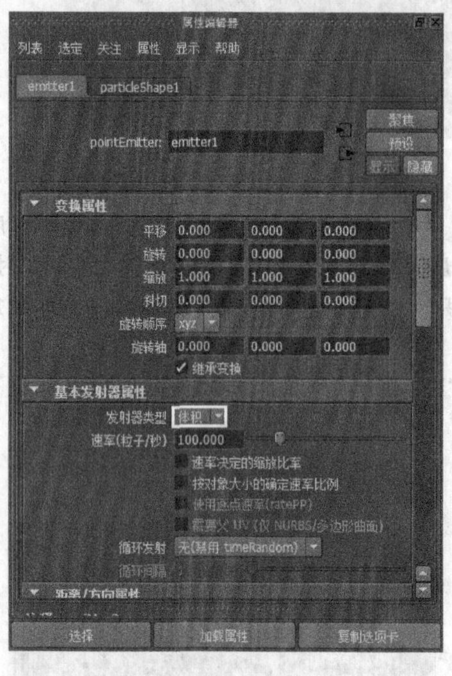

图 8-14

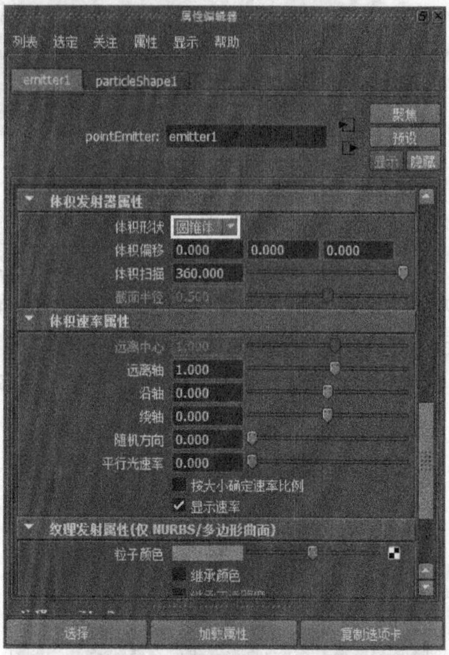

图 8-15

（4）选择发射器，然后在“通道盒 / 层编辑器”面板中设置“平移 Y”为 25.181、“缩放 X”为 0.277、“缩放 Y”为 0.7、“缩放 Z”为 0.277，如图 8-17 所示。

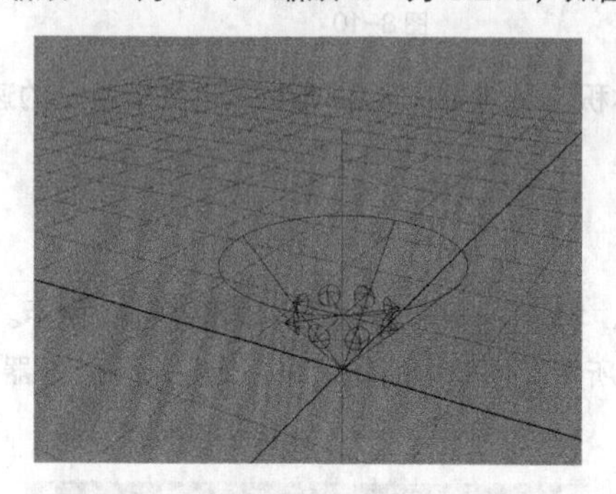

图 8-16

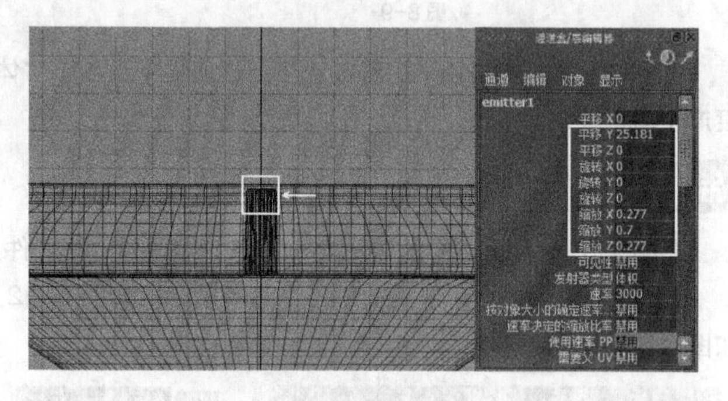

图 8-17

（5）选择发射器，然后打开“属性编辑器”面板，接着在“基本发射器属性”卷展栏下设置“速率（粒子 / 秒）”为 3000，最后在“基础发射速率属性”卷展栏下设置“速率随机”为 0.2，如图 8-18 所示。播放当前动画，效果如图 8-19 所示。

（6）在“体积速率属性”卷展栏下设置“沿轴”为 16，如图 8-20 所示。然后选择粒子，执行“场 > 重力”菜单命令，如图 8-21 所示。播放当前动画，效果如图 8-22 所示。

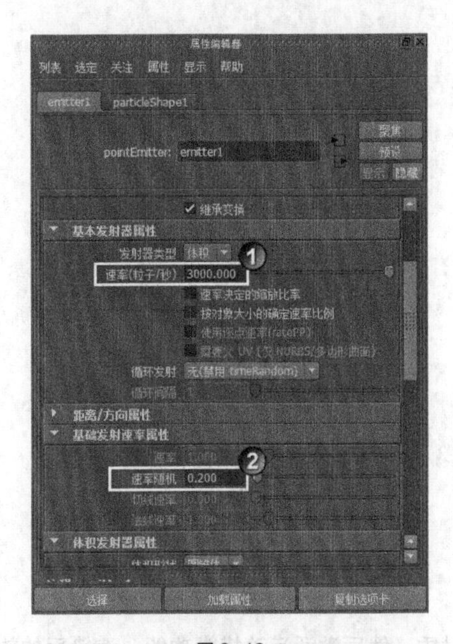

图 8-18

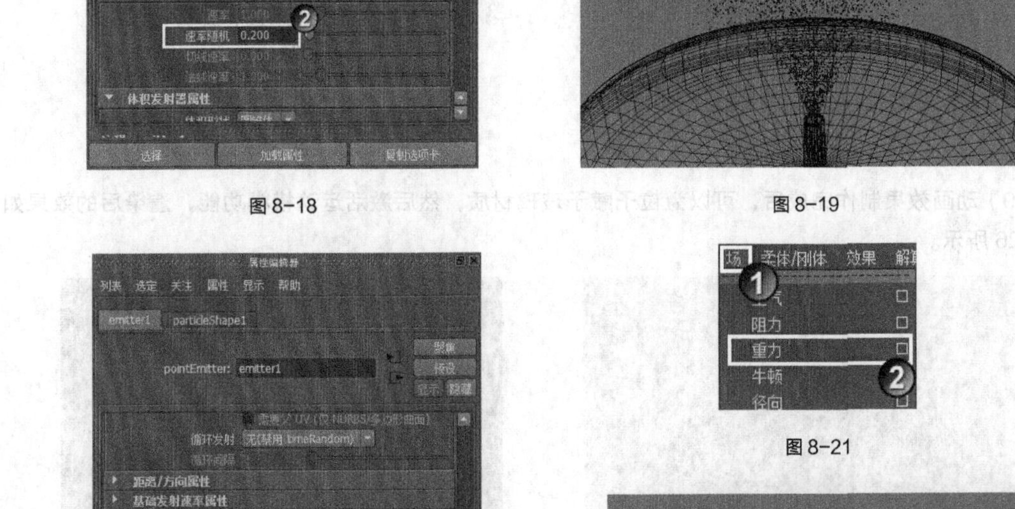

图 8-19

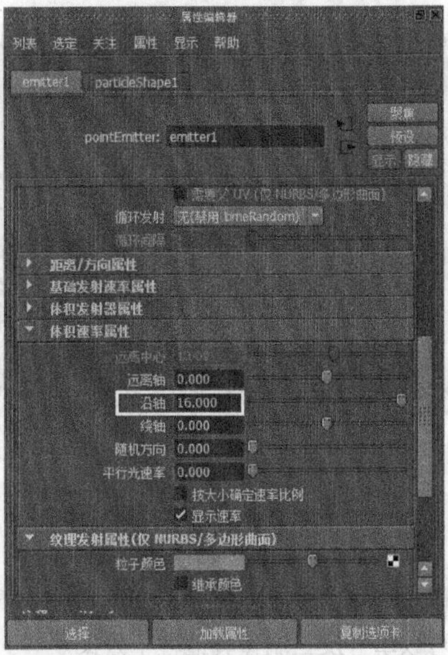

图 8-20

图 8-21

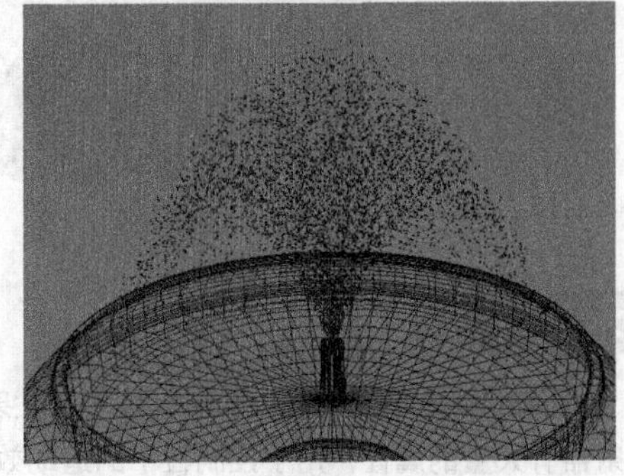

图 8-22

技巧与提示

“重力”命令是为粒子添加重力效果，在后面的内容中会介绍“场”的作用。

（7）选择粒子，然后打开“属性编辑器”面板，接着在“寿命属性（另请参见每粒子选项卡）”卷展栏下设置“寿命模式”为“随机范围”“寿命”为 2.5、“寿命随机”为 1，如图 8-23 所示。

（8）展开“渲染属性”卷展栏，然后设置“粒子渲染类型”为“球体”，接着单击“当前渲染类型”按钮，最后设置“半径”为 0.05，如图 8-24 所示。播放当前动画，效果如图 8-25 所示。

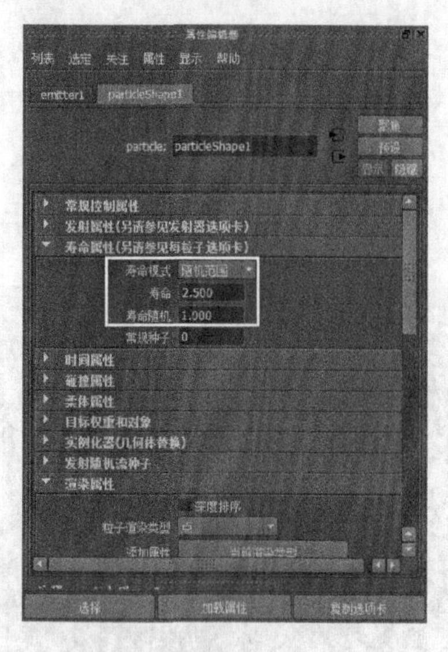

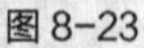
图 8-23

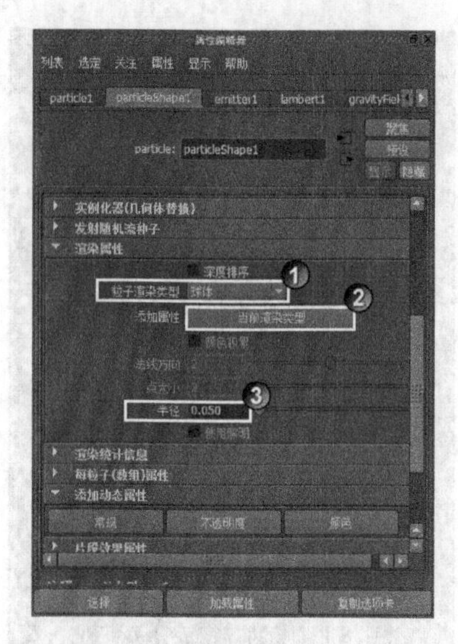

图 8-24

（9）动画效果制作完成后，可以为粒子赋予玻璃材质，然后激活运动模糊功能，渲染后的效果如图 8-26 所示。

图 8-25

图 8-26

技术反馈

本例通过制作喷泉效果，来掌握粒子和发射器的使用方法。粒子特效是一种常用的特技效果，粒子和发射器有大量的属性，用于控制粒子的运动效果，读者可以举一反三制作其他粒子效果。

8.3 用“使碰撞”命令制作炮弹发射

场景位置	Scene>CH08>H2>H2.mb	扫描观看视频！
实例位置	Example>CH08>H2>H2.mb	
学习目标	学习“使碰撞”命令的使用方法	

案例引导

本例中主要模拟大炮发射炮弹，并且炮弹落地后的碰撞效果。默认情况下粒子是不会与任何物体发射碰撞，使用“使碰撞”命令可以使粒子和选择对象发生碰撞效果。

在执行完“使碰撞”命令命令后，粒子和碰撞体（选择的对象）会添加一个 geoConnector 节点，该节点用于控制碰撞的效果。选择碰撞体，然后打开“通道盒 / 层编辑器”面板，接着展开 geoConnector 节点，如图 8-27 所示。

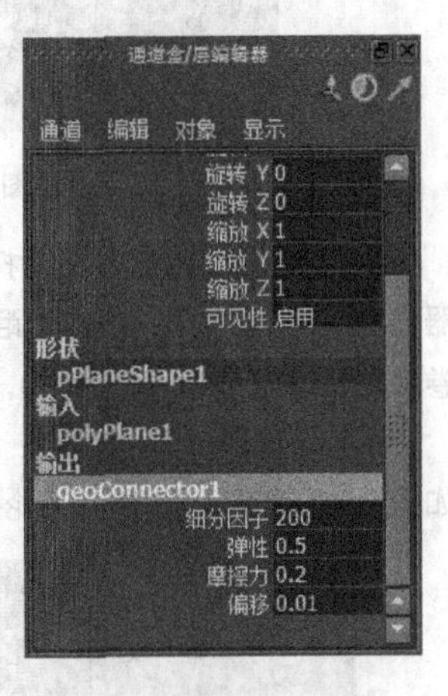

图 8-27

“弹性”用来控制粒子碰撞后受到的弹力，效果如图 8-28 和图 8-29 所示。

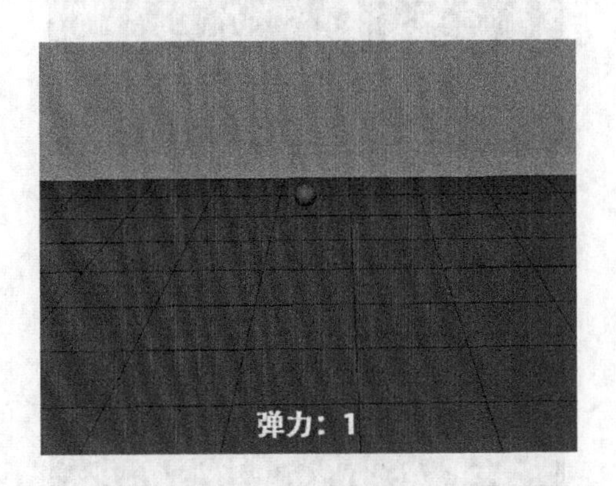

图 8-28

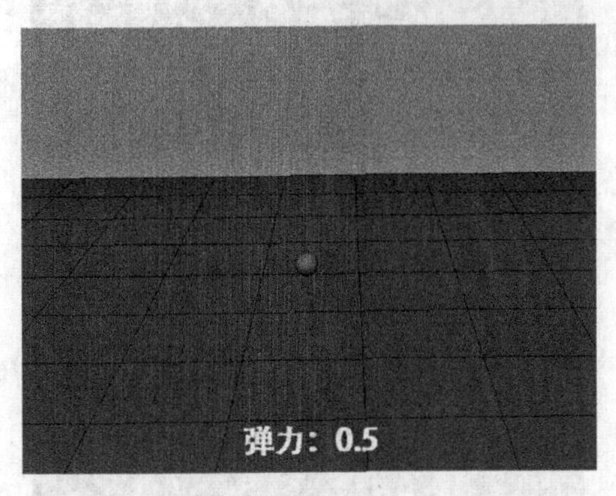

图 8-29

“摩擦力”用来控制粒子碰撞后受到的阻力，该值越大粒子受到的阻力也就越大。

制作演示

（1）打开学习资源中的 Scene>CH08>H1>H1.mb 文件，场景中一个大炮和地面模型，如图 8-30 所示。

（2）执行“粒子 > 创建发射器”菜单命令，然后选择发射器，接着在“通道盒 / 层编辑器”面板中设置“平移 X”为 -5.976、“平移 Y”为 3.207、“旋转 Z”为 21.105，如图 8-31 所示。

图 8-30

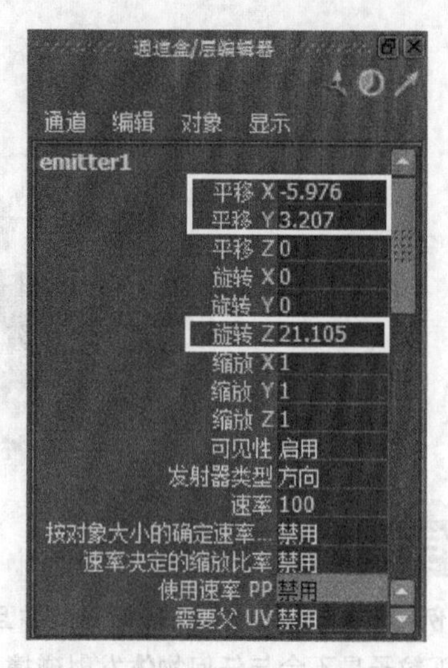

图 8-31

（3）选择发射器，然后打开“属性编辑器”面板，接着在“基本发射器属性”卷展栏下设置“发射器类型”为“方向”，再在“距离 / 方向属性”卷展栏下设置“方向 X”为 1，最后在“基础发射速率属性”卷展栏下设置“速率”为 20，如图 8-32 所示。

（4）选择粒子，然后在“发射器属性（另请参见每粒子选项卡）”卷展栏下设置“最大计数”为 1，如图 8-33 所示。这样，无论发射器的发射速率为多少，都只能发射 1 个粒子。

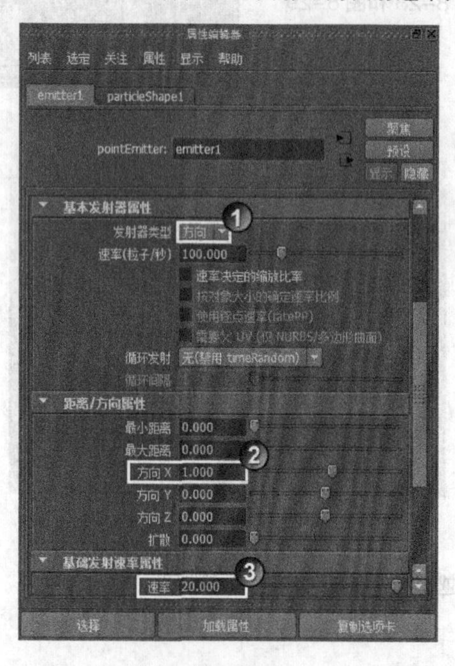

图 8-32

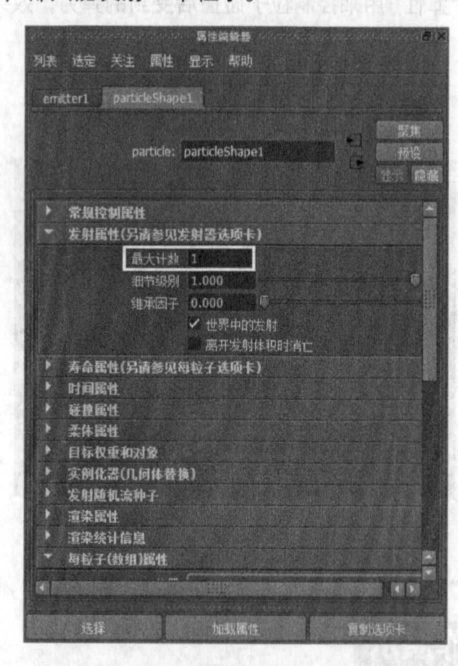

图 8-33

（5）展开“渲染属性”卷展栏，然后设置“粒子渲染类型”为“球体”，接着单击“当前渲染类型”按钮，最后设置“半径”为 0.22，如图 8-34 所示。

（6）播放当前动画，大炮发射了炮弹，但是没有下落，如图 8-35 所示。选择粒子，执行“场 > 重力”菜单命令，如图 8-36 所示。

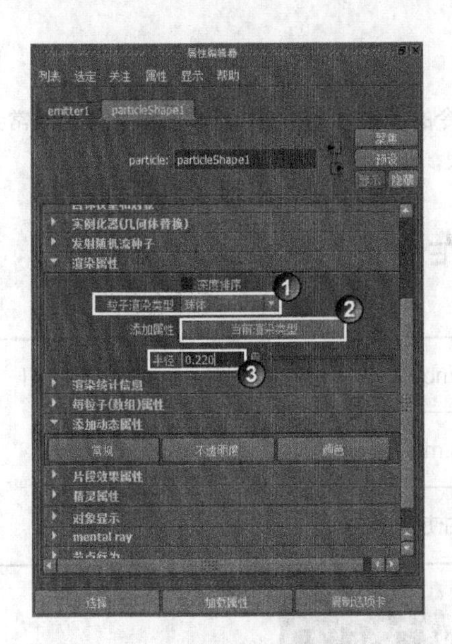

图 8-34

图 8-35

（7）为粒子添加重力场后，炮弹会有下落的效果，但是不会落在地面上。选择粒子和多边形平面，然后执行“粒子 > 使碰撞”，如图 8-37 所示。

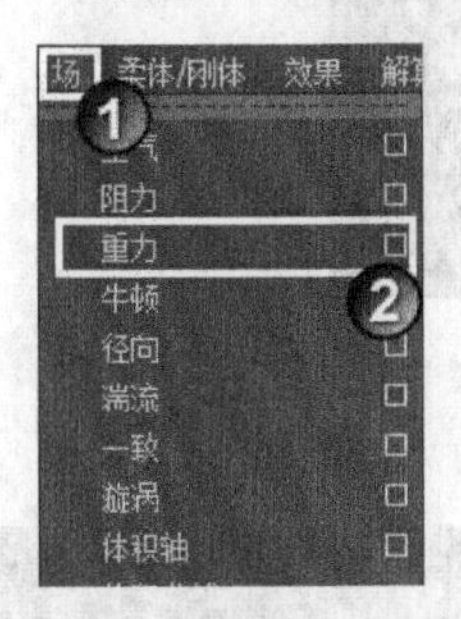

图 8-36

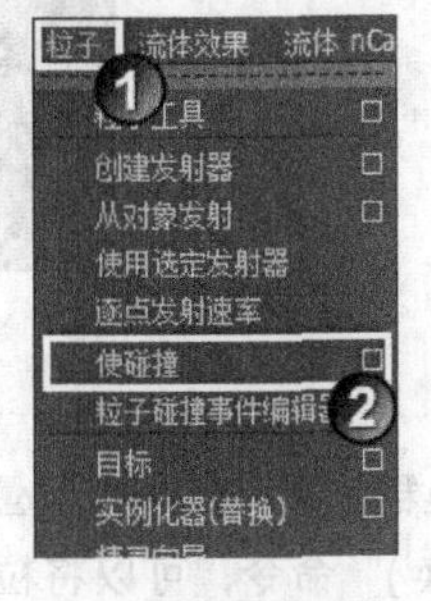

图 8-37

（8）选择地面模型，然后在“通道盒 / 层编辑器”中设置“弹性”为 0.5、“摩擦力”为 0.2，如图 8-38 所示。播放当前动画，效果如图 8-39 所示。

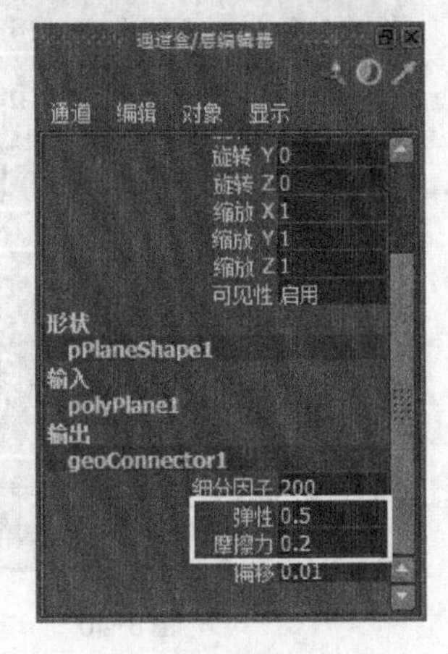

图 8-38

图 8-39

技术反馈

本例通过制作炮弹落地效果，来掌握“使碰撞”命令的使用方法。在制作碰撞效果时，通常会为粒子添加力场，在力场的作用下才能模拟出真实的碰撞效果。

8.4 用实例化器（替换）命令制作鱼群游动

场景位置	Scene>CH08>H3>H3.mb	扫描观看视频！
实例位置	Example>CH08>H3>H3.mb	
学习目标	学习“实例化器（替换）”命令的使用方法	

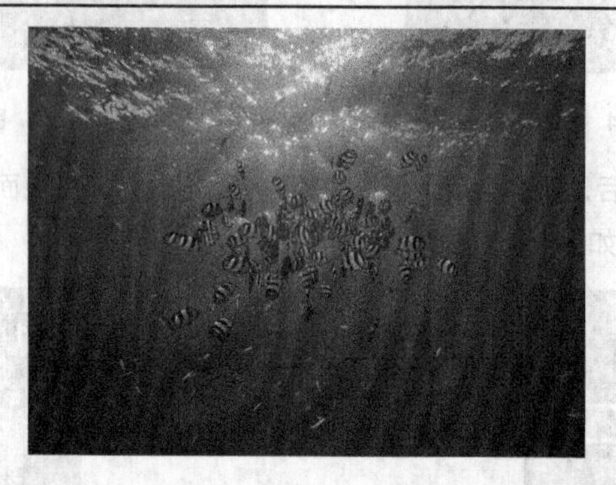

案例引导

本例中的鱼群效果，是一个数量较大的集群动画。使用“实例化器（替换）”命令，可以将粒子替换为选择对象，选择对象会跟随着粒子产生运动。

在对粒子执行“实例化器（替换）”命令后，可以在粒子的“属性编辑器”中设置替换的属性。在“实例化器（几何体替换）”卷展栏下可以设置替换对象的“比例”“旋转”和“目标方向”等属性，如图 8-40 所示。

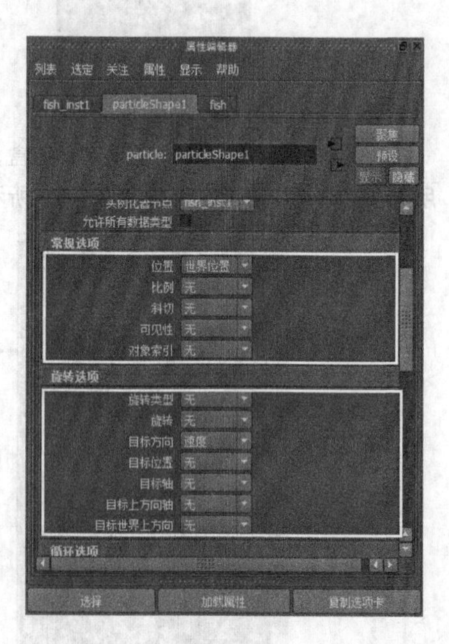

图 8-40

制作演示

（1）打开学习资源中的 Scene>CH08>H3>H3.mb 文件，场景中一个鱼模型和一堆粒子，如图 8-41 所示。播放当前动画，粒子向四周无规律运动，如图 8-42 所示。

（2）选择鱼模型，然后单击“粒子 > 实例化器（替换）”菜单命令后面的◻按钮，如图 8-43 所示。在打开的“粒子实例化器选项”对话框中设置“粒子实例化器名称”为 fish_inst，接着单击“应用”按钮，如图 8-44 所示。随即，粒子就被替换为鱼模型，如图 8-45 所示。

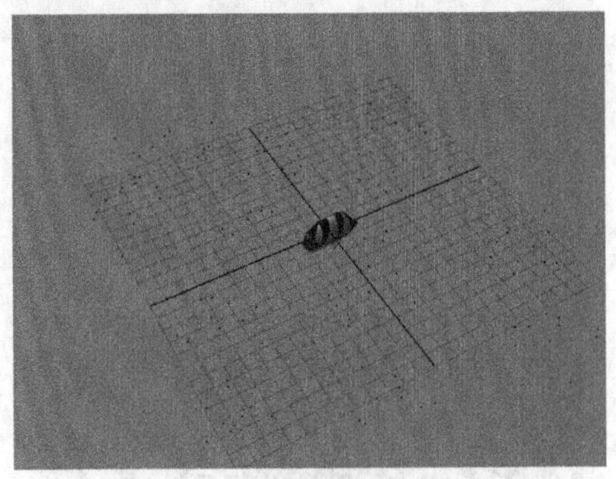

图 8-41

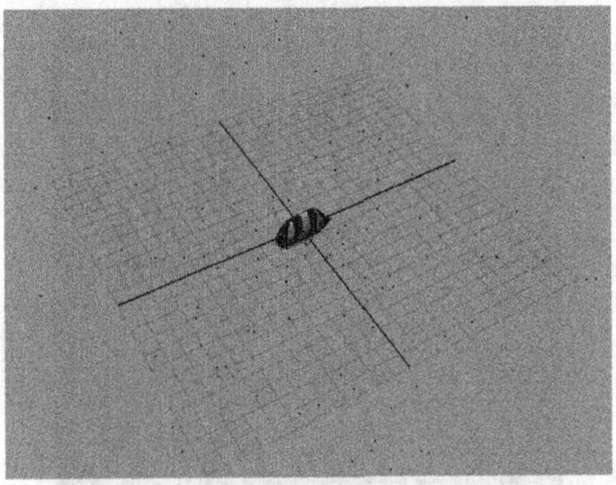

图 8-42

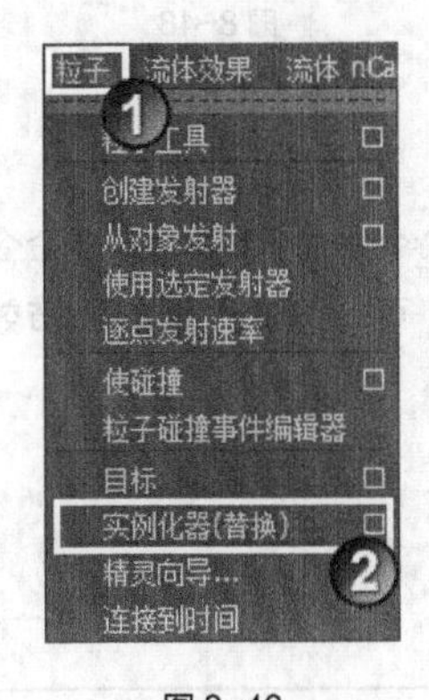

图 8-43

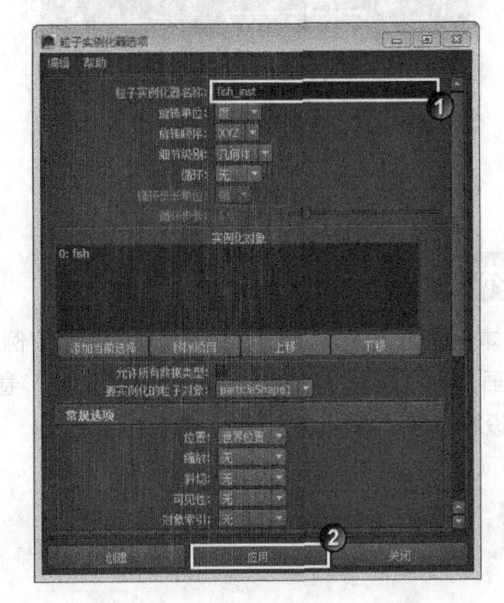

图 8-44

（3）播放当前动画，鱼群随着粒子移动，但是鱼头始终朝着一个方向，如图 8-46 所示。

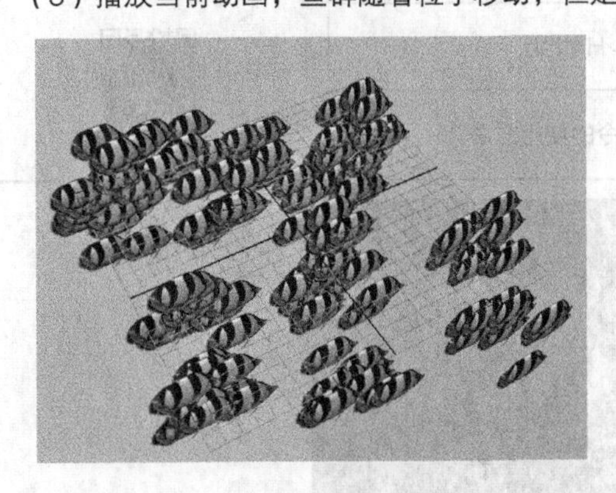

图 8-45

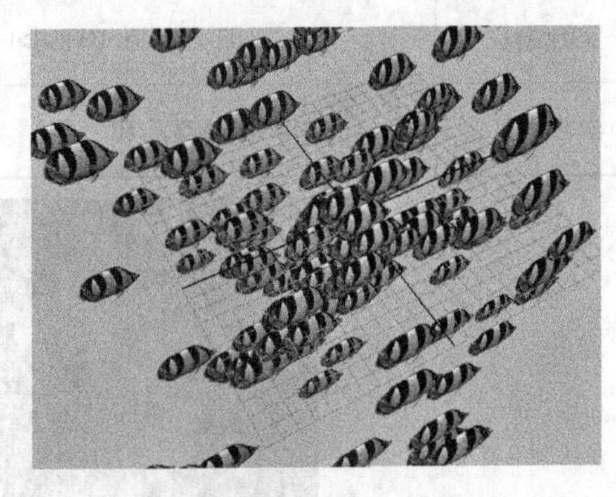

图 8-46

（4）在“大纲视图”对话框中，选择 particle1 节点，然后打开“属性编辑器”面板，接着在“实例化器（几何体替换）> 旋转选项”卷展栏下设置“目标方向”为“速度”，如图 8-47 所示。播放当前动画，鱼群随着粒子移动，并且鱼头的方向随着位移发生变化，如图 8-48 所示。

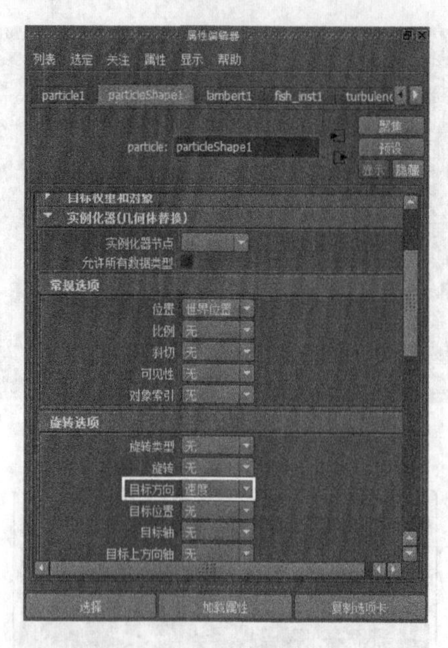

图 8-47

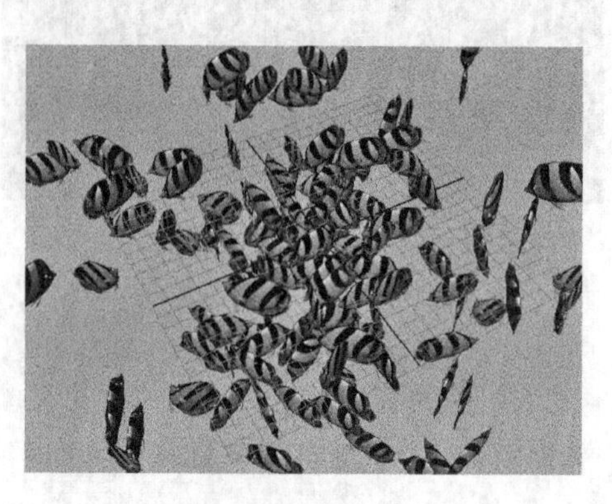

图 8-48

技术反馈

本例通过制作鱼群游动动画，来掌握“实例化器（替换）”命令的使用方法。该命令常用于制作集群动画，通过设置“实例化器（几何体替换）”卷展栏下的属性，可以为动画增加细节效果。另外，还可以设置自定义属性，制作一些特殊的效果。

8.5 用漩涡命令制作银河

场景位置	无	扫描观看视频！
实例位置	Example>CH08>H4>H4.mb	
学习目标	学习“漩涡”和“湍流”命令的使用方法	

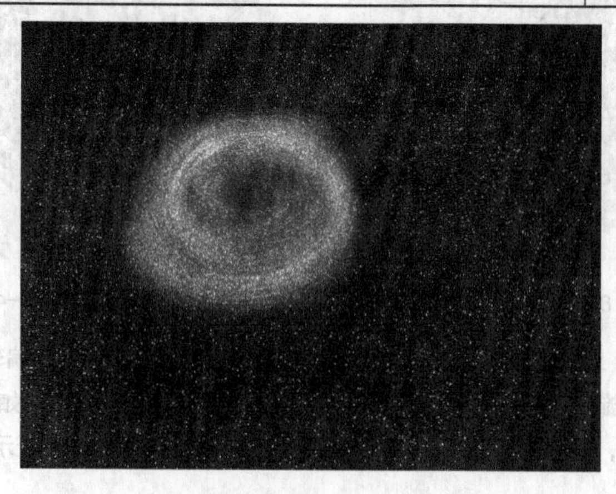

案例引导

本例中的银河效果是由大量的粒子构成，重点在于控制粒子的形态。使用“场”菜单下的命令，可以使粒子具有特定的运动效果。

Maya 提供了强大的力场工具，展开“场”菜单可以创建各种力场，如图 8-49 所示。力场可以影响动力学模块中的大部分特效工具如粒子、流体、刚体和柔体等。

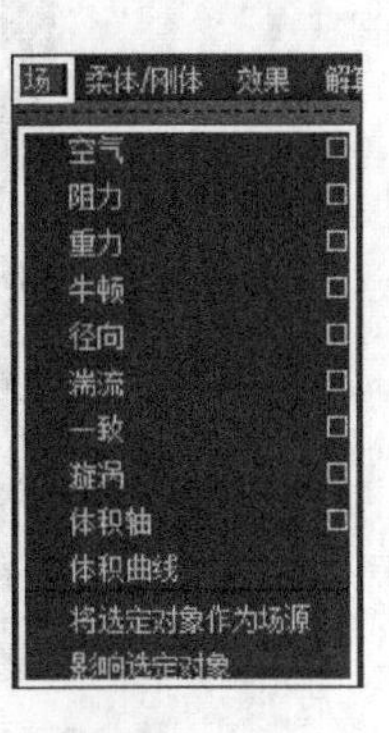

图 8-49

制作演示

（1）新建场景，然后执行“粒子 > 粒子工具”菜单命令，如图 8-50 所示。接着打开“工具设置”面板，然后设置“粒子数”为 10、“最大半径”为 3，如图 8-51 所示。

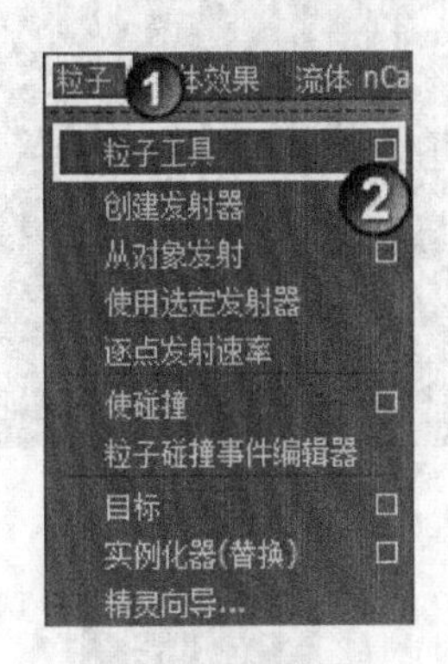

图 8-50

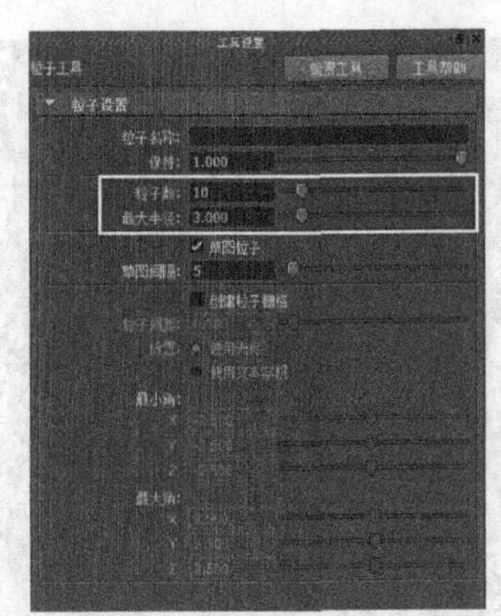

图 8-51

（2）切换到 top（顶）视图，然后按住鼠标左键并拖曳绘制出图 8-52 所示的粒子，在绘制完成后，按 Enter 键结束绘制，效果如图 8-53 所示。接着选择粒子，最后在“通道盒 / 层编辑器”中设置“保持”为 0.3，如图 8-54 所示。

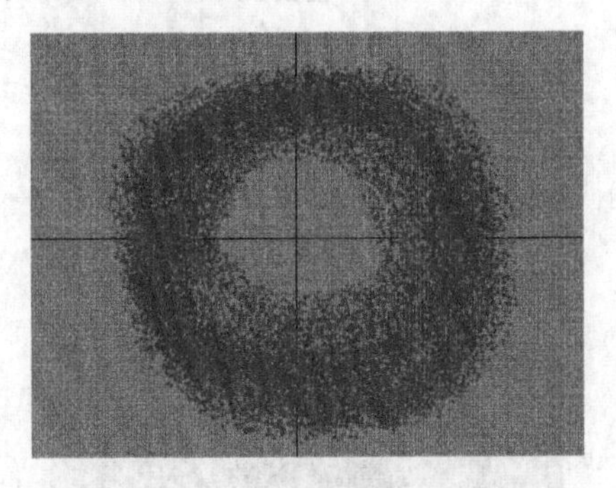

图 8-52

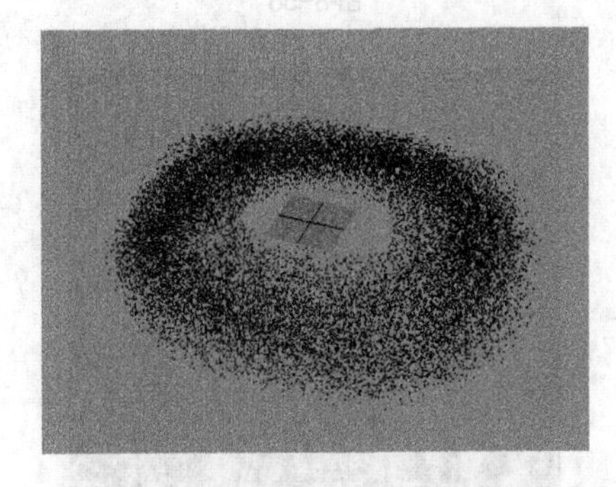

图 8-53

（3）选择粒子，然后执行“场 > 旋涡”菜单命令，如图 8-55 所示。接着选择旋涡场，在属性编辑器中展开“旋涡场属性”卷展栏，再设置“幅值”为 800，如图 8-56 所示。最后播放当前动画，效果如图 8-57 所示。

（4）选择粒子，然后执行“场 > 湍流”菜单命令，如图 8-58 所示。接着选择湍流场，在属性编辑器中展开“湍流场属性”卷展栏，再设置“幅值”为 200、“衰减”为 0.5，如图 8-59 所示。最后播放当前动画，效果如图 8-60 所示。

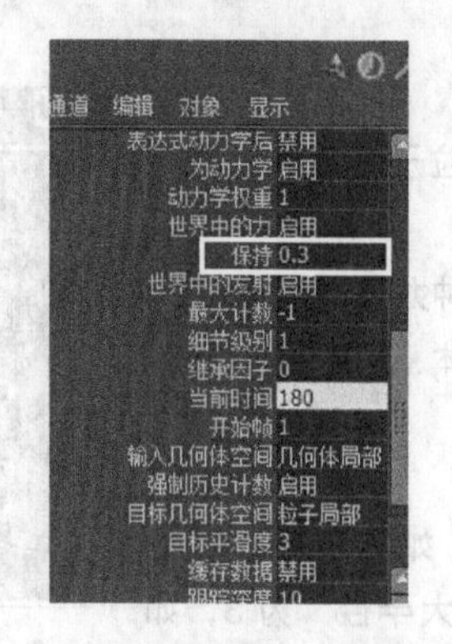

图 8-54

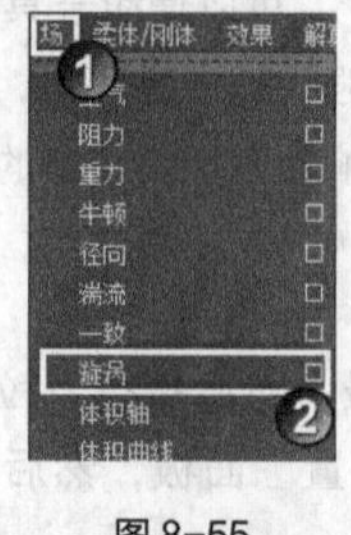

图 8-55

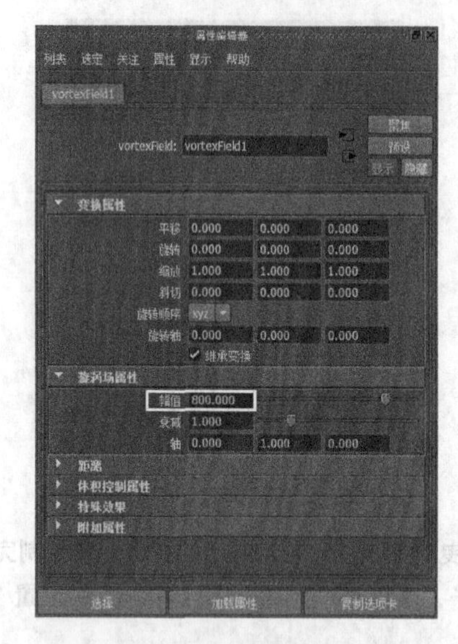

图 8-56

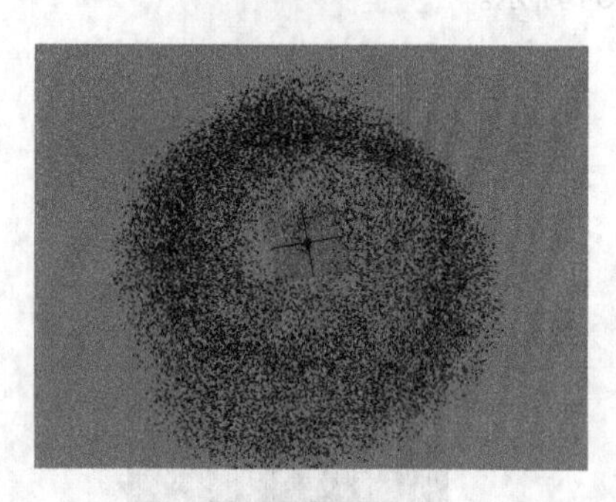

图 8-57

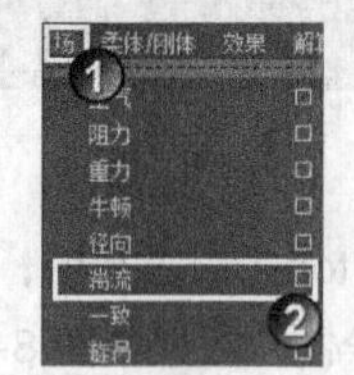

图 8-58

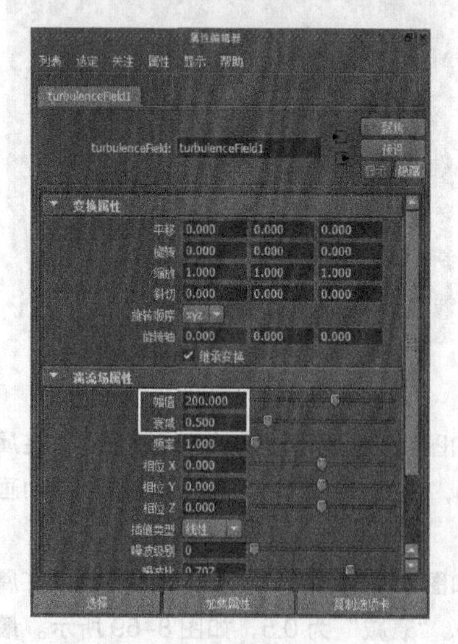

图 8-59

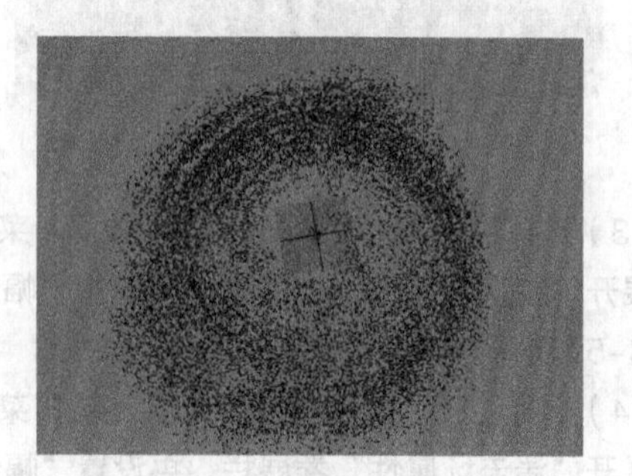

图 8-60

技术反馈

本例通过制作银河动画，来掌握“漩涡”和“湍流”命令的使用方法。在制作动力学特效中，力场是必不可少的一个工具，通过力场的控制，可以使动力学对象产生各种运动效果。

8.6 用创建具有发射器的 3D 容器命令制作炊烟

场景位置	Scene>CH08>H5>H5.mb	扫描观看视频！
实例位置	Example>CH08>H5>H5.mb	
学习目标	学习“创建具有发射器的 3D 容器”命令的使用方法	

案例引导

本例中的炊烟特效是通过流体来实现的，使用“创建具有发射器的 3D 容器”命令可以创建出逼真的流体效果。

流体是气体和液体的总称，Maya 的流体工具可以模拟出逼真的液体和气体效果，如水、爆炸、烟、和火等自然效果。

制作演示

（1）打开学习资源中的 Scene>CH08>H5>H5.mb 文件，场景中一个房屋模型，如图 8-61 所示。

（2）执行“流体效果 > 创建具有发射器的 3D 容器”菜单命令，如图 8-62 所示。然后将流体容器移至烟囱顶部，如图 8-63 所示。

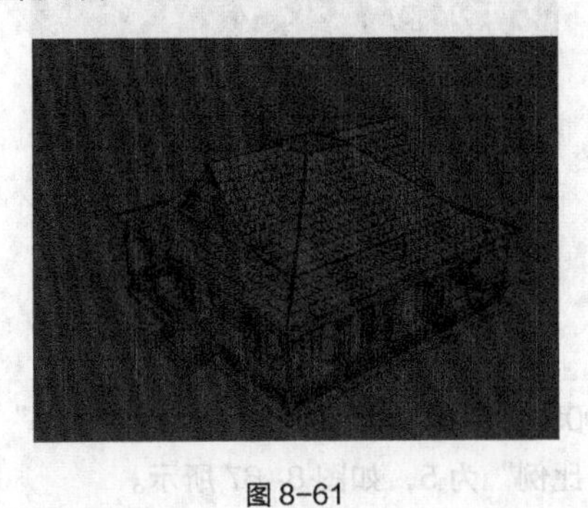

图 8-61

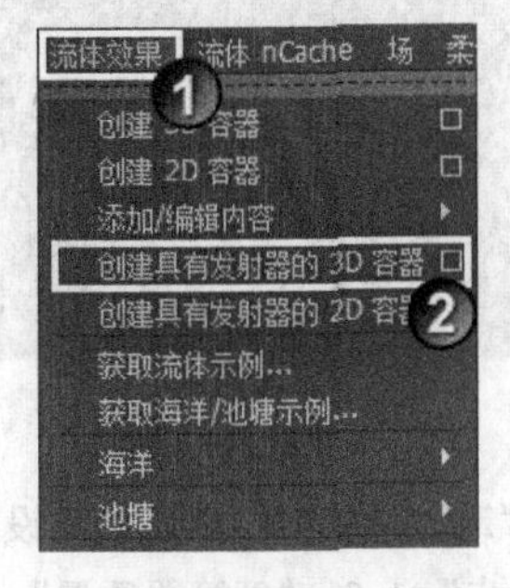

图 8-62

（3）选择流体发射器，然后打开“属性编辑器”面板，接着在“基本发射器属性”卷展栏下设置“发射器类型”为“体积”，最后在“体积发射器属性”卷展栏下设置“体积形状”为立方体，如图 8-64 所示。

图 8-63

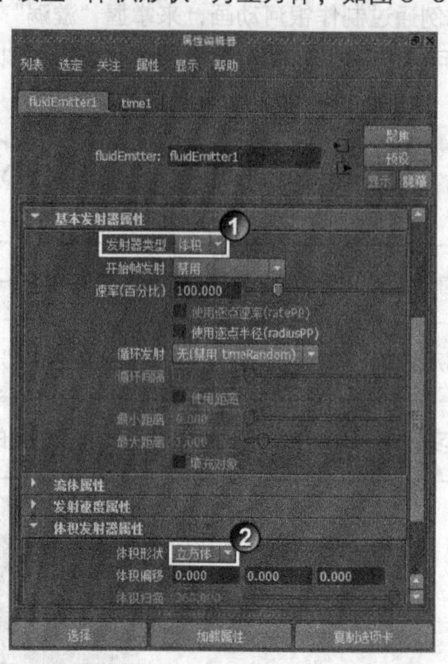

图 8-64

（4）选择流体发射器，然后在“通道盒 / 层编辑器”面板中设置“平移 X”为 -0.137、“平移 Y”为 -5.144、“平移 Z”为 -0.148、“缩放 Z”为 2.5，如图 8-65 所示。

（5）选择流体容器，然后打开“属性编辑器”面板，接着在“容器特性”卷展栏下设置“基本分辨率”为 50、“边界 X”为“无”、“边界 Y”为“-Y 侧”“边界 Z”为“无”，如图 8-66 所示。

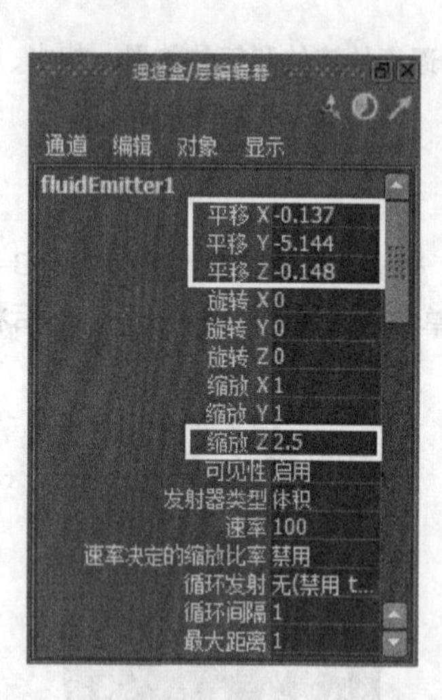

图 8-65

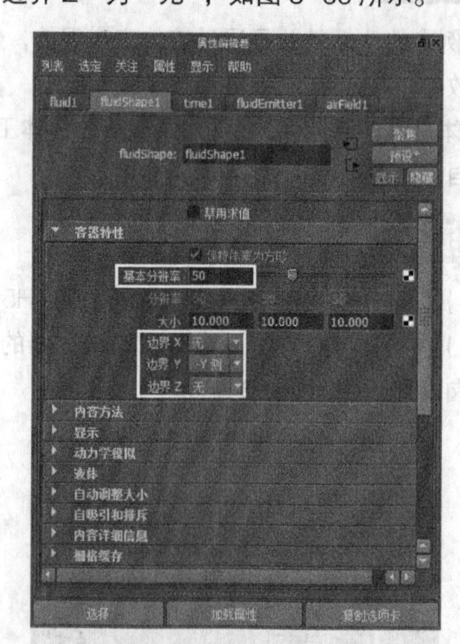

图 8-66

（6）在“动力学模拟”卷展栏下设置“黏度”为 0.005、“阻尼”为 0.008、“高细节解算”为“所有栅格”、“子步”为 3、“解算器质量”为 40、“模拟速率比例”为 5，如图 8-67 所示。

（7）在“自动调整大小”卷展栏下选择“自动调整大小”选项，然后设置“自动调整边界大小”为

5，如图 8-68 所示。

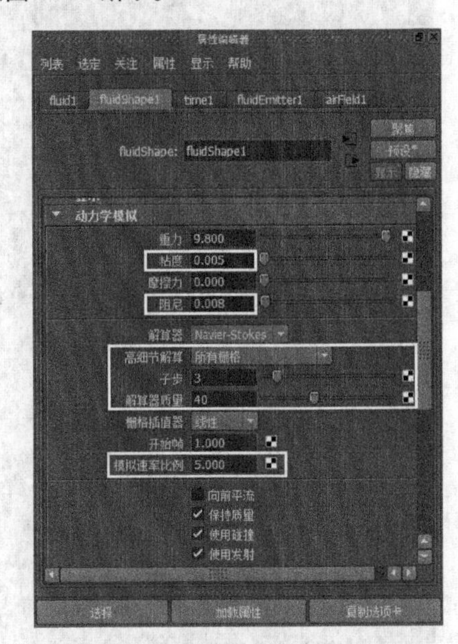

图 8-67

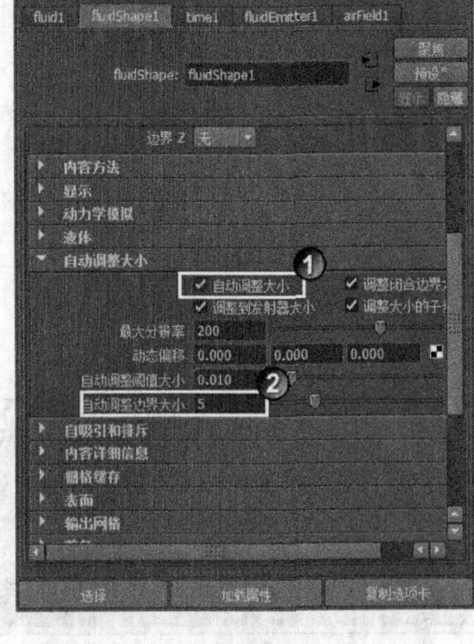

图 8-68

（8）在“内容详细信息 > 密度”卷展栏下设置“密度比例”为 1、“浮力”为 10、“消散”为 0.001，然后在“内容详细信息 > 速度”卷展栏下设置“旋涡”为 20，接着在“内容详细信息 > 湍流”卷展栏下设置“强度”为 0.1，如图 8-69 所示。

（9）在“着色”卷展栏下设置“透明度”为（R:221，B:221，G:221），然后在“颜色”卷展栏下设置“选定颜色”为（R:244，B:255，G:255），如图 8-70 所示。

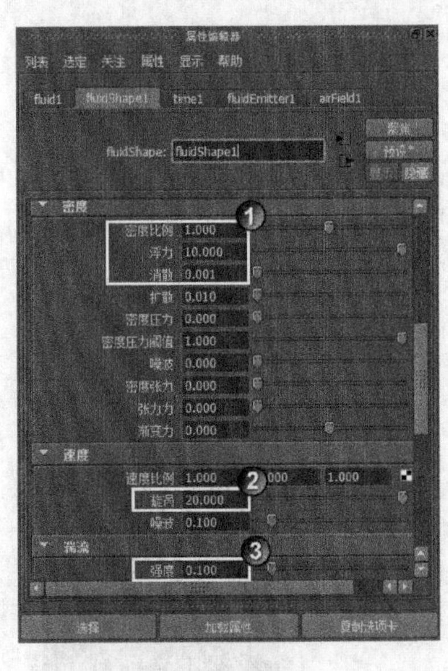

图 8-69

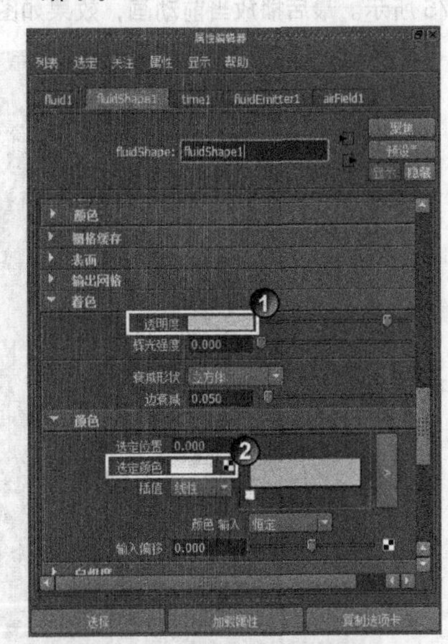

图 8-70

（10）在“不透明度”卷展栏下，单击曲线图右侧的▣按钮，然后在打开的 fluidShape1.opacity 对话框中调整曲线的形状，如图 8-71 所示。接着关闭对话框，设置“输入偏移”为 0.4，如图 8-72 所示。

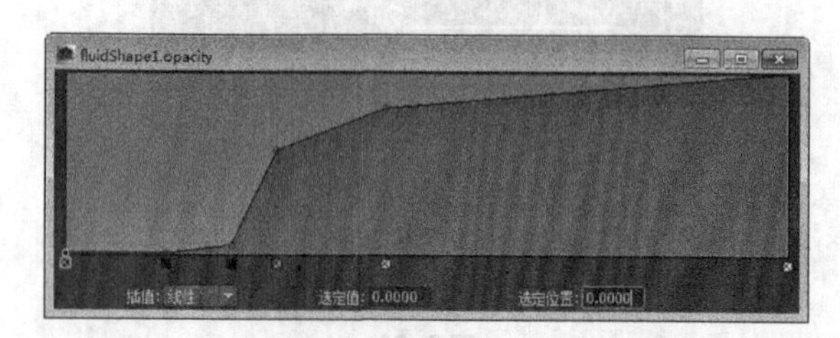
图 8-71

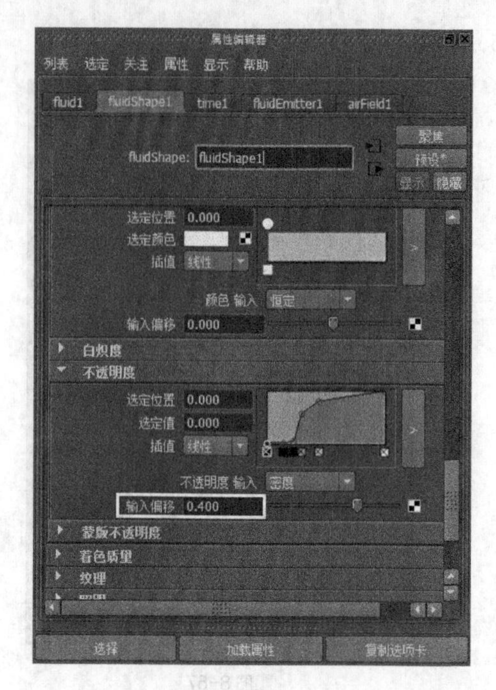
图 8-72

（11）在“照明”卷展栏下选择“自阴影”选项，然后设置“平行光”为（-1.17，1，0.5），如图 8-73 所示。

（12）选择流体容器，然后执行“场 > 空气”菜单命令，如图 8-74 所示。接着选择空气场打开“属性编辑器”面板，再在“空气场属性”卷展栏下设置“幅值”为 10、“衰减”为 0、“方向”为（1，0，0），如图 8-75 所示。最后播放当前动画，效果如图 8-76 所示。

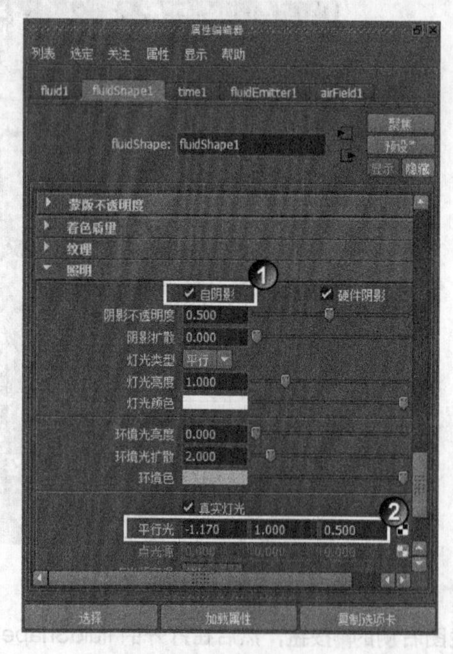
图 8-73

图 8-74

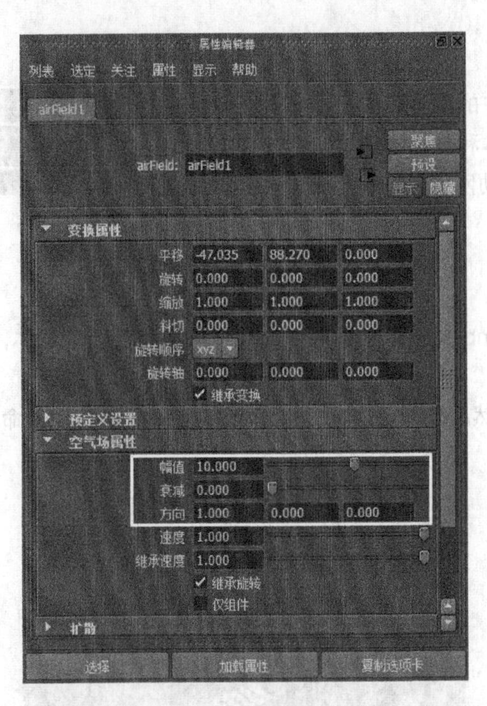

图 8-75

图 8-76

技术反馈

本例通过制作炊烟特效，来掌握“创建具有发射器的 3D 容器”命令的使用方法。Maya 的流体是一个强大的特效工具，其属性繁多并且较为敏感，可能一个微小的改变就会产生重大变化，因此读者在调试参数时要小心谨慎。

8.7 用创建主动刚体命令制作球体碰撞

场景位置	Scene>CH08>H6>H6.mb	扫描观看视频!
实例位置	Example>CH08>H6>H6.mb	
学习目标	学习“创建主动刚体”命令的使用方法	

案例引导

本例中碰撞动画是通过刚体来实现的，Maya 中的刚体工具可以模拟出真实的碰撞效果。展开“柔体 / 刚体”菜单可以创建主动刚体和被动刚体，如图 8-77 所示。

主动刚体是一种能够自主运动的碰撞体，而被动刚体是一种不能自主运动的碰撞体。

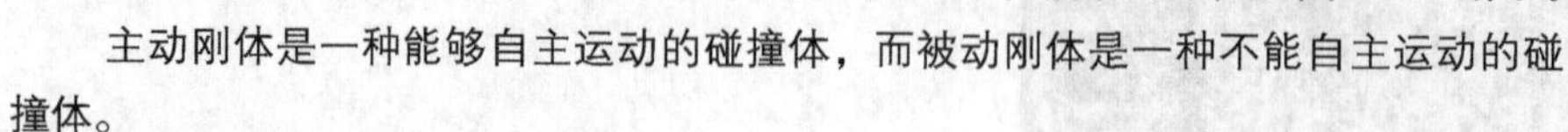

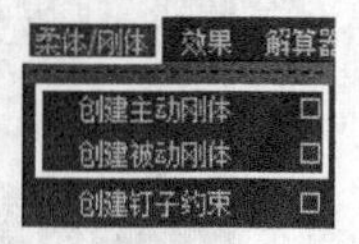

图 8-77

制作演示

（1）打开学习资源中的 Scene>CH08>H6>H6.mb 文件，场景中一个螺旋支架和若干个球体，如图 8-78 所示。

（2）选择场景中所有的球体，如图 8-79 所示。然后执行“柔体 / 刚体 > 创建主动刚体”菜单命令，如图 8-80 所示。

图 8-78

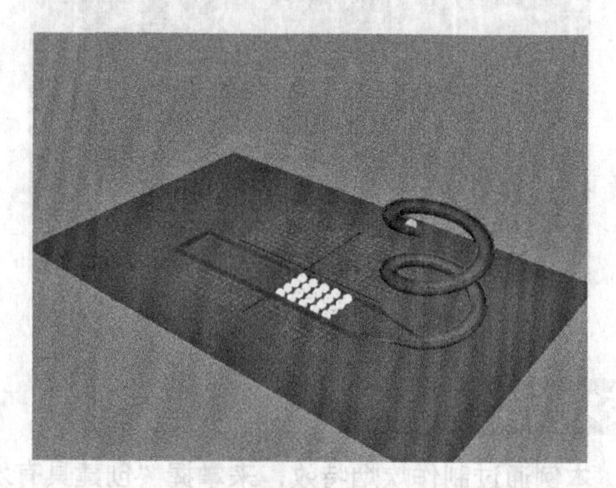
图 8-79

（3）选择螺旋支架，如图 8-81 所示。然后执行“柔体 / 刚体 > 创建被动刚体”菜单命令，如图 8-82 所示。

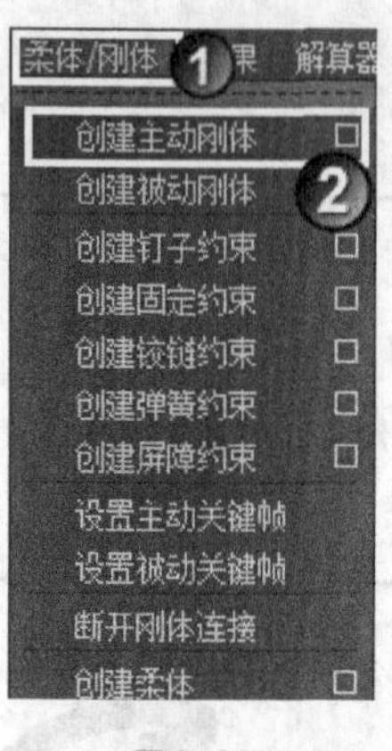

图 8-80

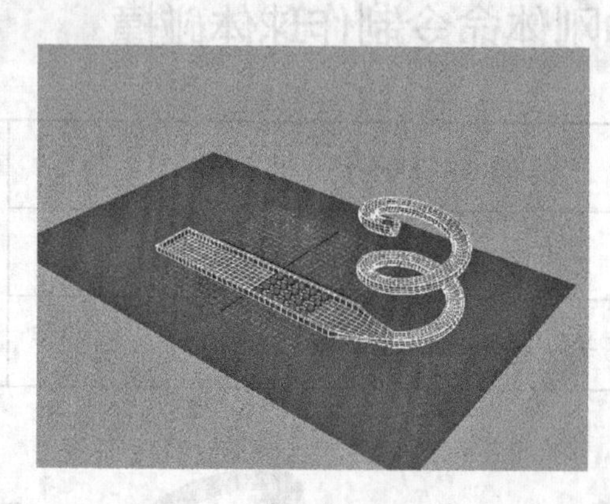
图 8-81

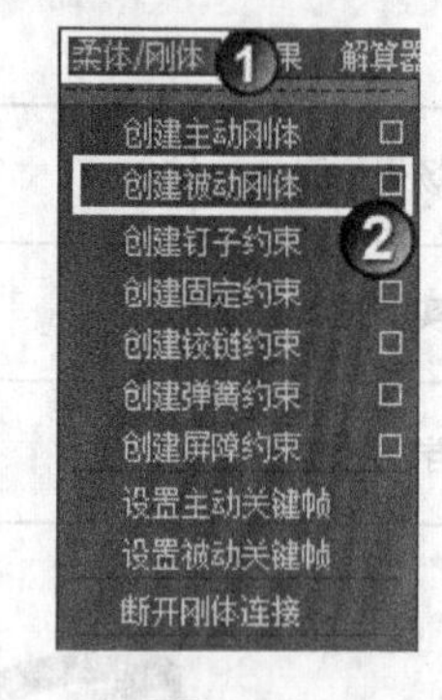

图 8-82

（4）选择所有的球体，然后执行“场 > 重力”菜单命令，接着播放当前动画，螺旋支架顶部的球体沿跑道下滑，如图 8-83 所示。但是球体的运动非常缓慢，需要设置相关属性使其加快。

（5）选择支架顶部的球体，然后打开“属性编辑器”面板，接着选择“rigidBody1”选项卡，最后在“刚体属性”卷展栏下设置“质量”为 10、“静摩擦”为 0.1、“动摩擦”为 0.1、“反弹度”为 0.5，如图 8-84 所示。

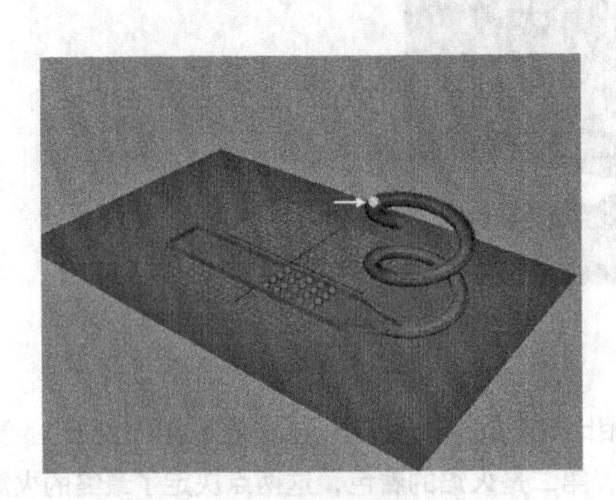

图 8-83

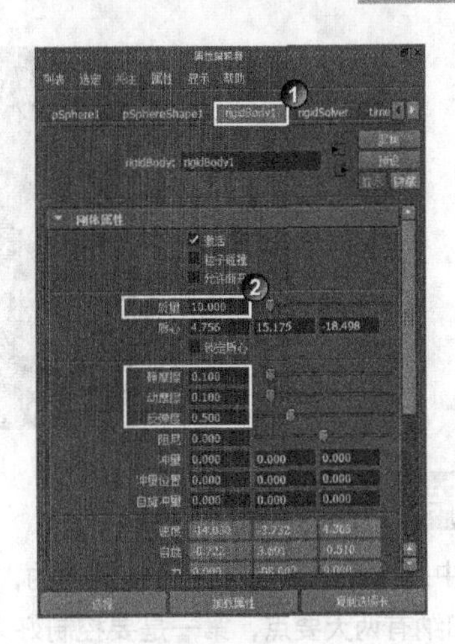

图 8-84

（6）在“初始设置”卷展栏下设置“初始速度”为（0，0，20），如图 8-85 所示。播放当前动画，球体沿跑道下落与其他球体碰撞，如图 8-86 所示。

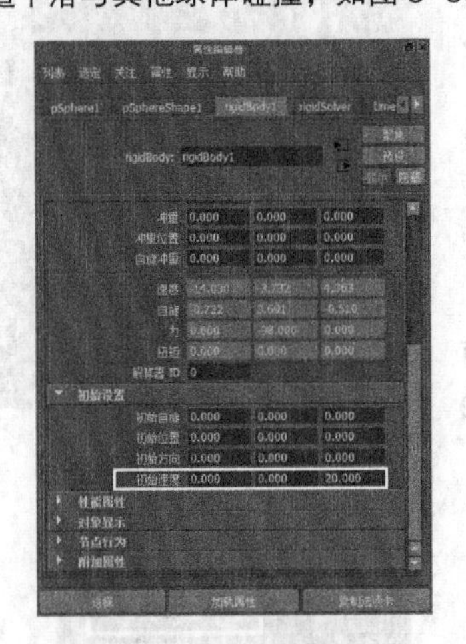

图 8-85

图 8-86

技术反馈

本例通过球体碰撞效果，来掌握“创建主动刚体”和“创建被动刚体”命令的使用方法。在制作碰撞动画时，往往需要主动刚体、被动刚体以及力场的结合使用。

8.8 综合练习：制作恶龙喷火

场景位置	Scene>CH08>H7>H7.mb	扫描观看视频！
实例位置	Example>CH08>H7>H7.mb	
学习目标	掌握流体的设置技巧	

案例引导

本例中恶龙喷火效果是由流体制作的，火焰效果相比炊烟效果更复杂一些，设置的属性更多、更烦琐。总结归纳有两大要点，第一是要控制好火焰的形态，第二是火焰的着色，这两点决定了最终的火焰效果。

制作演示

（1）打开学习资源中的Scene>CH08>H7>H7.mb文件，场景中一个恶龙模型，如图8–87所示。

图8–87

（2）执行“流体效果 > 创建具有发射器的3D容器”菜单命令，然后选择流体容器，接着在“通道盒/层编辑器”面板中设置“平移X”为0.087、“平移Y”为8.484、“平移Z”为–18.188、“旋转X”为–90，如图8–88所示。

（3）选择流体发射器，然后在“通道盒/层编辑器”面板中设置“平移Y”为–2.3、“缩放X/Y/Z”为0.6，如图8–89所示。

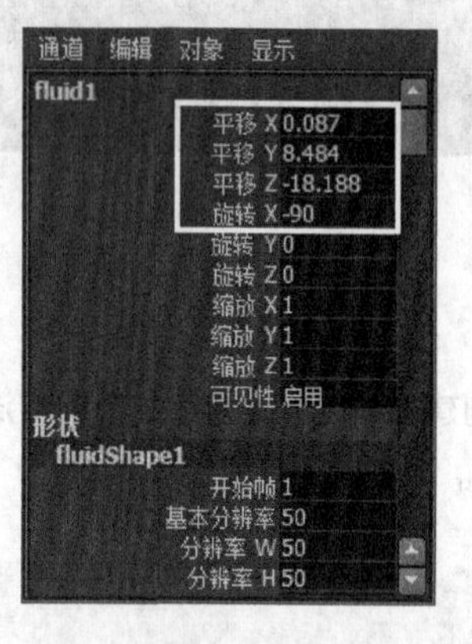

图8–88

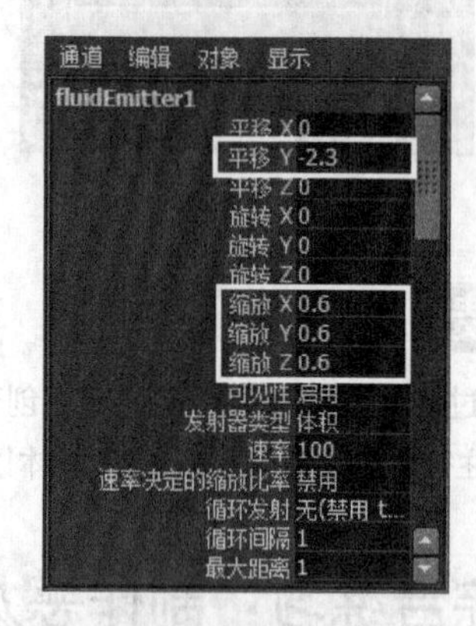

图8–89

（4）选择流体发射器，然后打开“属性编辑器”面板，接着在“基本发射器属性”卷展栏下设置“发射器类型”为“体积”，最后在“体积发射器属性”卷展栏下设置“体积形状”为“圆柱体”，如图8–90所示。

（5）在“流体属性”卷展栏下，设置“密度/体素/秒”为8、“燃料/体素/秒”为2，如图8–91所示。

（6）选择流体容器，然后打开“属性编辑器”面板，接着在“容器特性”卷展栏下设置“基本分辨率”为50、“边界X”为“无”“边界Y”为“–Y侧”“边界Z”为“无”，如图8–92所示。

（7）在“内容方法”卷展栏下设置“温度”为“动态栅格”“燃料”为“动态栅格”，如图 8-93 所示。

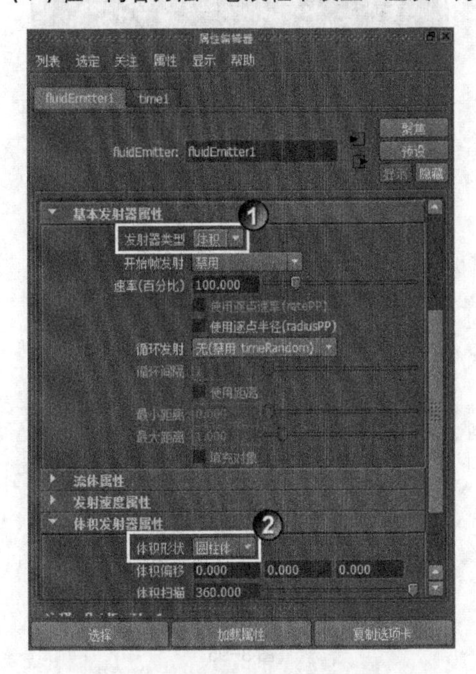

图 8-90

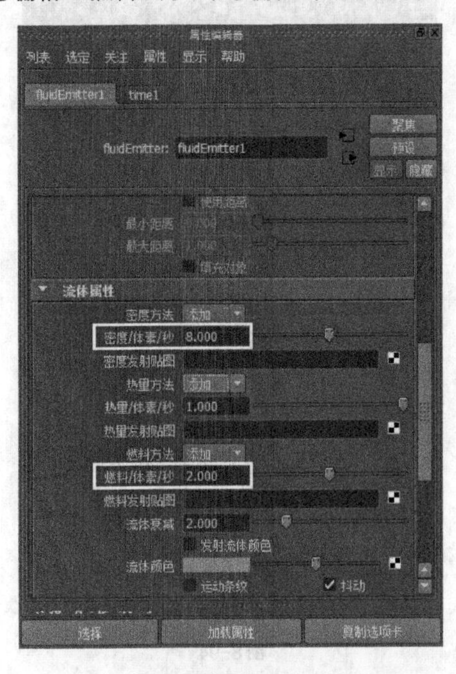

图 8-91

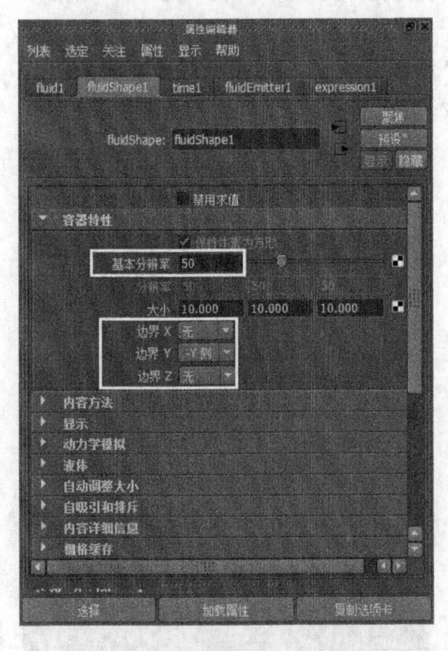

图 8-92

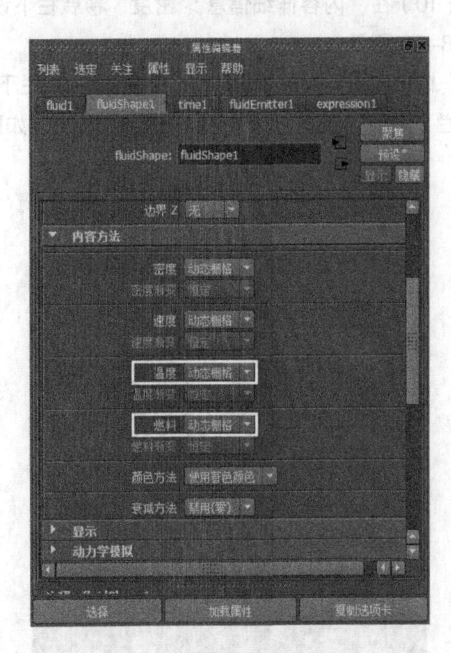

图 8-93

（8）在“动力学模拟”卷展栏下设置“黏度”为 0.005、“高细节解算”为“所有栅格”“子步”为 5、“解算器质量”为 40、“模拟速率比例”为 1.5，然后选择“发射的子步”选项，如图 8-94 所示。

（9）在“自动调整大小”卷展栏下选择“自动调整大小”选项，然后设置“自动调整边界大小”为 5，如图 8-95 所示。

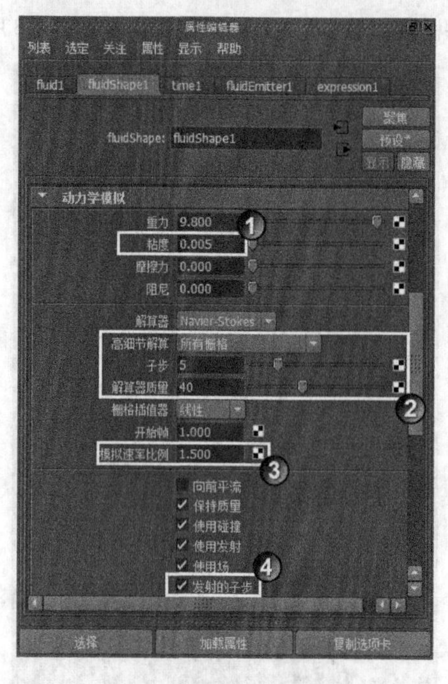

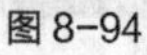
图 8-94

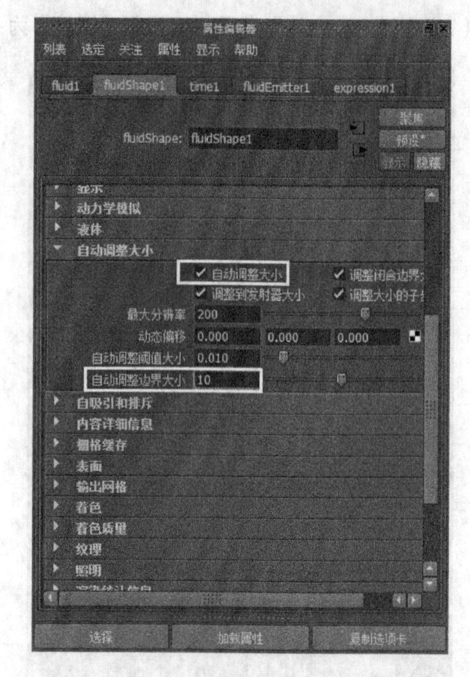

图 8-95

（10）在“内容详细信息 > 密度”卷展栏下设置“密度比例”为 1.5、“浮力”为 100、“消散”为 0.5，如图 8-96 所示。

（11）在“内容详细信息 > 速度”卷展栏下设置“旋涡”为 16，然后在“内容详细信息 > 温度”卷展栏下设置“浮力”为 150、“消散”为 1，如图 8-97 所示。

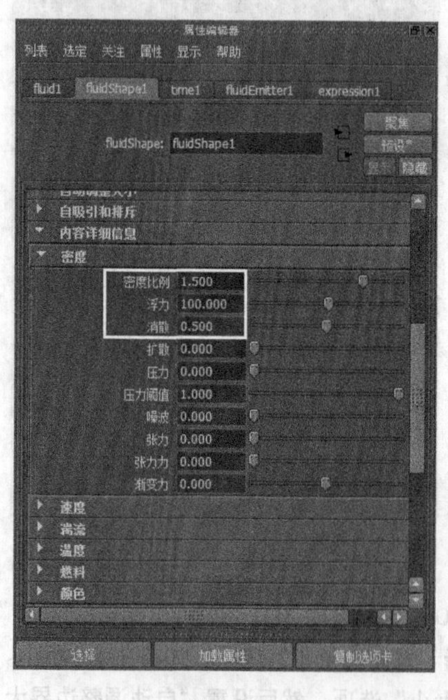

图 8-96

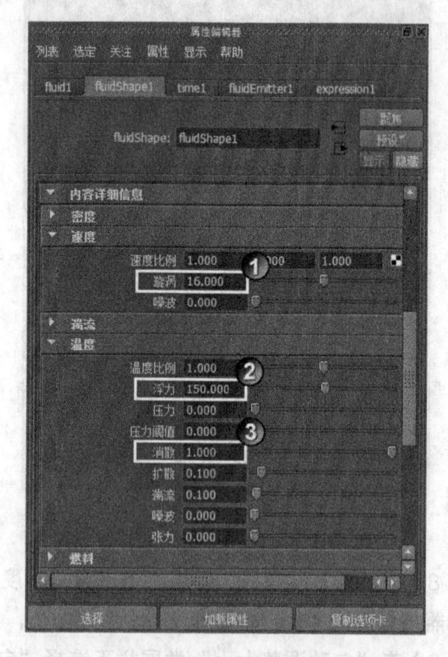

图 8-97

（12）在“内容详细信息 > 燃料”卷展栏下设置“反应速度”为 1、“空气 / 燃料比”为 10、“释放的热量”

为0.2、“释放的光”为1，如图8-98所示。

（13）在“着色”卷展栏下设置“透明度”为（R:201，B:201，G:201），然后在“颜色”卷展栏下设置“选定颜色”为白色，如图8-99所示。

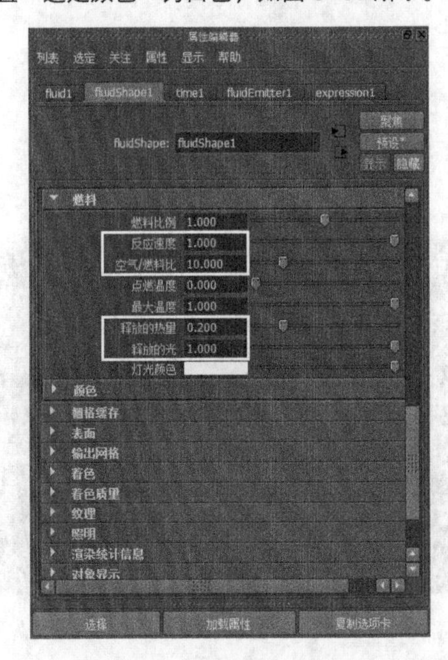

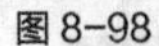
图8-98

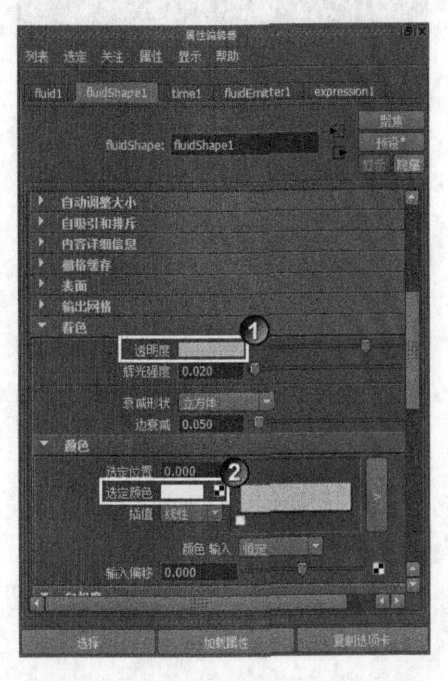

图8-99

（14）在“白炽度”卷展栏下删除一个色标，然后在最左边和最右边各放置一个色标，接着设置右侧色标的颜色为（R:2550，B:867，G:306），再设置左侧色标的颜色为（R:15，B:14，G:14），最后设置“白炽度输入”为“恒定”，如图8-100所示。

（15）在“不透明度”卷展栏下调整曲线的形状，然后设置“输入偏移”为0.325，如图8-101所示。

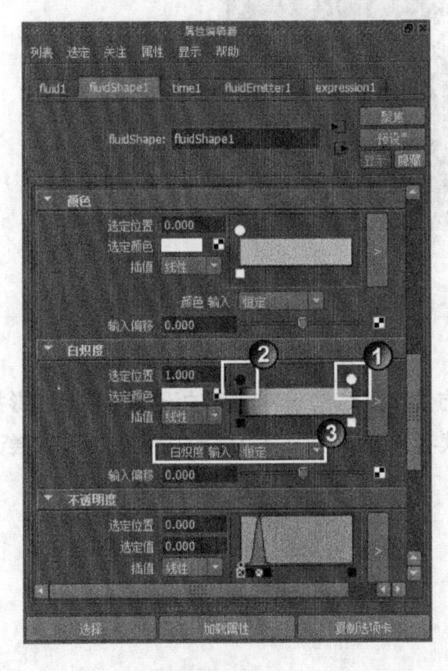

图8-100

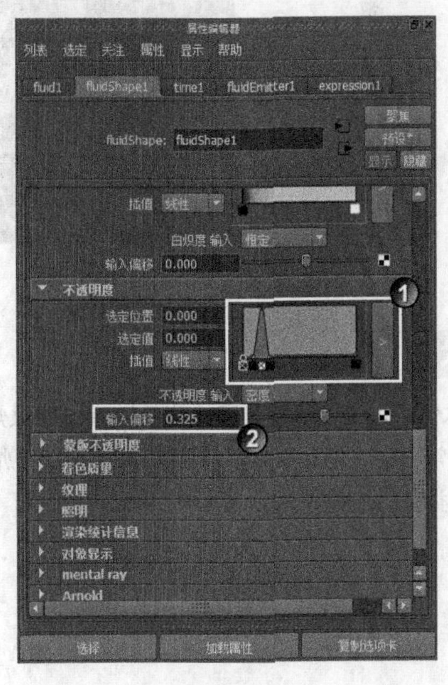

图8-101

（16）在“照明”卷展栏下选择“自阴影”选项，如图 8-102 所示。

（17）播放当前动画，效果如图 8-103 所示。渲染后的效果如图 8-104 所示。

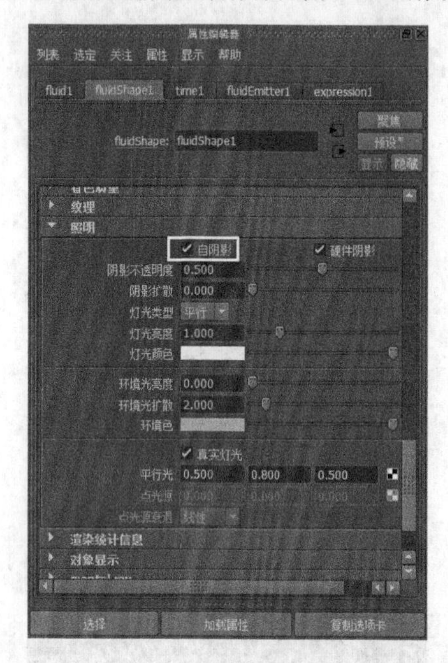

图 8-102

图 8-103

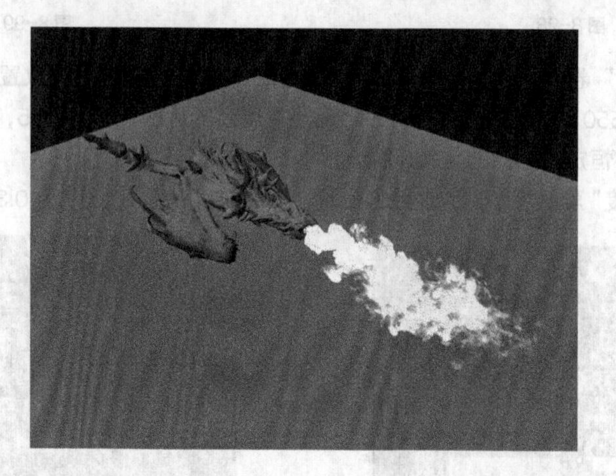

图 8-104

技术反馈

本例通过学制作恶龙喷火，让读者掌握火焰的制作方法。火焰是一种常见的流体特效，在影视和动画中经常出现，因此本章在最后安排了一个火焰案例供读者学习。在学习完本节内容后，可以尝试着制作其他类型的流体特效。